阔叶红松林主要阔叶植物功能性状

刘志理 等 著

科学出版社

北京

内 容 简 介

本书以植物功能性状为切入点，以翔实的数据深入分析了不同阔叶树种叶片、枝条、细根等器官的功能性状变异规律，探讨了这些变异与树种耐阴性、植株大小、季节及环境因子等因素的关系，同时分析了影响植株生长速率的主要因子。本书为理解植物适应策略和群落构建提供了依据，为理解温带森林生态系统结构和功能提供了重要视角。

本书可为林学、生态学等相关科技人员，以及林业管理、生态保护等工作人员提供重要参考。

图书在版编目（CIP）数据

阔叶红松林主要阔叶植物功能性状 / 刘志理等著. 北京 ：科学出版社，2025. 6. -- ISBN 978-7-03-082403-5

Ⅰ. S718. 54

中国国家版本馆 CIP 数据核字第 20252SW489 号

责任编辑：朱 瑾 习慧丽 / 责任校对：郑金红

责任印制：肖 兴 / 封面设计：无极书装

科学出版社 出版

北京东黄城根北街 16 号

邮政编码：100717

http://www.sciencep.com

北京华宇信诺印刷有限公司印刷

科学出版社发行 各地新华书店经销

*

2025 年 6 月第 一 版 开本：787 × 1092 1/16

2025 年 6 月第一次印刷 印张：17 1/2

字数：415 000

定价：228.00 元

（如有印装质量问题，我社负责调换）

《阔叶红松林主要阔叶植物功能性状》著者委员会

主　　任　刘志理

副 主 任　金明月　金光泽

委　　员　王彦君　王明琦　施月园　解书文

　　　　　赵孟娟　李新貌　范宏坤

前　言

在当今全球气候变化和生态环境日益严峻的背景下，森林生态系统的稳定与可持续发展成了生态学研究的热点话题。阔叶红松林是北半球温带地区极具代表性的森林类型，揭示其分布区主要组成树种植物性状的变异规律及协作机制有助于掌握林木对气候变化的适应机制，可为理解阔叶红松林生态系统结构、功能及动态提供宝贵的科学依据，为全球气候变化背景下的森林生态学研究提供新的视角和思路。

本书共由 7 章组成。第 1 章“耐阴性对功能性状的影响”和第 2 章“生活史对功能性状的影响”分别以植物耐阴性和生活史阶段为切入点，深入分析了树种叶功能性状和叶片、枝条、细根化学计量学特征的变异及权衡规律，强调在未来性状变异、协作机制及其对土壤肥力的响应等相关研究中，将树种耐阴性及生活史阶段纳入考虑，有助于更好地理解植物资源利用策略。第 3 章“生长型对叶功能性状的影响”以不同生长型阔叶植物为研究对象，分析叶片结构性状和光合生理性状变异及相关性的异同性，对揭示不同生长型植物资源获取与分配策略具有重要意义。第 4 章“季节对植物根、叶功能性状的影响”以阔叶红松林内蕨类、毛榛为研究对象，分析不同季节环境变化对蕨类和毛榛当年生枝、叶柄、叶脉解剖性状的影响，强调未来研究应加强对植物不同器官及其衔接部位的性状变异的关注。第 5 章“叶性状的预测”通过翔实的实测数据构建适用于预测阔叶植物叶面积和叶干质量的经验模型，为在非破坏性条件下快捷、高效地测定阔叶植物单叶叶面积和叶干质量的动态变化提供了技术支持。第 6 章“枝叶性状的权衡”分析了阔叶树种枝叶性状变异及权衡规律，强调了径级和植物功能型对树种枝叶权衡策略的重要调控作用。第 7 章“功能性状对树木径向生长的影响”阐明了植株大小、功能性状以及环境因子对植株生长速率的影响机制，研究结果对深入理解和更精准模拟森林碳动态具有重要意义。

本书是国家重点研发计划青年科学家项目（2022YFD2201100）、国家自然科学基金项目（31971636）、黑龙江省自然科学基金（TD2023C006），以及中央高校基本科研业务费专项资金项目（2572022DS13）等多个项目资助的研究成果。借本书出版之际，感谢黑龙江凉水国家级自然保护区、吉林长白山国家级自然保护区、黑龙江丰林国家级自然保护区、黑龙江穆棱东北红豆杉国家级自然保护区、黑龙江胜山国家级自然保护区的各位领导和工作人员在外业调查期间给予的大量帮助。感谢王彦君、王明琦、施月园、解书文、赵孟娟、李新貌、范宏坤等（排名不分先后）的帮助和支持。

由于作者水平有限，书中难免有不足之处，敬请读者不吝赐教。

作　者

2025 年 1 月

目　　录

第1章

耐阴性对功能性状的影响

植物体通过调整功能性状以实现自身生长、繁殖和存活（Wright et al.，2010）。植物功能性状变异是影响物种共存和群落构建的重要因素，反映了植株在不同环境下的生理过程及其对环境变化的响应（Jung et al.，2010；Siefert and Ritchie，2016）。叶片作为对环境变化最为敏感且最容易获取的植物光合作用器官，被生态学家广泛地研究。叶片主要通过固定空气中的二氧化碳（CO_2）来合成碳水化合物，为其自身及植物其他器官组织提供能量以支持其各种生长代谢活动（Chen et al.，2013；Fan et al.，2016；Castellanos et al.，2018）。枝条作为植株的支撑结构，负责连接叶片和细根，完成二者间水分及营养元素的传递，但其不是获取外界环境中养分元素以及主导植物生长的主要器官，因此枝条的化学计量很少得到研究学者的关注（Kay et al.，2005；Milla et al.，2005）。细根是陆地生态系统中重要的资源，因为它是植物从外界环境中获取养分用于生存和生长的最重要器官，参与植物的生物地球化学循环，是陆地生态系统中重要的一环（McCormack et al.，2015；Maherali，2017；Boonman et al.，2020）。不同功能性状间可能存在相关性或非相关性，这种性状间的关联性使功能性状分为不同性状维度，实现不同生态功能。本章将分析不同性状维度内性状变异和协作关系、不同性状维度间相关关系及其对土壤肥力的响应等，研究结果对从碳平衡角度分析和预测植物在不同环境中的植物资源利用策略、揭示林木对全球气候变化的响应机制等具有重要意义。

1.1 耐阴性对叶功能性状的影响

光资源是影响植物生长发育的重要环境因子，而群落内光资源的异质性导致不同植物间光竞争和种间遮阴耐受性存在差异，因此耐阴性的概念应运而生。耐阴性是指特定植物耐受低光照水平的能力，是森林结构及其动态变化的重要决定因素。Valladares 和 Niinemets（2008）提出，耐阴性是一个相对的概念，树种耐阴性取决于特定的生态环境。叶片是植物进行碳同化、水分运输等一系列重要生态过程的主要器官（Sack and Scoffoni，2013；于青含等，2020）。叶功能性状变异及协作与植物生存策略密切相关（Westoby et al.，2002；Blackman et al.，2016），因此在全球气候变化背景下，叶功能性状在预测生态系统功能和群落组成中发挥着重要作用。近年来，叶片多维性状（如叶片经济性状或叶脉性状）被认为与植物对环境的适应性密切相关，与单一变异维度相比，多维性状可独立变异或多样化协同变异（Li et al.，2015）。因此，性状多维性对植物应对复杂环境具有重要意义。目前尚不清楚的是，对于不同耐阴性树种（如非耐阴性树种或耐阴性树种），叶片经济性状和叶脉性状是否对土壤肥力具有独立响应。

本节选取 5 种阔叶树种作为目标树种，这 5 种阔叶树种均为中国东北地区阔叶红松（*Pinus koraiensis*）混交林中的优势种（王业蘧等，1994），测量了 8 种叶片性状（包括 4 种叶片经济性状和 4 种叶脉性状）和 5 种土壤因子，拟回答以下问题。

（1）叶片经济性状与叶脉性状之间的相关关系在不同耐阴性树种间是否保持一致？由于耐阴性树种和非耐阴性树种之间碳同化和水分运输效率等存在差异，在弱光环境中叶片经济性状和叶脉性状的耦合关系对于耐阴性树种可能更具成本效益。相反，对于非耐阴性树种，叶片经济性状和叶脉性状间的解耦关系可以为植株提供更多样化的资源利用策略以适应复杂的环境。因此，以下假设树种耐阴性显著改变了叶片经济性状与叶脉性状之间的相关关系，即对于非耐阴性树种，两组性状之间存在解耦关系，而对于耐阴性树种，两组性状之间存在耦合关系。

（2）叶片经济性状与叶脉性状是否与土壤水分和/或养分条件相关？以下假设两组性状对土壤含水量（soil water content，SWC）和土壤养分含量具有差异性响应，其中叶片水力学相关性状（如叶脉性状）与土壤含水量的相关性更强，资源获取及利用相关性状（如叶片经济性状）与土壤养分含量的相关性更强。

（3）哪种土壤因子主导叶片性状变异？

1.1.1 研究背景

1.1.1.1 植物功能性状的定义与内涵

植物功能性状被定义为一系列影响植物适合度的形态、解剖、生理、生物化学、物候学等特征，这些特征能够通过影响植物的生长、繁殖和死亡而间接地影响植物的适合度，是植物在漫长的进化和发展过程中适应环境变化的综合体现（Violle et al.，2007；Kattge et al.，2011），也是现代生态学的核心组成部分（McGill et al.，2006）。在不同尺度的进化和环境因子共同驱动下，植物叶功能性状变异广泛存在于不同的群落组织水平和空间尺度，如植株个体内、种内、种间、群落间、地区间以及全球尺度（Martin et al.，2017；Osnas et al.，2018）。植物性状的种间变异一般指物种间基因型差异和不同物种对环境的可塑性响应的差异引起的物种间性状差异（Levine and HilleRisLambers，2009），而种内变异则指同一物种内部不同个体间存在的遗传、表型及其他方面的差异（Hughes et al.，2008）。在群落生态学中，种间性状变异被认为是物种共存及植物性状沿环境梯度呈现变异的主要来源，而种内变异对其影响较小（Cornwell and Ackerly，2009；Jackson et al.，2013）。然而，近年来大量研究表明，仅从种间变异的角度对物种共存等理论进行研究具有一定的局限性，且并不是所有情况下种内变异都小于种间变异。例如，Albert 等（2010）的研究表明，在一个植物群落内植物性状总变异中 25%～80%来自种内变异。因此，研究不同尺度下种间及种内性状变异的大小、来源（驱动因子）对理解群落中物种多样性维持机制、预测不同环境条件下的群落组成等具有重要意义。

种内性状值水平及其变异的大小、来源与植物叶片适应策略密切相关，但这种变异规律是否依赖于树种耐阴性仍有待进一步研究（Wright et al.，2010）。不同耐阴性树种叶片性状种内变异的原因可能存在差异。例如，Liu 等（2019b）通过对中国东北地区阔叶红松林内 3 种不同耐阴性树种的形态学性状及化学性状的种内变异来源进行研究发现，树龄解释了非耐阴性树种化学性状的大部分变异，而随着树种耐阴性增强，化学性状大部分变异的来源转变为叶物候，但形态学性状种内变异原因随树种耐阴性增加并无显著变异规律。此外，耐阴性树种比非耐阴性树种具有更小的比叶面积（specific leaf area，SLA）和更低的叶绿素含量，故往往表现出保守型适应策略（Wright et al.，2010）；而非耐阴性树种往往表现出获取型策略，如具有较低的细小叶脉密度［以单位叶面积细小叶脉长度（minor veins length per unit leaf area，VLA）表征］。然而，以往研究中关于叶片性状与树种耐阴性之间的关系存在不一致的结果，可能是因为一定程度上忽视了环境因素（如土壤因素）的混淆效应（Sack et al.，2013；Yin et al.，2018）。

植物功能性状在特定地点的分布往往是从大尺度到小尺度层层过滤、多重因子共同作用的结果，故很多研究者认为性状变异及性状协作机制与研究尺度密切相关（Anderegg，2023）。叶片是植物碳同化的主要器官，叶片经济性状、叶脉性状以及气孔性状等能够较为直观地反映植物光合作用效率、水分利用效率以及气体传导效率等（He et al.，2020）。因此，深入探究区域或局域尺度下植物叶功能性状演替阶段（耐阴性）的变异格局，土壤因子对性状变异及性状协作的调控规律，以及植株大小、功能性状及环境因子对植株径向生长的调节机制等，不仅有助于了解植物对环境变化所表现出的生态策略或适应机制，还有助于从碳平衡和水分平衡等角度深入探索物种共存的内在机制。

1.1.1.2　不同耐阴性树种叶功能性状变异格局及植物适应机制

森林群落演替过程中环境因子往往发生较大改变（李庆康和马克平，2002）。一般地，演替前期森林群落为阳生开放系统，光资源丰富，植物以耐强光的喜光植物为主，如山杨、白桦等；随着演替阶段的推进，森林群落逐渐趋于稳定、封闭，林内光环境逐渐减弱，对光资源需求较低的耐阴性树种逐渐取代喜光的非耐阴性树种成为优势树种，如紫椴、色木槭等（Bazzaz，1979；王业蘧等，1994）。因此，树种耐阴性在一定程度上反映了森林演替阶段进程。相较于其他植物器官如树干、根等，叶片是植物体对环境变化较为敏感的器官，在一定程度上可反映植株的资源获取、利用及保存能力（何芸雨等，2019）。环境变化对植物叶功能性状影响显著，相应地，植物叶片通过改变其功能性状而形成不同的生存策略，以适应不同的环境（Portes et al.，2010）。因此，研究不同耐阴性树种的叶片性状特征有助于更好地理解不同演替阶段植物对环境的响应策略、更深入地理解群落演替规律、更准确地预测不同演替阶段物种的分布及物种丰富度。

叶片经济性状主要包括比叶面积（反映叶片干质量的投资效率，与叶片光捕捉能力密切相关）和叶片 N 含量（leaf nitrogen content，LNC）（N 是光合作用相关蛋白的重要组成元素，可有效调控叶片光合效率）等。较大的比叶面积和较高的叶片 N 含量往往代表了“快速投资-收益”型物种，而较小的比叶面积和较低的叶片 N 含量则代表了“缓慢投资-收益”型物种。植物通过对叶片性状的调节实现最“经济”的资源获取及利用（Wright et al.，2010；陈莹婷和许振柱，2014）。此外，能够表征叶片含水量和叶片构建成本的叶片干物质含量（leaf dry matter content，LDMC）同样受到生态学家的关注（Ji et al.，2021）。随着树种耐阴性的变化，其生存策略逐渐从资源获取型转变为资源保存型。例如，Hallik 等（2009）通过研究树种耐阴性及耐旱性与叶片结构和功能间的相关关系发现，对于阔叶树种，随着耐阴性增强，比叶质量（比叶面积的倒数）逐渐变小，但基于质量的叶片 N 含量与树种耐阴性间并无显著相关关系；Liu 等（2019b）通过对 3 种不同耐阴性树种的种内和种间性状变异及协作规律进行研究发现，耐阴性树种具有较大的比叶面积，但在叶片干物质含量方面，中等耐阴性树种具有较耐阴性树种及非耐阴性树种更低的性状值。不同叶片经济性状间存在显著相关关系，如比叶面积和叶片 N 含量之间的正相关性、比叶面积与叶片干物质含量间的负相关性等（金明月等，2018）。以往的研究对比同一组性状间相关关系在不同耐阴性树种间的差异时发现，耐阴性树种比非耐阴性树种具有更“陡峭”的相关性，证明树种耐阴性对性状间相关关系具有显著的调节作用（Liu et al.，2019b）。

叶脉是叶片中的高度多样化组织，由木质部和韧皮部细胞构成，嵌入叶片的薄壁或厚壁细胞中，被束鞘细胞包围（Sack et al.，2013）。叶脉的分层结构使叶脉具备调控植物光合效率（叶脉近轴面）和水分运输效率（叶脉远轴面）的双重作用（Rodriguez et al.，2014）。此外，叶脉具有多层分级结构，叶中脉为一级脉，其分枝为二级脉，以此类推。一般地，一级脉至三级脉为主叶脉，其长度定义为主叶脉长度（MSVL），单位叶面积主叶脉长度（MVLA）定义为主叶脉密度；三级以上为细小叶脉，其长度定义为细小叶脉长度（SVL），单位叶面积细小叶脉长度（VLA）定义为细小叶脉密度（吴一苓等，2022）。主叶脉密度反映了叶片构建成本、支撑能力及防御能力，主叶脉密度越高，叶片物质运输能力越强、机械支撑能力越高、抵御虫害等风险的能力也越强（Roth-Nebelsick et al.，2001）；细小叶脉密度与气孔密度密切相关，较高的细小叶脉密度有助于提高叶片气体交换速率及水分运输速率（Kevin et al.，2009）。随着树种耐阴性的变化，叶脉性状也发生显著变化。例如，Sack 和 Scoffoni（2013）通过对全球叶片叶脉性状数据及树种耐阴性进行分析发现，主叶脉密度和细小叶脉密度与树种耐阴性之间均显著负相关；Zhang 等（2019）在东北阔叶红松林内也发现了类似结果。

近年来，叶脉性状与叶片经济性状间的关联机制得到了国内外生态学家的极大关注，研究者试图用叶脉性状的结构和功能解释叶片经济性状，并探究这两组性状间的解耦或耦合关系对植物生存策略的影响（Li et al.，2015；吴一苓等，2022），主要包括以 Blonder 等（2011）为代表的脉源假说（vein origin hypothesis）和以 Sack 等（2013）为代表的通量性状网络假说（flux trait network hypothesis）。在脉源假说中，Blonder 等（2011）通过定量模型计算分析，认为叶脉性状（主要包括叶脉密度、脉间距以及叶脉闭合度）与叶片经济性状（主要包括叶片 N 含量、比叶质量等）间应存在显著相关性。这一假说得到了许多研究者的支持。例如，Yin 等（2018）通过对黄土高原土壤含水量较低地区的 47 种木本植物叶片经济性状及水力性状进行分析发现，这两组性状间存在耦合关系。而在通量性状网络假说中，Sack 等（2013）从叶脉功能如何影响叶片经济性状的角度对叶脉性状与叶片经济性状间的相关关系进行了解释，叶片经济性状的变异与叶脉密度和比叶质量之间应为间接相关，如叶脉密度通过影响叶厚和密度进而影响比叶质量。通量性状网络假说得到了许多与叶经济谱相关的实验证据支持（Brodribb et al.，2007；Dunbar-Co et al.，2009）。目前，虽已开展大量的叶片经济性状与叶脉性状间相关关系的研究，但大多集中于群落水平，且多讨论单个性状间的相关关系，对于不同耐阴性树种，这两组性状维度间的解耦或耦合关系、树种耐阴性对这两组性状间的相关关系是否有一定调控作用仍不清楚。因此，亟待开展不同耐阴性树种叶片经济性状及叶脉性状间相关关系的研究，有助于基于叶脉的叶经济谱模型的发展，同时有助于进一步从叶脉性状-叶片经济性状角度探究群落结构和群落功能维持机制。

1.1.1.3　土壤肥力对不同耐阴性树种叶功能性状的影响

随着树种耐阴性增强，植株个体生长、生存以及繁殖所在的土壤环境亦发生显著变化（Gutiérrez et al.，2008；李其斌等，2022）。土壤养分如 C、N、P 等主要来自凋落物的分解和土壤有机质。对于非耐阴性树种而言，植株个体多见于群落结构相对简单、环境较为开阔、光资源丰富，但土壤温度较低且含水量不高的演替前期森林群落，其凋落物分解速度较慢，土壤中有机物也未能得到很好的积累；而随着树种耐阴性增强，植株个体多分布于物种丰富度及多样性较高的演替后期森林群落，此时的群落内林冠下层光密度降低，但土壤含水量升高，微生物活动加快，因此凋落物分解速度明显提高，土壤有机质含量迅速增加，土壤养分含量显著提高，土壤 pH 下降（张增可等，2019；吴陶红等，2022）。

不同耐阴性树种的叶片经济性状、叶脉性状等对土壤因子变异具有强烈响应。例如，张增可等（2019）通过对平潭岛各演替阶段森林群落内土壤环境及植物叶、茎功能性状进行研究发现，随着演替阶段的进行，叶片干物质含量及叶片 N 含量逐渐上升，叶片 P 含量逐渐下降，但比叶面积和叶片 N 含量在各演替阶段间无显著性差异；Monnier 等（2013）在探究养分有效性如何影响演替前期和演替后期树种对遮阴的适应性时发现，两种植物的叶干质量分数在高氮条件下对不同光环境响应存在显著性差异，而在低氮条件下无显著性差异，这说明土壤全氮含量的差异显著调节了植株对光环境变化的响应。

植物功能性状的变异范围（性状可塑性）能够显著影响植物对土壤肥力变化的响应，因此性状可塑性大小在预测植物性能和群落功能对土壤养分变化的响应方面具有重要意义（徐婷等，2017；Fajardo and Siefert，2018）。例如，da Silveira 等（2010）在植物性状及其可塑性在牧草对养分和刈割频率响应中的作用研究中发现，叶片干物质含量的可塑性在一定程度上解释了植物生产力对供氮变化的响应。此外，对于不同耐阴性树种而言，一般耐阴性树种的性状可塑性高于非耐阴性树种的性状可塑性，而较高的性状可塑性可以为植物提供更多的利用有限资源的途径，从而提高资源利用效率。例如，Huang 等（2012）通过比较演替前期和演替后期树种对环境因子变化的表型可塑性大小发现，演替前期树种对养分和水分变化的可塑性较低，而演替后期树种则表现出较高的可塑性，反映了树种对不同演替阶段土壤肥力差异的适应。近年来，虽已有关于不同耐阴性树种可塑性与土壤因子间相关关系的研究，但仍较少涉及叶脉性状，因此相关研究仍需进一步开展。

土壤因子对植株性状值范围具有显著的调节作用（Ordoñez et al.，2009；Maire et al.，

2015；Joswig et al.，2022），明确不同耐阴性树种主导各性状变异的土壤因子，对深入认知不同演替过程中性状的变异原因具有重要意义，同时可为森林群落演替过程中土壤-性状反馈等相关研究提供理论基础和数据支持。胡耀升等（2015）通过对长白山地区 4 个演替阶段植物叶片比叶面积与环境因子间的关系进行分析发现，不同演替阶段决定比叶面积变异的主要原因有差异，如演替前期坡位和海拔决定了比叶面积变异，而演替后期土壤全氮含量决定了比叶面积变异，这证明性状变异的主导因子随演替阶段的推进发生了变化；Maire 等（2015）通过对 288 个地区 1509 个物种的性状及土壤因子进行相关性分析发现，土壤 pH、土壤有效磷含量以及气候湿度指数是影响性状变异的主要原因。然而，目前植物功能性状特别是叶脉性状在不同演替阶段变异的主导土壤因子尚不明确。

1.1.2 研究方法

1.1.2.1 研究区域概况

选取贯穿中国东北地区阔叶红松林分布区的 4 块大型固定样地为研究地：黑龙江胜山国家级自然保护区（北部边界，中心点地理坐标为 49°27′N，126°45′E）、黑龙江丰林国家级自然保护区（中心点地理坐标为 48°02′N，128°59′E）、黑龙江穆棱东北红豆杉国家级自然保护区（中心点地理坐标为 43°95′N，130°07′E）以及吉林长白山国家级自然保护区（南部边界，中心点地理坐标为 42°23′N，128°05′E）。样地土壤均为暗棕壤，年均温分别为−2℃、−0.5℃、2.8℃以及 3.6℃，年降水量分别为 519.9mm、640.5mm、513.5mm 以及 700mm，海拔分别为 510m、351m、611m 以及 852m。

1.1.2.2 叶片及土壤样本采集

2017 年 7 月中旬至 8 月，在每个采样地选择 5 种不同耐阴性（王业蘧等，1994；Niinemets and Valladares，2006）阔叶树种进行采样，树种信息见表 1.1。各树种的叶片样本采集均在坡度相近的南坡进行。对于每种树种，选择 3 株树高（用树高计测量）和胸径相近的成年树作为目标树（各样地目标树的胸径尽量保持一致）。对于每株植株个体，将冠层分为 6 个取样单元：上南、上北、中南、中北、下南、下北。在每一个取样单元内，选取 5 片成熟且完全展开的健康叶片用于测量比叶面积、叶片干物质含量以及叶面积（leaf area，LA），按照相同标准另取 5 片叶片用于测量叶脉性状，再取 10～20 片叶片用于测量叶片 N 含量。所有叶片取下后置于封口袋中带回实验室，叶片经济性状于 6h 内测量完毕，用于测量叶脉性状的叶片置于 FAA 溶液（70%乙醇：福尔马林：冰醋酸=90：5：5）中保存待测。

表 1.1 树种信息表

树种	拉丁名	树种缩写	耐阴性	树高（m）	胸径（cm）
山杨	*Populus davidiana*	PD	0.65	21.57±1.05	36.10±2.30
白桦	*Betula platyphylla*	BP	1.25	21.50±1.11	38.10±1.78

续表

树种	拉丁名	树种缩写	耐阴性	树高（m）	胸径（cm）
水曲柳	*Fraxinus mandschurica*	FM	2.75	22.90±2.59	33.73±3.49
紫椴	*Tilia amurensis*	TA	3.68	25.12±1.74	47.21±3.64
色木槭	*Acer mono*	AM	4.25	15.73±1.13	35.61±2.36

对于土壤样本，首先去除每株样树周围 1m 内的凋落物，然后采集 3 个土壤样本（土壤深度为 0～10cm，各样本角度为 120°），最后将 3 个土壤样本均匀混合在一个塑料袋中，并将其带回实验室用于土壤因子测量。

1.1.2.3　叶片及土壤样本测定

1. 叶片样本测定

（1）叶片经济性状　对于每一片样叶，首先用天平测量叶片鲜重（精度为 0.0001g），测量后的样叶用扫描仪（明基电通股份有限公司，中国）扫描叶片图像，然后利用 Photoshop 软件（奥多比公司，美国）对图像进行处理，得到叶面积（精度为 0.01cm^2），最后用烘箱将叶片烘干至恒重（65℃条件下至少 72h）后称重，获得叶片干重（精度为 0.0001g）。叶片干物质含量为叶片干重与鲜重的比值，比叶面积为叶面积与叶片干重的比值。对于用于测量 N 含量的叶片，首先利用烘箱将其烘干，其次对烘干后的叶片进行研磨干燥，然后取 0.1g 叶片样本经预消化系统消化 40min（H_2SO_4+H_2O_2），最后用哈农 K9840 自动凯氏定氮仪（济南哈农科学仪器有限公司，中国）测定叶片 N 含量。

（2）叶脉性状　用扫描仪扫描叶片图像后，使用 ImageJ 软件计算主叶脉长度，主叶脉密度为主叶脉长度与叶面积的比值。对于细小叶脉长度，首先对从固定液中取出的叶片进行软化处理（使用 5% NaOH 溶液对叶片进行水浴加热使其软化，对于叶肉较厚的叶片可使用软毛牙刷轻轻刷去叶肉）；其次将处理后的叶片放入 5% NaClO 溶液的透明塑料罐中漂白 24h，完成后清洗叶片，并用乙醇进行梯度脱水（70%、80%、90%、无水乙醇）；然后对脱水后的叶片进行染色（1%番红水溶液）、褪色（无水乙醇）、透明处理（先置于无水乙醇与二甲苯 1∶1 混合物中，再放置于纯二甲苯中），此时叶脉被染成红色而叶肉为透明；最后将处理好的叶片进行装片、拍照（电子显微镜）并结合 ImageJ 软件描线，获得细小叶脉长度，并计算细小叶脉密度。

2. 土壤样本测定　对于每一个土壤样本，首先利用干燥法进行土壤含水量的测量（Yang et al.，2019；Liu et al.，2020），土壤含水量为土壤干重与湿重的比值；然后对土壤进行干燥，土壤 pH 利用 HANNAPH211 型 pH 计进行测量，土壤全碳（soil total carbon，STC）含量利用 multiN/C3000 分析仪（耶拿分析仪器股份公司，德国）进行测量，土壤全氮（soil total nitrogen，STN）含量利用哈农 K9840 自动凯氏定氮仪进行测量，土壤全磷（soil total phosphorus，STP）含量利用钼锑钪比色法进行测量。各样地土壤因子信息见表 1.2。

表 1.2　各样地土壤因子信息表

土壤因子	研究样地			
	长白山（CB）	穆棱（ML）	丰林（FL）	胜山（SS）
STC（mg/g）	191.93 a	163.41 c	169.40 b	126.41 d
STN（mg/g）	11.7 b	13.61 a	16.80 a	11.90 b
STP（mg/g）	0.91 b	1.09 a	0.82 a	1.13 a
pH	5.14 a	4.62 a	5.64 b	3.98 c
SWC（%）	0.63 a	0.51 d	0.41 b	0.39 c

注：不同小写字母代表土壤因子在不同样地间存在显著性差异（$p<0.05$）

1.1.2.4　数据分析

所有统计分析均采用 R-3.2.5。采用最小显著性差异(least significant difference，LSD ）方法检验叶片性状和土壤因子在不同样地间、叶片性状在不同耐阴性树种间是否存在显著性差异。对于 5 种树种 8 种叶片性状，使用‘nlme’包中的‘lme’函数来拟合线性混合模型(嵌套级别：样地、个体、冠层、方向、未解释)，并使用‘ape’包中的‘varcomp’函数来计算不同嵌套水平对性状变异的解释比例。叶片性状间的相关性采用皮尔逊(Pearson)相关分析进行计算，在分析前对所有性状值均进行对数变换以满足正态分布。采用主成分分析（principal component analysis，PCA）方法确定叶片性状间的相关性，在这一步中，5 种树种 8 种叶片性状均被使用。为了判断不同耐阴性树种叶片经济性状与叶脉性状间的相关关系，对每种树种的叶片经济性状及叶脉性状分别进行主成分分析并获得第一主成分（PC1）得分，然后利用皮尔逊相关分析方法来分析这两组性状间的相关关系。采用皮尔逊相关分析方法来分析性状与土壤肥力以及性状可塑性[可塑性=(一种光环境下性状最大值−另一种光环境下性状最小值）/最大值×100]与土壤肥力间的相关关系。利用权重法计算各土壤因子对性状的解释比例，相对权重即该土壤因子对该性状的解释比例。图、表分别在 R-3.2.5、Sigmaplot 10.0 以及 Excel 2016 中完成。

1.1.3　研究结果

1.1.3.1　不同耐阴性树种叶功能性状变异

叶片经济性状与叶脉性状在不同耐阴性树种间均存在显著性差异（图 1.1）。对于叶片经济性状而言，随着树种耐阴性增强，比叶面积和叶片 N 含量呈现逐渐增加的趋势（图 1.1A、D），叶片干物质含量呈现先减小再增加的趋势，而叶面积整体则呈现相反趋势，即先增加后减小（图 1.1B、C）。除了色木槭，比叶面积和叶片干物质含量的性状变异系数均随树种耐阴性的增强而增加（图 1.1A、B）。叶面积和叶片 N 含量的性状变异系数随树种耐阴性的增强并无显著变异规律，且在不同耐阴性树种间几乎相等（图 1.1C、D）。叶脉性状方面，细小叶脉密度和细小叶脉长度整体上呈现减小的趋势（图 1.1F、H），而主叶脉密度和主叶脉长度则呈现先减小再增加再减小的趋势（图 1.1E、G），4 种叶脉性状变异系数随树种耐阴性的增强并无显著变异规律（图 1.1E～H）。

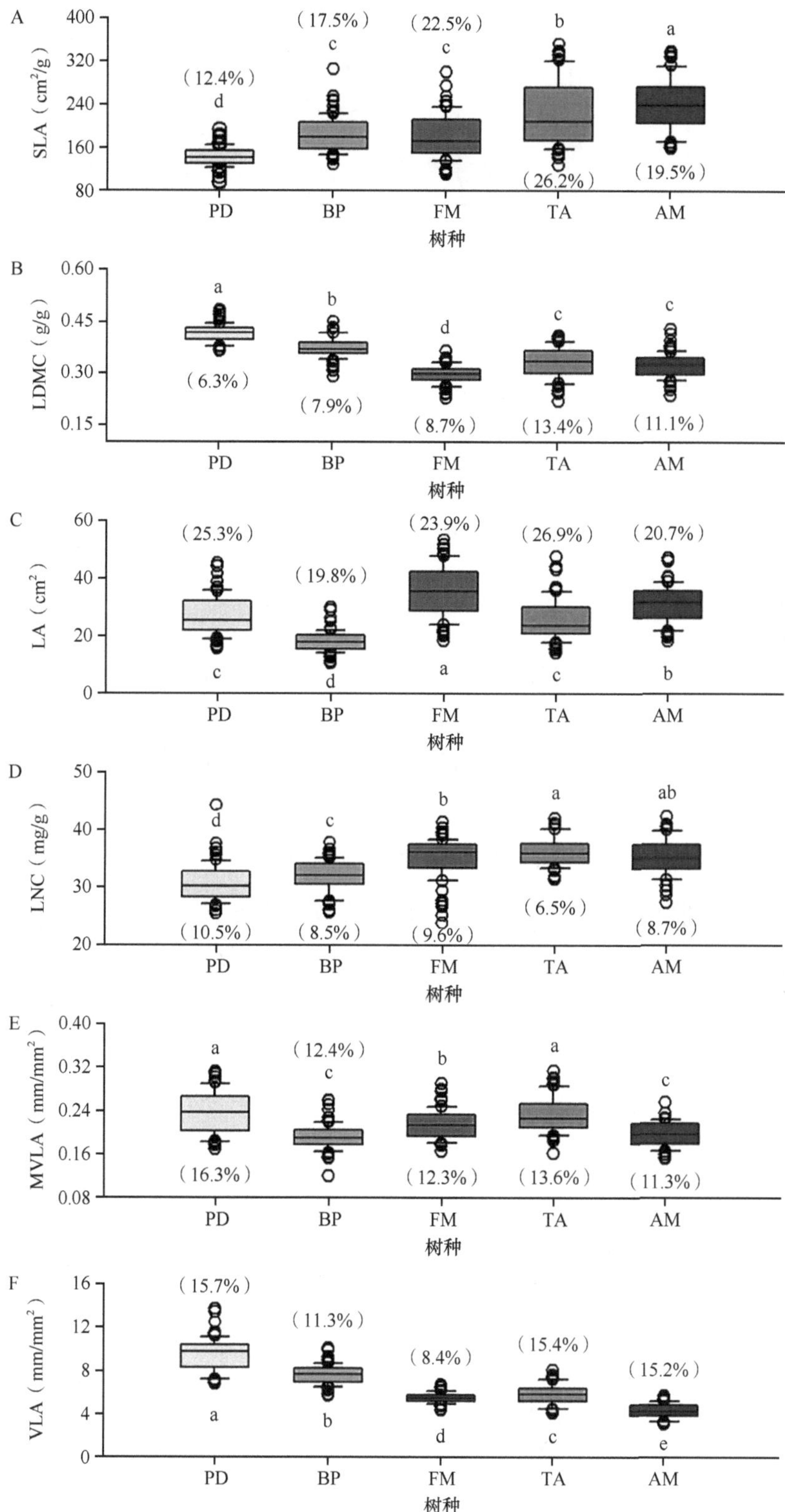

A
SLA（cm²/g）
400
320
240
160
80
（12.4%）
d
（17.5%）
c
（22.5%）
c
b
a
（26.2%）
（19.5%）
PD
BP
FM
TA
AM
树种
B
LDMC（g/g）
0.60
0.45
0.30
0.15
a
b
d
c
c
（6.3%）
（7.9%）
（8.7%）
（13.4%）
（11.1%）
PD
BP
FM
TA
AM
树种
C
LA（cm²）
60
40
20
0
（25.3%）
（19.8%）
（23.9%）
（26.9%）
（20.7%）
c
d
a
c
b
PD
BP
FM
TA
AM
树种
D
LNC（mg/g）
50
40
30
20
d
c
b
a
ab
（10.5%）
（8.5%）
（9.6%）
（6.5%）
（8.7%）
PD
BP
FM
TA
AM
树种
E
MVLA（mm/mm²）
0.40
0.32
0.24
0.16
0.08
a
（12.4%）
c
b
a
c
（16.3%）
（12.3%）
（13.6%）
（11.3%）
PD
BP
FM
TA
AM
树种
F
VLA（mm/mm²）
16
12
8
4
0
（15.7%）
（11.3%）
（8.4%）
（15.4%）
（15.2%）
a
b
d
c
e
PD
BP
FM
TA
AM
树种

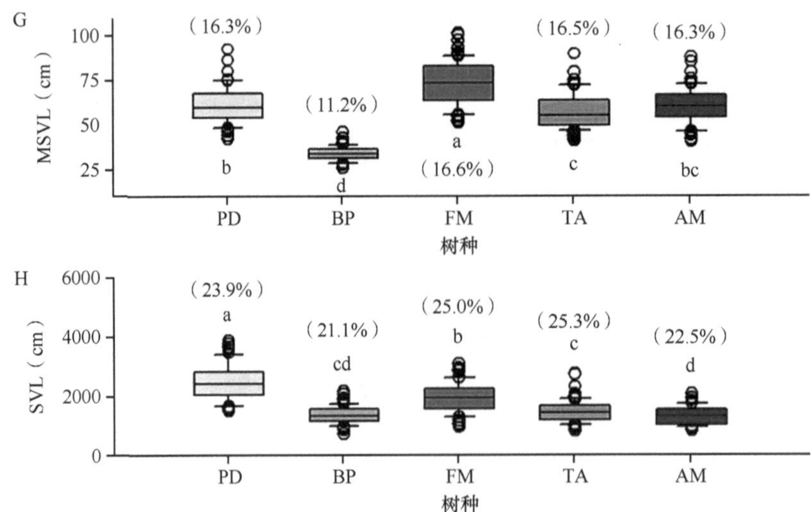

图 1.1 叶片经济性状（A～D）和叶脉性状（E～H）在不同耐阴性树种间的差异[①]

方框表示四分位范围和中位数值，晶须延伸到位于方框大小 1.5 倍以内的最大或最小观测值，任何超出这些值的观测值都用圆圈表示。括号内数字为该性状变异系数。不同小写字母代表性状在不同耐阴性树种间存在显著性差异（$p<0.05$）

叶片经济性状和叶脉性状的变异来源随树种耐阴性增强并无显著变化规律（图 1.2）。整体而言，个体解释了山杨叶片性状的绝大多数变异，其次是方向；方向解释了白桦、水曲柳和色木槭叶片性状的绝大部分变异；而冠层解释了紫椴叶片性状的绝大部分变异，其次是方向。

1.1.3.2 不同耐阴性树种叶功能性状协作关系

对于 5 种不同耐阴性树种而言，叶片性状主成分分析结果中前两个主成分（PC1、PC2）解释了大部分变异（表 1.3）。其中，山杨前两个主成分分别解释了 36.90%和 25.40%，白桦前两个主成分分别解释了 39.40%和 25.40%，水曲柳前两个主成分分别解释了 43.20%和 22.70%，紫椴前两个主成分分别解释了 48.90%和 24.30%，色木槭前两个主成

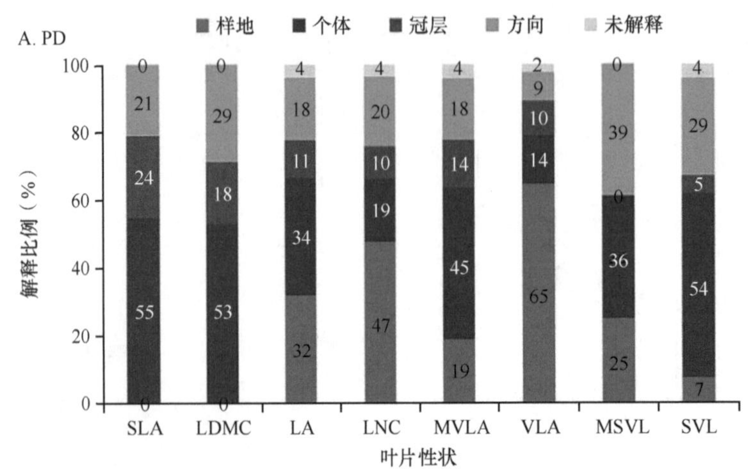

① 本书彩图请扫封底二维码

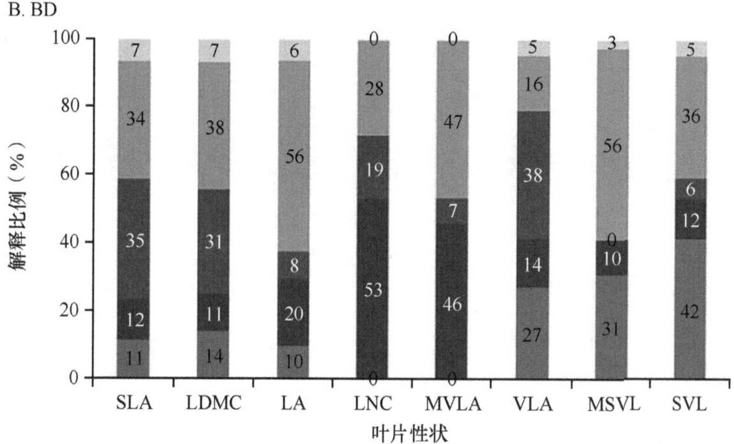
B. BD
解释比例（%）
叶片性状
SLA
LDMC
LA
LNC
MVLA
VLA
MSVL
SVL

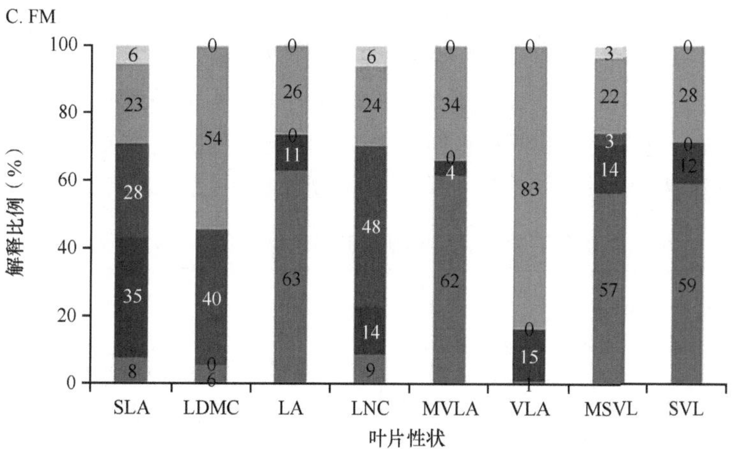
C. FM
解释比例（%）
叶片性状
SLA
LDMC
LA
LNC
MVLA
VLA
MSVL
SVL

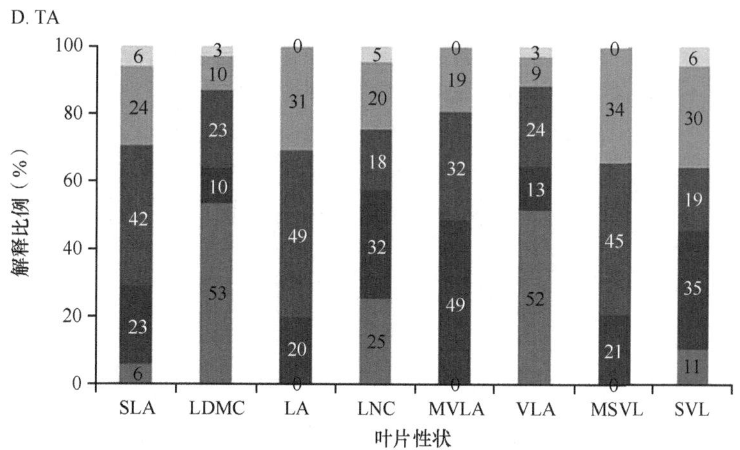
D. TA
解释比例（%）
叶片性状
SLA
LDMC
LA
LNC
MVLA
VLA
MSVL
SVL

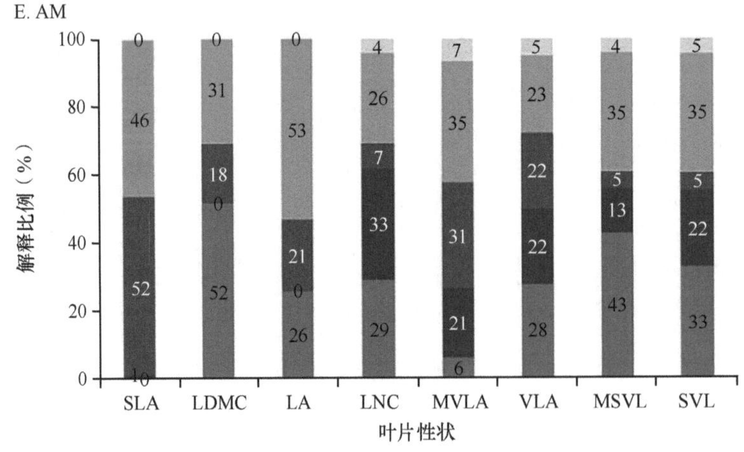

图 1.2　5 种不同耐阴性树种的 8 种叶片性状在 5 个嵌套水平下的方差分配

图中数字为各嵌套水平解释叶片性状变异的比例

分分别解释了 43.90%和 20.90%。PC1 均代表叶脉性状，而 PC2 均代表叶片经济性状（表 1.3）。叶片经济性状与叶脉性状间的相关关系随树种耐阴性呈现明显变异规律：对于非耐阴性树种山杨，这两组性状间存在解耦关系，随树种耐阴性增强，叶片经济性状与叶脉性状间转变为耦合关系，并且耦合关系逐渐增强（图 1.3）。

表 1.3　5 种不同耐阴性树种的 8 种叶片性状主成分分析结果

	山杨（*Populus davidiana*）		白桦（*Betula platyphylla*）		水曲柳（*Fraxinus mandschurica*）		紫椴（*Tilia amurensis*）		色木槭（*Acer mono*）	
	PC1	PC2	PC1	PC2	PC1	PC2	PC1	PC2	PC1	PC2
特征值	2.95	2.03	3.15	2.03	3.45	1.82	3.91	1.95	3.51	1.67
解释比例（%）	36.90	25.40	39.40	25.40	43.20	22.70	48.90	24.30	43.90	20.90
SLA	0.01	0.65	0.03	0.55	0.05	0.66	0.30	0.22	0.35	0.39
LDMC	0.02	−0.58	−0.04	−0.55	0.03	−0.65	−0.30	−0.46	−0.34	0.22
LA	−0.58	0.01	0.55	0.02	0.53	−0.04	0.47	−0.23	0.51	0.05
LNC	−0.04	0.21	0.11	0.40	0.17	0.36	0.22	0.38	0.17	0.03
MVLA	0.44	−0.23	−0.47	0.04	−0.43	0.11	−0.43	0.02	−0.36	0.16
VLA	0.18	−0.27	−0.001	−0.43	0.01	−0.07	−0.28	−0.45	−0.11	−0.73
MSVL	−0.45	−0.21	0.44	0.07	0.49	0.04	0.41	0.31	0.41	0.17
SVL	−0.49	−0.15	0.51	−0.20	0.51	−0.05	0.34	−0.50	0.40	−0.46

注：对于每个主成分轴，给出了特征值、解释比例以及每个特征在前两个分量上的加载分数。

对于叶片经济性状而言，在种间水平上，4 种性状两两间均存在显著相关关系（图 1.4），比叶面积和叶片干物质含量、叶片干物质含量和叶面积以及叶片干物质含量和叶片 N 含量间均呈显著负相关关系（图 1.4A、D 和 E），而比叶面积和叶面积、比叶面积和叶片 N 含量以及叶面积和叶片 N 含量间均呈显著正相关关系（图 1.4B、C 和 F）。种内水平性状间相关关系弱于种间水平，即部分树种的部分性状间并未表现出相关关系，但种内水平相关性与种间水平一致。在种内水平上，对于比叶面积与叶片干物质含

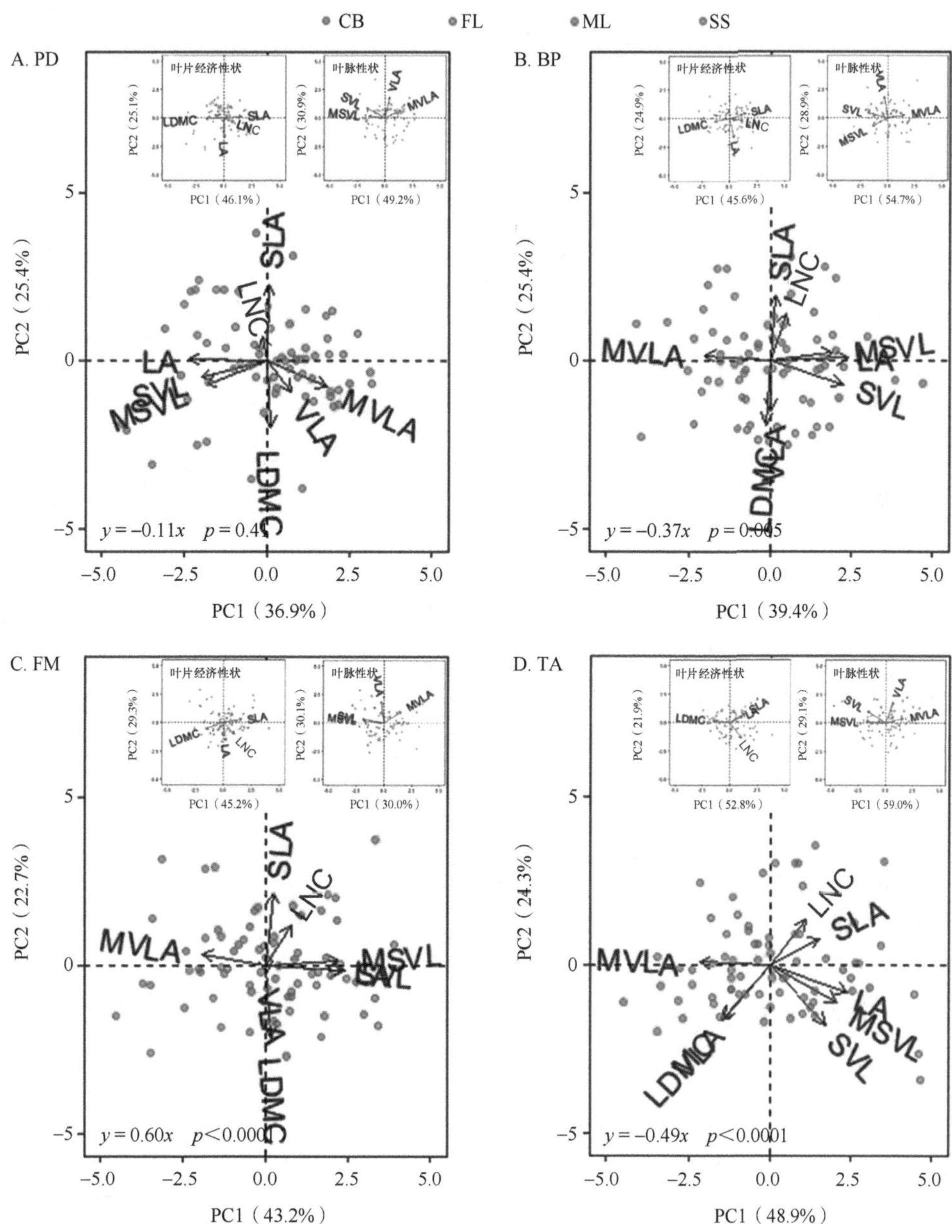
CB
FL
ML
SS
A. PD
叶片经济性状
叶脉性状
PC1（46.1%）
PC2（25.1%）
PC1（49.2%）
PC2（30.9%）
PC1（36.9%）
PC2（25.4%）
y = −0.11x　p = 0.45
B. BP
PC1（45.6%）
PC2（24.9%）
PC1（54.7%）
PC2（28.9%）
PC1（39.4%）
PC2（25.4%）
y = −0.37x　p = 0.005
C. FM
PC1（45.2%）
PC2（29.3%）
PC1（30.0%）
PC2（30.1%）
PC1（43.2%）
PC2（22.7%）
y = 0.60x　p<0.0001
D. TA
PC1（52.8%）
PC2（21.9%）
PC1（59.0%）
PC2（29.1%）
PC1（48.9%）
PC2（24.3%）
y = −0.49x　p<0.0001
SLA
LNC
LDMC
LA
SVL
MSVL
MVLA
VLA

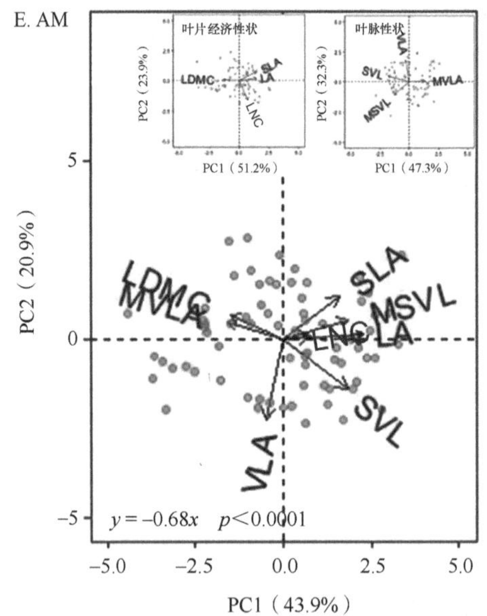

图 1.3　5 种不同耐阴性树种 8 种叶片性状的主成分分析结果

主成分轴括号中的数据为解释比例。嵌套小图为各树种叶片经济性状和叶脉性状的主成分分析结果。箭头表示与叶片性状相关的主成分负荷。利用叶片经济性状和叶脉性状的第一主成分得分来分析这两组性状间的相关性

量，5 种不同耐阴性树种均存在显著相关关系（图 1.4A）；对于比叶面积和叶面积以及叶片干物质含量和叶面积这两组性状，仅紫椴和色木槭存在显著相关关系（图 1.4B、D）；对于比叶面积和叶片 N 含量，仅山杨、白桦以及水曲柳存在显著相关关系（图 1.4C）；对于叶片干物质含量和叶片 N 含量，除水曲柳外，其余 4 种树种均存在显著相关关系（图 1.4E）；对于叶面积和叶片 N 含量，仅水曲柳、紫椴和色木槭存在显著相关关系（图 1.4F）。

对于叶脉性状而言，在种间水平上，4 种性状间均存在显著相关关系（图 1.5），除主叶脉密度和细小叶脉长度以及细小叶脉密度和主叶脉长度间存在显著负相关关系外，其余性状间均存在显著正相关关系。种内水平性状间相关关系弱于种间水平，但种内水平相关性与种间水平一致（除主叶脉密度和主叶脉长度间相关关系外）。在种内水平上，

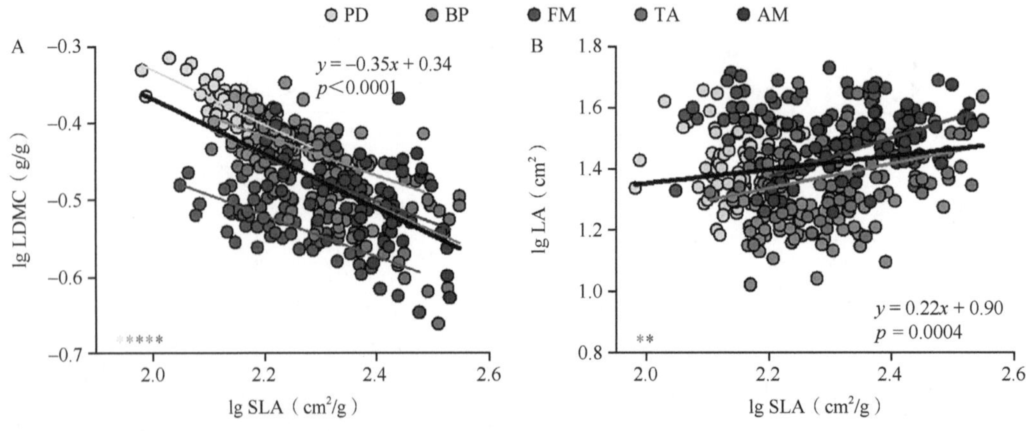

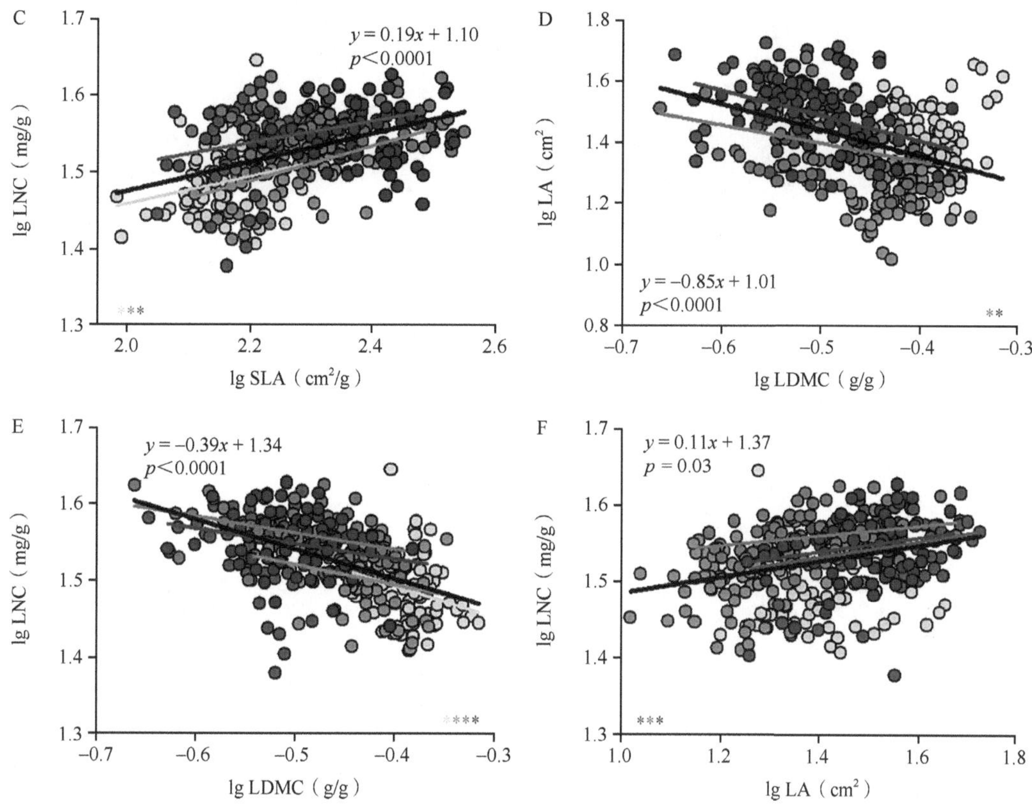

图 1.4　叶片经济性状组内相关关系

彩色实线代表性状间在 $p<0.05$ 水平上存在显著相关关系，若性状间不相关，则该线条不显示。黑色实线代表性状在种间水平上存在相关关系，图中斜率和相关显著性为种间计算结果。图中彩色星号代表对应树种性状间存在显著相关关系

对于主叶脉密度与细小叶脉密度，仅山杨、水曲柳和紫椴存在显著相关关系（图 1.5A）；对于主叶脉密度与主叶脉长度，仅白桦、水曲柳和紫椴存在显著相关关系（图 1.5B）；对于主叶脉密度与细小叶脉长度以及主叶脉长度与细小叶脉长度，5 种不同耐阴性树种均存在显著相关关系（图 1.5C、F）；对于细小叶脉密度与主叶脉长度，仅紫椴和色木槭存在显著相关关系（图 1.5D）；对于细小叶脉密度与细小叶脉长度，除紫椴外，所有树种均存在显著相关关系（图 1.5E）。

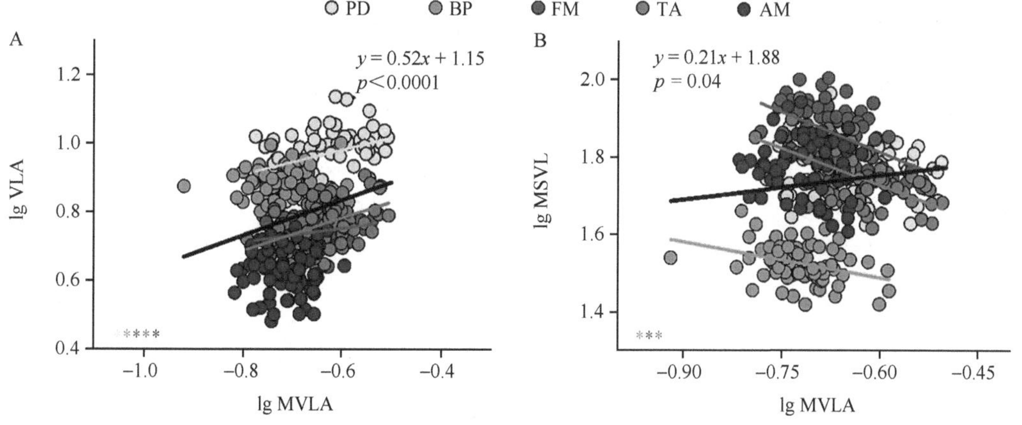

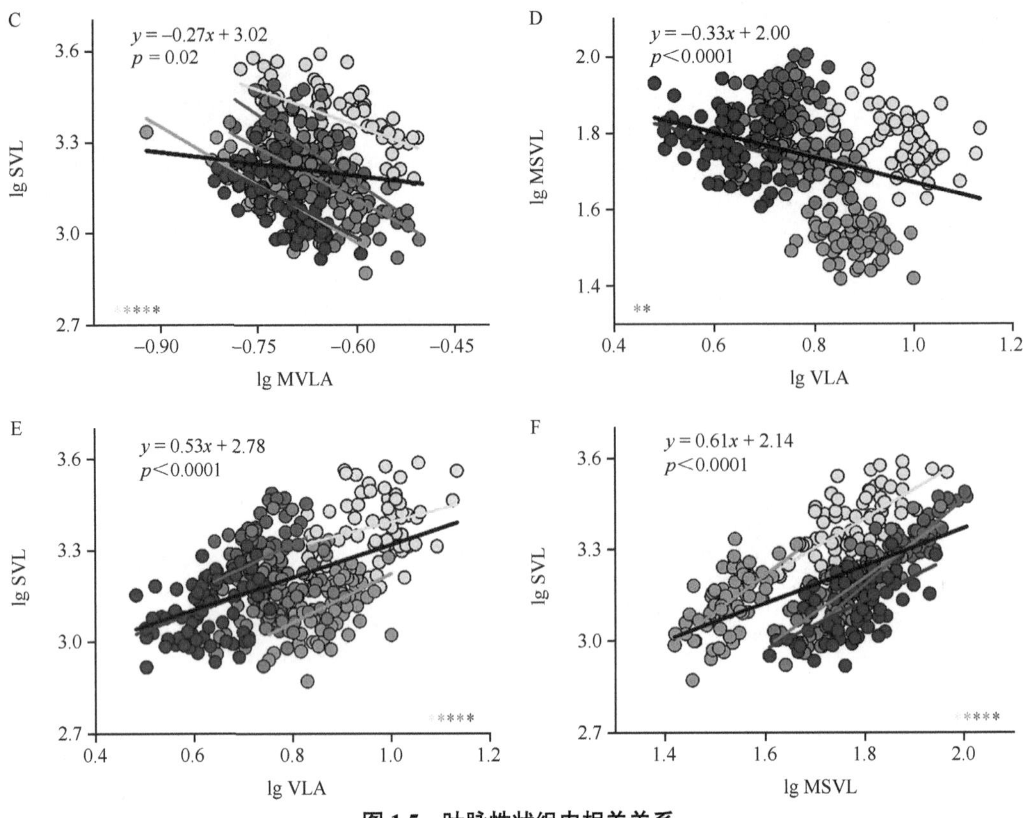

图 1.5　叶脉性状组内相关关系

彩色实线代表性状间在 $p<0.05$ 水平上存在显著相关关系，若性状间不相关，则该线条不显示。黑色实线代表性状在种间水平上存在相关关系，图中斜率和相关显著性为种间计算结果。图中彩色星号代表对应树种性状间存在显著相关关系

对于叶片经济性状与叶脉性状组间，在种间水平上，除了主叶脉长度和比叶面积以及主叶脉密度和叶片 N 含量间，其他叶片经济性状与叶脉性状间均存在显著相关关系（图 1.6）。在种内水平上，在主叶脉密度和比叶面积以及主叶脉长度和比叶面积之间，仅紫椴和色木槭存在显著相关关系（图 1.6A、C）；在细小叶脉密度和比叶面积以及主叶脉密度和叶片干物质含量之间，仅山杨、紫椴和色木槭存在显著相关关系（图 1.6B、E）；细小叶脉长度和比叶面积以及细小叶脉长度和叶片 N 含量在 5 种树种间均不存在显著相关关系（图 1.6D、P）；在细小叶脉密度和叶片干物质含量之间，仅白桦和紫椴存在显著相关关系（图 1.6F）；在主叶脉长度和叶片干物质含量以及细小叶脉长度和叶片干物质含量之间，仅色木槭存在显著相关关系（图 1.6G、H）；主叶脉密度和叶面积、主叶脉长度和叶面积以及细小叶脉长度和叶面积在 5 种树种间均存在显著相关关系（图 1.6I、K 和 L）；在主叶脉密度和叶片 N 含量以及细小叶脉密度与叶片 N 含量之间，仅紫椴存在显著相关关系（图 1.6M、N）；在主叶脉长度和叶片 N 含量之间，仅水曲柳和色木槭存在显著相关关系（图 1.6O）；在细小叶脉密度和叶面积之间，仅山杨、紫椴和五角槭存在显著相关关系（图 1.6J）。

1.1.3.3　土壤肥力对不同耐阴性树种叶功能性状的影响

叶片性状与土壤因子间的相关性：整体而言，在种间水平上，叶片经济性状和叶脉

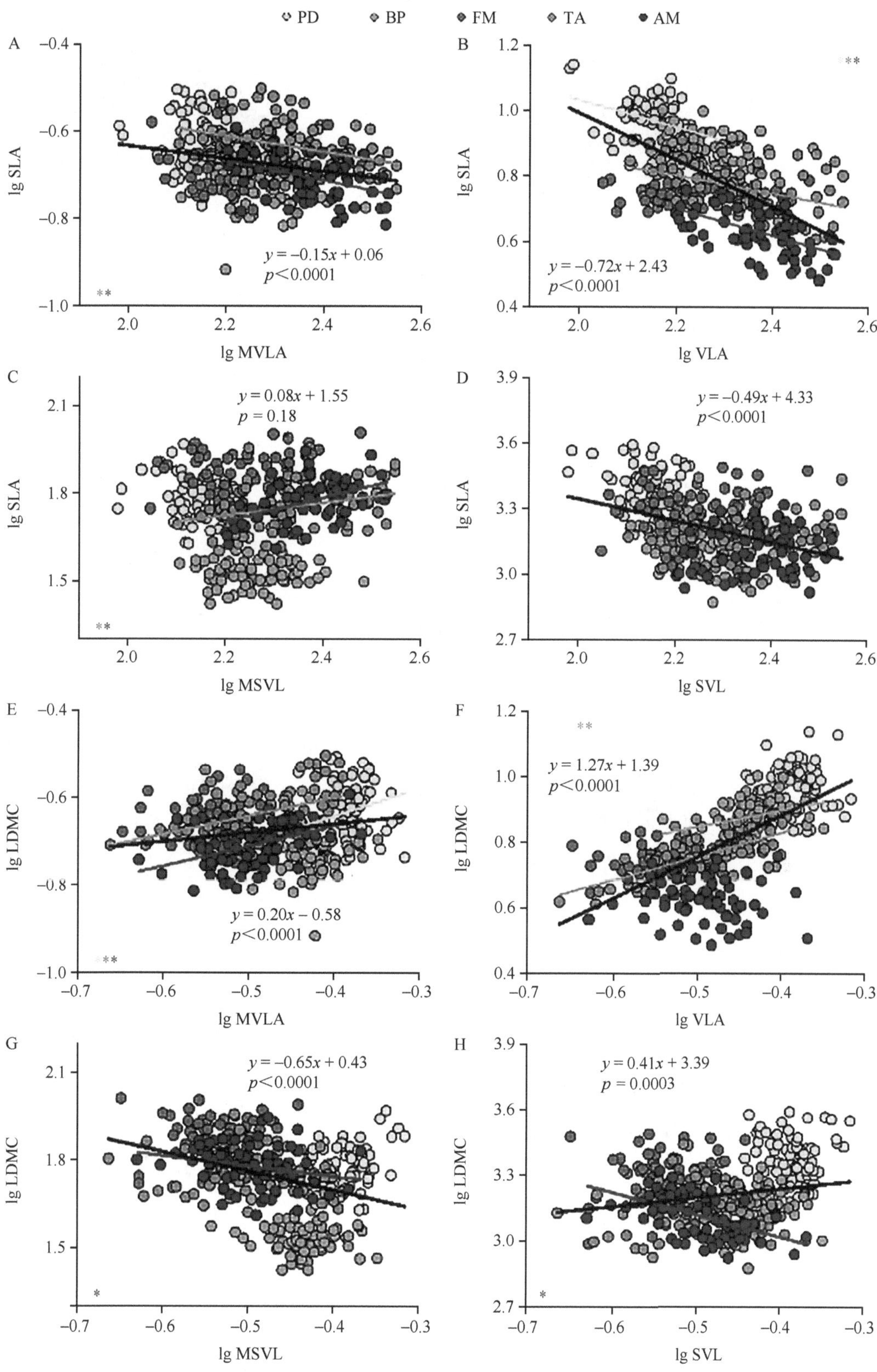

PD
BP
FM
TA
AM
A
lg SLA
lg MVLA
y = −0.15x + 0.06
p<0.0001
**
B
lg SLA
lg VLA
y = −0.72x + 2.43
p<0.0001
**
C
lg SLA
lg MSVL
y = 0.08x + 1.55
p = 0.18
**
D
lg SLA
lg SVL
y = −0.49x + 4.33
p<0.0001
E
lg LDMC
lg MVLA
y = 0.20x − 0.58
p<0.0001
**
F
lg LDMC
lg VLA
y = 1.27x + 1.39
p<0.0001
**
G
lg LDMC
lg MSVL
y = −0.65x + 0.43
p<0.0001
*
H
lg LDMC
lg SVL
y = 0.41x + 3.39
p = 0.0003
*

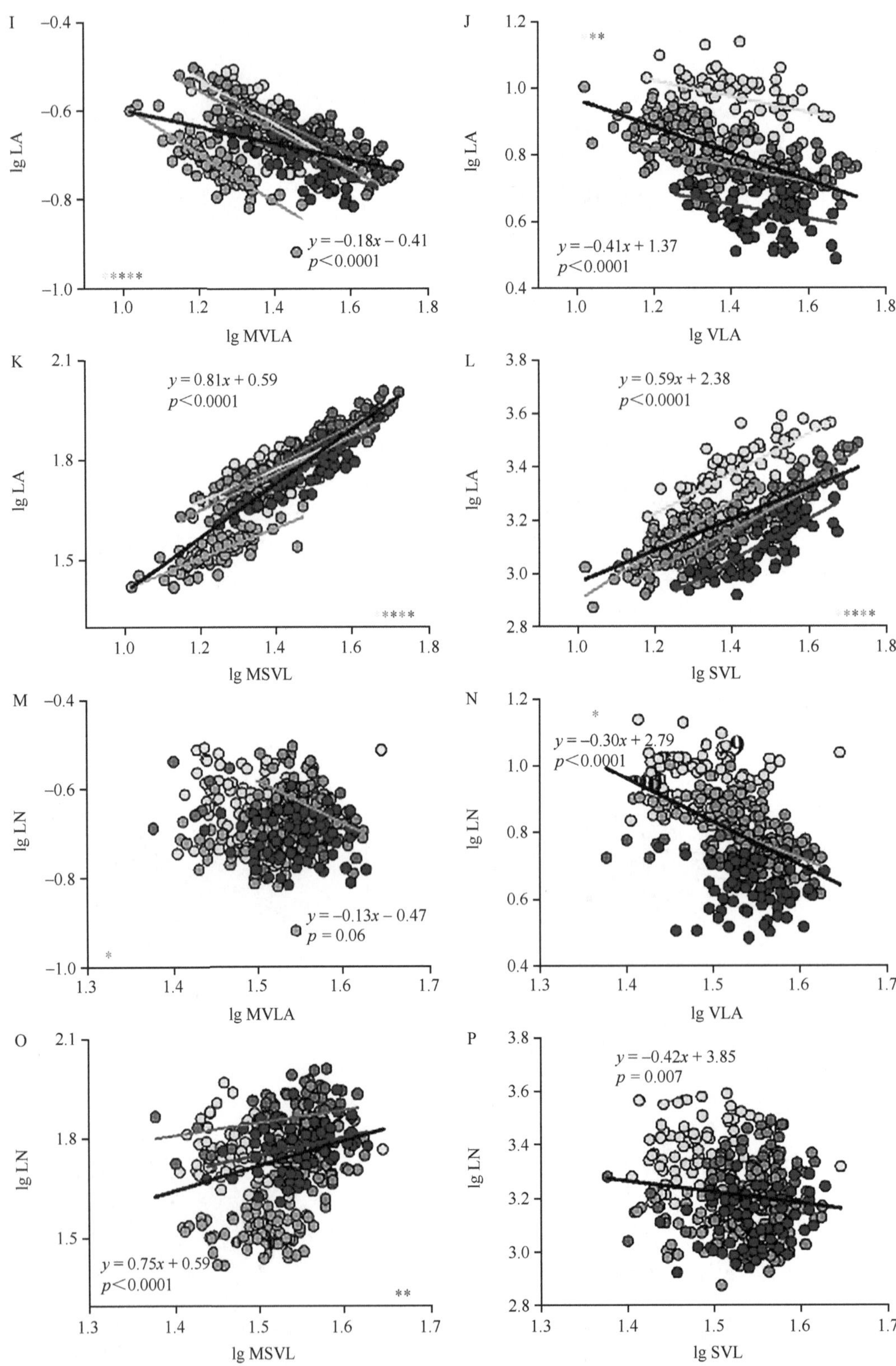

图 1.6　叶片经济性状与叶脉性状间的相关关系

彩色实线代表性状间在 $p<0.05$ 水平上存在显著相关关系，若性状间不相关，则该线条不显示。黑色实线代表性状在种间水平上存在相关关系，图中斜率和相关显著性为种间计算结果。图中彩色星号代表对应树种性状间存在显著相关关系

性状与土壤因子间的相关性几乎相同（图 1.7）。对于叶片经济性状，土壤全氮含量与比叶面积、叶片干物质含量以及叶片 N 含量显著相关，土壤全磷含量仅与叶面积显著相关，土壤 pH 仅与叶片干物质含量显著相关，土壤全碳含量和土壤含水量与所有叶片经济性状均不相关（图 1.7A～D）。土壤全氮含量解释了比叶面积、叶片干物质含量以及叶片 N 含量的最多变异，分别为 72.7%、55.3%和 65.1%；土壤全磷含量解释了叶面积的最多变异，为 78.0%（图 1.7A～D）。对于叶脉性状，土壤全碳含量与所有叶脉性状均不相关，土壤全氮含量及土壤 pH 均仅与主叶脉密度显著相关，土壤全磷含量与主叶脉密度、细小叶脉密度以及主叶脉长度显著相关，土壤含水量仅与细小叶脉密度显著相关（图 1.7E～H）。土壤 pH 解释了主叶脉密度的最多变异，为 36.9%；土壤全磷含量解释了细小叶脉密度和主叶脉长度的最多变异，分别为 56.4%和 64.7%（图 1.7E～H）。对比种间水平及种内水平叶片性状与土壤因子间的相关关系，种内水平叶片性状与土壤因子间相关性明显强于种间水平（图 1.7，表 1.4）。其中，山杨和色木槭叶片性状与土壤因子表现出比白桦、水曲柳以及紫椴叶片性状与土壤因子更强的相关性。

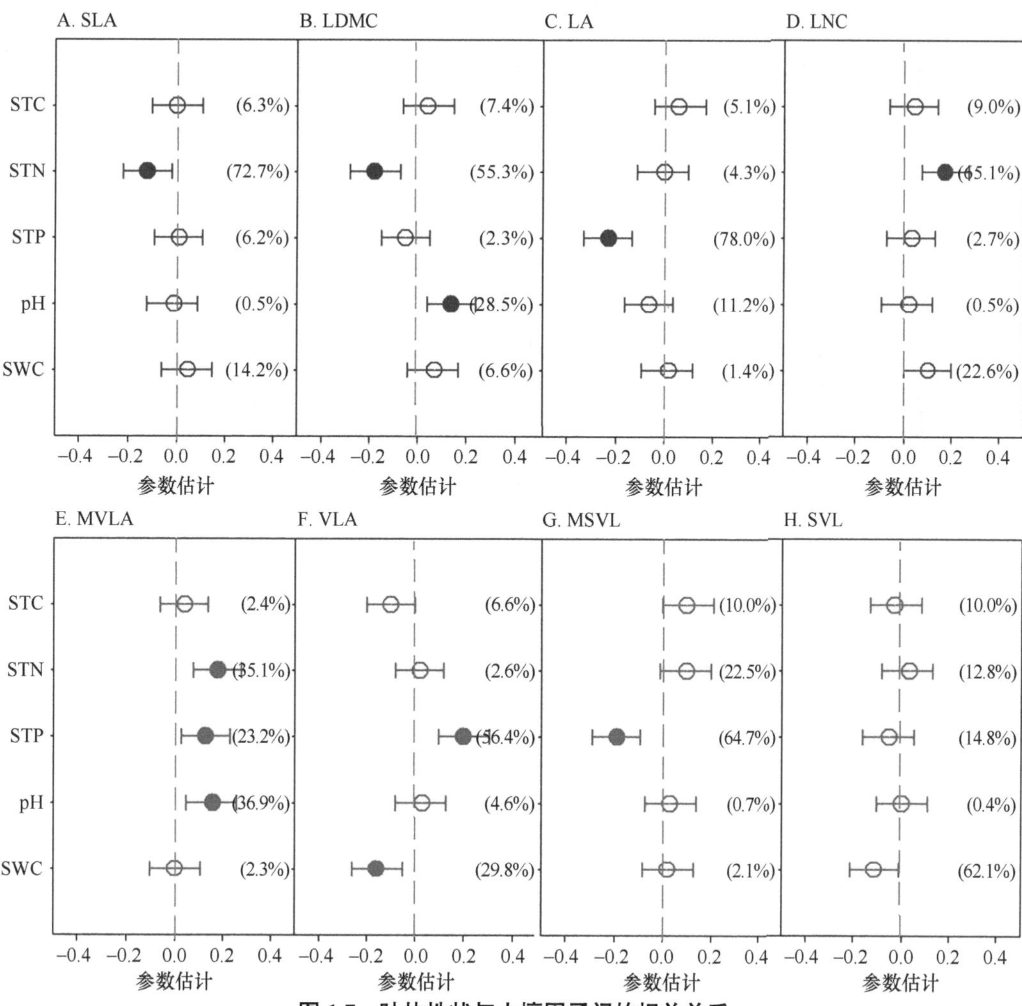

图 1.7　叶片性状与土壤因子间的相关关系

实心圆圈代表叶片性状与土壤因子间存在显著相关关系（$p<0.05$），空心圆圈代表叶片性状与土壤因子间不存在显著相关关系（$p>0.05$）。括号中的数字为不同土壤因子对该叶片性状变异的解释比例

表 1.4 种内水平上叶片性状与土壤因子间的相关关系

树种缩写	叶片性状	土壤因子				
		STC	STP	STN	pH	SWC
PD	SLA	−0.02	−0.83	**−15.28**	**−8.14**	−15.61
	LDMC	0.0001	−0.0003	−0.01	0.01	0.04
	LA	−0.004	**−1.06**	**−6.57**	−1.33	**16.25**
	LNC	0.003	**0.54**	**4.44**	**−3.96**	**7.95**
	MVLA	**−0.0002**	0.002	**0.03**	0.01	**−0.12**
	VLA	**−0.01**	**0.24**	**3.35**	−0.39	−1.88
	MSVL	−0.04	**−1.65**	−6.46	−0.51	4.29
	SVL	−2.65	−29.7	315.5	−246.4	926.7
BP	SLA	0.09	1.25	**33.66**	5.17	27.06
	LDMC	−0.001	0.0004	**−0.03**	0.002	0.02
	LA	−0.01	0.03	−2.63	−0.77	−3.45
	LNC	0.004	0.08	1.03	0.09	−1.10
	MVLA	**−0.0001**	0.001	**0.02**	−0.006	**0.03**
	VLA	−0.003	−0.01	0.20	**−0.36**	−0.94
	MSVL	0.003	**0.32**	−1.63	**−2.52**	0.54
	SVL	**−1.35**	−0.18	−177.50	**−117.17**	**−396.28**
FM	SLA	0.01	0.39	−21.27	**12.08**	−53.04
	LDMC	0.0003	−0.0009	−0.002	−0.003	**0.06**
	LA	**0.09**	**−0.61**	−3.89	0.23	**22.03**
	LNC	0.01	**0.25**	−0.25	0.67	6.48
	MVLA	**−0.003**	0.002	0.006	0.005	**−0.09**
	VLA	0.001	0.01	−0.18	0.09	−0.89
	MSVL	**0.14**	−0.65	−8.1	**3.40**	22.67
	SVL	**4.74**	−27.78	−290.50	48.65	856.80
TA	SLA	0.13	2.68	**91.31**	**−23.13**	−18.39
	LDMC	0.0009	0.01	0.04	**0.02**	**0.14**
	LA	−0.008	−0.25	−3.77	1.41	−0.01
	LNC	−0.01	**−0.43**	**−2.52**	**0.74**	**−6.56**
	MVLA	0.0001	**0.005**	**0.04**	−0.01	0.05
	VLA	**0.01**	0.10	0.06	**0.38**	0.46
	MSVL	0.02	0.56	0.65	0.76	11.72
	SVL	1.05	3.63	−189.4	**173.55**	28.94
AM	SLA	−0.09	**−4.30**	24.76	**−12.98**	−17.50
	LDMC	**0.003**	0.001	−0.02	**0.02**	**0.18**
	LA	**−0.04**	**−0.67**	1.99	**−3.98**	**−14.02**
	LNC	−0.008	−0.12	−0.66	**−1.64**	−1.41
	MVLA	**0.0002**	−0.0002	0.004	0.004	**0.07**
	VLA	**−0.003**	**0.05**	−0.02	0.09	**−2.35**

续表

树种缩写	叶片性状	土壤因子				
		STC	STP	STN	pH	SWC
	MSVL	−0.04	**−1.39**	6.04	**−6.68**	−5.51
	SVL	**−3.22**	−16.74	117.41	**−155.49**	**−1365.00**

注：加粗字体表示叶片性状与土壤因子间存在显著相关关系（$p<0.05$）。

叶片性状可塑性与土壤因子间的相关性：在种间水平上，对于叶片经济性状可塑性，除土壤全碳含量与叶片干物质含量可塑性间存在显著相关关系外，其余土壤因子与叶片经济性状可塑性均不相关（图 1.8A～D）。对于叶脉性状可塑性，除土壤全碳含量与细小叶脉密度可塑性、土壤全碳含量与主叶脉长度可塑性以及土壤 pH 与主叶脉长度可塑性显著相关外，其余土壤因子与叶脉性状可塑性均不相关（图 1.8E～H）。种内水平相

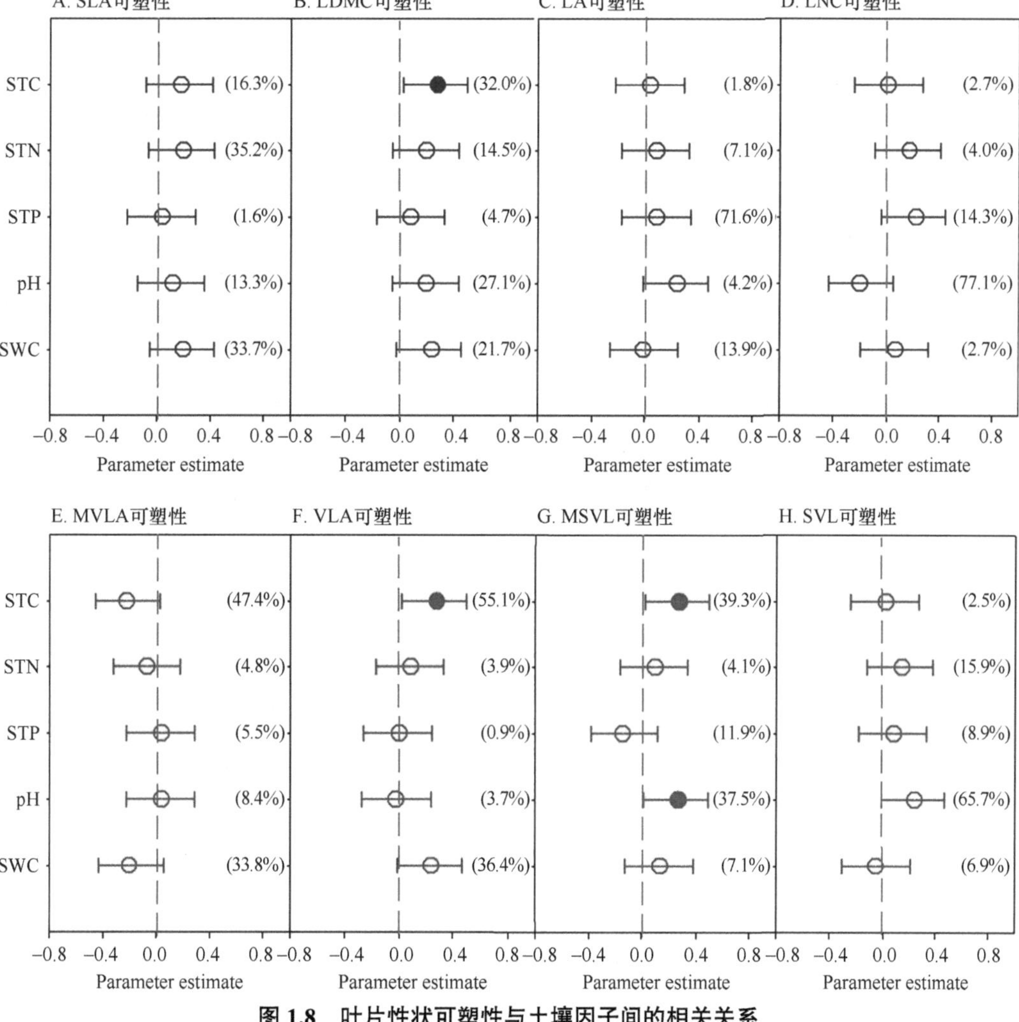

图 1.8　叶片性状可塑性与土壤因子间的相关关系

实心圆圈代表叶片性状可塑性与土壤因子间存在显著相关关系（$p<0.05$），空心圆圈代表叶片性状可塑性与土壤因子间不存在显著相关关系（$p>0.05$）。括号中数字为不同土壤因子对该叶片性状变异可塑性的解释比例

关性略弱于种间水平（图 1.8，表 1.5）。对于山杨，土壤 pH 与细小叶脉长度可塑性、土壤含水量与细小叶脉密度可塑性显著正相关；对于白桦，土壤全碳含量、土壤全磷含量与叶片干物质含量可塑性显著正相关；对于水曲柳，土壤全碳含量与主叶脉密度可塑性显著负相关，土壤全氮含量与叶面积可塑性显著正相关；对于紫椴，土壤全碳含量与比叶面积可塑性、细小叶脉密度可塑性显著正相关，土壤全氮含量与主叶脉长度可塑性显著正相关；对于色木槭，土壤全氮含量与比叶面积可塑性、叶面积可塑性、主叶脉密度可塑性、细小叶脉密度可塑性以及主叶脉长度可塑性显著负相关（表 1.5）。

表 1.5 种内水平上叶片性状可塑性与土壤因子间的相关关系

树种缩写	叶片性状可塑性	土壤因子				
		STC	STP	STN	pH	SWC
PD	SLA 可塑性	−0.01	−0.95	1.60	−0.07	−5.47
	LDMC 可塑性	−0.01	−0.49	1.65	1.99	3.29
	LA 可塑性	0.04	−0.38	4.26	8.65	−6.39
	LNC 可塑性	0.02	0.29	5.14	1.09	10.51
	MVLA 可塑性	0.01	1.25	6.50	0.61	3.29
	VLA 可塑性	0.07	0.65	6.66	−2.56	**33.83**
	MSVL 可塑性	0.07	−0.73	−8.46	7.75	10.63
	SVL 可塑性	−0.03	−0.52	0.14	**8.81**	−25.44
BP	SLA 可塑性	0.08	1.86	11.65	−2.22	25.66
	LDMC 可塑性	**0.09**	**2.06**	12.25	−1.10	17.65
	LA 可塑性	−0.02	−0.31	7.79	0.02	−7.00
	LNC 可塑性	0.04	0.74	10.29	−2.14	15.91
	MVLA 可塑性	−0.05	−0.64	8.13	0.33	−13.92
	VLA 可塑性	0.08	0.88	13.84	1.20	12.61
	MSVL 可塑性	0.03	0.23	1.68	−0.25	4.69
	SVL 可塑性	−0.001	0.06	−3.26	0.45	4.97
FM	SLA 可塑性	0.05	0.58	8.57	4.61	−22.82
	LDMC 可塑性	0.04	0.09	−1.52	4.48	−18.49
	LA 可塑性	−0.03	0.71	**22.58**	1.10	−39.05
	LNC 可塑性	−0.07	0.004	5.19	−1.80	−31.63
	MVLA 可塑性	**−0.07**	−0.29	2.4	−0.78	−15.99
	VLA 可塑性	−0.01	−0.08	0.12	0.17	−15.38
	MSVL 可塑性	0.09	0.82	7.12	3.09	10.16
	SVL 可塑性	0.004	1.07	13.59	4.52	−20.21
TA	SLA 可塑性	**0.16**	3.05	13.91	0.77	30.27
	LDMC 可塑性	0.04	1.21	−3.68	2.26	14.33
	LA 可塑性	−0.08	−1.25	16.27	−3.25	−4.88
	LNC 可塑性	0.01	0.21	−4.68	−1.17	2.76
	MVLA 可塑性	−0.06	−1.03	6.94	−1.09	−1.81
	VLA 可塑性	**0.08**	1.52	1.15	−0.12	19.31

续表

树种缩写	叶片性状可塑性	土壤因子				
		STC	STP	STN	pH	SWC
AM	MSVL 可塑性	−0.05	−0.98	**14.58**	−2.51	−8.97
	SVL 可塑性	−0.03	−0.76	11.11	−2.43	−5.41
	SLA 可塑性	−0.03	0.81	**−21.72**	0.94	−24.73
	LDMC 可塑性	−0.01	−0.10	−1.87	−0.28	−5.36
	LA 可塑性	0.12	1.87	**−28.05**	9.09	43.38
	LNC 可塑性	−0.03	−0.09	4.97	−0.42	−8.37
	MVLA 可塑性	0.03	0.75	**−13.33**	2.42	4.27
	VLA 可塑性	−0.004	0.12	**−11.81**	−1.05	0.43
	MSVL 可塑性	0.06	0.74	**−19.99**	3.82	19.67
	SVL 可塑性	0.05	0.77	−5.33	2.92	9.6

注：加粗字体表示叶片性状可塑性与土壤因子间存在显著相关关系（$p<0.05$）。

1.1.4　讨论

1.1.4.1　不同耐阴性树种叶功能性状变异格局

植物叶功能性状值在种间及种内水平的变异，常被用来预测植物资源获取策略以及衡量植株对异质环境适应能力的高低（Valladares and Niinemets，2008；Poorter et al.，2018）。对于叶片经济性状，耐阴性树种具有更大的比叶面积、更低的叶片干物质含量以及更高的叶片 N 含量（图 1.1A、B 和 D），这与以往大部分相关研究结果具有一致性（Niinemets and Kull，1994；King，2003）。较大的比叶面积往往对应着较薄的叶片、更大的叶面积以及更低的叶片干物质含量，这种性状值水平有益于植株增大光吸收面积、减少叶片构建成本，并可通过增加低辐照度下单位叶片生物量的碳增益来提高树种遮阴耐受程度（Givnish，1988），以提高植株对光限制环境的适应能力。此外，耐阴性树种具有较高的叶片 N 含量，这与 Delagrange（2011）在展叶早期和中期的研究结果一致，研究认为，耐阴性树种具有更高的叶片 N 含量可能与比叶质量（比叶面积的倒数）有关，随着比叶质量的增加，叶片密度及叶体积增加，导致叶片 N 含量增加（Poorter et al.，2009）。此外，研究结果显示，耐阴性树种的资源利用策略表现为获取型（较大的比叶面积及较高的叶片 N 含量），但这似乎与全球叶片经济谱所预示的结果有所冲突：全球叶片经济谱表明，喜光树种（即非耐阴性树种）通常具有较大的比叶面积（Wright et al.，2010），从而表现出获取型资源利用策略。这种树种耐阴性与比叶面积之间相关性的差异可能是植株生活史阶段的不同造成的（Bazzaz，1979；Liu et al.，2020）。随着树木的生长，重力对叶片水势和膨压的影响发生改变。此外，比叶面积被认为与叶片生长高度有关，因此从幼苗研究中得出的相关结果可能不适用于植株其他生活史阶段。

耐阴性树种的叶脉性状所代表的植株资源利用策略与叶片经济性状有所差异（图 1.1E～H），这在一定程度上暗示着叶片经济性状和叶脉性状存在一定的独立变异空间。非耐阴性树种具有较高的叶脉性状值，较高的叶脉密度有助于提高植株气体交换速率、水分输送能力，同时对降低叶片细小损伤、叶脉堵塞和食草动物损伤的风险亦具有重要作用（Sack et al.，2006）。具有较高叶脉密度的叶片通常需要额外的建设成本，然而，耐阴性树种由于生长资源有限，无法承担高昂的建设成本，因此表现出较低的叶脉密度。细小叶脉长度越大，叶片所承载的最大养分量或水分量越高（Kevin et al.，2009）。因此，对于非耐阴性树种而言，较大的细小叶脉长度有利于支撑叶片高光合效率及水分运输效率。主叶脉长度与叶片构建成本密切相关，主叶脉长度越大，叶片构建成本越高。对于耐阴性树种而言，将资源过多地分配到叶脉系统构建中并不能使叶片获得更多收益，因而不是最“经济”的方式，这可能是耐阴性树种主叶脉长度较小的原因。综上所述，叶脉性状值随树种耐阴性增强呈现下降趋势可能与资源配置的优化策略有关。

此外，对于叶片经济性状，比叶面积和叶片干物质含量变异系数均随树种耐阴性增强而增加，这意味着非耐阴性树种性状可能较耐阴性树种更具稳定性。此外，耐阴性树种具有更大的性状变异系数可能与叶片光吸收有关，更大的性状变异范围可提高其对不同资源环境特别是光环境的适应能力（Niinemets et al.，1998）。对于叶脉性状，主叶脉密度变异系数随树种耐阴性增强而减小（图 1.1E），而其他性状并未呈现类似规律。研究结果暗示，通过调节主叶脉密度来改变叶片构建成本的能力可能是非耐阴性树种资源策略调整的主要途径。不同耐阴性树种影响性状变异的主要因子也存在差异（图 1.2）。例如，对于非耐阴性树种山杨而言，个体解释了除叶片 N 含量和细小叶脉密度外所有性状的最多变异，这可能是因为非耐阴性树种在整个生活史阶段生存环境变异较大（Rozendaal et al.，2006），导致个体水平植株性状发生较大改变；而对于其他耐阴性水平的树种而言，其性状变异来源并不一致，主要变异因子因性状不同而存在差异。研究结果暗示，在分析性状变异来源时应着重考虑性状分类。

1.1.4.2 不同耐阴性树种叶功能性状的协作机制及植物适应策略

研究结果证明，树种对环境的适应机制在不同耐阴性树种间存在显著性差异（图 1.3）：非耐阴性树种的叶片经济性状和叶脉性状间存在解耦关系，随树种耐阴性增强，这两组性状间关系转变为耦合关系，且这种耦合关系随树种耐阴性增强而逐渐加强。研究结果支持了第一个假设，即树种耐阴性可显著改变叶片经济性状与叶脉性状之间的相关关系，且非耐阴性树种两组性状间表现出解耦关系，而耐阴性树种两组性状间表现出耦合关系。研究结果强调了叶片性状的多维性在适应环境变化中的重要作用。

在不同耐阴性树种间均发现了两个独立的叶片性状维度（图 1.3，表 1.3）。其一为叶片经济性状维度，主要以比叶面积和叶片 N 含量间的正相关关系为代表，通常用于描述具有“快速”或“慢速”投资收益型叶片的树种（Wright et al.，2004）。比叶面积代表了叶片单位面积的干物质投资效率，而叶片氮元素是叶片光合作用相关蛋白质的组成部分，因此叶片经济性状轴代表了树种从资源保守型策略（小比叶面积和低叶片 N 含量）向资源获取型策略（大比叶面积和高叶片 N 含量）的转变。其二为叶脉性状维度，描述了叶脉性状由小主叶脉长度、小细小叶脉长度向高主叶脉密度、高细小叶脉密度进行转变（图 1.3，表 1.3），因此叶脉性状轴表征了叶片在水分运输效率与叶片构建成本间的权衡。叶片经济性状与叶脉性状的耦合或解耦关系在不同的研究中均有发现。例如，Sack

和 Holbrook（2006）、Dunbar-Co 等（2009）、Nardini 等（2004）以及 Blackman 等（2016）均发现了类似的相关关系，且 Li 等（2015）认为这种解耦关系可能是因为叶片经济性状主要分布在栅栏组织中、叶脉性状主要分布在海绵组织中，此外，他们认为两组性状进化轨迹上的差异也可能是这两组性状间解耦关系的另一主要原因。而本研究所展现的性状间耦合关系与在子午岭林区 47 个木本物种（Yin et al.，2018）和山杨（Blonder et al.，2013）中的发现类似。整体而言，对于非耐阴性树种，这两组性状间的解耦关系为植物提供了更多变异的可能，有利于植株适应复杂的生存环境；而对于耐阴性树种，叶片经济性状与叶脉性状之间的耦合关系可能是植物提高资源利用效率以及植物在遮光条件下更经济的资源利用方式。此外，对于不同的耐阴性树种，叶片经济性状和叶脉性状之间相关性的差异，在一定程度上代表了叶片光捕获和水分传导之间潜在权衡的改变。

性状间相关关系与植株生存策略密切相关。在叶片经济性状组内，随着比叶面积增加，叶片干物质含量逐渐降低，而叶面积、叶片 N 含量逐渐增加（图 1.4A～C）。比叶面积反映了叶片光捕获潜力，比叶面积越大，光合能力越强，但相应地叶片失水也会越多（Tian et al.，2016）；而叶片干物质含量表征了叶片含水量，叶片干物质含量越高，叶片含水量就越低，因此二者间表现出负相关关系；对于叶片 N 含量，由于叶片氮与核酮糖-1,5-双磷酸（RuBP）羧化酶和叶绿素之间都有很强的线性关系，随着单位叶面积氮元素含量的增加，叶片类囊体中总氮的比例保持不变，可溶性蛋白中总氮的比例增加，因此叶片光合作用能力增强，这可能是比叶面积与叶片 N 含量间表现为正相关关系的原因；叶面积直接影响叶片接受光照的面积，光照面积越大，叶片光合潜力就越高，比叶面积也相应增加。叶片干物质含量与叶面积以及叶片 N 含量间存在显著负相关关系（图 1.4D、E）。较高的叶片干物质含量暗示叶片细胞之间空间小，气体扩散阻力大（Liu et al.，2019b），此时较小的叶面积有助于降低水分等传输阻力，这可能导致两种性状间表现出负相关关系；此外，随着叶片干物质含量的增加，叶片内 N 浓度被稀释，因此随着叶片干物质含量增加，叶片 N 含量降低。

在叶脉性状组内，主叶脉密度与细小叶脉密度间存在显著正相关关系（图 1.5A），这与 Roth-Nebelsick 等（2001）的研究结果具有一致性。在土壤含水量较低的地区，由于环境中水分亏缺，植株减小叶片面积并增加叶厚以减少水分散失，但这一过程往往导致叶片木质部栓塞风险提高，叶片水分运输阻力变大，故叶片增加叶脉密度以增加叶片水分运输路径，提高水分运输效率（Sack et al.，2013）。主叶脉密度为主叶脉长度与叶面积的比值，以往的研究表明，主叶脉长度与叶片大小间存在显著正相关关系，故对于一定面积大小的叶片而言，主叶脉密度与主叶脉长度间存在正相关关系（Sack et al.，2013）。本研究结果在种间水平与以往的研究结果一致，但种内水平研究结果与之相反（图 1.5B），这可能与种内水平叶脉性状具有较高水平变异有关。此外，主叶脉密度与细小叶脉长度以及细小叶脉密度与主叶脉长度间均存在负相关关系（图 1.5C、D）、细小叶脉密度与细小叶脉长度间存在显著正相关关系（图 1.5E）。但本研究结果与以往的许多研究结果并不一致，以往的研究认为，由于细小叶脉的发育特点（在叶片快速展叶期间逐渐开始发育，并且在达到最大值后不再增加），其与叶面积间并不存在显著相关关系（Sack et al.，2012；Taneda and Terashima，2012），因此细小叶脉密度与细小叶脉长度间的相关关系可能更多地受到采样时间的影响。主叶脉一般与叶片构建成本密切相关，因部分细胞具有较厚细胞壁（Poorter et al.，2009），其主要功能为叶片支撑以避免物理损伤等；而细小叶脉虽然占据较大比例，但其主要功能为水分运输，并不需要消耗大量碳进行叶脉构建（Li et al.，2015），故主叶脉长度与细小叶脉长度反映了叶片构建成本与水分运输效率间的权衡。然而，在本研究中，主叶脉长度与细小叶脉长度呈正相关关系，这可能是叶片为适应所处环境所做出的生存策略的改变。

叶片经济性状及叶脉性状间的相关关系：比叶面积与主叶脉密度、细小叶脉密度以及叶片 N 含量与细小叶脉密度间均存在显著负相关关系（图 1.6A、B、N）。较小的比叶面积和较低的叶片 N 含量往往对应较大的叶脉密度，这意味着植株叶片单位质量的叶面积投资较少，而用于叶片构建和叶片防御等的资源投资更多，比叶面积和叶片 N 含量与叶脉密度间的负相关关系与以往的研究结果具有一致性（陈静等，2020）。叶片 N 含量与主叶脉长度间存在显著正相关关系（图 1.6O），一般地，主叶脉调控叶片水分和养分的远距离输送，叶片较高的 N 含量往往对应较高的光合速率，而较强的叶片光合能力和较高的碳同化率往往与高需求的叶片水分和养分运输有关，较大的主叶脉长度为叶片输送大量水分和营养物质提供了通路，因此二者间表现出显著相关关系。此外，主叶脉长度发育往往与叶面积密切相关，这可能是二者间存在正相关关系的原因之一。而比叶面积、叶片 N 含量与细小叶脉长度间均存在负相关关系（图 1.6D、P），这与以往的研究结果不一致，这可能是因为细小叶脉长度与叶面积间并不存在稳定线性关系，所以研究结果相反。叶片干物质含量与主叶脉密度、细小叶脉密度以及细小叶脉长度间存在正相关关系（图 1.6E、F 和 H），叶片干物质含量代表了叶片单位质量投资成本（Ji et al.，2021），叶脉密度越大，叶片碳投资就越高，因此叶片干物质含量与叶脉密度间存在显著正相关关系。然而，叶片干物质含量与主叶脉长度间存在负相关关系，这说明叶片干物质含量与主叶脉长度及细小叶脉长度间相关关系仍无定论，需进一步研究。叶面积与主叶脉长度间存在正相关关系（图 1.6K），叶面积越大，其所需的叶片支撑成本越高，而主叶脉长度与叶片支撑、叶型构建等密切相关。主叶脉密度与叶面积间的负相关关系与 Sack 等（2012）的研究结果具有一致性；熊映杰等（2022）对浙江宁波天童国家森林公园内叶片大小差异较大的 38 种阔叶木本植物的研究结果也表明，较小叶片往往比较大叶片具有更高的主叶脉密度。叶面积与主叶脉密度及主叶脉长度间的相关关系在种间水平及种内水平具有一致性（图 1.6I、K），说明这种相关关系在种间水平或种内水平具有稳定性。此外，叶面积与细小叶脉长度间同样具有正相关关系（图 1.6L），叶面积与细小叶脉密度间具有负相关关系（图 1.6J）。较小的叶面积对应较高的细小叶脉密度，这可能降低恶劣环境中叶片木质部栓塞等的风险，提高叶片抗干旱或其他恶劣气候条件的能力；而较大的叶面积对应较大的细小叶脉长度，这有利于提高叶片整体输送水分总含量，因此这种相关关系对维持植物光合作用、蒸腾作用等具有重要意义（Nardini et al.，2004）。然而，有研究表明，叶面积与细小叶脉密度并不存在显著相关关系，因为在叶片发育过程中，细小叶脉达到最大直径的速度与叶片发育速度并不一致（Sack et al.，2012）。这与本研究结果并不一致，因此叶面积与细小叶脉密度的相关关系仍需进一步研究。

1.1.4.3　土壤肥力对不同耐阴性树种叶功能性状的影响及植物适应策略

在种间水平上，植株叶片经济性状与土壤因子间的相关性和叶脉性状与土壤因子间的相关性几乎相等。对于叶片经济性状，叶片干物质含量与土壤因子间的相关性强于其他 3 种叶片经济性状与土壤因子间的相关性（图 1.7A～D）。这与 Laughlin 等（2010）和 de Frenne 等（2011）认为的比叶面积比其他性状更能预测土壤肥力的观点不一致，但本研究结果支持 Hodgson 等（2011）的观点，即叶片干物质含量与土壤肥力以及植株生长速度间的相关关系较比叶面积更清晰，故叶片干物质含量应为指示土壤肥力的首选因子。比叶面积与土壤全氮含量之间呈显著负相关关系，这与以往的研究并不一致（Liu et al.，2023），可能与采样地点位于中国东北地区有关，不同研究中气候差异可能是导致比叶面积与土壤养分因子相关性不同的原因。本研究还发现，叶片干物质含量与土壤全氮含量之间呈负相关关系，这表明在贫瘠土壤中叶片保存更多有机质对植物的生存具有重要意义（Jager et al.，2015）。此外，以往的研究表明，土壤养分通常与叶片养分含量相对应（Ordoñez et al.，2009；Fan et al.，2015）。本研究结果同样符合这一研究结论，如土壤全氮含量与叶片 N 含量存在正相关关系；然而，对于土壤全碳含量和土壤全磷含量，叶片 N 含量并没有表现出类似的研究结果（图 1.7D）。土壤全磷含量与叶面积之间存在显著负相关关系，此外，以往的研究表明，土壤 pH 越大，植物养分利用效率越高，植株通常表现出较高的叶片 N 含量和较低的叶片干物质含量。然而，本研究结果与此并不一致，这一定程度上可能与当地地形因子等非生物因素有关（Jenny，1994）。

对于叶脉性状，土壤全氮含量和土壤 pH 与主叶脉密度之间均存在显著正相关关系（图 1.7E）。在养分含量较高和养分利用率较高的地区，植株光竞争增强（Zheng and Ma，2018），叶面积变大以提高植株适应低光环境的能力。随着叶片展开，叶面积增加，植株主叶脉密度亦增加（Sack et al.，2012），而较高的主叶脉密度有助于延长叶片寿命（Sack et al.，2013），这对于处于低光环境中的植株亦为一种较为“经济”的生存策略。主叶脉密度和细小叶脉密度随土壤全磷含量增加而提高，一定程度上是由于生长于高磷土壤中的物种叶片往往具有较高的 P 含量，因此叶片在给定叶片 N 含量时具有较高的羧化能力，从而具有更强的光合作用潜力，而较高的细小叶脉密度可为植物提供更高的水分运输效率，为植物光合作用提供充足水分（Sack et al.，2013）；在土壤含水量较高的地区，植物叶片面积较大、光合作用较强，植株将更多的资源用于叶片单位面积光合效率的提高（Niinemets，2001；Wright and Westoby，2002），而对于叶脉构建方面的资源投资减少，因此细小叶脉密度与土壤含水量间表现出负相关关系。主叶脉长度随土壤全磷含量的增加而减小，这可能是因为主叶脉构建需要消耗大量的碳，而在磷资源丰富的地区，植株将更多的资源投资到与光合相关的叶片结构中更有利于生长和生存，故减少了主叶脉构建投资。对于叶片经济性状和叶脉性状，主导性状变异的主要土壤因子也有所不同，这暗示着不同的土壤因子在不同性状变异中发挥着不同的作用。

在性状可塑性方面，在种间水平上，土壤全碳含量与叶片干物质含量可塑性、细小叶脉密度可塑性以及主叶脉长度可塑性之间存在显著正相关关系，这暗示着叶片干物质含量、细小叶脉密度以及主叶脉长度随土壤全碳含量增加具有较大变异范围；主叶脉长度可塑性随土壤 pH 的增加而增大，说明叶片大小可能对土壤酸碱环境变化高度敏感。而在其他性状可塑性方面，其与土壤因子间均无显著相关关系，说明这几种性状可塑性随土壤肥力梯度增加并无显著变化规律。而在种内水平上，性状可塑性与土壤因子间相关性略强于种间水平（图 1.8，表 1.5）。研究结果表明，在种内水平上，性状可塑性在指示土壤肥力变化时应予以重视。

1.1.5 小结

本研究通过对 5 种不同耐阴性树种的叶片经济性状、叶脉性状以及 5 种土壤因子进行研究，分析了植株叶功能性状在不同耐阴性树种间的变异及权衡规律，同时分析了叶功能性状与土壤因子间的相关关系。研究表明，叶片性状随树种耐阴性的增强呈现明显的变异规律，同时叶片经济性状与叶脉性状间的相关关系依赖于树种耐阴性。例如，对于非耐阴性树种山杨，两组性状表现出解耦关系；而对于中等及较耐阴树种，两组性状表现出耦合关系。植株叶片性状在叶片经济性状组内、叶脉性状组内以及叶片经济性状与叶脉性状组间均存在显著相关关系，但种内相关关系与种间相关关系并不始终一致。部分叶片经济性状及叶脉性状与土壤因子间存在相关关系，然而，性状可塑性与土壤因子间相关关系弱于性状与土壤因子间相关关系。主导性状变异的主要土壤因子有所差异。研究结果表明，植株叶片性状的变异可能受局部非生物因子的影响，在量化生态系统功能和群落组成随土壤肥力梯度变化时，应考虑不同土壤因子对性状的相对影响程度。本研究结果为不同耐阴性树种的生态策略差异研究提供了直接依据。

1.2 耐阴性对叶枝根化学计量学特征的影响

C、N、P 是构成生命的重要元素。生态化学计量学是主要研究生态过程中多种元素相互平衡的科学，涵盖了分子、个体、种群、群落、生态系统等多个尺度，是研究生物地球化学循环的重要手段（Elser et al.，2000b）。植物是构成陆地生态系统的主体，植物体内化学计量学特征变异分析有助于了解植物本身与陆地生态系统结构和功能的关系，以及预测其动态变化（Iida et al.，2011；Fraver et al.，2014）。因此，生态化学计量学特征是多种生态过程模型的重要参数。从植物群落角度出发，植物个体内化学计量学特征的变异受到植物与植物、植物与环境间漫长适应与进化过程的影响，逐渐形成了相对稳定的物种组成与结构（Méndez and Karlsson，2005；Watanabe et al.，2007）。光是生态系统中重要的限制性资源，而群落内共存物种对光的需求差异是生态系统动力学和群落生态学的重要内容（Givnish，1988；Niinemets，1997）。因此，从生态化学计量学角度探究不同耐阴性树种间的化学计量学特征变异，对深度剖析其生长策略的变异具有重要生态学意义。

本节选取中国东北地区阔叶红松林主要分布区 6 种共存阔叶树种为研究对象（王业蘧等，1994），采集了叶片、枝条和细根样本及其相应土壤因子，测量其 C、N、P 含量，并计算相应的化学计量比碳氮比（C：N）、碳磷比（C：P）和氮磷比（N：P），拟解决以下问题。

（1）阔叶红松林样地带主要树种的叶片、枝条和细根的化学计量学特征是否随树种耐阴性变化存在一定变异格局？

（2）不同耐阴性树种器官间的养分分配是否存在差异？这一差异是否受到树种耐阴性的调控？

（3）土壤因子对不同耐阴性树种器官的化学计量学特征变异的调控是否一致？趋同还是趋异？

1.2.1　研究背景

1.2.1.1　生态化学计量学研究概况

生态化学计量学是将生态学、化学、数学等学科知识融合在一起的科学，主要探究生态系统多重养分元素间的平衡关系，已成为生物地球化学循环和生态学研究强有力的工具之一（Elser et al.，2000a；曾德慧和陈广生，2005；Yu et al.，2011）。在陆地生态系统中，C、N、P 作为植物的基本组成化学元素，不仅是植物生长、养分循环以及全球生物地球化学循环的主体，还在植物生长和各种生理调节过程中发挥着重要作用（Sterner and Elser，2002；Minden and Kleyer，2014；Zhao et al.，2020）。C 是构成植物体的基本结构、植物体内合成碳水化合物的最主要的元素；N 在合成蛋白质、氨基酸、叶绿素和核酸等物质方面发挥着重要作用，素有“生命元素”之称；P 则是植物合成糖类、核苷酸和酶的重要组成成分（Marschnert et al.，1997；Tang et al.，2018）。这些元素在植物生长和各种复杂的生理生态过程中具有重要作用，具有不可替代性。C、N、P 三者的比例关系反映了植物本身的养分水平、植物对养分元素的需求和利用状况。例如，C：N、C：P 表征植物利用 N 或 P 养分构建生物量的效率，N：P 是判断植物生长限制性元素的参数，也是表征植物生长速率的重要指标（Elser et al.，1996，2000a；Ågren，2004）。因此，C、N、P 及其化学计量比一定程度上反映了植物养分利用效率及代谢水平，是探究个体适应性的关键性指标。生态化学计量学与植株的生长、分布等特征息息相关，其变异模式可以有效地反映植物的养分分配策略，有助于分析植物生长代谢的基本过程，同时也为探究植物如何适应快速的环境变化提供重要参考。

生态化学计量学能够以元素比例的形式将生物学科不同等级从分子、细胞、有机体、种群、群落到生态系统整合起来，为生态学研究提供新的思路和方法（贺金生和韩兴国，2010；何念鹏等，2018；Zhang et al.，2018）。在个体水平上，植物通过利用不同器官的协同合作实现对其生长和繁殖所必需的光、水和养分的获取与分配，以适应不同环境的变化（He et al.，2006；Tian et al.，2018；Liu et al.，2019a）。目前，国内外围绕不同的植物器官已经开展了大量的研究。首先，叶片作为对环境变化最为敏感且最容易获取的植物光合作用器官，被生态学家广泛地研究。叶片主要通过固定空气中的二氧化碳（CO_2）来合成大量碳水化合物，为其自身及植物其他器官组织提供能量以支持其各种生长代谢活动（Chen et al.，2013；Fan et al.，2016；Castellanos et al.，2018）。其次，枝条作为植株的支撑结构，负责连接叶片和细根，完成二者间的水分及营养元素的传递，其不是获取外界环境中养分元素以及主导植物生长的主要器官，导致枝条的化学计量很少得到研究学者的关注（Kay et al.，2005；Milla et al.，2005）。最后，细根是陆地生态系统中重要的资源，因为它是植物从外界环境中获取养分用于生存和生长的最重要的器官，参与植物的生物地球化学循环，是陆地生态系统中重要的一环（McCormack et al.，2015；Maherali，2017；Boonman et al.，2020）。因此，综合考虑植物叶片、枝条和细根的化学计量学特征，对了解植物体内养分获取和利用策略具有重要意义，可为深入探究植物在全球气候变化背景下的响应和适应机制提供指导意见。

1.2.1.2　植物不同器官间养分分配

植物的叶片、枝条以及细根内部的生化途径及代谢活动均存在显著性差异，这些差异不同程度地反映植物对环境的适应能力以及植物对养分的获取能力（Aoyagi and Kitayama，2016；Zhao et al.，2019）。大量研究表明，植物器官对养分元素的分配由其特定的器官功能主导（Minden and Kleyer，2014；He et al.，2016；Xiong et al.，2022）。首先，叶片作为对环境变化最为敏感且最容易获取的植物器官，是光截获和 C 固定的主要场所，因此其成为植物组织中代谢活动最为旺盛的部分，其中大量光合产物的合成依赖于 N、P 等多种养分元素的共同参与，其产物随即被运往植物器官各个组织中（Takashima et al.，2004；Zheng and Shangguan，2007）。其次，枝条在植物体内主要负责结构支撑、水分和营养元素的运输工作，因此其木质部导管腔等结构的构建需要大量的 C 参与（Fan et al.，2017；Guan et al.，2023）。最后，细根是陆地生态系统中重要的资源，主要负责从外界环境中获取 N、P 等多种养分元素用于生存和生长，是参与生物地球化学循环的重要部分（Yuan et al.，2011）。McCormack 等（2015）提出，相对较小的细根生物量库是生态系统 C 循环、养分循环和水循环的主要驱动力，在森林生态系统和养分循环中发挥着巨大的作用。叶片和细根内部合成的代谢物质均需通过枝条来完成地上与地下间的物质传递，植物在叶片、枝条和细根间的协同合作下生长发育，因此探究叶片、枝条和细根间化学计量学特征的变异与养分分配策略具有重要意义。

以往的研究大多仅关注单一器官水平的化学计量学特征变异。Han 等（2005）以中国境内 753 种植物为研究对象，发现叶片 N、P 含量分别为 18.6mg/g 和 1.21mg/g。Chen 等（2013）测定了中国东部 14 个样地木本植物的叶片 N、P 含量，分别为 23.2mg/g 和 1.59mg/g。这一数值明显高于 Han 等（2005）的结果，可能是因为研究对象不同而存在差异。Xiong 等（2022）以中国西北部 184 个地点的沙漠植物为研究对象，发现其叶片 N、P 含量分别为 18.7mg/g 和 1.38mg/g。上述结果表明，不同研究区域受地理位置、气候等因子的影响，导致植物叶片的养分含量存在显著性差异。He 等（2006）以中国草地生态系统中草本植物为研究对象，发现其叶片 C、N 含量均值分别为 438.0mg/g 和 27.6mg/g。以上结果表明，不同研究区域、不同植物功能型等都是影响叶片化学计量学特征变异的重要因素。关于枝条的化学计量学研究相对较少。Heineman 等（2016）测量了巴拿马 10 个森林样地 106 种树种的木材养分含量，发现其 N、P 含量分别为 5.8mg/g 和 0.6mg/g。Yao 等（2015）发现，枝条的 C、N、P 含量显著低于叶片，说明植物体内的养分分配与器官功能相关。细根作为植物的重要地下器官，受到很多研究学者的关注。Wang 等（2019）整合了全球 433 个研究地点 763 种陆地植物的细根 N、P 化学计量学特征数据，结果表明其 N、P 含量以及 N：P 分别为 10.84mg/g、0.94mg/g 和 11.55。与植物叶片一致，细根的养分因植物属于不同的生态系统、生长类型、N 固定类型以及植物功能型等而呈现显著性差异。Yuan 等（2011）整合了全球的细根养分数据集，发现 C 含量、N 含量、P 含量、C：N、C：P 以及 N：P 分别为 44.7mg/g、9.8mg/g、0.78mg/g、65.8、1415 以及 16。然而，将细根按直径分为小于 1mm、1～2mm、2～5mm 以及大于 5mm 四类时，发现不同类别细根养分存在显著性差异。其中，C 含量随细根直径的增加而显著升高，而 N、P 含量则呈现降低趋势，这与植物器官功能密切相关，也暗示了细根功能在其内部存在分化（Wang et al.，2006；Guo et al.，2008；Zadworny et al.，2018）。

综合考虑植物叶片、枝条和细根的化学计量学特征变异的研究较少，导致不同植物器官间的养分分配策略尚不明晰。Zhao 等（2019）以贯穿中国南北的 9 个群落的植物叶片、枝条和细根为研究对象，发现地上器官间养分分配呈现显著的等速关系，存在一定保守性；而地上器官与地下器官间养分分配则呈现显著的异速关系。Li 等（2010）以 49 种温带、亚热带和热带树种为研究对象，分析了叶片、枝条和细根的化学计量学特征，阐明了植物地上器官与地下器官存在明显的养分分配策略。Kerkhoff 等（2006）认为地上器官间的养分分配一般为等速，而 Yang 等（2014）发现不同功能型树种呈现不同结果。然而，上述研究结果多基于群落尺度，而在个体水平上，叶片、枝条和细根间的养分分配及其内部养分利用策略、生理过程机制尚不清楚，亟待深入研究。

1.2.1.3　土壤因子对不同耐阴性树种叶片、枝条和细根化学计量学特征的影响

植物叶片、枝条和细根能够根据环境变化来改变其养分获取与利用策略（Lü et al.，2012；Liu et al.，2019a）。Hallik 等（2009）研究发现，叶片 N 含量与树种耐阴性并无显著相关性。因此，探究不同耐阴性树种各个器官化学计量学特征的变异规律，是深入了解植物对环境变化响应机制的重要途径，对于进一步理解群落结构、种间变异及其内在机制以及预测物种分布具有重要生态学意义。

植物体内的水分和 N、P 等元素均来源于土壤，因此土壤因子是植物化学计量学特征变异的重要驱动因素（Zhao et al.，2016b；Li et al.，2018；Liu et al.，2021）。土壤 N 元素主要来自森林系统中凋落物分解，而 P 元素主要来自基质和母岩的风化作用。土壤水分是植物生长过程中最重要的资源，主要来自降水和地下水。而土壤酸碱度是表征土壤养分有效性的综合指标，通过改变土壤酶活性和微生物活性来影响植物生长（Han et al.，2011；Yang et al.，2016）。植物各器官的化学计量学特征随土壤因子的变化存在显著性差异（Li et al.，2018；Zhao et al.，2020）。Zhang 等（2016）以中国 9 个森林生态系统中植物叶片和细根为研究对象，发现土壤对叶片和细根中 N、P 含量的变异存在显著影响，并且植物 C：P 和 N：P 随着土壤 N、P 含量的升高而下降，而 C：N 没有明显的变化（Zhang et al.，2018）。Liu 等（2013）发现，土壤因子对灌木叶片 N、P 含量变异的解释率很低。因此，土壤因子是否显著地影响植物各器官的化学计量学特征变异是值得考虑的问题。

1.2.2 研究方法

1.2.2.1 研究区域概况

研究区域概况同 1.1.2.1 小节，此处不再赘述。阔叶红松林采样地点信息见表 1.6。

表 1.6 阔叶红松林采样地点信息

地点	经度	纬度	海拔（m）	MAT（℃）	MAP（mm）	STC（mg/g）	STN（mg/g）	STP（mg/g）	pH	SWC（%）
长白山（CB）	128°05′E	42°23′N	801.5	3.6	700.0	200.8 a	12.4 a	1.0 a	5.3 a	62.1 a
穆棱（ML）	130°07′E	43°95′N	611	2.8	513.5	140.7 bc	13.3 a	1.0 a	5.3 a	35.6 c
胜山（SS）	126°45′E	49°27′N	510	−2.0	519.9	126.0 c	11.7 a	1.1 a	4.2 b	38.4 b

注：不同小写字母表示同一土壤因子在不同采样地点间存在显著性差异（$p<0.05$）。MAT 为年均温；MAP 为年降雨量。

1.2.2.2 样本采集

本研究中 3 个阔叶红松林采样区域的野外样本采集工作于 2017 年 7～8 月完成。选取了 6 种阔叶树种为研究对象，按照耐阴性逐渐增强（Niinemets and Valladares，2006）的顺序依次为山杨、白桦、水曲柳、枫桦、紫椴和色木槭（表 1.7）。每种树种在每个采样地点分别选取 3 株长势良好且胸径相近的成熟个体，即每种树种共选取 9 株个体。针对每株样树个体，以第一活枝高度位置为取样起点，以树冠顶端为取样终点，将树冠等距分为上、中、下 3 层，每层分为南、北 2 个方向，共 6 个方位。在每个方位采集足够的平整展开、完整无损且成熟健康的叶片，混匀装在写好标签的自封袋中；在每个方位采集足量的长势良好的当年生小枝（即枝条末端到第一个终端节点与分枝分离的部分），混匀装在写好标签的自封袋中；样树根系的采样采用追踪法，先用工具将取样树种周围的杂质去除，然后从树干基部着手，从暴露的主根开始，直至挖取到最远端的细根，在采集过程中避免弄断细根，保证根分枝的完整性，并装在写好标签的自封袋中。所有叶片、枝条和细根的样本放在 4℃的保温箱中带回实验室。

表 1.7 阔叶红松林内主要树种的基本信息概况表

树种	树种缩写	耐阴性	胸径（cm）		树高（m）	
			平均值	标准差	平均值	标准差
山杨（*Populus davidiana*）（*n*=9）	PD	0.65	35.27	2.94	21.81	1.34
白桦（*Betula platyphylla*）（*n*=9）	BP	1.25	37.91	2.17	21.71	1.39
水曲柳（*Fraxinus mandschurica*）（*n*=8）	FM	2.75	35.43	3.92	25.09	2.87
枫桦（*Betula costata*）（*n*=9）	BC	3.21	36.8	2.68	20.06	0.94
紫椴（*Tilia amurensis*）（*n*=9）	TA	3.68	47.06	4.76	25.78	2.06
色木槭（*Acer mono*）（*n*=9）	AM	4.25	37.88	2.49	16.88	1.28

对于土壤样本，首先去除每株样树周围 1m 以内的凋落物，然后采集 3 个土壤样本（土壤深度为 0～10cm，各样本间夹角为 120°），最后将 3 个样本均匀混合在一个自封袋中，并放在 4℃的保温箱中带回实验室。

1.2.2.3 样本测定

叶片和枝条：在实验室内先将带回的叶片、枝条样本放置于 65℃烘箱内烘干至恒重（至少需要 72h），然后将烘干的叶片和枝条研磨成粉末状，最后通过 0.149mm 孔径的筛，以备后续测定 C 含量、N 含量、P 含量。

细根：研究认为直径≤2mm 的细根具有主要的生理功能，因此本研究主要收集直径≤2mm 的细根。先将收集的细根样本用去离子水冲洗干净，用镊子去除根系中的杂质，再将样本放置于 65℃烘箱内烘干至恒重（至少需要 72h），然后将烘干的细根研磨成粉末状，最后通过 0.149mm 孔径的筛，以备后续测定 C 含量、N 含量、P 含量。

土壤：对于每一个土壤样本，首先去除凋落物碎屑、枯枝落叶以及石头等杂物，其次利用 HANNAPH211 型 pH 计测量土壤 pH，然后利用干燥法测量土壤含水量（土壤干重与湿重的比值），再将各土壤样本风干至恒重并进一步研磨，最后通过 0.149mm 孔径的筛，以备后续测定土壤全碳含量、土壤全氮含量以及土壤全磷含量。

本研究采用元素分析仪（元素分析系统公司，德国）测定样本的全碳含量。对于植物样本和土壤样本，先分别采用 H_2SO_4+H_2O_2 消煮法和 H_2SO_4+$HClO_4$ 消煮法处理，将获取的消煮液用蒸馏水定容至 100ml，再利用连续流动分析仪（希尔分析有限公司，英国）对样本中的全氮含量和全磷含量进行测定。

1.2.2.4 数据分析

采用单因素方差分析与邓肯（Duncan）事后多重检验的方法，对不同植物器官间、不同耐阴性树种间的 C、N、P 化学计量学特征进行差异性分析；构建不同耐阴性树种叶片、枝条和细根 C、N、P 化学计量学特征间的线性回归模型，分析各化学计量学特征间的相关关系；利用简化主轴分析比较某一化学计量学特征在不同器官间的异速生长关系（Kerkhoff et al.，2006；Enquist et al.，2007；Zhao et al.，2020）。

利用全子集回归（all subset regression，ASR）方法检验土壤因子对叶片、枝条和细根化学计量学特征的影响。为避免各土壤因子间多重共线性问题影响模型精度，利用方差膨胀因子（VIF）来检验每两个变量之间是否存在多重共线性问题。若 VIF 值大于 10，表明每两个变量之间存在明显的多重共线性，在构建模型时必须剔除；若 VIF 值小于 10，表明二者的多重共线性问题可以忽略，构建模型时两个变量均可保留（Marquardt，1970）。本研究中 VIF 值均小于 10，表明无共线性问题，所有土壤因子均可保留。

在所有统计分析之前均对原始数据进行对数转换，以满足正态分布。本节统计分析均在 Excel 和 R-4.0.3（R Core Team，2016）中完成。

1.2.3 研究结果

1.2.3.1 不同耐阴性树种叶片、枝条和细根化学计量学特征的变异规律

叶片、枝条和细根间的化学计量学特征存在显著性差异（$p<0.05$）（表 1.8）。C 含量由高到低依次是细根、叶片和枝条。对于 N 含量和 P 含量，叶片中最高，其次为枝条，最后是细根。对于化学计量比而言，C∶N 和 C∶P 均在细根中达到最大值，其次

是枝条，最后是叶片。此外，叶片 N：P 显著大于枝条和细根。整体来看，植物化学计量学特征变异与器官功能紧密相关。通过计算不同器官的化学计量学特征的变异系数可以得知，在元素水平上，C 含量的变异系数最小，说明 C 含量在植物体内最为稳定。

表 1.8 阔叶红松林主要树种叶片、枝条和细根的 C、N 和 P 化学计量学特征

化学计量学特征	叶片		枝条		细根	
	平均值±标准误	变异系数（%）	平均值±标准误	变异系数（%）	平均值±标准误	变异系数（%）
C 含量（mg/g）	475.95±4.91 b	1.95	450.44±1.98 c	1.31	545.72±4.89 a	1.33
N 含量（mg/g）	33.94±0.45 a	4.63	10.95±0.24 b	8.42	8.42±0.72 c	18.78
P 含量（mg/g）	1.43±0.05 a	15.97	1.01±0.04 b	16.82	0.78±0.04 c	20.71
C：N	14.16±0.25 c	5.29	42.11±0.87 b	8.76	72.90±5.66 a	18.49
C：P	358.08±14.01 c	16.72	485.08±18.54 b	17.68	739.69±41.35 a	20.72
N：P	25.24±0.91 a	16.28	11.64±0.45 b	16.44	11.51±1.18 b	24.62

注：不同小写字母表示同一化学计量学特征在不同器官间存在显著性差异（$p<0.05$）。

叶片、枝条和细根的 C、N、P 化学计量学特征存在明显的种间差异（$p<0.05$）（图 1.9）。叶片的 C 含量和 C：N 随着树种耐阴性的增强呈现先下降后上升的趋势，N、P 含量随着树种耐阴性的增强而显著升高，而 C：P 和 N：P 随着树种耐阴性的增强并没有明显的变异趋势。随树种耐阴性的增强，枝条和细根的 C、N、P 化学计量学特征并未呈现明显的变异趋势，但存在显著的种间差异。

1.2.3.2 不同耐阴性树种叶片、枝条和细根内化学计量学特征间的相关性

部分树种的养分含量间存在显著相关关系，但因树种不同所以其相关关系存在差异（图 1.10A～C）。对于叶片 N-P，除了枫桦、五角槭所有树种均呈显著正相关关系。6 种不同耐阴性树种的叶片 C：N 随着叶片 C 含量的升高均呈现显著的增加趋势，而随着叶片 N 含量的升高均呈现显著的减小趋势（$p<0.05$）（图 1.10D、F），R^2 分别为 0.31 和 0.66，说明叶片 C：N 主要受到叶片 N 含量的调控作用。对于叶片 C：P，部分树种受到了叶片 C 含量的正向调控作用，但所有树种均受到了叶片 P 含量极显著的负向调控作用（$p<0.05$）（图 1.10E、H）。叶片 N：P 受到叶片 N 含量微弱的正向调控作用，说明 P 含量是其变异的主导元素（$p<0.05$）（图 1.10G、I）。

枝条 C-N 和 C-P 的相关关系均存在显著的种间差异（$p<0.05$）（图 1.11A、B），但其相关关系均相对微弱；所有树种枝条 N-P 间均呈显著正相关关系，说明枝条 N、P 间存在强烈的耦合关系（$p<0.05$）（图 1.11C）。耐阴性较弱的山杨、白桦和水曲柳的枝条 C：N 受到了枝条 C 含量微弱的正向调控作用，但枝条 N 含量对枝条 C：N 存在显著的负向调控作用，R^2 高达 0.96，说明枝条的 C：N 变异由枝条 N 含量主导（$p<0.05$）（图 1.11D、F）。枝条 C：P 与枝条 C：N 一致，即与枝条 P 含量相比，枝条 C 含量对枝条 C：P 的调控作用相对微弱（$p<0.05$）（图 1.11E、H）。与叶片 N：P 一致，枝条 N：P 也受到枝条 N 含量微弱的正向调控作用，而枝条 P 含量是枝条 N：P 变异的主导元素（$p<0.05$）（图 1.11G、I）。

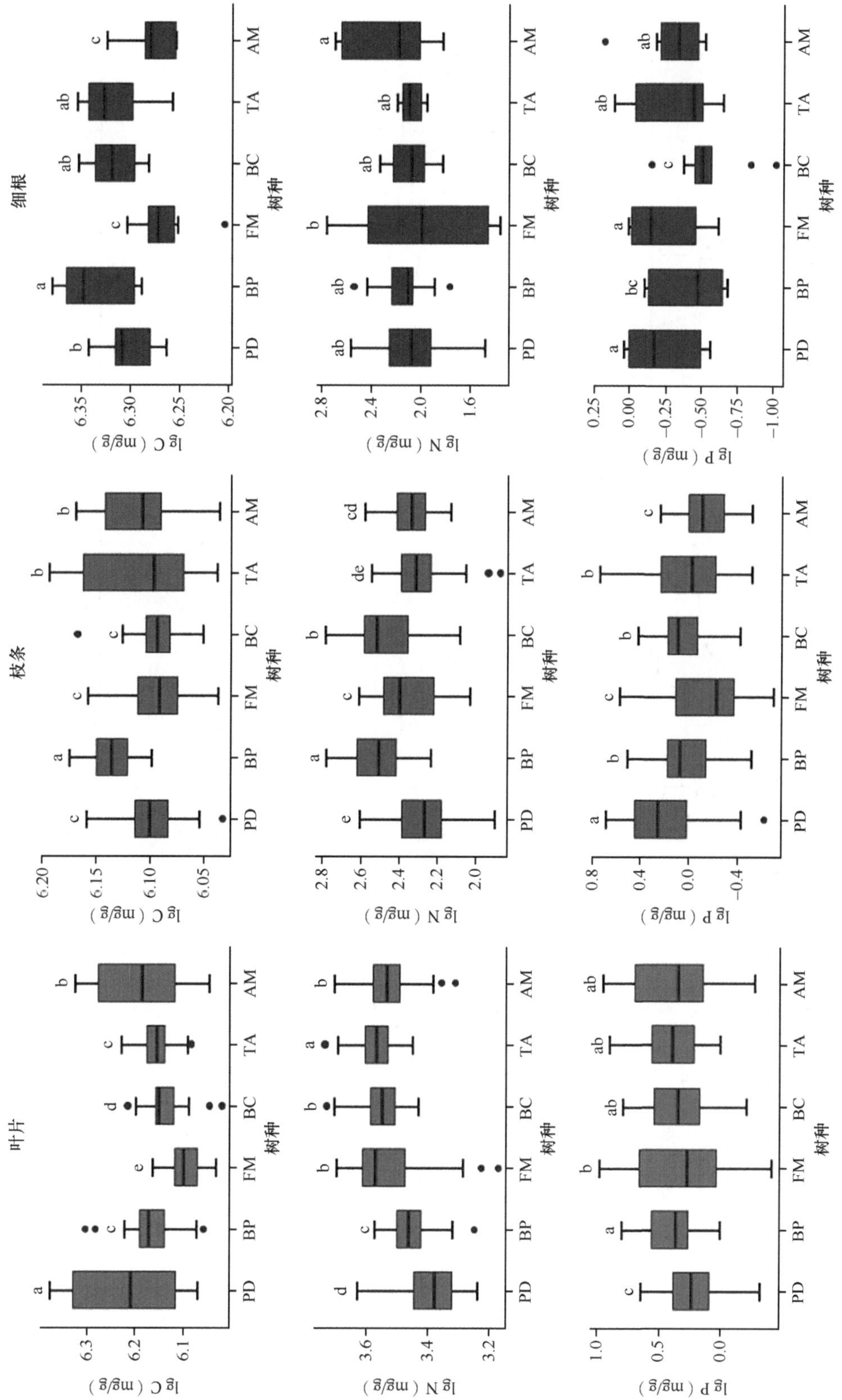
叶片
枝条
细根
lg C（mg/g）
lg N（mg/g）
lg P（mg/g）
PD
BP
FM
BC
TA
AM
树种

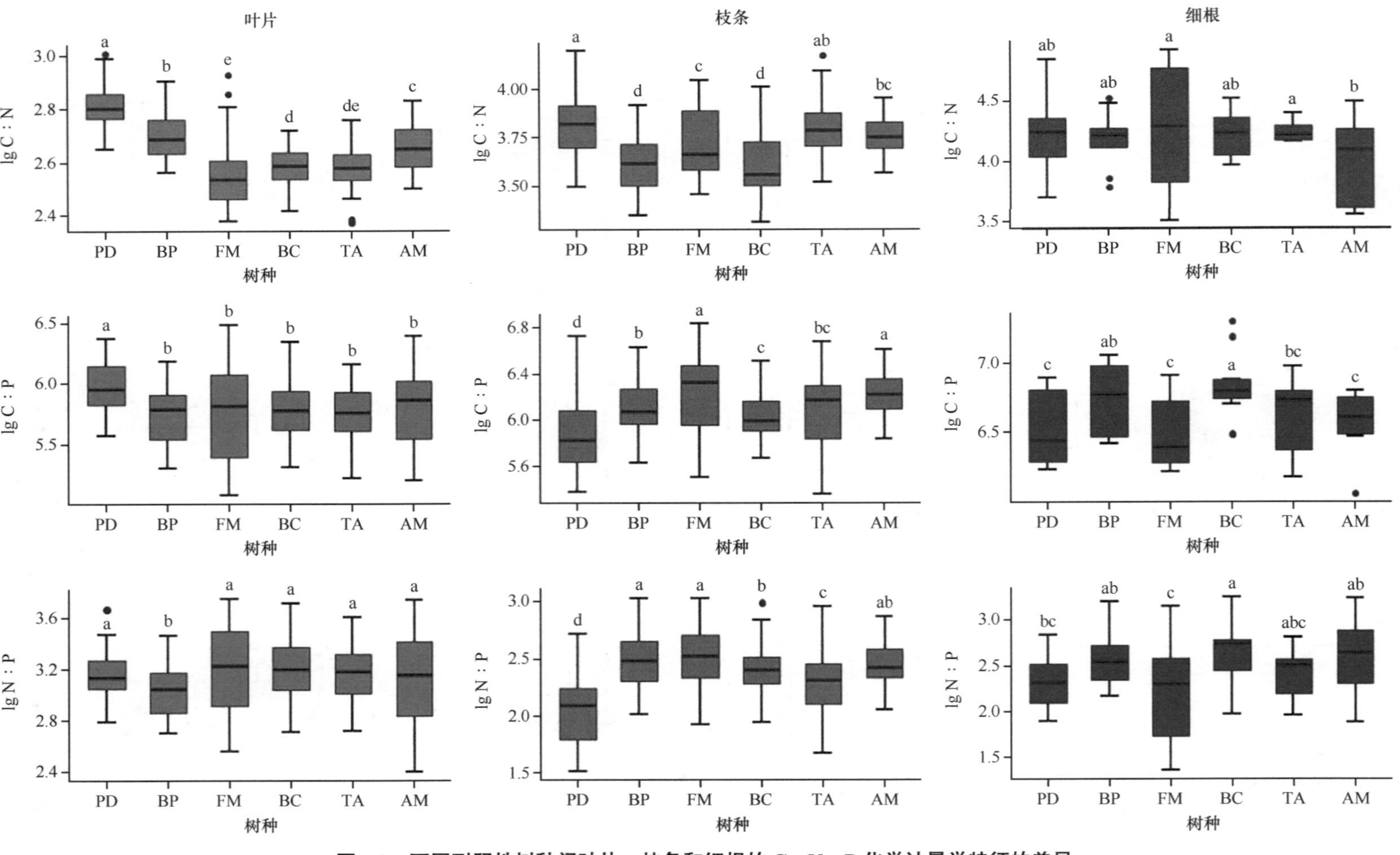

图 1.9 不同耐阴性树种间叶片、枝条和细根的 C、N、P 化学计量学特征的差异

不同小写字母代表 C、N、P 化学计量学特征在不同耐阴性树种间存在显著性差异（$p<0.05$）

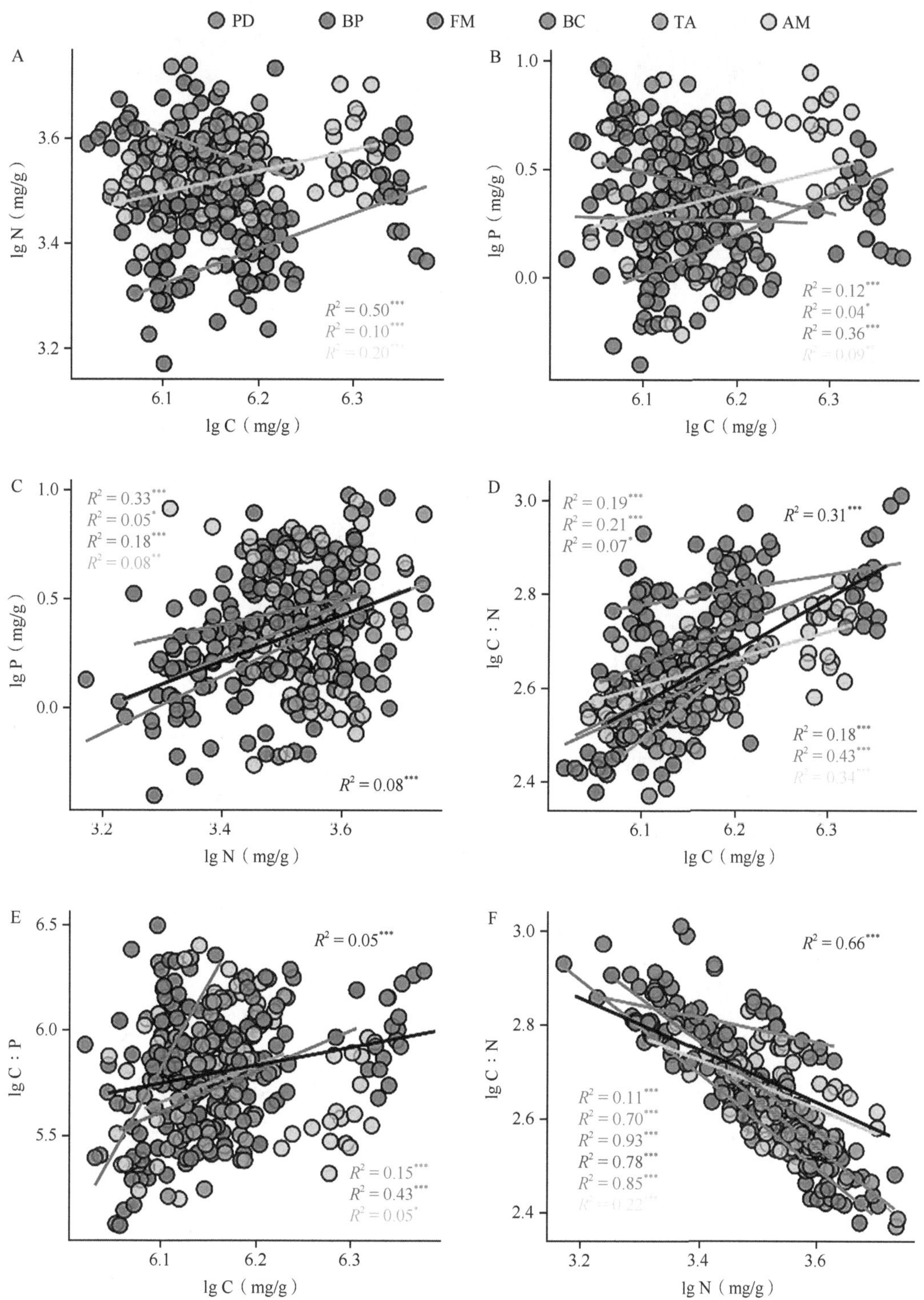

PD
BP
FM
BC
TA
AM
A
lg N（mg/g）
lg C（mg/g）
$R^2 = 0.50^{***}$
$R^2 = 0.10^{***}$
B
lg P（mg/g）
lg C（mg/g）
$R^2 = 0.12^{***}$
$R^2 = 0.04^{*}$
$R^2 = 0.36^{***}$
C
lg P（mg/g）
lg N（mg/g）
$R^2 = 0.33^{***}$
$R^2 = 0.05^{*}$
$R^2 = 0.18^{***}$
$R^2 = 0.08^{**}$
$R^2 = 0.08^{***}$
D
lg C：N
lg C（mg/g）
$R^2 = 0.19^{***}$
$R^2 = 0.21^{***}$
$R^2 = 0.07^{*}$
$R^2 = 0.31^{***}$
$R^2 = 0.18^{***}$
$R^2 = 0.43^{***}$
E
lg C：P
lg C（mg/g）
$R^2 = 0.05^{***}$
$R^2 = 0.15^{***}$
$R^2 = 0.43^{***}$
$R^2 = 0.05^{*}$
F
lg C：N
lg N（mg/g）
$R^2 = 0.66^{***}$
$R^2 = 0.11^{***}$
$R^2 = 0.70^{***}$
$R^2 = 0.93^{***}$
$R^2 = 0.78^{***}$
$R^2 = 0.85^{***}$

G

$R^2 = 0.10^{***}$

$R^2 = 0.01^{*}$

lg N : P

lg N（mg/g）

H

$R^2 = 0.94^{***}$

$R^2 = 0.77^{***}$
$R^2 = 0.96^{***}$
$R^2 = 0.99^{***}$
$R^2 = 0.98^{***}$
$R^2 = 0.98^{***}$
$R^2 = 0.93^{***}$

lg C : P

lg P（mg/g）

I

$R^2 = 0.86^{***}$

$R^2 = 0.79^{***}$
$R^2 = 0.88^{***}$
$R^2 = 0.90^{***}$
$R^2 = 0.93^{***}$
$R^2 = 0.93^{***}$
$R^2 = 0.94^{***}$

lg N : P

lg P（mg/g）

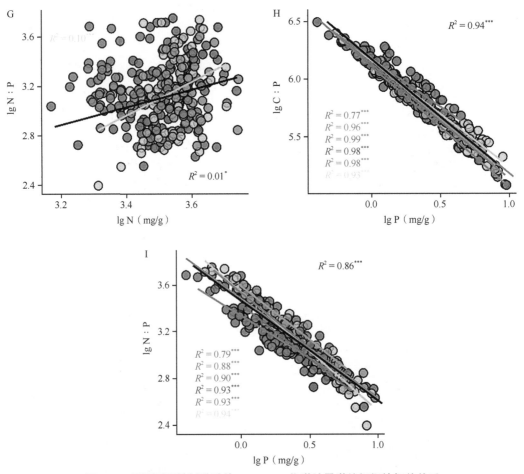

图 1.10　不同耐阴性树种叶片 C、N、P 化学计量学特征间的相关关系

实线代表 C、N、P 化学计量学特征间在 $p<0.05$ 水平上存在显著相关关系；若不相关，则该线条不显示。黑色实线代表所有树种水平上化学计量学特征间的相关关系结果，黑色 R^2 为其决定系数，彩色 R^2 代表该颜色对应树种化学计量学特征间存在显著相关关系（*** $p<0.001$；** $p<0.01$；* $p<0.05$）

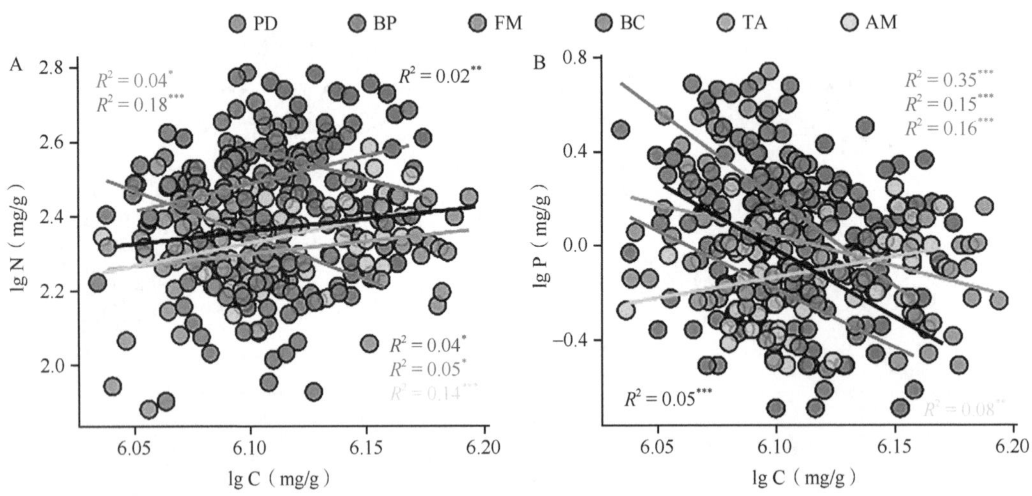

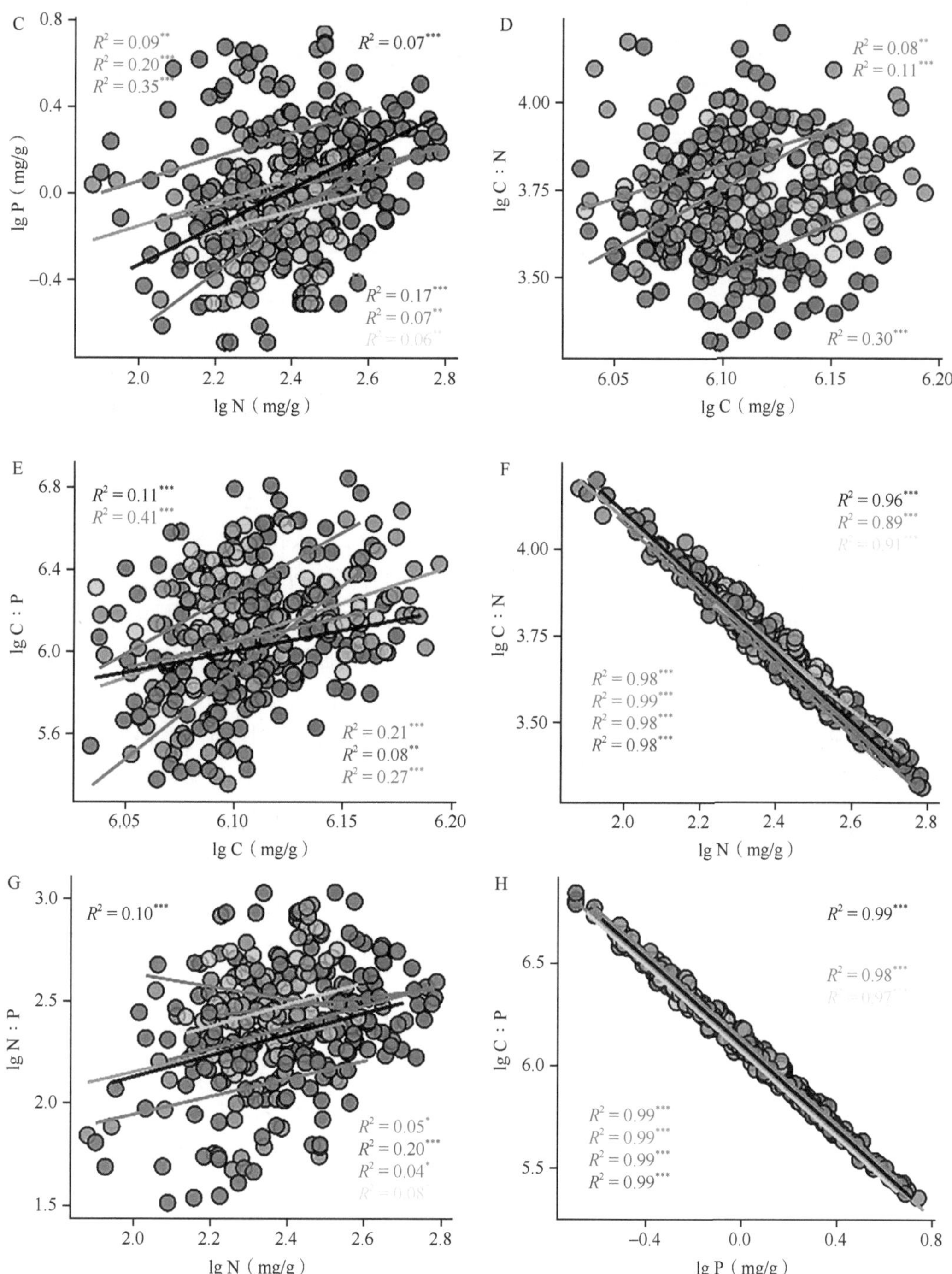

C
$R^2 = 0.09^{**}$
$R^2 = 0.20^{***}$
$R^2 = 0.35^{***}$
$R^2 = 0.07^{***}$
$R^2 = 0.17^{***}$
$R^2 = 0.07^{**}$
$R^2 = 0.06^{**}$
lg P（mg/g）
lg N（mg/g）
D
$R^2 = 0.08^{**}$
$R^2 = 0.11^{***}$
$R^2 = 0.30^{***}$
lg C : N
lg C（mg/g）
E
$R^2 = 0.11^{***}$
$R^2 = 0.41^{***}$
$R^2 = 0.21^{***}$
$R^2 = 0.08^{**}$
$R^2 = 0.27^{***}$
lg C : P
lg C（mg/g）
F
$R^2 = 0.96^{***}$
$R^2 = 0.89^{***}$
$R^2 = 0.98^{***}$
$R^2 = 0.99^{***}$
$R^2 = 0.98^{***}$
$R^2 = 0.98^{***}$
lg C : N
lg N（mg/g）
G
$R^2 = 0.10^{***}$
$R^2 = 0.05^{*}$
$R^2 = 0.20^{***}$
$R^2 = 0.04^{*}$
lg N : P
lg N（mg/g）
H
$R^2 = 0.99^{***}$
$R^2 = 0.98^{***}$
$R^2 = 0.99^{***}$
$R^2 = 0.99^{***}$
$R^2 = 0.99^{***}$
$R^2 = 0.99^{***}$
lg C : P
lg P（mg/g）

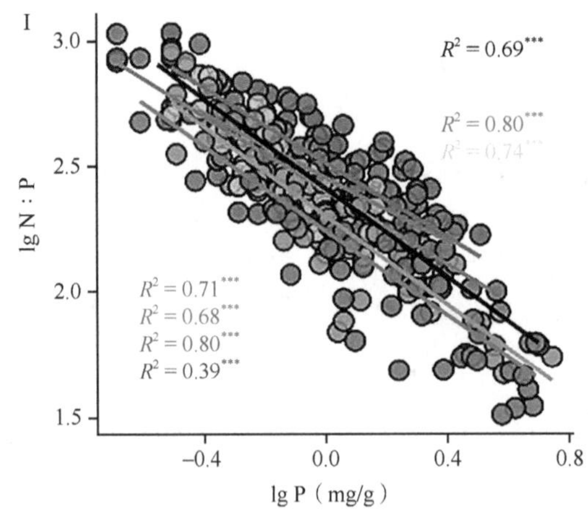

图 1.11　不同耐阴性树种枝条 C、N、P 化学计量学特征间的相关关系

实线代表 C、N、P 化学计量学特征间在 $p<0.05$ 水平上存在显著相关关系；若不相关，则该线条不显示。黑色实线代表所有树种水平上化学计量学特征间的相关关系结果，黑色 R^2 为其决定系数，彩色 R^2 代表该颜色对应树种化学计量学特征间存在显著相关关系（*** $p<0.001$；** $p<0.01$；* $p<0.05$）

与叶片和枝条相比，仅有部分树种的细根 C、N、P 化学计量学特征间存在显著的相关关系（$p<0.05$）（图 1.12）。山杨、枫桦的细根 C 含量和细根 N 含量存在显著的负相关关系，而紫椴细根 N 含量则随细根 C 含量的升高而升高；仅耐阴性最弱的山杨细根 C-P 和细根 N-P 间存在显著的相关关系（图 1.12B、C）。山杨和枫桦的细根 C∶N 受到细根 C 含量的正向调控作用，但所有树种均受到了细根 N 含量显著的负向调控作用，R^2 为 0.99，说明细根的 C∶N 变异由细根 N 含量主导（$p<0.05$）（图 1.12D、F）。仅山杨的细根 C∶P 受到了细根 C 含量的正向调控作用，而所有树种均受到了细根 P 含量显著的负向调控作用（$p<0.05$）（图 1.12E、H），说明细根 P 含量是细根 C∶P 变异的主导因素。细根 N∶P 受到细根 N 含量的正向调控作用和细根 P 含量的负向调控作用（图 1.12G、I）。

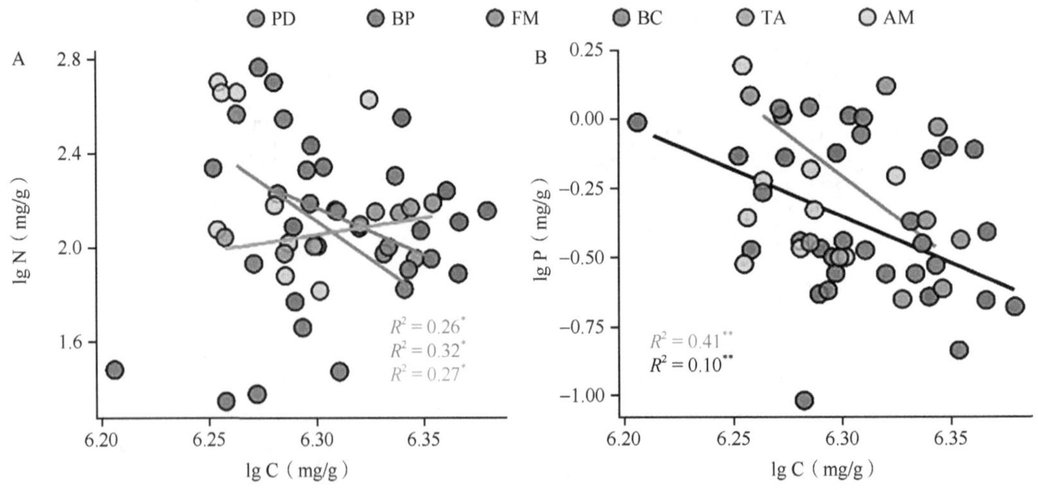

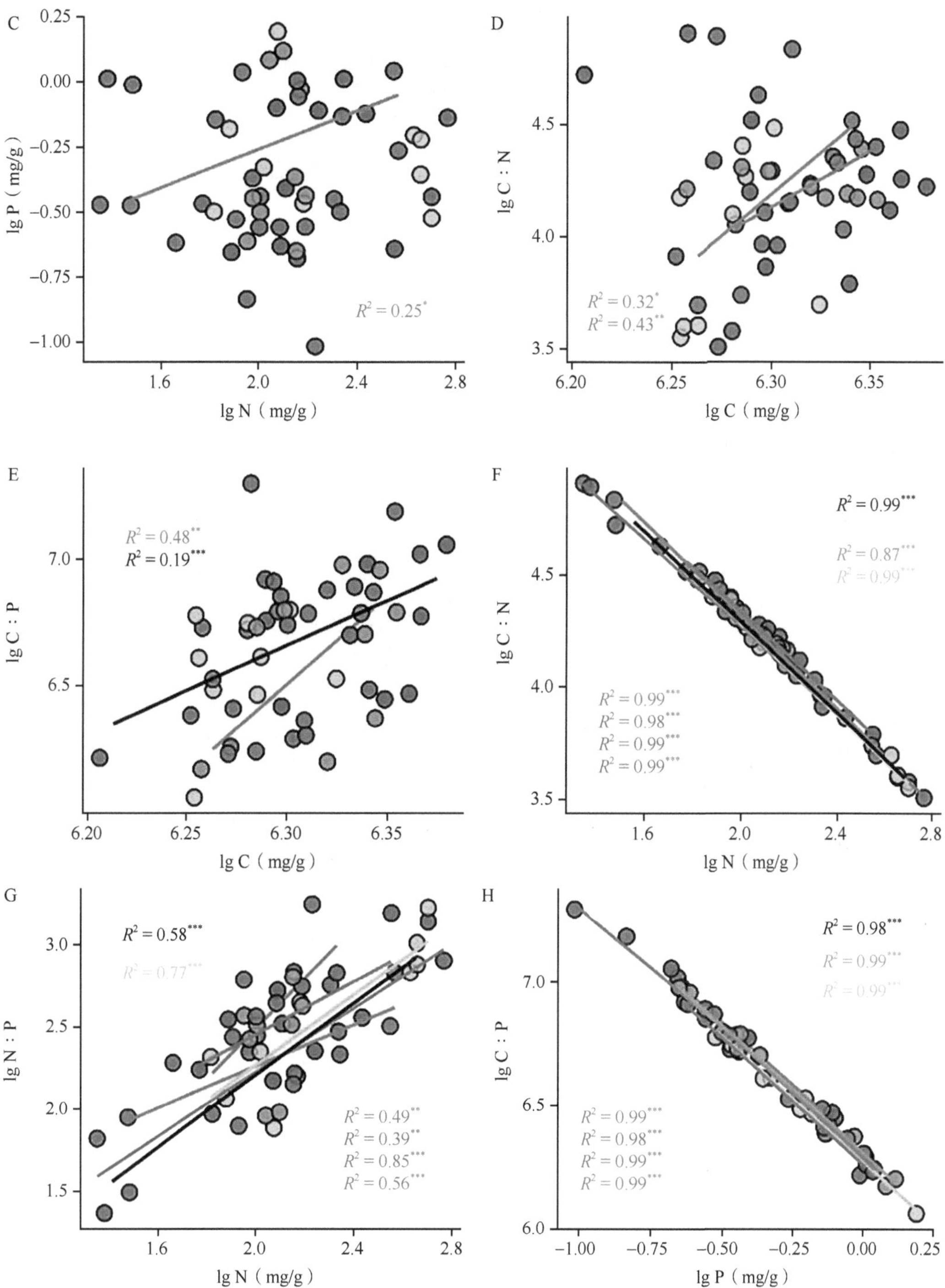

C
lg P（mg/g）
lg N（mg/g）
$R^2 = 0.25^*$
D
lg C : N
lg C（mg/g）
$R^2 = 0.32^*$
$R^2 = 0.43^{**}$
E
lg C : P
lg C（mg/g）
$R^2 = 0.48^{**}$
$R^2 = 0.19^{***}$
F
lg C : N
lg N（mg/g）
$R^2 = 0.99^{***}$
$R^2 = 0.87^{***}$
$R^2 = 0.99^{***}$
$R^2 = 0.98^{***}$
$R^2 = 0.99^{***}$
$R^2 = 0.99^{***}$
G
lg N : P
lg N（mg/g）
$R^2 = 0.58^{***}$
$R^2 = 0.77^{***}$
$R^2 = 0.49^{**}$
$R^2 = 0.39^{**}$
$R^2 = 0.85^{***}$
$R^2 = 0.56^{***}$
H
lg C : P
lg P（mg/g）
$R^2 = 0.98^{***}$
$R^2 = 0.99^{***}$
$R^2 = 0.99^{***}$
$R^2 = 0.99^{***}$
$R^2 = 0.98^{***}$
$R^2 = 0.99^{***}$
$R^2 = 0.99^{***}$

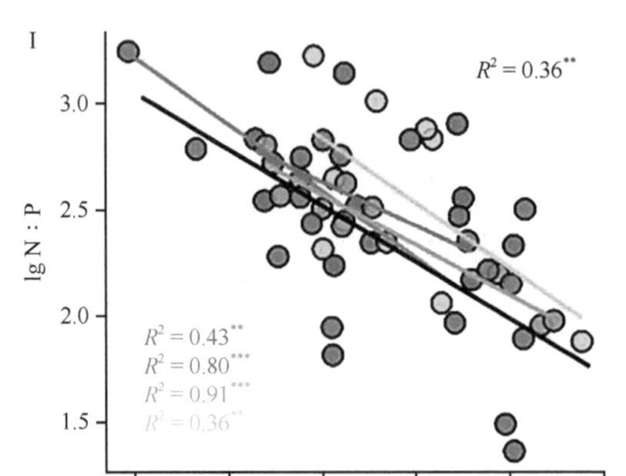

图 1.12　不同耐阴性树种细根 C、N、P 化学计量学特征间的相关关系

实线代表 C、N、P 化学计量学特征间在 $p<0.05$ 水平上存在显著相关关系；若不相关，则该线条不显示。黑色实线代表所有树种水平上化学计量学特征间的相关关系结果，黑色 R^2 为其决定系数，彩色 R^2 代表该颜色对应树种化学计量学特征间存在显著相关关系（*** $p<0.001$；** $p<0.01$；* $p<0.05$）

1.2.3.3　不同耐阴性树种叶片、枝条和细根间的养分分配策略

叶片-枝条间的 C 含量、N 含量分配指数与 1 存在显著性差异，为异速分配。其中，C 含量的分配指数显著小于 1，说明枝条 C 含量变化要快于叶片，而 N 含量的分配指数显著大于 1，说明对叶片 N 含量的分配变化较大（$p<0.05$）（图 1.13，表 1.9）。白桦和水曲柳叶片-枝条间的 P 含量分配指数与 1 无显著性差异，说明其叶片和枝条间 P 含量的分配是等速的。大部分树种的叶片-枝条间 C：N、C：P 以及 N：P 的异速分配关系并不显著。此外，并未发现叶片-枝条间的化学计量学特征的分配指数随树种耐阴性变化而变化。与此同时，只有少数树种叶片-细根、枝条-细根间的化学计量学特征的分配存在统计学意义，且随树种耐阴性变化并未发现明显的变异规律（图 1.14，图 1.15，表 1.10，表 1.11）。

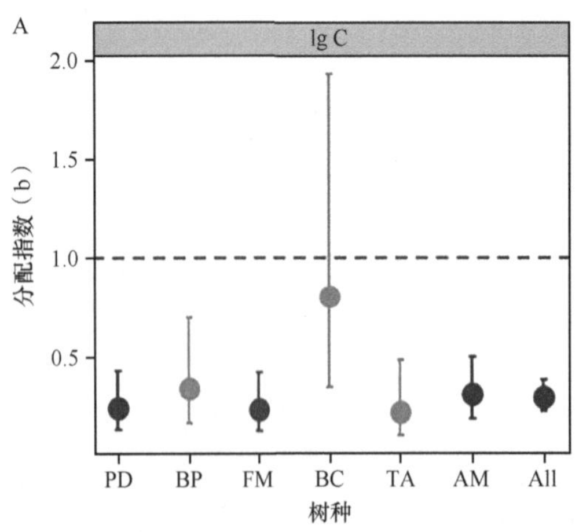

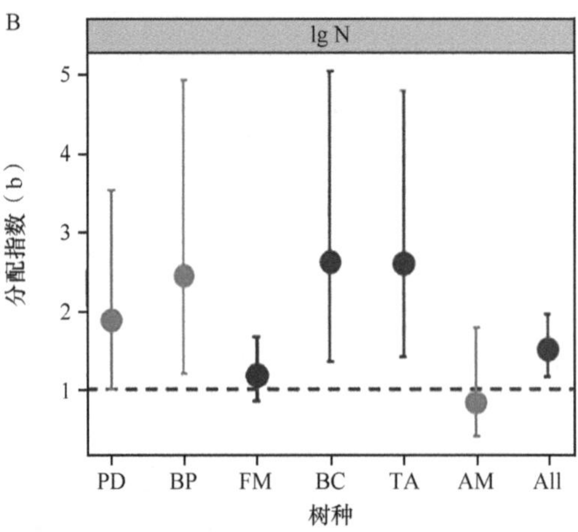

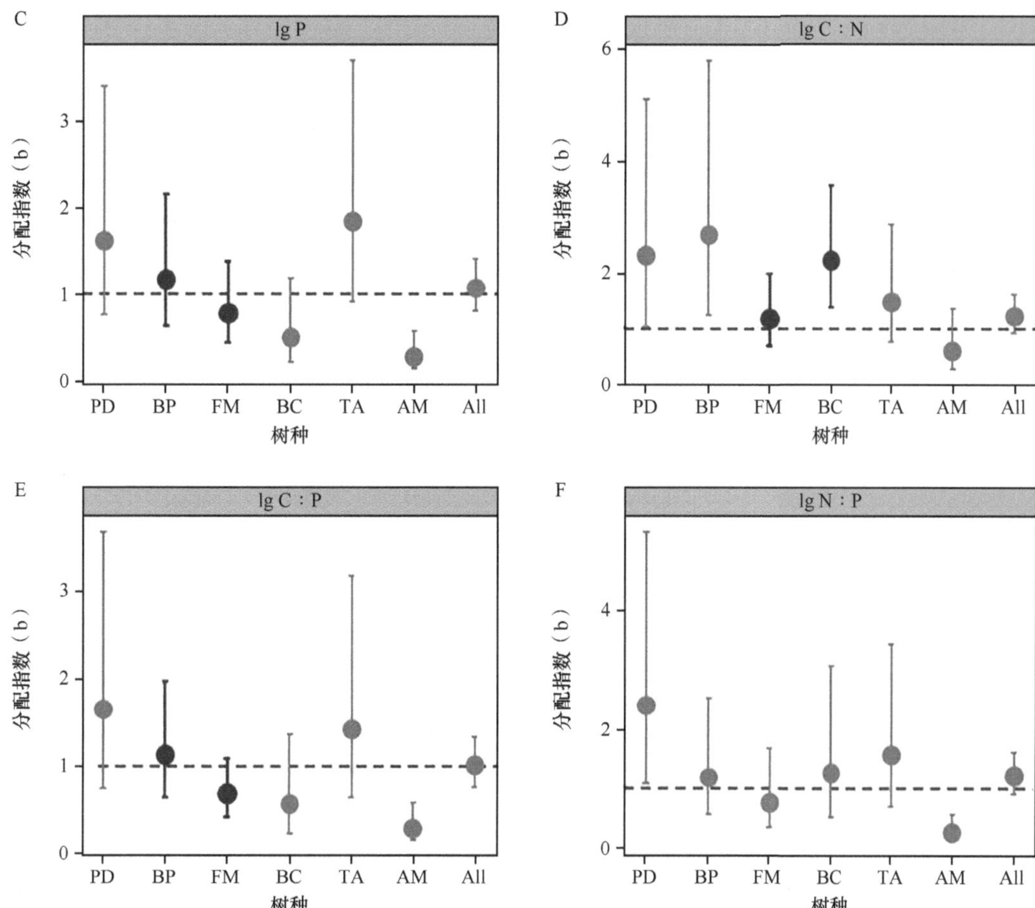

图 1.13　不同耐阴性树种叶片-枝条间 C、N、P 化学计量学特征的分配规律

不同耐阴性树种的分配指数（b）为叶片（y）和枝条（x）间 C、N、P 化学计量学特征的简化主轴分析（RMA）中的斜率，分配指数以误差条代表其上限和下限。红色虚线斜率为 1。蓝色的点代表根据似然比检验叶片-枝条间 C、N、P 化学计量学特征分配指数与 1 有显著性差异（异速关系）；红色的点代表叶片-枝条间 C、N、P 化学计量学特征分配指数与 1 无显著性差异（等速关系）；灰色的点代表器官间化学计量学特征的 RMA 回归不显著（$p>0.05$）

表 1.9　不同耐阴性树种叶片-枝条间 C、N、P 化学计量学特征的 RMA 结果

化学计量学特征	树种缩写	截距	斜率	上限	下限	R^2	p
C 含量	PD	1.998	0.241	0.433	0.134	0.515	0.029
	BP	3.580	0.342	0.697	0.167	0.249	0.171
	FM	2.027	0.232	0.427	0.126	0.579	0.028
	BC	0.509	0.802	1.927	0.344	0.012	0.796
	TA	2.051	0.220	0.488	0.100	0.030	0.654
	AM	1.835	0.307	0.497	0.190	0.686	0.006
	All	1.857	0.296	0.385	0.228	0.136	0.007
N 含量	PD	−1.763	1.871	3.522	0.993	0.428	0.056
	BP	−2.564	2.433	4.937	1.199	0.261	0.160

续表

化学计量学特征	树种缩写	截距	斜率	上限	下限	R^2	p
	FM	−0.766	1.183	1.663	0.842	0.879	0.000
	BC	−2.949	2.617	5.044	1.358	0.503	0.048
	TA	−3.023	2.589	4.787	1.400	0.464	0.043
	AM	−0.259	0.832	1.777	0.389	0.129	0.343
	All	−1.256	1.508	1.953	1.163	0.151	0.004
P 含量	PD	0.281	1.612	3.398	0.765	0.164	0.279
	BP	−0.205	1.171	2.148	0.639	0.480	0.039
	FM	−0.173	0.781	1.375	0.443	0.643	0.017
	BC	−0.047	0.504	1.189	0.214	0.064	0.544
	TA	−0.263	1.835	3.694	0.912	0.281	0.143
	AM	−0.070	0.282	0.577	0.138	0.241	0.180
	All	−0.145	1.074	1.414	0.816	0.041	0.149
C：N	PD	4.471	2.322	5.107	1.056	0.047	0.574
	BP	−1.593	2.682	5.796	1.251	0.108	0.389
	FM	0.260	1.186	1.998	0.704	0.702	0.009
	BC	0.939	2.226	3.551	1.395	0.765	0.004
	TA	3.324	1.492	2.862	0.778	0.389	0.073
	AM	2.335	0.612	1.363	0.275	0.011	0.791
	All	0.176	1.234	1.625	0.937	0.038	0.168
C：P	PD	−1.772	1.649	3.673	0.740	0.010	0.796
	BP	−0.156	1.128	1.964	0.647	0.573	0.018
	FM	1.000	0.679	1.089	0.423	0.759	0.005
	BC	4.043	0.564	1.362	0.234	0.000	0.971
	TA	6.199	1.422	3.177	0.636	0.000	0.954
	AM	1.951	0.293	0.582	0.148	0.314	0.116
	All	0.087	1.005	1.329	0.760	0.008	0.539
N：P	PD	−2.448	2.412	5.335	1.086	0.020	0.719
	BP	−0.491	1.194	2.529	0.564	0.152	0.300
	FM	0.036	0.775	1.678	0.358	0.272	0.185
	BC	2.842	1.278	3.066	0.533	0.016	0.764
	TA	−1.229	1.569	3.452	0.714	0.047	0.575
	AM	0.683	0.270	0.565	0.129	0.188	0.244
	All	−0.650	1.219	1.613	0.921	0.003	0.683

注：All 代表所有树种。

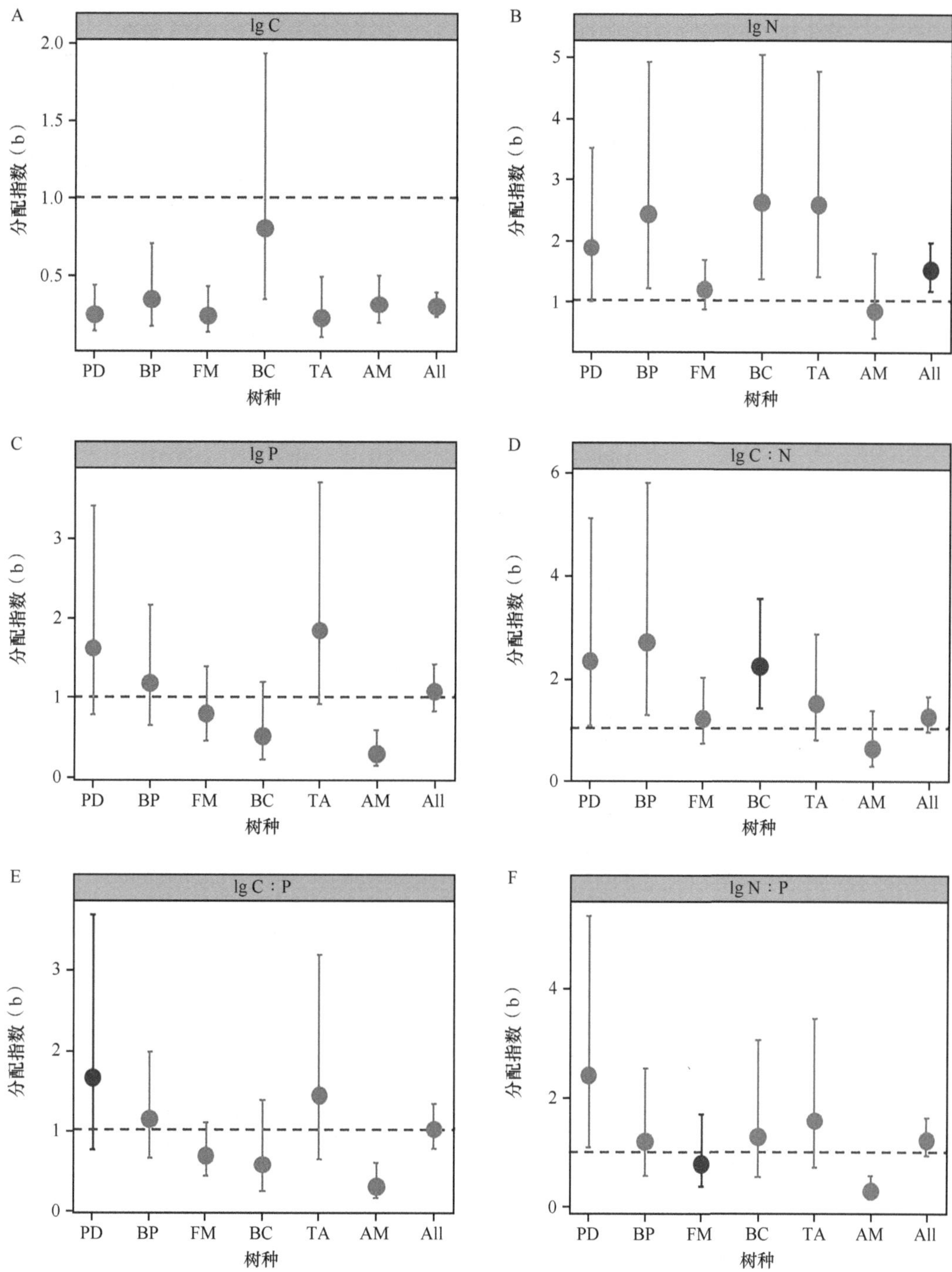

图 1.14　不同耐阴性树种叶片-细根间 C、N、P 化学计量学特征的分配规律

不同耐阴性树种的分配指数（*b*）为叶片（*y*）和细根（*x*）间 C、N、P 化学计量学特征的简化主轴分析（RMA）中的斜率，分配指数以误差条代表其上限和下限。红色虚线斜率为 1。蓝色的点代表根据似然比检验叶片-细根间 C、N、P 化学计量学特征分配指数与 1 有显著性差异（异速关系）；红色的点代表叶片-细根间 C、N、P 化学计量学特征分配指数与 1 无显著性差异（等速关系）；灰色的点代表器官间化学计量学特征的 RMA 回归不显著（$p>0.05$）

表 1.10 不同耐阴性树种叶片-细根间 C、N、P 化学计量学特征的 RMA 结果

化学计量学特征	树种缩写	截距	斜率	上限	下限	R^2	p
C 含量	PD	2.143	0.219	0.488	0.098	0.005	0.850
	BP	0.076	0.999	1.988	0.502	0.308	0.121
	FM	1.560	0.438	0.984	0.195	0.188	0.284
	BC	−0.704	1.293	2.899	0.577	0.193	0.277
	TA	3.442	0.260	0.547	0.124	0.172	0.268
	AM	3.497	0.286	0.558	0.147	0.356	0.090
	All	3.756	0.379	0.502	0.287	0.000	0.866
N 含量	PD	−3.411	2.886	6.449	1.291	0.000	0.987
	BP	−6.720	5.087	10.211	2.534	0.287	0.137
	FM	−4.878	3.759	7.598	1.860	0.416	0.084
	BC	−4.747	3.673	8.149	1.656	0.217	0.244
	TA	3.030	1.362	2.864	0.647	0.171	0.269
	AM	−6.280	4.690	10.146	2.168	0.095	0.421
	All	−3.670	2.999	3.907	2.302	0.112	0.015
P 含量	PD	−0.252	1.941	3.757	1.003	0.370	0.082
	BP	0.149	1.763	3.931	0.791	0.007	0.829
	FM	0.052	0.834	2.009	0.346	0.003	0.893
	BC	0.113	2.147	4.689	0.983	0.254	0.203
	TA	−0.366	1.572	3.397	0.727	0.097	0.415
	AM	0.028	0.796	1.779	0.356	0.000	0.987
	All	0.099	1.372	1.816	1.037	0.002	0.770
C : N	PD	−6.737	3.990	8.512	1.879	0.139	0.323
	BP	−4.332	5.233	11.225	2.440	0.118	0.366
	FM	−2.344	3.707	7.758	1.771	0.347	0.125
	BC	−2.106	3.496	6.428	1.902	0.580	0.028
	TA	1.247	0.520	1.087	0.248	0.185	0.248
	AM	6.758	4.380	8.705	2.204	0.311	0.119
	All	−1.098	2.521	3.324	1.911	0.026	0.251
C : P	PD	−2.067	1.852	3.062	1.120	0.656	0.008
	BP	7.113	1.670	3.687	0.757	0.036	0.623
	FM	4.813	0.799	1.893	0.337	0.050	0.596
	BC	8.491	2.187	5.057	0.946	0.114	0.413
	TA	5.965	1.239	2.768	0.554	0.003	0.963
	AM	5.026	0.867	1.936	0.388	0.002	0.919
	All	6.159	1.300	1.717	0.984	0.016	0.365
N : P	PD	−3.569	3.230	6.893	1.513	0.131	0.338
	BP	−1.811	2.210	4.807	1.016	0.079	0.465
	FM	3.667	1.960	3.529	1.089	0.612	0.022
	BC	−3.888	3.622	8.649	1.517	0.029	0.687
	TA	−1.593	1.839	4.110	0.823	0.000	0.976
	AM	3.016	1.392	3.111	0.623	0.001	0.935
	All	3.922	2.087	2.752	1.583	0.026	0.253

注：All 代表所有树种。

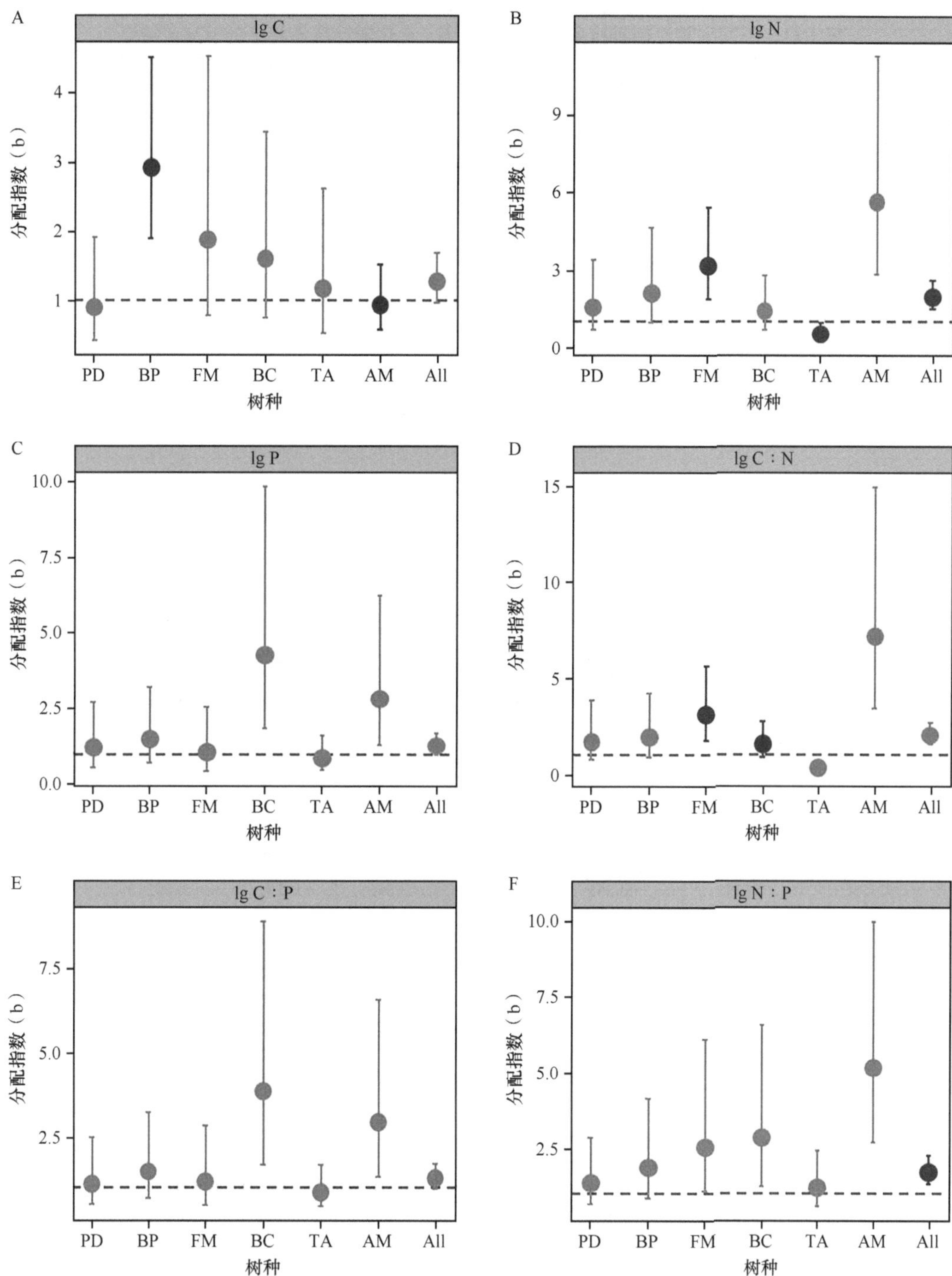

图 1.15　不同耐阴性树种枝条-细根间 C、N、P 化学计量学特征的分配规律

不同耐阴性树种的分配指数（b）为枝条（y）和细根（x）间 C、N、P 化学计量学特征的简化主轴分析（RMA）中的斜率，分配指数以误差条代表其上限和下限。红色虚线斜率为 1。蓝色的点代表根据似然比检验枝条-细根间 C、N、P 化学计量学特征分配指数与 1 有显著性差异（异速关系）；红色的点代表叶片-枝条间 C、N、P 化学计量学特征分配指数与 1 无显著性差异（等速关系）；灰色的点代表器官间化学计量学特征的 RMA 回归不显著（$p>0.05$）

表 1.11　不同耐阴性树种枝条-细根间 C、N、P 化学计量学特征的 RMA 结果

化学计量学特征	树种缩写	截距	斜率	上限	下限	R^2	p
C 含量	PD	0.326	0.909	1.920	0.430	0.159	0.288
	BP	10.551	2.926	4.521	1.894	0.748	0.003
	FM	−2.265	1.887	4.529	0.786	0.014	0.781
	BC	7.011	1.613	3.443	0.755	0.304	0.156
	TA	−0.384	1.180	2.612	0.533	0.029	0.663
	AM	5.208	0.933	1.522	0.571	0.675	0.007
	All	−0.659	1.280	1.694	0.967	0.002	0.740
N 含量	PD	−0.691	1.543	3.412	0.697	0.031	0.652
	BP	3.220	2.091	4.620	0.946	0.034	0.664
	FM	−2.443	3.176	5.395	1.870	0.692	0.010
	BC	−0.608	1.404	2.787	0.707	0.450	0.069
	TA	1.440	0.526	0.967	0.286	0.475	0.040
	AM	−4.820	5.641	11.276	2.822	0.297	0.129
	All	−1.173	1.99	2.601	1.521	0.087	0.034
P 含量	PD	−0.189	1.204	2.689	0.539	0.002	0.908
	BP	−0.160	1.505	3.232	0.701	0.115	0.371
	FM	−0.049	1.068	2.555	0.446	0.023	0.718
	BC	−0.085	4.256	9.818	1.845	0.121	0.399
	TA	−0.141	0.856	1.606	0.457	0.436	0.053
	AM	−0.044	2.823	6.241	1.277	0.032	0.646
	All	−0.664	1.278	1.684	0.969	0.031	0.211
C：N	PD	−0.963	1.722	3.846	0.771	0.002	0.903
	BP	4.877	1.944	4.223	0.895	0.082	0.455
	FM	−3.158	3.126	5.617	1.740	0.615	0.021
	BC	−0.631	1.571	2.752	0.897	0.651	0.016
	TA	2.405	0.348	0.654	0.186	0.434	0.054
	AM	−9.950	7.154	14.899	3.435	0.196	0.232
	All	−1.458	2.042	2.686	1.552	0.045	0.132
C：P	PD	−0.077	1.123	2.497	0.505	0.015	0.751
	BP	6.882	1.481	3.223	0.681	0.078	0.467
	FM	−0.360	1.177	2.827	0.490	0.012	0.792
	BC	13.149	3.874	8.892	1.688	0.134	0.373
	TA	0.564	0.871	1.671	0.454	0.389	0.073
	AM	−5.121	2.954	6.584	1.326	0.009	0.813
	All	−0.546	1.293	1.705	0.981	0.029	0.230
N：P	PD	−0.291	1.339	2.836	0.632	0.152	0.299
	BP	−0.903	1.851	4.127	0.830	0.007	0.832
	FM	3.758	2.530	6.076	1.054	0.013	0.786
	BC	−1.841	2.834	6.582	1.220	0.103	0.437

续表

化学计量学特征	树种缩写	截距	斜率	上限	下限	R^2	p
N：P	TA	−0.153	1.172	2.403	0.571	0.236	0.185
	AM	−4.364	5.148	9.962	2.660	0.370	0.082
	All	−0.723	1.712	2.228	1.315	0.118	0.013

注：All 代表所有树种。

1.2.3.4　土壤因子对不同耐阴性树种叶片、枝条和细根化学计量学特征的影响

叶片化学计量学特征的变异主要受到土壤含水量、土壤全磷含量、土壤全碳含量和土壤 pH 的显著影响（$p<0.05$）（图 1.16）。土壤含水量与叶片 C 含量、N 含量、C：P 和 N：P 呈显著正相关关系，而与叶片 P 含量呈显著负相关关系。土壤全磷含量与 C 含量、N 含量和 P 含量呈显著正相关关系，而对 C：P 和 N：P 则相反。此外，土壤全碳含量对叶片 C 含量、C：P 和 N：P 存在显著的正向调控作用，对叶片 P 含量存在显著的负向调控作用。叶片 C 含量、N 含量和 P 含量均受到土壤 pH 显著的负向调控作用。

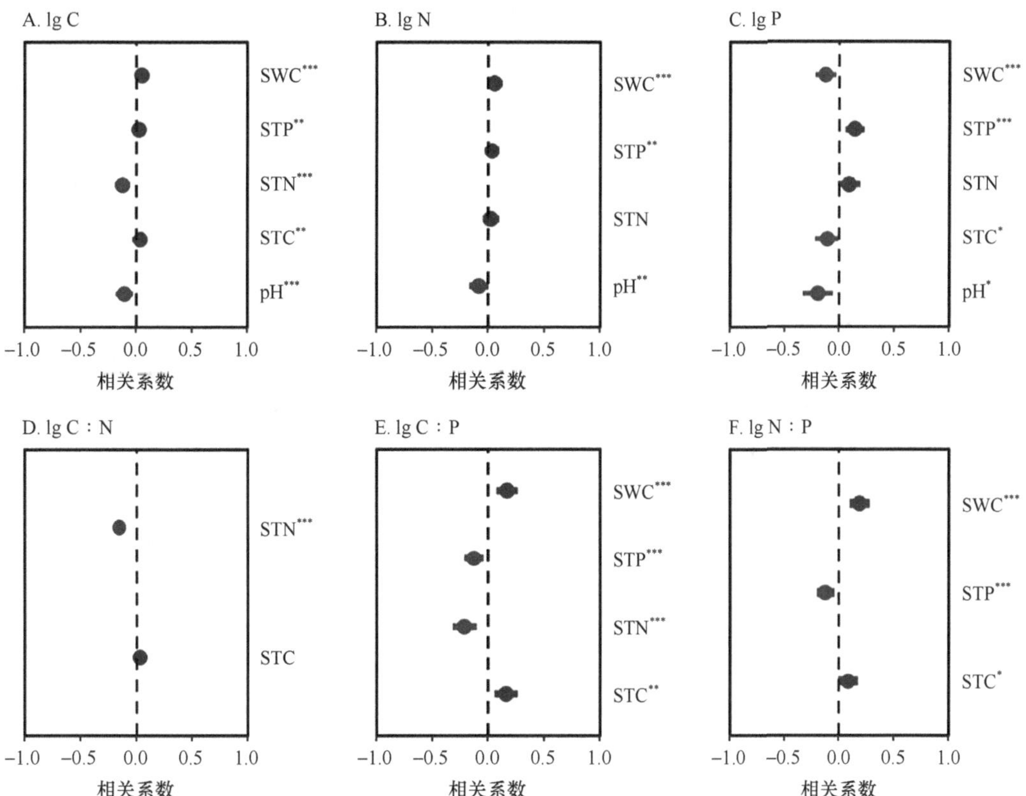

图 1.16　土壤因子对叶片 C、N、P 化学计量学特征的影响

蓝色的点代表该土壤因子对叶片 C、N、P 化学计量学特征存在显著的消极影响；而红色的点代表该土壤因子对叶片 C、N、P 化学计量学特征存在显著的积极影响（*** $p<0.001$；** $p<0.01$；* $p<0.05$）

枝条化学计量学特征的变异主要受到土壤含水量、土壤全氮含量、土壤全磷含量和土壤 pH 的显著影响（$p<0.05$）（图 1.17）。土壤含水量与枝条 N 含量和 P 含量呈显著

负相关关系，而对其他化学计量学特征有显著的正向调控作用。枝条 C 含量和 N 含量受到土壤全磷含量显著的正向调控作用，而 C∶N 则相反。土壤全氮含量对枝条 N 含量和 P 含量有显著的正向调控作用，对其他化学计量学特征存在显著的负向调控作用。此外，枝条 C 含量、N 含量和 P 含量均受到土壤 pH 显著的负向调控作用，而枝条 C∶N 和 C∶P 均受到土壤 pH 显著的正向调控作用。

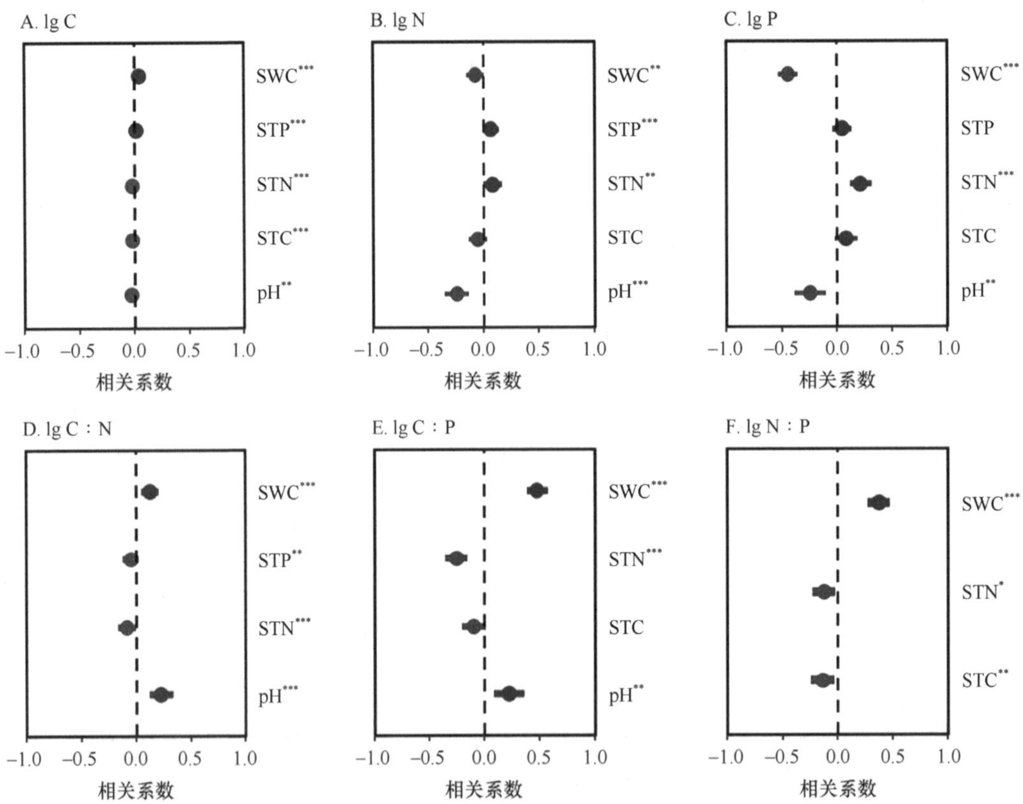

图 1.17　土壤因子对枝条 C、N、P 化学计量学特征的影响

蓝色的点代表该土壤因子对枝条 C、N、P 化学计量学特征存在显著的消极影响；而红色的点代表该土壤因子对枝条 C、N、P 化学计量学特征存在显著的积极影响（*** $p<0.001$；** $p<0.01$；* $p<0.05$）

与叶片和枝条相比，土壤因子对细根的影响相对较弱（图 1.18）。细根的 C 含量和

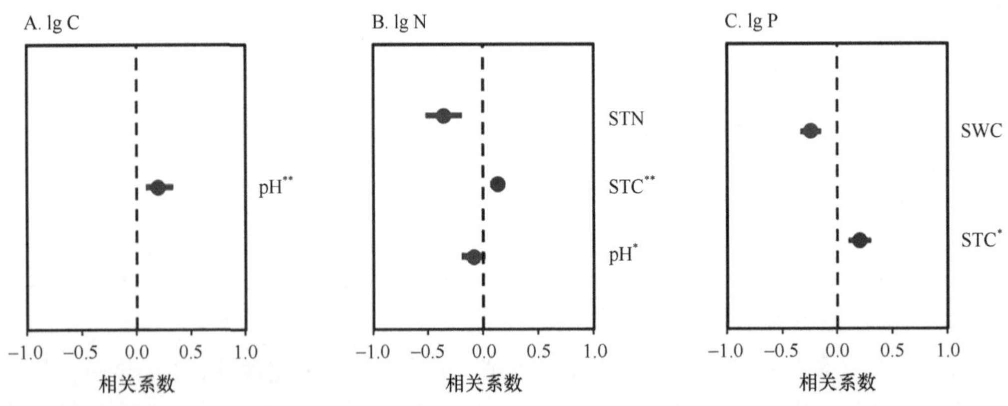

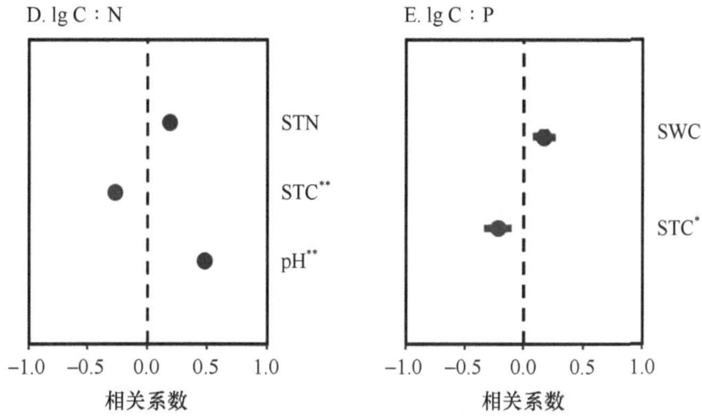

图 1.18 土壤因子对细根 C、N、P 化学计量学特征的影响

蓝色的点代表该土壤因子对细根 C、N、P 化学计量学特征存在显著的消极影响；而红色的点代表该土壤因子对细根 C、N、P 化学计量学特征存在显著的积极影响（** $p<0.01$；* $p<0.05$）

C : N 均受到土壤 pH 的正向调控作用，而 N 含量受到土壤 pH 显著的负向调控作用。细根的 N 含量和 P 含量受到土壤全碳含量的显著正向调控作用，而细根 C : N 和 C : P 受到土壤全碳含量的负向调控作用。此外，全子集回归分析结果表明，细根 N : P 不受土壤因子的影响，因此图 1.18 中并未显示。

1.2.4 讨论

1.2.4.1 不同耐阴性树种叶片、枝条和细根化学计量学特征的变异规律

植物叶片、枝条和细根的化学计量学特征变异与器官功能紧密相关（Zhao et al.，2016a；Wang et al.，2017）。叶片是植物进行光合作用的主要器官，是植物有机物质合成的主要场所（Wright et al.，2004；Peñuelas et al.，2013），细根主要负责从土壤中吸收大量 N、P 并通过枝条最终运输到叶片，这就是植物体内物质合成和运输的基本途径，也是器官间协作的有力证据。叶片中的叶绿体、生物膜结构等需要大量的酶等代谢物质和 rRNA 参与合成蛋白质，以满足树木生长需求，因此叶片中 N 含量和 P 含量显著高于细根和枝条（Wright et al.，2004；Hikosaka and Shigeno，2009；Cavaleri et al.，2008）。这一结论并不单单适用于阔叶红松林中树种，对于热带森林中的灌木（Tang et al.，2018；Zhang et al.，2018）、干旱地区植物（Yan et al.，2016a；Xiong et al.，2022）等同样适用，受到植物器官功能主导。C 是构建植物骨架结构的主要元素（Zhang et al.，2018）。一般而言，树木枝条的 C 含量要高于叶片和细根，主要是因为枝条的元素组成和结构相对稳定，并具有储存养分与运输功能，其 C 积累显著高于叶片和细根（Yan et al.，2016a）。然而，本研究得出不同结论：C 含量由高到低依次为细根、叶片和枝条（$p<0.05$）（表 1.8），且细根单位养分水平上 C 积累显著高于其他器官（高 C : N 和 C : P），说明植物对养分需求高导致细根内部的组织架构对 C 含量需求较高（McCormack et al.，2015；Chen et al.，2016；Zhao et al.，2019）。或是与其他器官相比，细根内部可移动的 N、P 含量显著低于其他器官，这一结果正好对应了细根对养分的吸收功能，即细根吸收土壤中的养分并需要运输到植物其他组织器官中。此外，C 是最稳定的养分元素，这与以往

的研究高度一致，证实了高含量的营养元素在植物生长过程中含量变化很小，代表了植物水平上的养分稳定性，是维持植物最优生长的基石（Han et al., 2011；Zhao et al., 2016a）。

植物化学计量学特征的变异通常用于预测植物资源获取策略，以及探究植物对环境变化的适应能力（Valladares and Niinemets，2008；Poorter et al.，2018）。耐阴性较弱的树种（喜光树种）在光资源不受限制的条件下，叶片中进行着激烈的碳同化作用。与此同时，叶片也面临着风吹、高温、干燥、过度辐照等环境因子的胁迫，为了应对这些胁迫，植物通常需要增加投资来维持其生理功能的正常进行（Demmig-Adams，2006）。而耐阴性较强的树种在低光条件下会最大化光合碳增益，保证争取到更多的光资源进行补偿（Givnish，1988；Valladares and Niinemets，2008；Coble et al.，2017），因此叶片的 C 含量随着树种耐阴性的增强首先呈现下降趋势，随后逐渐呈现上升趋势（$p<0.05$）（图 1.9A）。叶片 N 含量、P 含量随树种耐阴性的增强均呈现显著的上升趋势，这与以往的大部分相关研究结果一致（Niinemets and Kull，1994；King，2003）。耐阴性较强的树种叶片 N 含量、P 含量的相关投资比例将会更大，具有更高的叶绿素含量，因此在光资源不足的情况下能拥有更强的光合能力，有效提高光能利用效率（Niinemets，1997；Niinemets et al.，1998；Valladares and Niinemets，2008）。枝条和细根的化学计量学特征随树种耐阴性增强并未发现明显的变异趋势，但是种间差异明显（$p<0.05$）（图 1.9），主要是因为受到树种特性的影响。在群落中，每一个个体的周围环境条件均存在差异，因此可能对不同元素的需求和利用策略存在较明显的区别（Kerkhoff et al.，2006）。此外，耐阴性主要指植物能够忍受低光照水平的能力，影响其存活，植物对低光照水平的耐受程度主要是基于评估植物叶片性状与光照的关系，枝条和细根与光照并无显著的生理相关性，因此其养分变异不明显，主要还是因为器官生理功能存在差异，所以没有一致性的趋势是合理的（Valladares and Niinemets，2008；Hallik et al.，2009）。

1.2.4.2 不同耐阴性树种叶片、枝条和细根化学计量学特征间的相关性

植物器官内部元素含量间的相关性可以反映元素功能在器官间的耦合关系。不同树种的 C-N、C-P 相关关系不同，可能是因为不同耐阴性树种的养分利用策略存在差异。叶片是植物重要的功能型器官，其内部的养分含量反映了植物内部的元素稳定性及其相关关系，是判断植物生长发育的重要指标（Wright et al.，2004）。近年来，N-P 间的相关关系得到研究学者的广泛关注，在不同植物类群、不同群落甚至是大尺度上 N、P 间均存在一致性（Kerkhoff et al.，2006；Reich et al.，2010；Wu et al.，2012；He et al.，2023），本研究结果与其保持一致，表明植物叶片内 N、P 间存在强烈的耦合关系，遵循严格的元素比例（Hedin，2004；McGroddy et al.，2004；Ågren，2008）。然而，以往的研究很少关注树种水平 N、P 间的相关关系，本研究结果表明，色木槭和枫桦的 N、P 间并不存在显著的相关关系，说明 N、P 间相关关系存在种间差异，可能是因为不同树种对环境的适应能力和养分利用策略存在差异，也可能是因为受到土壤等多种因素的共同调控作用（Osone and Tateno，2005；Sayer and Banin，2016）。C∶N 和 C∶P 是表

征植物 N 或 P 利用效率的指标，经常作为一些生态模型的输入参数来预测陆地生态系统的生产力和养分循环（Ågren，2004；Reich and Oleksyn，2004），因此 C∶N 和 C∶P 的变异值得研究。本研究中，叶片 C∶N 和 C∶P 分别主要受到 N 含量、P 含量的调控作用（图 1.10D～F、H），N、P 利用效率在一定范围内随 N 含量、P 含量升高而逐渐降低（Güsewell，2004；Hedin，2004）。与此同时，C 是最为稳定的养分元素，N、P 是森林生态系统中最为常见的限制性因子，具有较高的变异性，分别主导 C∶N 和 C∶P 的变异实属必然（Elser et al.，2007）。叶片 N∶P 主要受到叶片 P 含量的影响（图 1.10G、I），这一结果支持了生长速率假说，即随着生长速率的增加，P 含量的升高导致其相关的化学计量学特征（C∶P 和 N∶P）呈现下降趋势（Sterner and Elser，2002；Niklas and Cobb，2005）。

枝条作为植物最小的结构支撑单元，肩负着连接叶片与其他植物器官的责任，因此其内部的养分变异值得关注。相较于叶片和细根，枝条的化学计量学特征很少得到研究学者的普遍关注，导致相关信息十分有限。本研究表明，枝条养分含量间的相关关系较为微弱（图 1.11A～C），可能因为枝条组成和结构相对稳定，主要进行养分运输和结构支撑，所以其养分含量间的耦合关系较为微弱（Rytter，2002；Heineman et al.，2016；Zhao et al.，2020）。枝条化学计量比的变异与叶片一致，即枝条 C∶N 和 C∶P 分别主要受到枝条 N 含量、P 含量的调控作用，以及枝条 N∶P 主要受到枝条 P 含量的影响（$p<0.05$）（图 1.11D～I），说明其器官功能虽有不同，但整体还是与代谢需求高的养分调控有关，遵循基本的植物生理规律，这也是植物历经长期的历史变迁进化而来，说明叶片和枝条间养分利用策略存在趋同现象。

对于细根而言，仅耐阴性最弱的树种（山杨）的化学计量学特征间存在显著的相关关系，说明地上器官剧烈的光合作用加强了地下器官对养分的吸收（Valladares and Niinemets，2008）。细根的 C∶N 和 C∶P 依旧与叶片和枝条保持一致，分别主要受到细根 N 含量、P 含量的负向调控作用，也就是说，N 含量、P 含量的升高主导了相关化学计量学特征的变异（$p<0.05$）（图 1.12）。与叶片和枝条不同的是，细根 N∶P 主要受到细根 N 含量的正向调控作用，也可以理解为 N 含量的变异程度较高，在进行着大量的蛋白质合成活动。可能对于植物地下器官细根而言，需要更多的 N 分配到植物细根以获取足够养分支撑其生存，这是首要需求；而对于叶片和枝条而言，大量的 P 参与核糖体合成，以促进植物生长，这是首要目的。因此，植物体内这种 N∶P 的变异也表征着生长和生存之间的权衡（Elser et al.，1996）。

1.2.4.3　不同耐阴性树种叶片、枝条和细根间的养分分配策略

植物器官间的养分分配在植物资源吸收和利用等生理生态过程中起到至关重要的平衡作用，与此同时，各植物器官的功能和代谢活动也制约着植物各器官间的营养分配，使得植物各器官对有限资源进行合理分配，以适应外界环境的变化，达到植物生存生长的目的（Schreeg et al.，2014；Zhao et al.，2016a，2020）。有研究表明，植物地上和地下器官间的比例关系呈现显著的异速分配关系，在地上器官间呈现显著的等速分配关系（Zhao et al.，2020）。本研究基于阔叶红松林主要树种得出不同结果，叶片和枝条间的

C 含量为异速分配关系（$b<1$），即与叶片相比，C 倾向于存在于枝条中，可能是因为叶片通过光合作用固定空气中的 CO_2，随后 C 将会被运往枝条等其他器官（$p<0.05$）（图 1.13）。此外，枝条属于结构支撑器官，需要大量的 C 来完成机械性的结构构建，因此植物为满足其器官功能需求，分配更多的 C 给枝条（Fortunel et al.，2014；Zhang et al.，2018）。而叶片和枝条间的 N 含量呈现的是异速分配关系（$b>1$），植物倾向于分配更多的 N 给叶片，因为叶片是植物的主要光合器官，需要分配更多的 N 来满足叶片光合作用的代谢需求（Wright et al.，2004）。叶片和枝条间的 P 含量仅在耐阴性较弱的树种间显著相关（$p<0.05$）（图 1.13），为等速分配关系（$b=1$）。P 含量与植物生长密切相关（Cavaleri et al.，2010；Zhang et al.，2017），耐阴性较弱的树种叶片和枝条间生长速率一致，以期快速生长获取更多光资源，实现最优生长，这一点在叶片-枝条间 C：N、C：P 的分配关系中得到证实（$p<0.05$）（图 1.13）。然而，大部分树种的叶片-枝条间 C：N、C：P 和 N：P 的分配关系并不存在显著的相关性，并且未发现叶片-枝条间的化学计量学特征的分配指数随树种耐阴性增强的变异规律，可能是因为特定时间内器官内部存在养分重吸收机制（Martínez-Vilalta et al.，2007）。以往的研究表明，植物叶片和枝条间的 N：P 是明显的异速关系，并且植物为了延长叶片寿命，将养分储存于枝条中，导致枝条上的投资高于叶片上的投资（Yan et al.，2016b），这意味着植物器官对养分的利用遵循最优分配理论，植物会将更多的资源分配给那些资源获取最受限制的器官，把更少的资源分配给那些资源获取非限制的器官（Weiner，2004），以实现适合度的“功能平衡”。或者是，植物为维持叶片的基本代谢活动，将多余的养分储存在枝条中，在植物面临环境胁迫时，能够将储存于枝条中的养分迅速转移至叶片中来维持光合作用所需叶片养分含量的稳定性（Zhao et al.，2016b）。这种植物不同器官间的营养变化也依赖于器官间的合作，是植物进化的结果（Zhao et al.，2020）。然而，与叶片-枝条间的养分分配关系不同，本研究中大部分树种的枝条-细根间和叶片-细根间的养分分配关系无显著相关性，可能是因为地上器官间养分利用策略存在趋同性，与细根的养分相关性较弱。或者是，本研究结果包含了 3 个不同地区的共存树种，叶片和枝条的化学计量学特征变异随纬度变化存在趋同策略，侧面印证了地上器官养分利用的趋同性。

1.2.4.4 土壤因子对不同耐阴性树种叶片、枝条和细根化学计量学特征的影响

在局域尺度甚至是全球尺度上，植物化学计量学特征变异的驱动因素十分复杂（Reich et al.，2004；Zhao et al.，2016b；Zhang et al.，2018）。土壤 C 含量、N 含量、P 含量是土壤营养、质量状况以及生态系统健康状况的重要指标（Yang et al.，2017），可以通过分析土壤因子与植物化学计量学特征间的相关关系，来反映土壤养分供应能力（Chapin et al.，1986；Cleveland and Liptzin，2007）。原则上，植物各器官的化学计量学特征随环境因子变化而发生显著变化，特别是与土壤直接接触的根系（McCormack et al.，2015；Li et al.，2018；Liu et al.，2021）。Huang 等（2022）对大规模植物对土壤因子的适应特征进行了分析，结果表明土壤因子在纬度梯度上呈现不

同的趋势，且其相对重要性因纬度和植物群而异（Woodward and Williams，1987）。Zhao 等（2016a）整合了中国 9 个森林生态系统中叶片和细根的化学计量学特征指标，发现叶片 C 含量随土壤养分含量的升高而呈现显著的降低趋势，叶片 N 含量、P 含量则随土壤养分含量的升高而呈现显著的升高趋势；并且对细根而言，C 含量、N 含量的变异趋势与叶片一致，但 P 含量未发现显著的变异趋势，Zhang 等（2021）也得出了一致的结果。本研究以阔叶红松林样地带 3 块主要固定样地的主要树种为研究对象，发现不同器官的主要影响因子均有所不同，同一器官中不同元素的影响也存在差异。叶片和枝条的养分含量几乎受到了所有土壤因子的影响，而相应的化学计量比仅仅受到了部分土壤因子的影响（$p<0.05$）（图 1.16，图 1.17），说明土壤因子对植物养分的影响存在相互抵消作用。植物主要依靠叶片光合作用来固定 C，而 N、P 主要依靠根系从土壤中获取，因此土壤中的 C 含量对叶片的 N 含量、P 含量并无显著影响，而叶片的 N 含量、P 含量分别随土壤中 N 含量、P 含量的升高而升高，可能是因为与从衰老叶片中获取 N、P 相比，植物从土壤中获取 N、P 是一种更经济、便捷的方式（Chen et al.，2015；Zheng et al.，2020）。叶片和枝条的化学计量学特征还与土壤含水量显著相关（$p<0.05$）（图 1.16，图 1.17），因为叶片和枝条的生长过程中各种生理生态功能都需要水分来参与。此外，本研究中叶片和枝条受到土壤因子的影响较为一致，说明了叶片和枝条间存在趋同性，即依赖并增加了对土壤中养分的吸收，支持其内部代谢活动的正常进行，维持个体的生存和繁殖（Fortunel et al.，2014；Kuusk et al.，2018）。细根作为与土壤直接接触的植物器官，本研究中并未发现其化学计量学特征显著地受土壤因子的影响（$p<0.05$）（图 1.18），可能是因为阔叶红松林内土壤因子并不是限制植物或影响植物生长的主要因子。

1.2.5　小结

本节通过对阔叶红松林样地带 6 种不同耐阴性树种叶片、枝条和细根化学计量学特征及土壤因子进行研究，分析了植物各器官化学计量学特征随树种耐阴性增强的变异规律，同时分析了土壤因子与植物化学计量学特征间的相关关系。研究结果表明，随树种耐阴性增强，叶片 C 含量、C∶N 呈现先下降再上升的趋势，N 含量、P 含量则呈现显著上升的趋势，主要归因于耐阴性较强的树种生活在林下遮阴的环境中，为提高光合能力而增加相应养分的投资。随树种耐阴性变化，枝条和细根中并不存在显著变异趋势，但受到显著的种间差异调控作用。不同植物器官内养分间显著相关并存在一定趋同性，严格遵循元素比例。此外，叶片和枝条的化学计量学特征更容易受到土壤因子的影响，而细根并无此趋势。因此，本研究提出，植物地上器官（叶片和枝条）受到树种耐阴性和土壤因子的显著调控作用，这表明叶片和枝条间化学计量学特征变异具有趋同性。本研究阐明了个体水平上叶片、枝条和细根的化学计量学特征的变异规律，为不同植物器官养分分配与利用策略研究提供了重要参考意见，并强调了在未来化学计量学特征的研究中应考虑群落中不同树种生长策略的差异。

◆◆ 参 考 文 献

陈静, 庄立会, 沐建华, 等. 2020. 云南文山石漠化区车桑子叶脉密度与叶氮含量关系对生境的响应. 生态学报, 40(11): 3706-3714.

陈莹婷, 许振柱. 2014. 植物叶经济谱的研究进展. 植物生态学报, 38(10): 1135-1153.

何念鹏, 刘聪聪, 张佳慧, 等. 2018. 植物性状研究的机遇与挑战: 从器官到群落. 生态学报, 38(19): 6787-6796.

何芸雨, 郭水良, 王喆. 2019. 植物功能性状权衡关系的研究进展. 植物生态学报, 43(12): 1021-1035.

贺金生, 韩兴国. 2010. 生态化学计量学: 探索从个体到生态系统的统一化理论. 植物生态学报, 34(1): 2-6.

胡耀升, 么旭阳, 刘艳红. 2015. 长白山森林不同演替阶段比叶面积及其影响因子. 生态学报, 35(5): 1480-1487.

金明月, 姜峰, 金光泽, 等. 2018. 不同年龄白桦比叶面积的生长阶段变异及冠层差异. 林业科学, 54(9): 18-26.

李其斌, 张春雨, 赵秀海. 2022. 长白山不同演替阶段针阔混交林群落物种多样性及其影响因子. 生态学报, 42(17): 7147-7155.

李庆康, 马克平. 2002. 植物群落演替过程中植物生理生态学特性及其主要环境因子的变化. 植物生态学报, 26(S1): 9-19.

王业蘧, 等. 1994. 阔叶红松林. 哈尔滨: 东北林业大学出版社.

吴陶红, 龙翠玲, 熊玲, 等. 2022. 茂兰喀斯特森林不同演替阶段植物叶片功能性状与土壤因子的关系. 广西植物, 43(3): 463-472.

吴一苓, 李芳兰, 胡慧, 等. 2022. 叶脉结构与功能及其对叶片经济谱的影响. 植物学报, 57(3): 388-398.

熊映杰, 于果, 魏凯璐, 等. 2022. 天童山阔叶木本植物叶片大小与叶脉密度及单位叶脉长度细胞壁干质量的关系. 植物生态学报, 46(2): 136-147.

徐婷, 赵成章, 韩玲, 等. 2017. 张掖湿地旱柳叶脉密度与水分利用效率的关系. 植物生态学报, 41(7): 761-769.

于青含, 金光泽, 刘志理. 2020. 植株大小、枝龄和环境共同驱动红松枝性状的变异. 植物生态学报, 44(9): 939-950.

曾德慧, 陈广生. 2005. 生态化学计量学: 复杂生命系统奥秘的探索. 植物生态学报, 29(6): 1007-1019.

张增可, 郑心炫, 林华贞, 等. 2019. 海岛植物不同演替阶段植物功能性状与环境因子的变化规律. 生态学报, 39(10): 3749-3758.

Ågren G I. 2004. The C : N : P stoichiometry of autotrophs-theory and observations. Ecology Letters, 7(3): 185-191.

Ågren G I. 2008. Stoichiometry and nutrition of plant growth in natural communities. Annual Review of Ecology, Evolution, and Systematics, 39: 153-170.

Albert C H, Thuiller W, Yoccoz N G, et al. 2010. Intraspecific functional variability: extent, structure and sources of variation. Journal of Ecology, 98(3): 604-613.

Anderegg L D L. 2023. Why can't we predict traits from the environment? New Phytologist, 237(6): 1998-2004.

Aoyagi R, Kitayama K. 2016. Nutrient allocation among plant organs across 13 tree species in three Bornean rain forests with contrasting nutrient availabilities. Journal of Plant Research, 129(4): 675-684.

Bazzaz F A. 1979. The physiological ecology of plant succession. Annual Review of Ecology and Systematics, 10: 351-371.

Blackman C J, Aspinwall M J, de Dios V R , et al. 2016. Leaf photosynthetic, economics and hydraulic traits are decoupled among genotypes of a widespread species of *eucalypt* grown under ambient and elevated CO_2. Functional Ecology, 30(9): 1491-1500.

Blonder B, Violle C, Bentley L P, et al. 2011. Venation networks and the origin of the leaf economics spectrum. Ecology Letters, 14(2): 91-100.

Blonder B, Violle C, Enquist B J. 2013. Assessing the causes and scales of the leaf economics spectrum using venation networks in *Populus tremuloides*. Journal of Ecology, 101(4): 981-989.

Boonman C C F, van Langevelde F, Oliveras I, et al. 2020. On the importance of root traits in seedlings of tropical tree species. New Phytologist, 227(1): 156-167.

Kevin Boyce C, Brodribb T J, Feild T S, et al. 2009. Angiosperm leaf vein evolution was physiologically and environmentally transformative. Proceedings Biological Sciences, 276(1663): 1771-1776.

Brodribb T J, Feild T S, Jordan G J. 2007. Leaf maximum photosynthetic rate and venation are linked by hydraulics. Plant Physiology, 144(4): 1890-1898.

Castellanos A E, Llano-Sotelo J M, Machado-Encinas L I, et al. 2018. Foliar C, N, and P stoichiometry characterize successful plant ecological strategies in the Sonoran Desert. Plant Ecology, 219(7): 775-788.

Cavaleri M A, Oberbauer S F, Clark D B, et al. 2010. Height is more important than light in determining leaf morphology in a tropical forest. Ecology, 91(6): 1730-1739.

Cavaleri M A, Oberbauer S F, Ryan M G. 2008. Foliar and ecosystem respiration in an old-growth tropical rain forest. Plant, Cell & Environment, 31(4): 473-483.

Chapin F S III, Vitousek P M, van Cleve K. 1986. The nature of nutrient limitation in plant communities. The American Narturalist, 127(1): 48-58.

Chen F S, Niklas K J, Liu Y, et al. 2015. Nitrogen and phosphorus additions alter nutrient dynamics but not resorption efficiencies of Chinese fir leaves and twigs differing in age. Tree Physiology, 35(10): 1106-1117.

Chen Q W, Mu X H, Chen F J, et al. 2016. Dynamic change of mineral nutrient content in different plant organs during the grain filling stage in maize grown under contrasting nitrogen supply. European Journal of Agronomy, 80: 137-153.

Chen Y H, Han W X, Tang L Y, et al. 2013. Leaf nitrogen and phosphorus concentrations of woody plants differ in responses to climate, soil and plant growth form. Ecography, 36(2): 178-184.

Cleveland C C, Liptzin D. 2007. C：N：P stoichiometry in soil: is there a “redfield ratio” for the microbial biomass? Biogeochemistry, 85(3): 235-252.

Coble A P, Fogel M L, Parker G G. 2017. Canopy gradients in leaf functional traits for species that differ in growth strategies and shade tolerance. Tree Physiology, 37(10): 1415-1425.

Cornwell W K, Ackerly D D. 2009. Community assembly and shifts in plant trait distributions across an environmental gradient in coastal California. Ecological Monographs, 79(1): 109-126.

da Silveira P L, Louault F, Carrère P, et al. 2010. The role of plant traits and their plasticity in the response of pasture grasses to nutrients and cutting frequency. Annals of Botany, 105(6): 957-965.

de Frenne P, Graae B J, Kolb A, et al. 2011. An intraspecific application of the leaf-height-seed ecology strategy scheme to forest herbs along a latitudinal gradient. Ecography, 34(1): 132-140.

Delagrange S. 2011. Light- and seasonal-induced plasticity in leaf morphology, N partitioning and photosynthetic capacity of two temperate deciduous species. Environmental and Experimental Botany, 70(1): 1-10.

Demmig-Adams B. 2006. Photoprotection in an ecological context: the remarkable complexity of thermal energy dissipation. New Phytologist, 172(1): 11-21.

Dunbar-Co S, Sporck M J, Sack L. 2009. Leaf trait diversification and design in seven rare taxa of the Hawaiian *Plantago* radiation. International Journal of Plant Sciences, 170(1): 61-75.

Elser J J, Bracken M E S, Cleland E E, et al. 2007. Global analysis of nitrogen and phosphorus limitation of primary producers in freshwater, marine and terrestrial ecosystems. Ecology Letters, 10(12): 1135-1142.

Elser J J, Dobberfuhl D R, MacKay N A, et al. 1996. Organism size, life history, and N：P stoichiometry. BioScience, 46(9): 674-684.

Elser J J, Fagan W F, Denno R F, et al. 2000b. Nutritional constraints in terrestrial and freshwater food webs. Nature, 408(6812): 578-580.

Elser J J, Sterner R W, Gorokhova E, et al. 2000a. Biological stoichiometry from genes to ecosystems. Ecology Letters, 3(6): 540-550.

Enquist B J, Kerkhoff A J, Stark S C, et al. 2007. A general integrative model for scaling plant growth, carbon flux, and functional trait spectra. Nature, 449(7159): 218-222.

Fajardo A, Siefert A. 2018. Intraspecific trait variation and the leaf economics spectrum across resource gradients and levels of organization. Ecology, 99(5): 1024-1030.

Fan H B, Wu J P, Liu W F, et al. 2015. Linkages of plant and soil C：N：P stoichiometry and their relationships to forest growth in subtropical plantations. Plant and Soil, 392(1): 127-138.

Fan J W, Harris W, Zhong H P. 2016. Stoichiometry of leaf nitrogen and phosphorus of grasslands of the Inner Mongolian and Qinghai-Tibet Plateaus in relation to climatic variables and vegetation organization levels. Ecological Research, 31(6): 821-829.

Fan Z X, Sterck F, Zhang S B, et al. 2017. Tradeoff between stem hydraulic efficiency and mechanical strength affects leaf-stem allometry in 28 *Ficus* tree species. Frontiers in Plant Science, 8: 1619.

Fortunel C, Ruelle J, Beauchêne J, et al. 2014. Wood specific gravity and anatomy of branches and roots in 113 Amazonian rainforest tree species across environmental gradients. New Phytologist, 202(1): 79-94.

Fraver S, D'Amato A W, Bradford J B, et al. 2014. Tree growth and competition in an old-growth *Picea abies* forest of boreal Sweden: influence of tree spatial patterning. Journal of Vegetation Science, 25(2): 374-385.

Givnish T J. 1988. Adaptation to sun and shade: a whole-plant perspective. Functional Plant Biology, 15(2): 63.

Guan X Y, Wen Y, Zhang Y, et al. 2023. Stem hydraulic conductivity and embolism resistance of *Quercus* species are associated with their climatic niche. Tree Physiology, 43(2): 234-247.

Guo D L, Li H, Mitchell R J, et al. 2008. Fine root heterogeneity by branch order: exploring the discrepancy in root turnover estimates between minirhizotron and carbon isotopic methods. New Phytologist, 177(2): 443-456.

Güsewell S. 2004. N：P ratios in terrestrial plants: variation and functional significance. New Phytologist,

164(2): 243-266.

Gutiérrez A G, Aravena J C, Carrasco-Farías N V, et al. 2008. Gap-phase dynamics and coexistence of a long-lived pioneer and shade-tolerant tree species in the canopy of an old-growth coastal temperate rain forest of Chiloé Island, Chile. Journal of Biogeography, 35(9): 1674-1687.

Hallik L, Niinemets Ü, Wright I J. 2009. Are species shade and drought tolerance reflected in leaf-level structural and functional differentiation in Northern Hemisphere temperate woody flora? New Phytologist, 184(1): 257-274.

Han W X, Fang J Y, Guo D L, et al. 2005. Leaf nitrogen and phosphorus stoichiometry across 753 terrestrial plant species in China. New Phytologist, 168(2): 377-385.

Han W X, Fang J Y, Reich P B, et al. 2011. Biogeography and variability of eleven mineral elements in plant leaves across gradients of climate, soil and plant functional type in China. Ecology Letters, 14(8): 788-796.

He J S, Fang J Y, Wang Z H, et al. 2006. Stoichiometry and large-scale patterns of leaf carbon and nitrogen in the grassland biomes of China. Oecologia, 149(1): 115-122.

He M Z, Dijkstra F A, Zhang K, et al. 2016. Influence of life form, taxonomy, climate, and soil properties on shoot and root concentrations of 11 elements in herbaceous plants in a temperate desert. Plant and Soil, 398(1): 339-350.

He N P, Li Y, Liu C C, et al. 2020. Plant trait networks: improved resolution of the dimensionality of adaptation. Trends in Ecology & Evolution, 35(10): 908-918.

He X L, Ma J, Jin M, et al. 2023. Characteristics and controls of ecological stoichiometry of shrub leaf in the alpine region of northwest China. Catena, 224: 107005.

Hedin L O. 2004. Global organization of terrestrial plant-nutrient interactions. Proceedings of the National Academy of Sciences of the United States of America, 101(30): 10849-10850.

Heineman K D, Turner B L, Dalling J W. 2016. Variation in wood nutrients along a tropical soil fertility gradient. New Phytologist, 211(2): 440-454.

Hikosaka K, Shigeno A. 2009. The role of Rubisco and cell walls in the interspecific variation in photosynthetic capacity. Oecologia, 160(3): 443-451.

Hodgson J G, Montserrat-Martí G, Charles M, et al. 2011. Is leaf dry matter content a better predictor of soil fertility than specific leaf area? Annals of Botany, 108(7): 1337-1345.

Huang Y X, Zhao X Y, Zhou D W, et al. 2012. Phenotypic plasticity of early and late successional forbs in response to shifts in resources. PLoS One, 7(11): e50304.

Huang Z Q, Ran S S, Fu Y R, et al. 2022. Functionally dissimilar neighbours increase tree water use efficiency through enhancement of leaf phosphorus concentration. Journal of Ecology, 110(9): 2179-2189.

Hughes A R, Inouye B D, Johnson M T J, et al. 2008. Ecological consequences of genetic diversity. Ecology Letters, 11(6): 609-623.

Iida Y, Kohyama T S, Kubo T, et al. 2011. Tree architecture and life-history strategies across 200 co-occurring tropical tree species. Functional Ecology, 25(6): 1260-1268.

Jackson B G, Peltzer D A, Wardle D A. 2013. The within-species leaf economic spectrum does not predict leaf litter decomposability at either the within-species or whole community levels. Journal of Ecology, 101(6): 1409-1419.

Jager M M, Richardson S J, Bellingham P J, et al. 2015. Soil fertility induces coordinated responses of multiple independent functional traits. Journal of Ecology, 103(2): 374-385.

Jenny H. 1994. Factors of Soil Formation: A System of Quantitative Pedology. Dover: New York.

Ji M, Jin G Z, Liu Z L. 2021. Effects of ontogenetic stage and leaf age on leaf functional traits and the relationships between traits in *Pinus koraiensis*. Journal of Forestry Research, 32(6): 2459-2471.

Joswig J S, Wirth C, Schuman M C, et al. 2022. Climatic and soil factors explain the two-dimensional spectrum of global plant trait variation. Nature Ecology & Evolution, 6(1): 36-50.

Jung V, Violle C, Mondy C, et al. 2010. Intraspecific variability and trait-based community assembly. Journal of Ecology, 98(5): 1134-1140.

Kattge J, Díaz S, Lavorel S, et al. 2011. TRY-a global database of plant traits. Global Change Biology, 17(9): 2905-2935.

Kay A D, Ashton I W, Gorokhova E, et al. 2005. Toward a stoichiometric framework for evolutionary biology. Oikos, 109(1): 6-17.

Kerkhoff A J, Fagan W F, Elser J J, et al. 2006. Phylogenetic and growth form variation in the scaling of nitrogen and phosphorus in the seed plants. The American Naturalist, 168(4): E103-E122.

King D A. 2003. Allocation of above-ground growth is related to light in temperate deciduous saplings. Functional Ecology, 17(4): 482-488.

Kuusk V, Niinemets Ü, Valladares F. 2018. Structural controls on photosynthetic capacity through juvenile-to-adult transition and needle ageing in Mediterranean pines. Functional Ecology, 32(6): 1479-1491.

Laughlin D C, Leppert J J, Moore M M, et al. 2010. A multi-trait test of the leaf-height-seed plant strategy scheme with 133 species from a pine forest flora. Functional Ecology, 24(3): 493-501.

Levine J M, HilleRisLambers J. 2009. The importance of niches for the maintenance of species diversity. Nature, 461(7261): 254-257.

Li A, Guo D L, Wang Z Q, et al. 2010. Nitrogen and phosphorus allocation in leaves, twigs, and fine roots across 49 temperate, subtropical and tropical tree species: a hierarchical pattern. Functional Ecology, 24(1): 224-232.

Li L, McCormack M L, Ma C G, et al. 2015. Leaf economics and hydraulic traits are decoupled in five species-rich tropical-subtropical forests. Ecology Letters, 18(9): 899-906.

Li Y, Tian D S, Yang H, et al. 2018. Size-dependent nutrient limitation of tree growth from subtropical to cold temperate forests. Functional Ecology, 32(1): 95-105.

Liu C, Wang X P, Wu X, et al. 2013. Relative effects of phylogeny, biological characters and environments on leaf traits in shrub biomes across central Inner Mongolia, China. Journal of Plant Ecology, 6(3): 220-231.

Liu C C, Li Y, Xu L, et al. 2019b. Variation in leaf morphological, stomatal, and anatomical traits and their relationships in temperate and subtropical forests. Scientific Reports, 9(1): 5803.

Liu G F, Ye X H, Huang Z Y, et al. 2019a. Leaf and root nutrient concentrations and stoichiometry along aridity and soil fertility gradients. Journal of Vegetation Science, 30(2): 291-300.

Liu J G, Gou X H, Zhang F, et al. 2021. Spatial patterns in the C：N：P stoichiometry in Qinghai spruce and the soil across the Qilian Mountains, China. Catena, 196: 104814.

Liu Z G, Zhao M, Zhang H X, et al. 2023. Divergent response and adaptation of specific leaf area to environmental change at different spatio-temporal scales jointly improve plant survival. Global Change

Biology, 29(4): 1144-1159.

Liu Z L, Hikosaka K, Li F R, et al. 2020. Variations in leaf economics spectrum traits for an evergreen coniferous species: tree size dominates over environment factors. Functional Ecology, 34(2): 458-467.

Lü X T, Freschet G T, Flynn D F B, et al. 2012. Plasticity in leaf and stem nutrient resorption proficiency potentially reinforces plant-soil feedbacks and microscale heterogeneity in a semi-arid grassland. Journal of Ecology, 100(1): 144-150.

Maherali H. 2017. The evolutionary ecology of roots. New Phytologist, 215(4): 1295-1297.

Maire V, Wright I J, Prentice I C, et al. 2015. Global effects of soil and climate on leaf photosynthetic traits and rates. Global Ecology and Biogeography, 24(6): 706-717.

Marquardt D W. 1970. Generalized inverses, ridge regression, biased linear estimation, and nonlinear estimation. Technometrics, 12(3): 591-612.

Marschnert H, Kirkby E A, Engels C. 1997. Importance of cycling and recycling of mineral nutrients within plants for growth and development. Botanica Acta, 110(4): 265-273.

Martin A R, Rapidel B, Roupsard O, et al. 2017. Intraspecific trait variation across multiple scales: the leaf economics spectrum in coffee. Functional Ecology, 31(3): 604-612.

Martínez-Vilalta J, Vanderklein D, Mencuccini M. 2007. Tree height and age-related decline in growth in Scots pine (*Pinus sylvestris* L.). Oecologia, 150(4): 529-544.

McCormack M L, Dickie I A, Eissenstat D M, et al. 2015. Redefining fine roots improves understanding of below-ground contributions to terrestrial biosphere processes. New Phytologist, 207(3): 505-518.

McGill B J, Enquist B J, Weiher E, et al. 2006. Rebuilding community ecology from functional traits. Trends in Ecology & Evolution, 21(4): 178-185.

McGroddy M E, Daufresne T, Hedin L O. 2004. Scaling of C：N：P stoichiometry in forests worldwide: implications of terrestrial redfield -type ratios. Ecology, 85(9): 2390-2401.

Méndez M, Karlsson P S. 2005. Nutrient stoichiometry in *Pinguicula vulgaris*: nutrient availability, plant size, and reproductive status. Ecology, 86(4): 982-991.

Milla R, Castro-Díez P, Maestro-Martínez M, et al. 2005. Relationships between phenology and the remobilization of nitrogen, phosphorus and potassium in branches of eight Mediterranean evergreens. New Phytologist, 168(1): 167-178.

Minden V, Kleyer M. 2014. Internal and external regulation of plant organ stoichiometry. Plant Biology, 16(5): 897-907.

Monnier Y, Bousquet-Mélou A, Vila B, et al. 2013. How nutrient availability influences acclimation to shade of two (pioneer and late-successional) Mediterranean tree species? European Journal of Forest Research, 132(2): 325-333.

Nardini A, Raimondo F, Scimone M, et al. 2004. Impact of the leaf miner Cameraria ohridella on whole-plant photosynthetic productivity of *Aesculus hippocastanum*: insights from a model. Trees, 18(6): 714-721.

Niinemets Ü. 1997. Role of foliar nitrogen in light harvesting and shade tolerance of four temperate deciduous woody species. Functional Ecology, 11(4): 518-531.

Niinemets Ü. 2001. Global-scale climatic controls of leaf dry mass per area, density, and thickness in trees and shrubs. Ecology, 82(2): 453-469.

Niinemets Ü, Kull K. 1994. Leaf weight per area and leaf size of 85 Estonian woody species in relation to shade tolerance and light availability. Forest Ecology and Management, 70(1/2/3): 1-10.

Niinemets Ü, Kull O, Tenhunen J D. 1998. An analysis of light effects on foliar morphology, physiology, and light interception in temperate deciduous woody species of contrasting shade tolerance. Tree Physiology, 18(10): 681-696.

Niinemets Ü, Valladares F. 2006. Tolerance to shade, drought, and waterlogging of temperate, Northern Hemisphere trees and shrubs. Ecological Monographs, 76(4): 521-547.

Niklas K J, Cobb E D. 2005. N, P, and C stoichiometry of *Eranthis hyemalis* (Ranunculaceae) and the allometry of plant growth. American Journal of Botany, 92(8): 1256-1263.

Ordoñez J C, van Bodegom P M, Witte J M, et al. 2009. A global study of relationships between leaf traits, climate and soil measures of nutrient fertility. Global Ecology and Biogeography, 18(2): 137-149.

Osnas J L D, Katabuchi M, Kitajima K, et al. 2018. Divergent drivers of leaf trait variation within species, among species, and among functional groups. Proceedings of the National Academy of Sciences of the United States of America, 115(21): 5480-5485.

Osone Y, Tateno M. 2005. Nitrogen absorption by roots as a cause of interspecific variations in leaf nitrogen concentration and photosynthetic capacity. Functional Ecology, 19(3): 460-470.

Peñuelas J, Marino G, Llusia J, et al. 2013. Photochemical reflectance index as an indirect estimator of foliar isoprenoid emissions at the ecosystem level. Nature Communications, 4: 2604.

Poorter H, Niinemets Ü, Poorter L, et al. 2009. Causes and consequences of variation in leaf mass per area (LMA): a meta-analysis. New Phytologist, 182(3): 565-588.

Poorter L, Castilho C V, Schietti J, et al. 2018. Can traits predict individual growth performance? A test in a hyperdiverse tropical forest. New Phytologist, 219(1): 109-121.

Portes M T, Damineli D S C, Ribeiro R V, et al. 2010. Evidence of higher photosynthetic plasticity in the early successional *Guazuma ulmifolia* Lam. compared to the late successional *Hymenaea courbaril* L. grown in contrasting light environments. Brazilian Journal of Biology, 70(1): 75-83.

R Core Team. 2016. R: a language and environment for statistical computing. R Foundation for Statistical Computing, Vienna, Austria. https://www.R-project.org/[2025-02-25].

Reich P B, Oleksyn J. 2004. Global patterns of plant leaf N and P in relation to temperature and latitude. Proceedings of the National Academy of Sciences of the United States of America, 101(30): 11001-11006.

Reich P B, Oleksyn J, Wright I J, et al. 2010. Evidence of a general 2/3-power law of scaling leaf nitrogen to phosphorus among major plant groups and biomes. Proceedings Biological Sciences, 277(1683): 877-883.

Reich P B, Uhl C, Walters M B, et al. 2004. Leaf demography and phenology in Amazonian rain forest: a census of 40000 leaves of 23 tree species. Ecological Monographs, 74(1): 3-23.

Rodriguez R E, Debernardi J M, Palatnik J F. 2014. Morphogenesis of simple leaves: regulation of leaf size and shape. Wiley Interdisciplinary Reviews: Developmental Biology, 3(1): 41-57.

Roth-Nebelsick A, Uhl D, Mosbrugger V, et al. 2001. Evolution and function of leaf venation architecture: a review. Annals of Botany, 87(5): 553-566.

Rozendaal D M A, Hurtado V H, Poorter L. 2006. Plasticity in leaf traits of 38 tropical tree species in response to light; relationships with light demand and adult stature. Functional Ecology, 20(2): 207-216.

Rytter L. 2002. Nutrient content in stems of hybrid aspen as affected by tree age and tree size, and nutrient removal with harvest. Biomass and Bioenergy 23(1): 13-25.

Sack L, Holbrook N M. 2006. Leaf hydraulics. Annual Review of Plant Biology, 57: 361-381.

Sack L, Scoffoni C. 2013. Leaf venation: structure, function, development, evolution, ecology and applications in the past, present and future. New Phytologist, 198(4): 983-1000.

Sack L, Scoffoni C, John G P, et al. 2013. How do leaf veins influence the worldwide leaf economic spectrum? Review and synthesis. Journal of Experimental Botany, 64(13): 4053-4080.

Sack L, Scoffoni C, McKown A D, et al. 2012. Developmentally based scaling of leaf venation architecture explains global ecological patterns. Nature Communications, 3: 837.

Sayer E J, Banin L F. 2016. Tree nutrient status and nutrient cycling in tropical forest: lessons from fertilization experiments//Tropical Tree Physiology. Cham: Springer International Publishing: 275-297.

Schreeg L A, Santiago L S, Wright S J, et al. 2014. Stem, root, and older leaf N：P ratios are more responsive indicators of soil nutrient availability than new foliage. Ecology, 95(8): 2062-2068.

Siefert A, Ritchie M E. 2016. Intraspecific trait variation drives functional responses of old-field plant communities to nutrient enrichment. Oecologia, 181(1): 245-255.

Sterner R W, Elser J J. 2002. Ecological stoichiometry the biology of elements from molecules to the biosphere. Princeton: Princeton University Press.

Takashima T, Hikosaka K, Hirose T. 2004. Photosynthesis or persistence: nitrogen allocation in leaves of evergreen and deciduous Quercus species. Plant, Cell & Environment, 27(8): 1047-1054.

Taneda H, Terashima I. 2012. Co-ordinated development of the leaf midrib xylem with the *Lamina* in *Nicotiana tabacum*. Annals of Botany, 110(1): 35-45.

Tang Z Y, Xu W T, Zhou G Y, et al. 2018. Patterns of plant carbon, nitrogen, and phosphorus concentration in relation to productivity in China's terrestrial ecosystems. Proceedings of the National Academy of Sciences of the United States of America, 115(16): 4033-4038.

Tian D, Yan Z B, Niklas K J, et al. 2018. Global leaf nitrogen and phosphorus stoichiometry and their scaling exponent. National Science Review, 5(5): 728-739.

Tian M, Yu G R, He N P, et al. 2016. Leaf morphological and anatomical traits from tropical to temperate coniferous forests: mechanisms and influencing factors. Scientific Reports, 6: 19703.

Valladares F, Niinemets Ü. 2008. Shade tolerance, a key plant feature of complex nature and consequences. Annual Review of Ecology, Evolution, and Systematics, 39: 237-257.

Violle C, Navas M L, Vile D, et al. 2007. Let the concept of trait be functional! Oikos, 116(5): 882-892.

Wang R L, Wang Q F, Zhao N, et al. 2017. Complex trait relationships between leaves and absorptive roots: coordination in tissue N concentration but divergence in morphology. Ecology and Evolution, 7(8): 2697-2705.

Wang Z Q, Guo D L, Wang X R, et al. 2006. Fine root architecture, morphology, and biomass of different branch orders of two Chinese temperate tree species. Plant and Soil, 288(1): 155-171.

Wang Z Q, Yu K L, Lv S Q, et al. 2019. The scaling of fine root nitrogen versus phosphorus in terrestrial plants: a global synthesis. Functional Ecology, 33(11): 2081-2094.

Watanabe T, Broadley M R, Jansen S, et al. 2007. Evolutionary control of leaf element composition in plants. New Phytologist, 174(3): 516-523.

Weiner J. 2004. Allocation, plasticity and allometry in plants. Perspectives in Plant Ecology, Evolution and Systematics, 6(4): 207-215.

Westoby M, Falster D S, Moles A T, et al. 2002. Plant ecological strategies: some leading dimensions of variation between species. Annual Review of Ecology and Systematics, 33: 125-159.

Woodward F I, Williams B G. 1987. Climate and plant distribution at global and local scales//Theory and Models in Vegetation Science. Dordrecht: Springer Netherlands: 189-197.

Wright I J, Reich P B, Westoby M, et al. 2004. The worldwide leaf economics spectrum. Nature, 428(6985): 821-827.

Wright I J, Westoby M. 2002. Leaves at low versus high rainfall: coordination of structure, lifespan and physiology. New Phytologist, 155(3): 403-416.

Wright S J, Kitajima K, Kraft N J B, et al. 2010. Functional traits and the growth-mortality trade-off in tropical trees. Ecology, 91(12): 3664-3674.

Wu T G, Dong Y, Yu M K, et al. 2012. Leaf nitrogen and phosphorus stoichiometry of *Quercus* species across China. Forest Ecology and Management, 284: 116-123.

Xiong J L, Dong L W, Lu J L, et al. 2022. Variation in plant carbon, nitrogen and phosphorus contents across the drylands of China. Functional Ecology, 36(1): 174-186.

Yan Z B, Han W X, Peñuelas J, et al. 2016a. Phosphorus accumulates faster than nitrogen globally in freshwater ecosystems under anthropogenic impacts. Ecology Letters, 19(10): 1237-1246.

Yan Z B, Li P, Chen Y H, et al. 2016b. Nutrient allocation strategies of woody plants: an approach from the scaling of nitrogen and phosphorus between twig stems and leaves. Scientific Reports, 6: 20099.

Yang D X, Song L, Jin G Z. 2019. The soil C∶N∶P stoichiometry is more sensitive than the leaf C∶N∶P stoichiometry to nitrogen addition: a four-year nitrogen addition experiment in a *Pinus koraiensis* plantation. Plant and Soil, 442(1): 183-198.

Yang X, Chi X L, Ji C J, et al. 2016. Variations of leaf N and P concentrations in shrubland biomes across northern China: phylogeny, climate, and soil. Biogeosciences, 13(15): 4429-4438.

Yang X, Tang Z Y, Ji C J, et al, 2014. Scaling of nitrogen and phosphorus across plant organs in shrubland biomes across Northern China. Scientific Reports, 4: 5448.

Yang Z P, Baoyin T, Minggagud H, et al. 2017. Recovery succession drives the convergence, and grazing versus fencing drives the divergence of plant and soil N/P stoichiometry in a semiarid steppe of Inner Mongolia. Plant and Soil, 420(1): 303-314.

Yao F Y, Chen Y H, Yan Z B, et al. 2015. Biogeographic patterns of structural traits and C∶N∶P stoichiometry of tree twigs in China's forests. PLoS One, 10(2): e0116391.

Yin Q L, Wang L, Lei M L, et al. 2018. The relationships between leaf economics and hydraulic traits of woody plants depend on water availability. Science of the Total Environment, 621: 245-252.

Yu Q, Elser J J, He N P, et al. 2011. Stoichiometric homeostasis of vascular plants in the Inner Mongolia grassland. Oecologia, 166(1): 1-10.

Yuan Z Y, Chen H Y H, Reich P B. 2011. Global-scale latitudinal patterns of plant fine-root nitrogen and phosphorus. Nature Communications, 2: 344.

Zadworny M, Comas L H, Eissenstat D M. 2018. Linking fine root morphology, hydraulic functioning and shade tolerance of trees. Annals of Botany, 122(2): 239-250.

Zhang H, Guo W H, Yu M K, et al. 2018. Latitudinal patterns of leaf N, P stoichiometry and nutrient resorption of *Metasequoia glyptostroboides* along the eastern coastline of China. Science of the Total

Environment, 618: 1-6.

Zhang H, Yang X Q, Wang J Y, et al. 2017. Leaf N and P stoichiometry in relation to leaf shape and plant size for *Quercus acutissima* provenances across China. Scientific Reports, 7: 46133.

Zhang H C, Liu D, Dong W J, et al. 2016. Accurate representation of leaf longevity is important for simulating ecosystem carbon cycle. Basic and Applied Ecology, 17(5): 396-407.

Zhang J H, Li M X, Xu L, et al. 2021. C：N：P stoichiometry in terrestrial ecosystems in China. Science of the Total Environment, 795: 148849.

Zhang X S, Jin G Z, Liu Z L. 2019. Contribution of leaf anatomical traits to leaf mass per area among canopy layers for five coexisting broadleaf species across shade tolerances at a regional scale. Forest Ecology and Management, 452: 117569.

Zhao N, He N P, Xu L, et al. 2019. Variation in the nitrogen concentration of the leaf, branch, trunk, and root in vegetation in China. Ecological Indicators, 96: 496-504.

Zhao N, Yu G R, He N P, et al. 2016a. Invariant allometric scaling of nitrogen and phosphorus in leaves, stems, and fine roots of woody plants along an altitudinal gradient. Journal of Plant Research, 129(4): 647-657.

Zhao N, Yu G R, He N P, et al. 2016b. Coordinated pattern of multi-element variability in leaves and roots across Chinese forest biomes. Global Ecology and Biogeography, 25(3): 359-367.

Zhao N, Yu G R, Wang Q F, et al. 2020. Conservative allocation strategy of multiple nutrients among major plant organs: from species to community. Journal of Ecology, 108(1): 267-278.

Zheng M H, Chen H, Li D J, et al. 2020. Substrate stoichiometry determines nitrogen fixation throughout succession in southern Chinese forests. Ecology Letters, 23(2): 336-347.

Zheng S X, Shangguan Z P. 2007. Spatial patterns of leaf nutrient traits of the plants in the Loess Plateau of China. Trees, 21(3): 357-370.

Zheng Z, Ma P F. 2018. Changes in above and belowground traits of a rhizome clonal plant explain its predominance under nitrogen addition. Plant and Soil, 432(1): 415-424.

第2章

生活史对功能性状的影响

在木本植物的不同生活史阶段，各器官内的生理生态过程可能会因树木生长过程中环境和生长需求的变化而不断变化，因此探究各器官内的养分分配和利用策略的变异规律是深入了解植物生长策略的重要途径（Ågren，2008；Martin and Thomas，2013；Martin and Isaac，2021）。从植物的个体发育视角出发，幼苗生活在遮阴环境中，光资源被上方高大树木遮挡，光合作用受到极大限制，因此此阶段植物倾向于获取更多养分以支持其快速生长（即叶片表面积的增大和树高的增加），来提高光合利用效率（Wright et al.，2004；Martínez et al.，2007；Räim et al.，2012）。成年树叶片及枝条生长于光资源丰富的林冠上层，与幼苗相比，较为粗壮的枝条和根系除了具有养分吸收和运输的功能，可能还具备养分储存的功能，以便植物在面临环境变化时，能够快速分解其储存的养分，并转运给叶片以维持其光合作用的正常进行，从而提高植物在快速变化的环境中的生存能力（Freschet et al.，2010；Li et al.，2018；Song et al.，2020）。然而，综合考虑不同生活史阶段植物各器官的功能性状、养分获取与利用策略如何变异的研究相对匮乏。本章对阔叶红松（*Pinus koraiensis*）林内不同生活史阶段主要阔叶树种的不同功能性状变异及权衡规律进行分析，研究结果有助于深入理解树木在不同生活史阶段经济性状变异及协作的差异，对扩大叶经济谱适用范围、提高叶经济谱的预测能力至关重要。

2.1　生活史对叶功能性状的影响

叶功能性状与植物对环境变化的适应能力密切相关（Maire et al.，2015；Liu et al.，2020b）。然而，在以往研究中，对整个植株生活史阶段的考虑仍较为缺乏（Kenzo et al.，2015）。在整个生活史阶段，植株的生物力学负担、营养和生殖分配以及植株所处的环境条件等均随个体发育而发生改变，树木的结构和功能也随之发生变化（Díaz et al.，2016），叶片性状也相应表现出较大变异。例如，Thomas 和 Winner（2002）对不同生活史阶段花旗松（*Pseudotsuga menziesii*）和异叶铁杉（*Tsuga heterophylla*）的叶片性状进行研究发现，成年树冠层上部叶片单位面积的光合能力强于幼树，比叶质量［比叶面积（SLA）的倒数］也大于幼树；Forrestel 等（2015）通过对不同生境、不同生活史阶段的菊科（*Asteraceae*）植物叶片性状进行研究发现，从幼树到成年树，气孔长度（stomatal length，SL）显著减小，而气孔密度（stomatal density，SD）显著升高，且不同生境中性状间也存在显著变化。综合分析以往的研究结果发现，性状随植株生活史阶段变化而变化的规律仍较为模糊，且气孔性状生活史阶段变异格局数据仍存在大量空白，因此相关研究亟待进一步开展。此外，不同生活史阶段性状间相关关系的研究虽已大量开展，但大多集中于单个性状，有关叶片经济性状及气孔性状维度间的相关性是否同样依赖于生活史阶段仍不清楚。开展相关研究有助于从水力学角度深入理解植株在不同生活史阶段的资源利用策略。

本节以小兴安岭典型阔叶红松林内 6 种主要阔叶树种为研究对象，对各个树种在 3 个生活史阶段（幼苗、幼树、成年树）的植株个体进行取样，测量了 8 种叶片性状（包括 4 种叶片经济性状和 4 种气孔性状）和 5 种土壤因子，拟解决以下问题。

（1）叶片经济性状及气孔性状的生活史变异格局是怎样的？性状间相关关系是否受到生活史阶段的修饰？由于幼苗到幼树阶段的植株个体所处环境的光照、土壤养分等均发生改变，其资源分配及利用策略也相应发生变化。因此，本研究假设叶片经济性状及气孔性状间相关关系受生活史阶段调控，且在幼苗阶段两组性状间存在解耦关系，而在幼树及成年树阶段两组性状间存在耦合关系。

（2）不同生活史阶段植株叶片性状与土壤因子的相关关系是否一致？驱动性状变异的主要土壤因子是否依赖于生活史阶段？由于不同生活史阶段的植株对土壤环境的需求存在差异，例如，具有快速生长潜力的幼苗可能更依赖于土壤全氮（STN）含量、土壤全磷（STP）含量以支撑较高的光合速率，而成年树树高增加，其水分运输路径变长，可能更多地受到土壤含水量（SWC）的调控作用。因此，本研究假设植株性状与土壤因子的相关关系依赖于生活史阶段，且驱动不同生活史阶段的主要土壤因子产生差异。

2.1.1 研究背景

2.1.1.1 不同生活史阶段叶功能性状变异格局及植物适应机制

植株大小是植物功能谱系中的重要维度之一（Westoby et al.，2002；Díaz et al.，2016）。从幼树到成年树，树木大小和结构复杂性都会增加。例如，植株自养组织与异养组织的比例、生物力学负担、激素调节能力以及对生存环境如光、养分等条件变化的适应性等均会发生深刻变化（Damián et al.，2018；Liu et al.，2020b）。叶片资源投资、分配模式和性状特征反映了植株对其个体发育过程及环境变化的适应策略（Forrestel et al.，2015；Sendall et al.，2018）。叶片经济谱描述了全球尺度下 175 个地区 2548 种树种的叶片性状变异及协作关系。然而，越来越多的研究表明，植株生活史阶段对叶片经济性状的变异及协作关系具有明显的调控作用。例如，He 和 Yan（2018）通过对中国东部亚热带常绿森林中 604 株不同植株大小的耐阴常绿树木性状进行分析发现，幼树比成年树的叶片更薄、比叶面积更大，由此反映出植株个体随生活史阶段改变发生从资源获取策略向资源节约策略的转变；Park 等（2019）通过对不同植株大小的刺槐（*Robinia pseudoacacia*）和灯台树（*Cornus controversa*）叶片性状进行研究发现，随着树木胸径的变大，比叶质量逐渐增加，而叶片 N 含量（LNC）逐渐降低。

随着全球气候变暖日益加剧，气孔因与大气 CO_2 浓度密切相关而备受关注。气孔是由一对保卫细胞围绕形成的微孔（Hetherington and Woodward，2003）。阔叶乔木树种叶片的气孔主要分布在下表皮。气孔下方的孔下室和叶肉细胞间隙相连，形成水分、氧气及 CO_2 的交换通道（Jarvis and McNaughton，1986），因此气孔的大小和分布与植物光合作用、呼吸作用以及蒸腾作用等密切相关。气孔长度及气孔宽度（stomatal width，SW）是表征气孔大小的重要指标，一般较大气孔对环境变化的反应速度低于较小气孔（Drake et al.，2013）；气孔密度常用来衡量植物蒸腾速率，气孔密度越大，植物蒸腾速率越高（郑淑霞和上官周平，2004）；潜在气孔导度指数（SPI）则反映了单位面积上气孔面积的大小，气孔导度越大，叶片水分交换速率越高，因此气孔导度常被用作表征植物潜在光合能力的指标（Sack et al.，2003；Tian et al.，2016）。气孔大小和气孔密度在一定程度上决定了气孔导度的大小，但二者与气孔导度间的相关关系仍存在争议。物理限制（physical constraint）假说认为，对于一定空间要求，应配比合适大小和数量的气孔以获得最佳气孔导度，并满足给定气孔与通道细胞比率条件（Franks et al.，2009）。例如，叶片气孔密度越大，气孔导度应越大。能量限制（energetic constraint）假说则认为，获得最大光合速率的途径应是在最大限度地减少气孔构建成本的基础上实现气孔导度最大化。例如，短生命周期的草本植物通过较为“经济”的增加气孔大小而非气孔密度的方法实现光合效率最大化。生态学者对群落和物种水平上气孔性状进行了研究。例如，蔡志全等（2004）通过对热带雨林幼苗叶片的气孔性状进行研究发现，气孔密度随光照强度的增加而增加；Wang 等（2015）通过对中国东部 9 个森林生态系统的 760 个物种的气孔性状进行研究发现，在物种水平上气孔密度和气孔长度间存在显著负相关关系，且这种相关关系在乔木、灌木以及草本中依然存在，然而，类似结果在群落水平的研究中并未发现。目前，虽已有大量针对气孔在不同功能群、不同生境中性状变异及协作的相关研究，但气孔性状随植株生活史阶段变化的变异规律以及植株如何通过改变气孔性状来调节不同阶段生存策略的相关研究仍较少，扩展相关研究有助于从水力学角度来理解不同生活史阶段植株对环境变化的响应机制。

气孔性状与叶片经济性状均对植株光合作用具有显著影响，因此二者间相关关系备受关注。例如，Blackman 等（2016）通过对两种生境中 14 种基因型赤桉（*Eucalyptus camaldulensis*）的叶片经济性状及气孔性状进行研究发现，比叶质量及叶片 N 含量与气孔密度及最大气孔导度均无显著相关关系；Li 等（2015）通过对热带-亚热带森林 5 个样地叶片性状进行研究发现，比叶质量、基于质量和面积的叶片 N 含量与气孔密度、气孔长度以及气孔导度均不相关，认为这与叶片结构上的物理分离、进化轨迹差异等有关。这些研究结果均支持气孔性状与叶片经济性状间的解耦关系。然而，Liu 等（2019）通过对 106 种温带森林植物和 164 种亚热带森林植物的叶片经济性状、气孔性状以及解剖性状进行研究发现，部分气孔性状与叶片经济性状间存在显著相关关系；王瑞丽等（2016）通过对长白山地区 5 种典型植被进行研究发现，比叶面积与气孔密度间存在显著负相关关系，而叶厚与气孔长度间存在显著正相关关系。这些研究结果均支持气孔性状与叶片经济性状间的耦合关系。以上研究表明，气孔性状与叶片经济性状间的相关关系并没有达成一致，植株在不同生活史阶段两组性状间相关关系的研究更是较少涉及。因此，气孔性状与叶片经济性状间相关关系规律的发现和总结仍需大量基础数据的支持。

2.1.1.2　土壤肥力对不同生活史阶段植物功能性状的影响

土壤肥力随树种生活史阶段具有显著变异。一方面，在同一生活史阶段，叶片性状值的差异对植株所在土壤的肥力变异具有显著影响。例如，含水量较高且较薄的叶片凋落物分解速率较高，有助于土壤有机质迅速积累，而纤维素、木质素等含量较高的叶片凋落物分解速率相对较低，土壤养分含量的增加受限（Cortez et al.，2007），因此在相同生活史阶段土壤肥力水平可能受物种叶片凋落物性质的影响。另一方面，在不同生活史阶段，同一物种所喜生境有所差异。例如，随着生活史阶段变化，物种的生态位变得更加聚合，成年树比幼苗和幼树阶段的物种趋向于生长在养分更加丰富的区域（Bertrand et al.，2011），这证明了生活史阶段差异导致的植株个体的偏好生境也是土壤肥力表现出相应变异的原因。此外，在不同生活史阶段植株对不同土壤因子的响应存在差异。例如，Zhang 等（2017）通过研究长白山北坡阔叶红松林内植株大小、竞争、环境因子等对树木生长的影响发现，不同植株大小的树木对土壤肥力的响应有所差异，胸径为 20～40cm 以及大于 40cm 的植株与土壤肥力（以土壤 N 和 K 为代表）正相关，而胸径为 1～20cm 的植株与土壤肥力负相关。以往的研究证明，在同一生活史阶段树种因性状不同而出现差异性养分循环反馈，进而对土壤养分产生特异性影响；而在不同生活史阶段叶片性状的差异反映了植株在相同土壤环境下的生存策略的差异。

土壤因子和叶片性状之间的相关性反映了植物生长和养分保存之间的权衡，但对于叶片经济性状和气孔性状，哪一组性状与土壤因子之间具有更强烈的相关性仍不清楚。以往的研究认为，叶片经济性状（如比叶面积）是土壤肥力良好的预测指标。例如，Westoby（1998）认为，物种叶片、树高和种子质量可以构成三维立体，一个物种的策略可以通过其所在三维立体中的位置来描述，且比叶面积可以反映出植物能否对支持植物快速生长的机会做出响应。这一说法在美国亚利桑那州北部西黄松（*Pinus ponderosa*）林内、法国北部到瑞典北部 7 个银莲花属（*Anemone*）分布区以及 8 个粟草属（*Milium*）分布区（Laughlin et al.，2010；de Frenne et al.，2011）均得到了验证。Hodgson 等（2011）通过研究土壤肥力与叶片经济性状之间的关系也证明，比叶面积相较于其他性状如叶片干物质含量对土壤肥力有更好的响应。土壤因子对气孔性状同样具有显著影响。例如，杨利民等（2007）通过研究长春到内蒙古 10 个草原群落内羊草（*Leymus chinensis*）叶片密度及水分利用效率与土壤水分、气候因子等的相关关系发现，随着土壤含水量增加，叶片密度逐渐降低；但朱燕华等（2011）在探究气孔开孔面积指数与土壤养分间相关关系时发现，二者间并未存在显著相关关系。虽然目前国内外对叶片经济性状或气孔性状与土壤因子间相关关系的研究有一定进展，但大部分研究集中于单个性状或群落水平，性状维度和个体尺度的相关研究还较少。此外，叶片经济性状及气孔性状与土壤肥力间相关关系在不同生活史阶段是否发生改变也无统一结论。因此，在不同生活史阶段植株性状与土壤肥力间相关关系的研究仍需进一步开展。

2.1.2 研究方法

2.1.2.1 研究区域概况

研究样地位于黑龙江凉水国家级自然保护区，中心点地理坐标为 47°10′50″N，128°53′20″E，为阔叶红松混交林。该保护区位于黑龙江省伊春市大箐山县，地处小兴安岭南部达里带岭支脉东坡，地形较为复杂，为典型的低山丘陵地貌，海拔为 280～707m，山地坡度一般为 10°～15°，地带性土壤为暗棕壤。该地区气候类型为温带大陆性季风气候，冬季寒冷、干燥且漫长，夏季温度较高，但持续时间较短。年平均气温为−0.3℃，年平均最高气温为 7.5℃，年平均最低气温为−6.6℃，正值积温为 2200～2600℃。年平均降水量为 676mm，且降水集中在 6～8 月，占全年总降水量的 60%以上。年积雪期为 130～150d，年无霜期为 100～120d。

2.1.2.2 叶片及土壤样本采集

2020 年 7 月中旬至 8 月，在采样地选择 6 种主要的阔叶伴生树种进行采样，各树种的叶片样本采集均在坡度相近的南坡进行。对于每种树种，对植株 3 个生活史阶段（包括幼苗阶段、幼树阶段以及成年树阶段）进行取样，树种信息见表 2.1。对于每个生活史阶段，选择 10 株树高（用树高计测量）和胸径相近的个体作为目标树。对于每株植株个体，将冠层分为 2 个取样单元：上南和下北。在每一个取样单元内，选取 5 片成熟且完全展开的健康叶片用于测量比叶面积、叶片干物质含量（LDMC）以及叶厚（leaf thickness，LT），按照相同标准另取 5 片叶片用于测量气孔性状，再取 10～20 片叶片用于测量叶片 N 含量。所有叶片取下后，置于封口袋中带回实验室，叶片经济性状于 6h 内测量完毕，用于测量气孔性状的叶片置于 FAA 溶液（70%乙醇：福尔马林：冰醋酸=90：5：5）中保存待测。

表 2.1 树种信息表

树种	树高（m）			胸径（cm）		
	幼苗	幼树	成年树	幼苗	幼树	成年树
白桦（*Betula platyphylla*）	6.30±0.24 c	17.42±0.32 b	18.89±0.42 a	5.13±0.07 c	18.83±0.41 b	40.99±0.65 a
水曲柳（*Fraxinus mandschurica*）	7.04±0.27 c	16.82±0.62 b	21.72±0.37 a	4.83±0.20 c	17.83±0.34 b	42.05±0.43 a
裂叶榆（*Ulmus laciniata*）	5.01±0.27 c	12.20±0.58 b	16.66±0.56 a	4.02±0.18 c	18.31±0.34 b	41.30±0.27 a
枫桦（*Betula costata*）	6.19±0.33 c	16.81±0.63 b	20.06±0.90 a	4.73±0.31 c	17.30±0.19 b	41.82±0.54 a
紫椴（*Tilia amurensis*）	4.58±0.28 c	12.60±0.72 b	18.92±0.78 a	4.37±0.18 c	17.70±0.44 b	43.04±0.84 a
色木槭（*Acer mono*）	5.01±0.35 c	11.18±0.36 b	14.00±0.90 a	3.79±0.19 c	17.20±0.55 b	41.32±0.66 a

注：不同小写字母代表树高或胸径在不同生活史阶段存在显著性差异（$p<0.05$）。

对于土壤样本，首先去除每株样树周围 1m 内的凋落叶，然后采集 3 个土壤样本（土壤深度为 0～10cm，各样本角度为 120°），最后将 3 个样本均匀混合在一个塑料袋中，并将它们带回实验室用于土壤因子测量。

2.1.2.3　叶片及土壤样本测定

1. 叶片样本测定

（1）叶片经济性状　对于每一片样叶，首先用天平测量叶片鲜重（精度为 0.0001g），测量后的样叶用扫描仪（明基电通股份有限公司，中国）扫描叶片图像，然后利用 Photoshop 软件（奥多比公司，美国）对图像进行处理，得到叶面积（精度为 $0.01cm^2$）。用游标卡尺测量 3 次叶厚（避开主叶脉），取均值作为叶厚（精度为 0.01mm）。用烘箱将叶片烘干至恒重（65℃条件下至少 72h）后称重，获得叶片干重（精度为 0.0001g）。叶片干物质含量为叶片干重与鲜重的比值，叶片比叶面积为叶面积与叶片干重的比值。对于用于测量 N 含量的叶片，首先利用烘箱将其烘干，然后对烘干后的叶片进行研磨干燥，取 0.1g 叶片样本经预消化系统消化 40min（$H_2SO_4+H_2O_2$），最后用哈农 K9840 自动凯氏定氮仪测定叶片 N 含量。

（2）气孔性状　采用印迹法测量气孔性状（温婧雯等，2018）。首先将样叶从固定液中取出并自然晾干，然后在叶片下表皮用透明指甲油涂约 $1cm^2$ 大小的斑块，待指甲油完全晾干后用尖头镊子小心撕下并制成临时切片，最后用显微镜进行观测并拍照（20 倍目镜），每一个切片随机选择 3 个视野，统计该视野图片内所有的气孔数量，并结合 ImageJ 软件随机选择 3 个气孔来测量其保卫细胞长度和宽度。保卫细胞长度和宽度取均值，即最终气孔长度和气孔宽度。气孔密度为该视野图片内气孔个数与图片大小的比值。潜在气孔导度指数计算公式为 $SPI=SL^2 \times SD \times 10^{-4}$。8 种叶片性状信息见表 2.2。

表 2.2　8 种叶片性状信息表

叶片性状	性状缩写	单位	均值	标准误	最大值	最小值
比叶面积	SLA	cm^2/g	99.97	1.61	207.27	47.38
叶片干物质含量	LDMC	g/g	0.37	0.003	0.50	0.22
叶厚	LT	mm	0.13	0.002	0.24	0.07
叶片 N 含量	LNC	mg/g	32.29	0.34	58.84	16.60
气孔长度	SL	μm	33.59	0.30	49.47	20.53
气孔宽度	SW	μm	21.04	0.22	35.11	12.17
气孔密度	SD	$stoma/mm^2$	192.16	3.53	390.09	71.74
潜在气孔导度指数	SPI	%	21.69	0.49	60.90	5.69

2. 土壤样本测定　对于每一个土壤样本，首先利用干燥法测量土壤含水量，土壤含水量为土壤干重与湿重的比值；然后对土壤进行干燥，利用 HANNAPH211 型 pH 计测量土壤 pH，利用 multiN/C3000 分析仪（耶拿分析仪器股份公司，德国）测量土壤全碳（STC）含量，利用哈农 K9840 自动凯氏定氮仪测量土壤全氮（STN）含量，利用钼锑钪比色法测量土壤全磷（STP）含量。不同生活史阶段土壤因子信息见表 2.3。

表 2.3 不同生活史阶段土壤因子信息表

土壤因子	生活史阶段		
	幼苗	幼树	成年树
STC（mg/g）	93.82 c	118.09 b	136.39 a
STN（mg/g）	6.88 b	7.97 a	8.64 a
STP（mg/g）	1.24 b	1.29 ab	1.35 a
pH	4.49 b	4.57 b	4.98 a
SWC（%）	0.46 b	0.48 a	0.50 a

2.1.2.4 数据分析

所有统计分析均采用 R-3.2.5。首先利用最小显著性差异（LSD）方法检验树高、胸径以及土壤因子在不同生活史阶段土壤因子是否存在显著性差异，叶片经济性状及气孔性状在不同生活史阶段的差异检验同样采用此方法。对于 6 种树种 8 种叶片性状，使用‘nlme’包中的‘lme’函数来拟合线性混合模型（嵌套级别：树种、个体、冠层、方向、未解释），并使用‘ape’包中的‘varcomp’函数计算不同嵌套水平对性状变异的解释比例。叶片性状间的相关性采用斯皮尔曼相关分析进行计算，在数据分析前，所有性状值均进行对数变换，以满足正态分布。利用标准化主轴（standardized major axis，SMA）估计法评估植株生活史阶段是否对性状相关关系有显著影响。采用主成分分析（PCA）方法确定不同生活史阶段叶片经济性状及气孔性状间的相关性，在这一步中，6 种树种 8 种性状均被使用。为了判断不同生活史阶段树种叶片经济性状与气孔性状间的相关关系，对每个生活史阶段的植株叶片经济性状及气孔性状分别进行主成分分析并获得第一主成分得分，然后利用皮尔逊相关分析方法来分析这两组性状间的相关关系。利用 SMA 评估植株性状与土壤间相关关系是否受不同生活史阶段的修饰，采用一般线性模型（general linear model，GLM）评价 8 种叶片性状对土壤因子的响应。本研究计算了模型中每两个双变量之间的方差膨胀因子（VIF），以防共线性影响模型精度。若 VIF 值均小于 10，则表明无共线性问题（Dormann et al.，2013）。图、表分别在 R-3.2.5、Sigmaplot 10.0 以及 Excel 2016 中完成。

2.1.3 研究结果

2.1.3.1 不同生活史阶段植物叶功能性状变异

叶片经济性状及部分气孔性状随植株生活史阶段变化存在显著性差异。对于叶片经济性状，从幼苗阶段到幼树阶段比叶面积和叶片 N 含量呈现减小趋势，但幼树与成年树阶段间无显著性差异；而叶片干物质含量和叶厚呈现增加趋势，但叶厚在幼苗与幼树阶段间无显著性差异（图 2.1A～D）。对于气孔性状，气孔长度和气孔宽度在 3 个植株生活史阶段间均无显著性差异；气孔密度随生活史阶段推进而逐渐变大；潜在气孔导度指数在幼树阶段显著大于幼苗阶段，而在幼树及成年树阶段间无显著性差异（图 2.1E～H）。

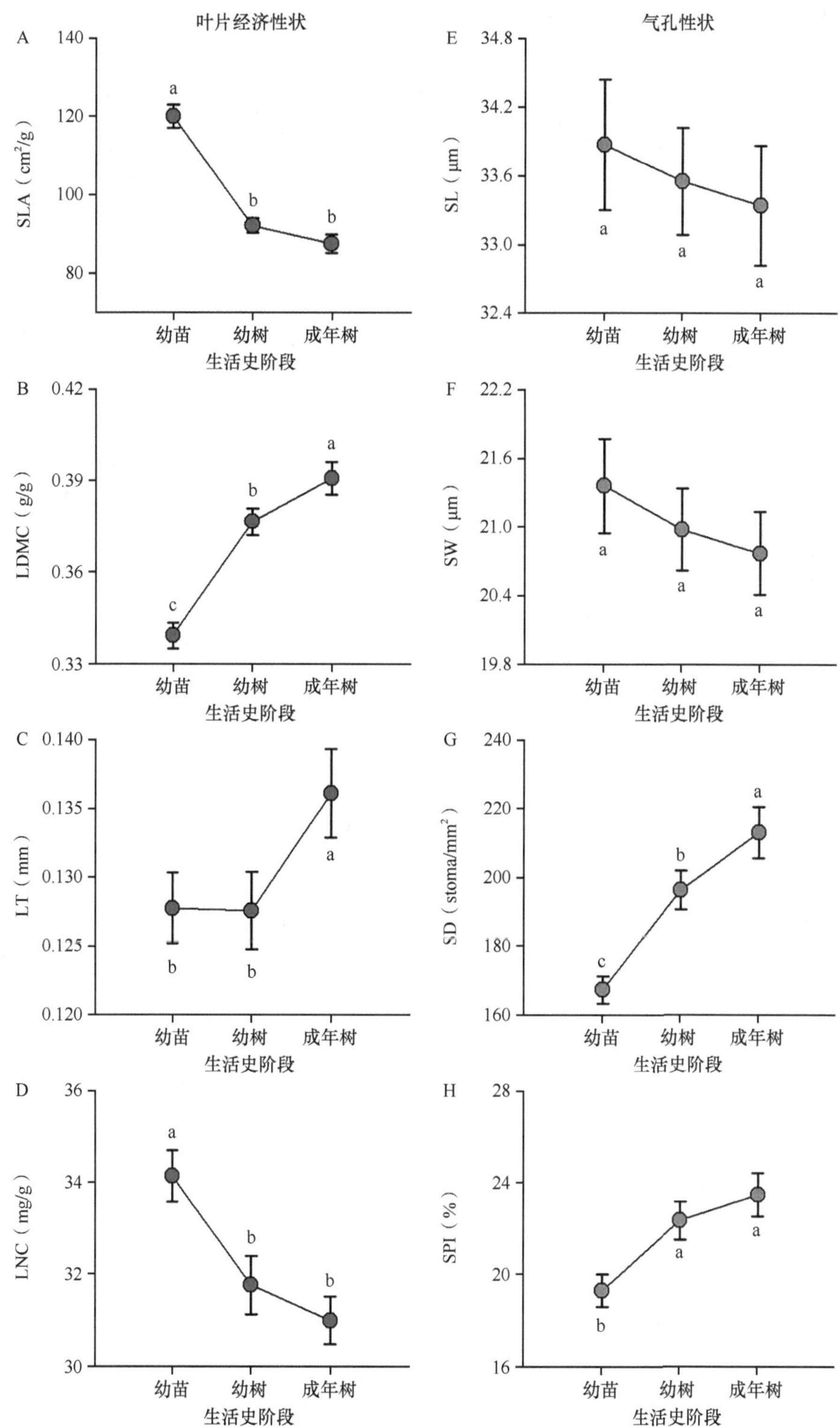

图 2.1　叶片经济性状（A～D）及气孔性状（E～H）随植株生活史阶段推进的变化

不同小写字母代表性状在不同生活史阶段存在显著性差异（$p<0.05$）

叶片经济性状及气孔性状变异的主要影响因子在不同生活史阶段存在差异（图2.2）。对于叶片经济性状，树种解释了比叶面积幼苗（40%）和成年树（32%）阶段，以及叶片干物质含量幼苗（37%）、幼树（56%）和成年树（49%）阶段的最多变异，其次是个体；叶厚表现出相反结果，个体解释了叶厚幼苗（43%）、幼树（79%）和成年树（52%）阶段的最多变异，其次是树种；而对于叶片 N 含量，冠层和方向对叶片 N 含量幼苗（30%）和成年树（31%）阶段变异的解释比例最大且相等，而幼树阶段个体解释最多的叶片 N 含量变异（40%）（图 2.2）。对于气孔性状，树种解释了 3 个生活史阶段植株性状的最多变异（44%～76%）；个体解释了幼苗阶段性状剩余变异中的最多变异（11%～28%），个体、冠层和方向对幼苗阶段潜在气孔导度指数变异的解释比例大小相同；冠层和方向解释了幼树阶段气孔长度和潜在气孔导度指数剩余变异中的最多且相同大小的变异（16%和 13%），个体解释了幼树阶段气孔宽度和气孔密度剩余变异中的最多变异（14%和 9%）；个体解释了成年树阶段气孔密度剩余变异中的最多变异（12%），而冠层和方向解释了成年树阶段其余 3 种气孔性状剩余变异中的最多且相同大小的变异（11%～20%）（图 2.2）。

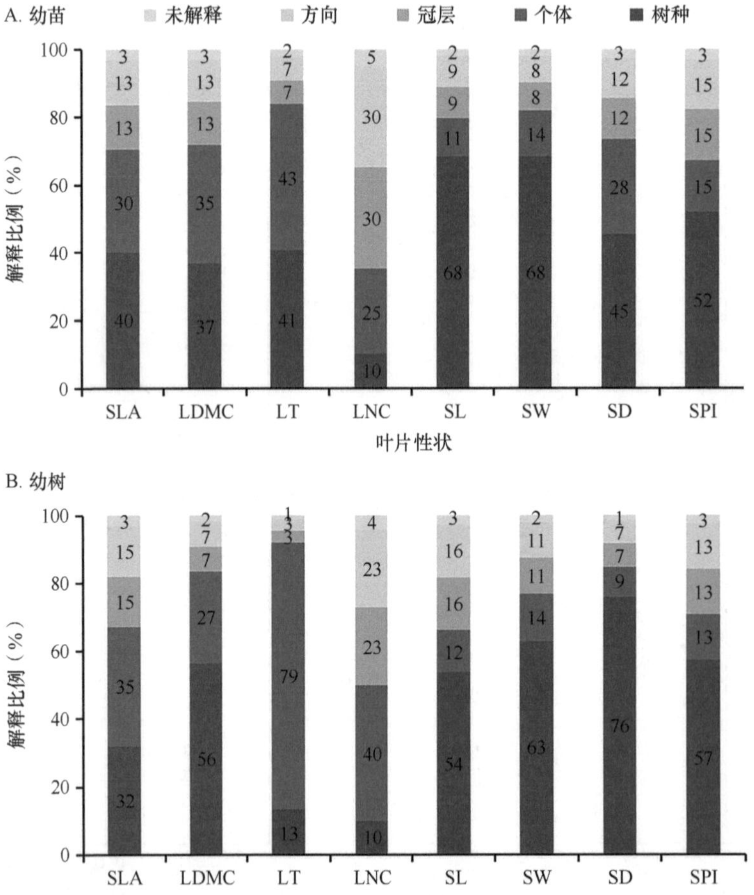

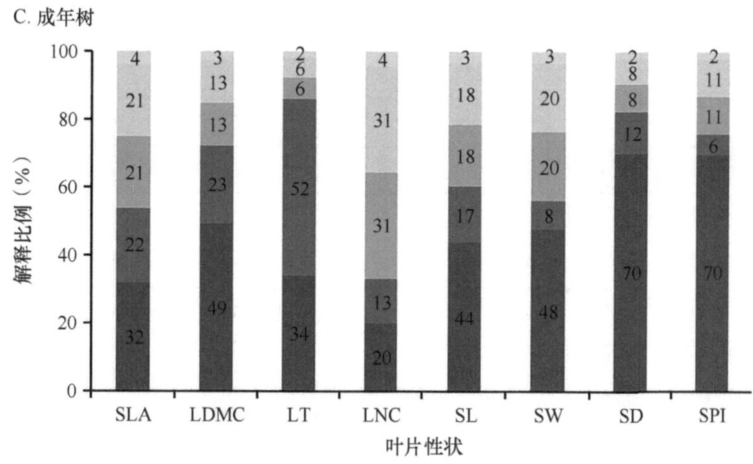

图 2.2　8 种叶片性状在 5 个嵌套水平下的方差分配

图中数字为各嵌套水平解释性状变异的比例

2.1.3.2　不同生活史阶段植物叶功能性状的协作关系

对于不同生活史阶段的叶片经济性状，随着植株生活史阶段推进（从幼苗到成年树），性状间的相关关系逐渐加强：在幼苗阶段，仅比叶面积-叶片干物质含量和比叶面积-叶厚间存在显著相关关系，其余均不显著相关（图 2.3A）；在幼树阶段，比叶面积-叶片干物质含量、比叶面积-叶厚和比叶面积-叶片 N 含量间存在显著相关关系，其余均不显著相关（图 2.3B）；在成年树阶段，除叶片干物质含量-叶厚间无显著相关关系外，其余叶片经济性状间均存在显著相关关系（图 2.3C）。对于气孔性状，幼苗与成年树阶段气孔性状间相关关系强于幼树阶段：幼苗与成年树阶段气孔性状均显著相关（图 2.3A、B），而幼树阶段气孔长度-气孔密度和气孔宽度-气孔密度间并未表现出显著相关关系，其余性状间均存在显著相关关系（图 2.3C）。对于叶片经济性状-气孔性状，在气孔长度及气孔宽度方面，幼树和成年树阶段气孔长度与比叶面积、叶片干物质含量以及叶片 N 含量间存在显著负相关关系，气孔宽度与比叶面积、叶片干物质含量以及叶片 N 含量间同样存在显著负相关关系，且与叶厚间存在显著正相关关系；幼苗阶段气孔长度及气孔宽度与比叶面积间存在显著负相关关系，与叶厚间存在显著正相关关系，与叶片干物质含量及叶片 N 含量间不相关。在气孔密度方面，幼苗阶段气孔密度仅与比叶面积间存在显著负相关关系；幼树阶段气孔密度仅与叶片干物质含量间存在显著负相关关系；成年树阶段气孔密度与叶片干物质含量间存在显著负相关关系，而与叶片 N 含量间存在显著正相关关系。在潜在气孔导度指数方面，幼苗阶段潜在气孔导度指数与比叶面积间存在显著负相关关系，而与叶厚间存在显著正相关关系；幼树阶段潜在气孔导度指数与比叶面积、叶片干物质含量存在显著负相关关系，而与叶厚间存在显著正相关关系；成年树阶段潜在气孔导度指数仅与叶片干物质含量间存在显著负相关关系。整体而言，性状间相关关系从幼苗到幼树再到成年树阶段逐渐增强，其中不同生活史阶段气孔性状组内相关性均强于叶片经济性状；而对于叶片经济性状与气孔性状间的相关关系，幼树阶段强于成年树阶段，而成年树阶段强于幼苗阶段（图 2.3）。

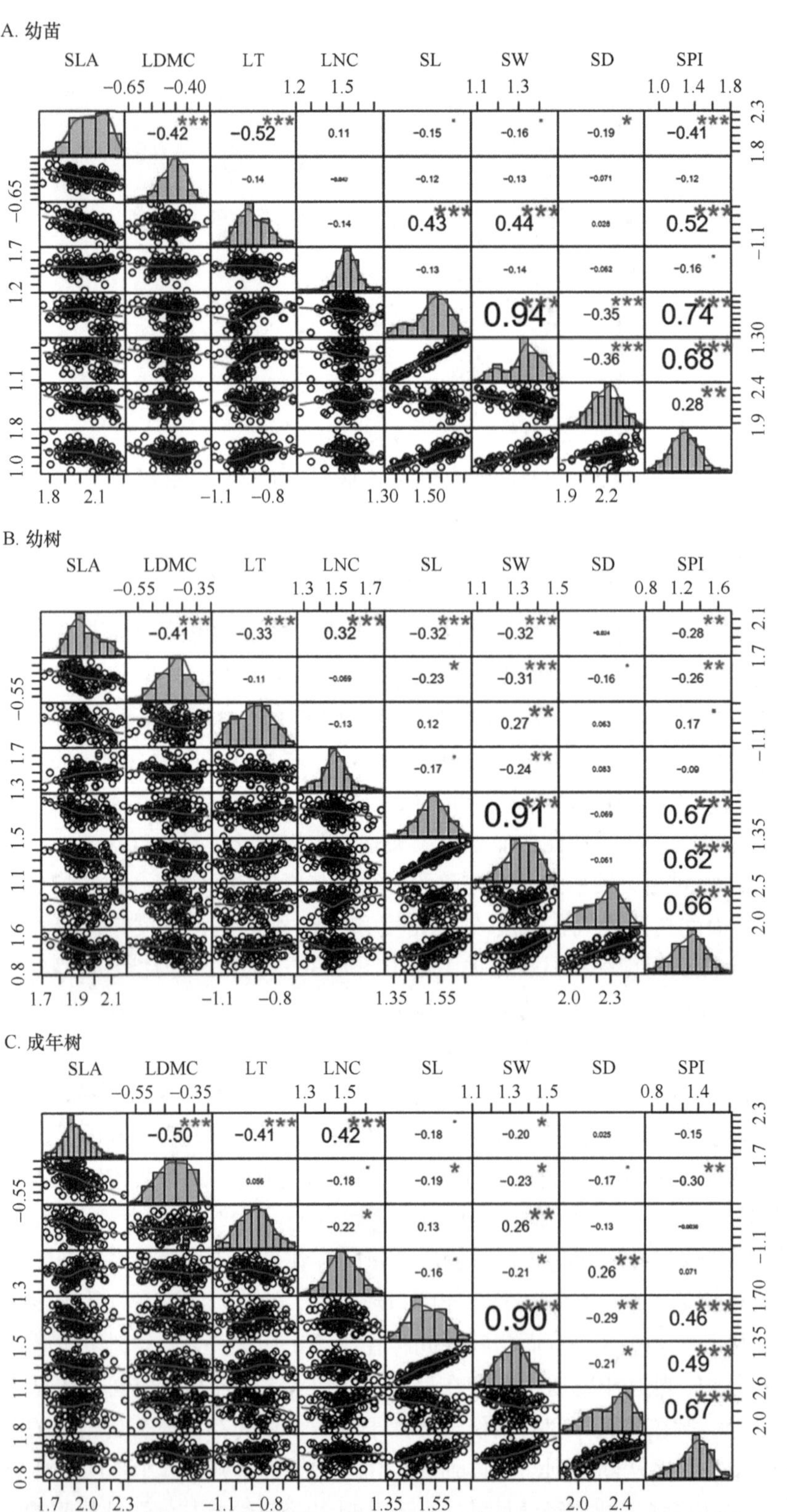

图 2.3　不同生活史阶段叶片经济性状和气孔性状值的分布以及两组性状间斯皮尔曼相关关系

所有性状均经过对数转化；*表示性状间存在显著相关关系（*** $p<0.001$；** $p<0.01$；* $p<0.05$）

利用 SMA 分析植株生活史阶段对性状间相关关系的影响时发现，对于叶片经济性状组内，植株生活史阶段对比叶面积-叶厚、比叶面积-叶片 N 含量以及叶片干物质含量-叶片 N 含量间的相关关系具有显著影响；对于气孔性状组内，除气孔长度-气孔宽度间相关关系在不同植株生活史阶段无显著性差异外，其余各组性状间均存在显著性差异；对于叶片经济性状-气孔性状组间，植株生活史阶段对比叶面积-气孔密度、比叶面积-潜在气孔导度指数、叶片干物质含量-气孔密度、叶厚-气孔长度、叶厚-气孔宽度、叶片 N 含量-气孔宽度、叶片 N 含量-气孔密度、叶片 N 含量-潜在气孔导度指数间的相关关系均存在显著影响（表 2.4）。

表 2.4　叶片经济性状及气孔性状相关关系在不同生活史阶段的差异

分组	性状 *X*	性状 *Y*	共同斜率检验
叶片经济性状组内	SLA	LDMC	p=0.37
		LT	p=0.003
		LNC	p=0.002
	LDMC	LT	p=0.19
		LNC	p=0.03
	LT	LNC	p=0.21
气孔性状组内	SL	SW	p=0.13
		SD	p<0.0001
		SPI	p=0.0001
	SW	SD	p<0.0001
		SPI	p=0.0004
	SD	SPI	p=0.03
叶片经济性状-气孔性状组间	SLA	SL	p=0.56
		SW	p=0.18
		SD	p<0.0001
		SPI	p=0.01
	LDMC	SL	p=0.19
		SW	p=0.09
		SD	p=0.0004
		SPI	p=0.33
	LT	SL	p=0.003
		SW	p=0.0005
		SD	p=0.06
		SPI	p=0.86
	LNC	SL	p=0.01
		SW	p=0.04
		SD	p=0.0002
		SPI	p=0.09

在不同生活史阶段，性状主成分分析结果中的前两个主成分（PC1、PC2）解释了大部分性状变异（图 2.4，表 2.5）。其中，幼苗阶段前两个主成分分别解释了 37.90%和 21.30%，幼树阶段前两个主成分分别解释了 36.90%和 20.60%，成年树阶段前两个主成分分别解释了 31.40%和 25.60%，且第一主成分均代表气孔性状，而第二主成分均代表叶片经济性状（表 2.5）。

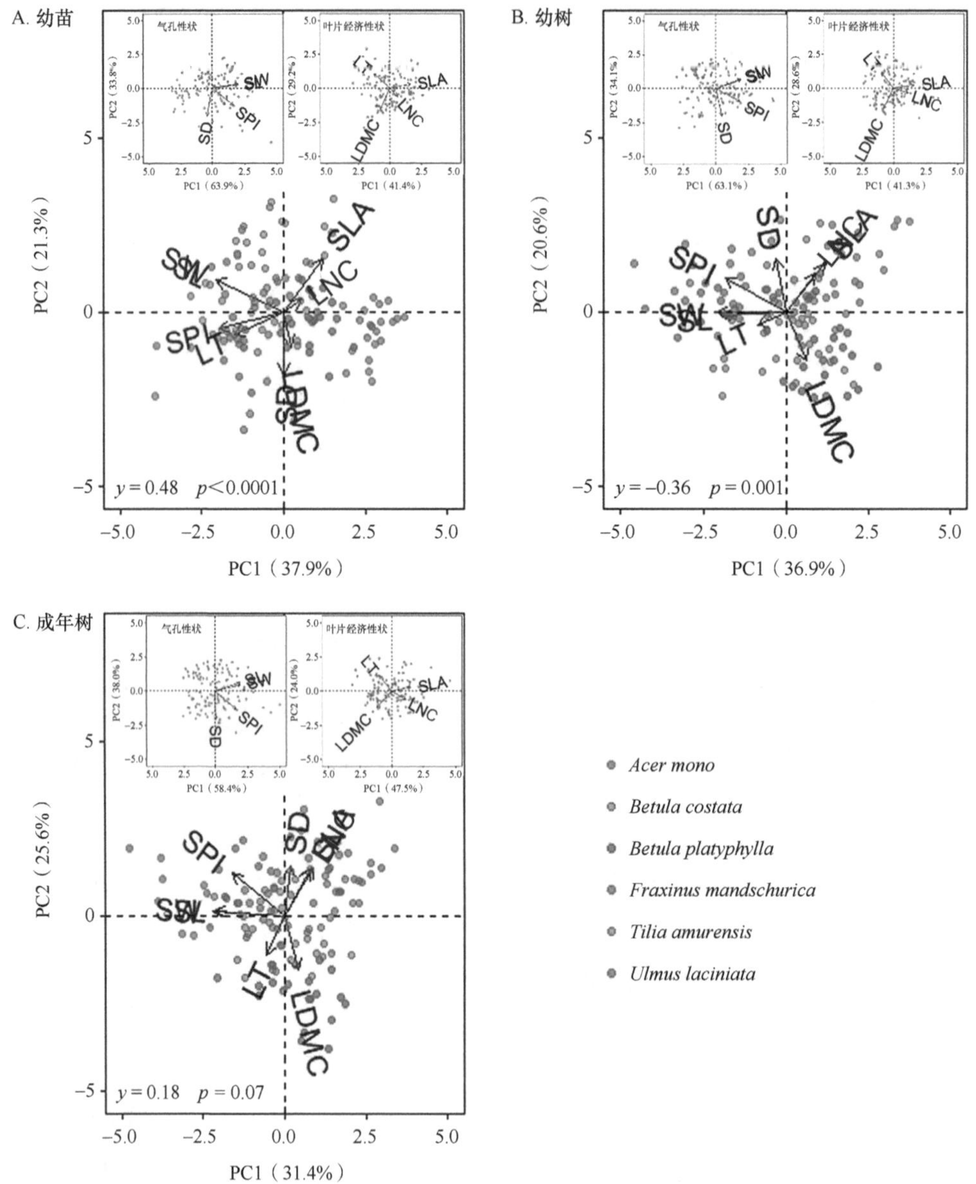

图 2.4　不同生活史阶段 8 种叶片性状的主成分分析

主成分轴括号中的数据为解释比例。嵌套小图为叶片经济性状和气孔性状的主成分分析图。箭头表示与叶片性状相关的主成分负荷。利用叶片经济性状和气孔性状的第一主成分得分来分析这两组性状间的相关性

表 2.5　不同生活史阶段 8 种叶片性状主成分分析结果

	幼苗		幼树		成年树	
	PC1	PC2	PC1	PC2	PC1	PC2
特征值	3.02	1.70	2.95	1.65	2.52	2.05
解释比例（%）	37.90	21.30	36.90	20.60	31.40	25.60
SLA	0.30	0.50	0.30	0.47	0.21	0.40
LDMC	0.05	−0.34	0.15	−0.48	0.11	−0.47
LT	−0.38	−0.22	−0.23	−0.14	−0.15	−0.34
LNC	0.13	0.11	0.22	0.38	0.23	0.42
SL	−0.51	0.30	−0.51	−0.03	−0.57	0.04
SW	−0.51	0.31	−0.53	−0.01	−0.59	0.04
SD	−0.002	−0.60	−0.08	0.52	0.05	0.43
SPI	−0.49	−0.16	−0.48	0.33	−0.43	0.37

注：对于每个主成分轴，给出了特征值、解释比例以及每个特征在前两个分量上的加载分数。

叶片经济性状与气孔性状间的相关关系随植株生活史阶段推进而改变：在幼苗和幼树阶段，这两组性状间存在耦合关系，随植株生活史阶段推进，成年树阶段的叶片经济性状与气孔性状间转变为解耦关系（图 2.4）。

分别分析不同植株生活史阶段叶片经济性状及气孔性状第一主成分得分间的相关关系发现，对于叶片经济性状，幼苗与幼树第一主成分得分间存在显著负相关关系（图 2.5A），但对于幼苗与成年树以及幼树与成年树，其第一主成分得分间均不存在显著相关关系（图 2.5B、C）；对于气孔性状，幼苗与幼树、幼苗与成年树以及幼树与成年树第一主成分得分间存在显著正相关关系（图 2.5D～F）。

2.1.3.3　土壤肥力对不同生活史阶段植物叶功能性状的影响

叶片经济性状和气孔性状对土壤因子具有不同响应。整体而言，气孔性状与土壤因子的相关性强于叶片经济性状与土壤因子的相关性（表 2.6）。

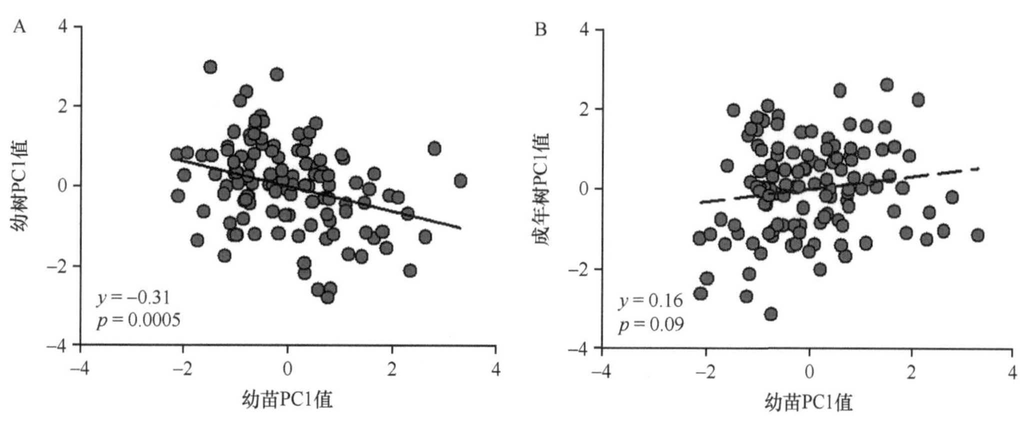

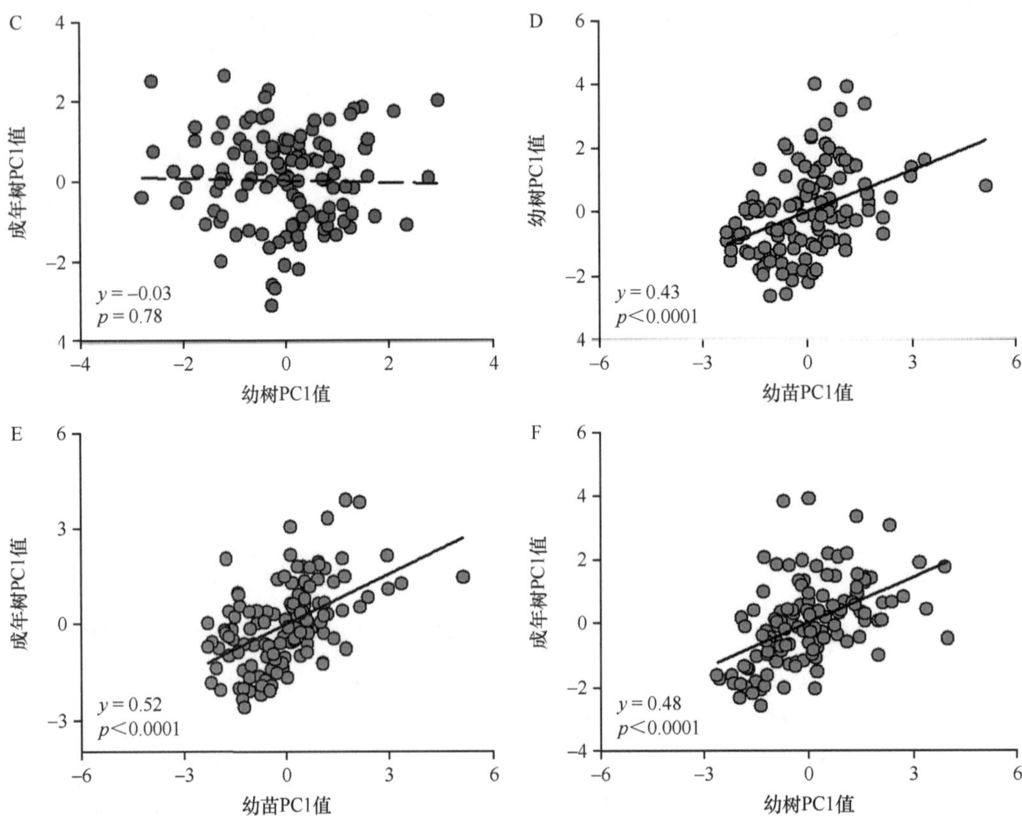

图 2.5　不同生活史阶段叶片经济性状（A～C）以及气孔性状（D～F）第一主成分得分间的相关关系

实线表示两组第一主成分得分在 $p<0.05$ 水平上显著相关，虚线表示两组第一主成分得分在 $p<0.05$ 水平上不相关

表 2.6　植株叶片经济性状及气孔性状与土壤因子间的相关关系

叶片性状	STC		STN		STP		pH		SWC	
	斜率	*p*	斜率	*p*	斜率	*p*	斜率	*p*	斜率	*p*
SLA	−0.14	0.08	−0.009	0.01	−0.000 4	0.42	0.002	0.05	−0.000 5	0.001
LDMC	116.39	0.01	4.37	0.04	−0.84	0.005	−1.05	0.06	0.12	0.15
LT	−186.64	0.02	−4.87	0.19	0.08	0.87	−2.99	0.002	0.15	0.32
LNC	−0.29	0.47	−0.03	0.06	−0.002	0.29	0.007	0.12	−0.001	0.12
SL	0.28	0.55	0.03	0.07	0.009	0.001	−0.008	0.13	0.001	0.03
SW	−0.14	0.82	0.02	0.34	0.01	0.003	−0.02	0.007	0.003	0.01
SD	0.11	0.003	0.001	0.3	0.000 8	<0.001	0.002	<0.001	0.000 06	0.39
SPI	0.86	0.002	0.03	0.01	0.009	<0.001	0.009	0.004	0.001	0.007

对于不同生活史阶段叶片经济性状，成年树阶段叶片经济性状与土壤因子间的相关性强于幼苗与幼树阶段（图 2.6）。在幼苗阶段，比叶面积与土壤 pH 间存在显著正相关关系（图 2.6D），而叶片干物质含量与土壤 pH 间存在显著负相关关系（图 2.6I），叶厚与土壤全磷含量间存在显著正相关关系（图 2.6M），其余叶片经济性状与土壤因子在幼苗阶段均无显著相关关系。在幼树阶段，叶片干物质含量与土壤全磷含量及土壤 pH

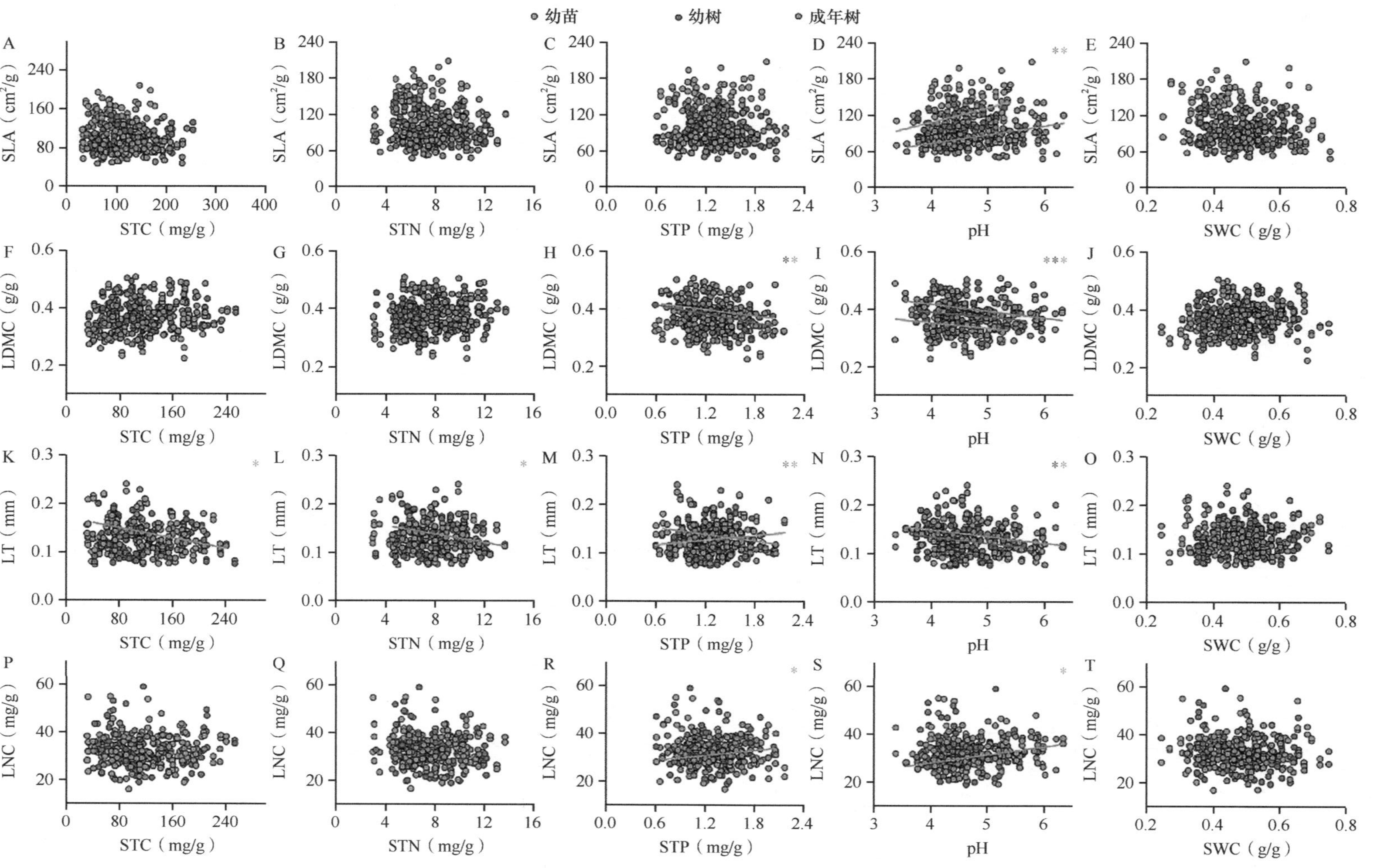

图 2.6　叶片经济性状与土壤因子间的相关关系

实线代表性状与土壤因子间在 $p<0.05$ 水平上存在显著相关关系，若性状与土壤因子间不相关，则该线条不显示。图中彩色星号代表该颜色所对应的生活史阶段性状与土壤因子间存在显著相关关系

间均存在显著负相关关系（图 2.6H、I），叶厚与 pH 间存在显著负相关关系（图 2.6N），其余叶片经济性状与土壤因子在幼树阶段均无显著相关关系。在成年树阶段，比叶面积与土壤 pH 间存在显著正相关关系（图 2.6D），叶片干物质含量与土壤全磷含量及土壤 pH 间均存在显著负相关关系（图 2.6H、I），除叶厚与土壤含水量不存在显著相关关系外，叶厚与其他 4 种土壤因子均存在显著负相关关系（图 2.6K～O），叶片 N 含量与土壤全磷含量及土壤 pH 间均存在显著正相关关系（图 2.6R、S），其余叶片经济性状与土壤因子在成年树阶段均无显著相关关系。整体而言，叶厚与土壤因子的相关性强于其他 3 种叶片经济性状。

对于不同生活史阶段气孔性状，幼苗阶段气孔性状与土壤因子间的相关性强于成年树阶段，而成年树阶段气孔性状与土壤因子间的相关性强于幼树阶段（图 2.7）。在幼苗阶段，除气孔长度与土壤全碳含量、气孔宽度与土壤全碳含量、潜在气孔导度指数与土壤全碳含量，以及气孔密度与土壤全碳含量、土壤全氮含量、土壤全磷含量、土壤含水量无显著相关关系外，其余气孔性状与土壤因子间均存在显著相关关系（图 2.7）。在幼树阶段，除气孔密度以及潜在气孔导度指数与土壤 pH 存在显著相关关系外（图 2.7N、S），其余性状与土壤因子间均不存在显著相关关系。在成年树阶段，气孔长度与土壤全碳含量间存在显著正相关关系（图 2.7A），气孔密度与土壤全磷含量及土壤 pH 间均存在显著正相关关系（图 2.7M、N），潜在气孔导度指数与土壤全碳含量、土壤全磷含量及土壤 pH 间均存在显著正相关关系（图 2.7P、R、S），其余性状与土壤因子间均不存在显著相关关系。整体而言，气孔长度、气孔宽度以及潜在气孔导度指数与土壤因子的相关性强于气孔密度。

整体而言，在幼苗阶段，土壤因子对气孔性状的影响强于叶片经济性状；在幼树阶段，土壤对叶片经济性状及气孔性状的影响几乎相当；而在成年树阶段，土壤因子对气孔性状的影响强于叶片经济性状。在所有土壤因子中，土壤 pH 对性状变异的影响强于其他土壤因子（表 2.7，表 2.8）。

在每一个生活史阶段，不同土壤因子对性状的影响存在差异。在幼苗阶段，对于叶片经济性状，土壤全磷含量对叶片干物质含量变异存在显著影响，土壤 pH 对比叶面积变异存在显著影响，土壤含水量对叶片 N 含量变异存在显著影响；对于气孔性状，土壤全磷含量及土壤 pH 对气孔长度、气孔宽度以及潜在气孔导度指数变异均存在显著影响，其他土壤因子对性状变异均无显著影响（表 2.7）。在幼树阶段，对于叶片经济性状，土壤全碳含量对叶片 N 含量、比叶面积变异存在显著影响，土壤全氮含量对比叶面积及叶片 N 含量变异均存在显著影响，土壤全磷含量和土壤 pH 均对叶片干物质含量变异存在显著影响，土壤含水量对所有叶片经济性状变异均不存在显著影响；对于气孔性状，土壤全碳含量对气孔长度和气孔宽度变异均存在显著影响，土壤全氮含量对气孔密度变异存在显著影响，土壤全磷含量对潜在气孔导度指数变异存在显著影响，土壤 pH 对气孔密度和潜在气孔导度指数变异均存在显著影响，土壤含水量对所有气孔性状变异均不存在显著影响（表 2.7）。在成年树阶段，对于叶片经济性状，土壤全碳含量对叶片干物质含量和叶厚变异均存在显著影响，土壤 pH 对比叶面积、叶片干物质含量以及叶片

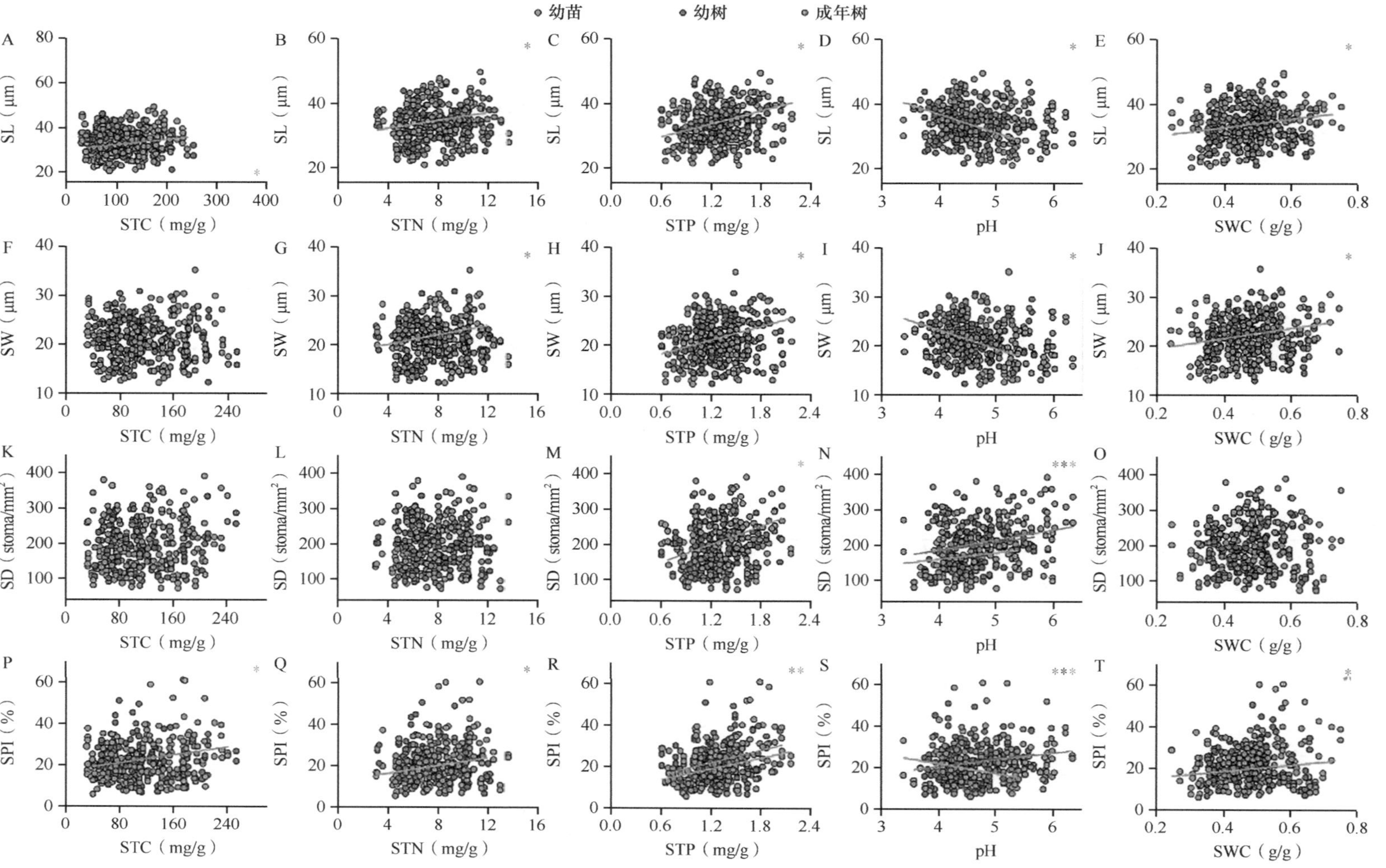

图 2.7　气孔性状与土壤因子间相关关系

实线代表性状与土壤因子间在 $p<0.05$ 水平上存在显著相关关系，若性状与土壤因子间不相关，则该线条不显示。图中彩色星号代表该颜色所对应的生活史阶段性状与土壤因子间存在显著相关关系

表 2.7　广义线性模型分析不同生活史阶段 5 种土壤因子对叶片经济性状和气孔性状的影响

生活史阶段	叶片性状	STC		STN		STP		pH		SWC		截距	
		标准误	p	标准误	p	标准误	p	标准误	p	标准误	p	标准误	p
幼苗	SLA	0.04	0.72	0.38	0.87	3.16	0.75	20.25	0.01	−46.79	0.29	40.11	0.33
	LDMC	−0.000 2	0.23	0.005	0.18	−0.03	0.02	−0.02	0.09	0.03	0.59	0.43	<0.001***
	LT	0.000 1	0.26	−0.001	0.51	0.02	0.09	−0.01	0.21	−0.01	0.78	0.15	<0.001***
	LNC	−0.72	0.62	9.79	0.25	−0.002	0.92	−0.26	0.58	−5.41	0.01	41.57	<0.001***
	SL	−0.02	0.42	0.75	0.07	5.89	0.001	−5.93	0.000 01	−6.37	0.39	52.52	<0.001***
	SW	−0.02	0.29	0.56	0.06	3.82	0.003	−3.64	0.000 2	−1.81	0.74	31.38	<0.001***
	SD	0.14	0.36	1.05	0.75	−3.91	0.78	13.15	0.21	−49.66	0.41	115.15	0.04*
	SPI	0.01	0.80	0.79	0.15	7.38	0.002	−5.27	0.003	−12.35	0.22	33.44	<0.001***
幼树	SLA	0.22	0.0001	−3.45	0.01	0.05	0.99	0.83	0.84	−45.38	0.15	15.58	0.55
	LDMC	−0.000 03	0.80	0.003	0.29	−0.07	0.000 02	−0.02	0.03	0.11	0.11	0.46	<0.001***
	LT	−0.000 1	0.13	−0.000 2	0.90	0.00	0.79	−0.01	0.14	0.08	0.10	0.08	0.02*
	LNC	0.05	0.01	−1.06	0.02	2.67	0.29	0.13	0.93	−18.42	0.09	18.15	0.04*
	SL	−0.04	0.02	0.40	0.22	3.18	0.08	1.30	0.21	−4.30	0.58	43.41	<0.001***
	SW	−0.03	0.01	0.17	0.50	2.27	0.11	0.77	0.34	6.42	0.29	26.22	<0.001***
	SD	0.33	0.07	−15.04	0.000 1	23.57	0.27	32.11	0.01	79.25	0.38	100.39	0.17
	SPI	−0.02	0.43	−0.81	0.16	6.73	0.04	5.06	0.01	5.32	0.70	32.91	0.006**
成年树	SLA	−0.06	0.41	0.52	0.76	11.40	0.19	14.02	0.000 4	−28.49	0.45	35.11	0.26
	LDMC	0.000 5	0.004	0.001	0.86	−0.03	0.17	−0.04	0.000 04	−0.14	0.10	0.51	<0.001***
	LT	−0.000 3	0.002	0.000 2	0.94	−0.01	0.21	−0.003	0.59	0.10	0.06	0.13	0.002**
	LNC	−0.009	0.55	0.001	0.99	2.57	0.16	3.34	0.000 1	−3.84	0.64	24.68	0.006**
	SL	0.03	0.09	−0.24	0.54	−2.89	0.15	0.10	0.91	10.17	0.25	38.28	<0.001***
	SW	0.02	0.20	−0.31	0.27	−1.37	0.34	−0.47	0.46	6.65	0.29	23.77	<0.001***
	SD	0.07	0.76	−9.04	0.09	118.52	0.000 02	23.12	0.05	−175.70	0.13	101.24	0.31
	SPI	0.06	0.06	−1.42	0.04	9.61	0.01	1.95	0.22	−4.45	0.78	20.09	0.12

注：*** $p<0.001$；** $p<0.01$；* $p<0.05$。

表 2.8　不同生活史阶段土壤因子之间的方差膨胀因子

生活史阶段	独立变量	STC	STN	STP	pH
幼苗	STN	1.00			
	STP	1.00	1.46		
	pH	1.01	1.04	1.05	
	SWC	1.00	1.05	1.04	1.01
幼树	STN	1.38			
	STP	1.00	1.02		
	pH	1.01	1.01	1.00	
	SWC	1.00	1.09	1.04	1.00
成年树	STN	1.46			
	STP	1.04	1.05		
	pH	1.05	1.04	1.01	
	SWC	1.13	1.13	1.09	1.00

N 含量变异均存在显著影响，其他土壤因子对性状变异均无显著影响；对于气孔性状，土壤全氮含量对潜在气孔导度指数变异存在显著影响，土壤全磷含量对气孔密度和潜在气孔导度指数变异均存在显著影响，其他土壤因子对性状变异均无显著影响（表 2.7）。

2.1.4　讨论

2.1.4.1　不同生活史阶段植物叶功能性状的变异格局

整体而言，生活史阶段对叶片经济性状的调控作用强于气孔性状。对于叶片经济性状，比叶面积和叶片 N 含量随植株生活史阶段推进（幼苗—幼树—成年树）呈现减小趋势，而叶片干物质含量和叶厚呈现增加趋势（图 2.1A～D）。本研究中叶片经济性状在生活史阶段的变异格局与以往的研究结果具有一致性，并在一定程度上反映了植株资源策略的改变（Hölscher，2004；Ishida et al.，2005；Martin and Thomas，2013）。对于成年树，较小的比叶面积和较低的叶片 N 含量对应的“缓慢投资-收益型”生活史策略与 Houter 和 Pons（2012）以及 Mason 等（2013）的研究结果具有一致性。比叶面积和叶片 N 含量常被视为反映植株光合作用水平的代表性指标，在光照充足的环境中生长的植株表现出较高的光合效率（对应较大的比叶面积和较高的叶片 N 含量）；而在遮阴环境中生长的植株为了维持较低的光补偿点，植株暗呼吸速率较低，从而表现出较小的比叶面积和较低的叶片 N 含量（Larcher，2003）。幼苗的叶片干物质含量显著低于成年树，这暗示着植株幼苗阶段叶片每单位质量的经济成本投入较低。这可能是因为对于幼苗植株构建较高的叶片干物质含量并非最“经济”的资源利用方式，因此其将更多光合产物运用到与光合作用和生长有关的构建当中。叶厚在幼苗和幼树阶段无显著性差异，说明此段时期植株生活史阶段对叶厚无显著调控作用；但成年树的叶厚显著增加，一方面可能是叶片逐渐累积营养物质，导致细胞数量增加，叶片变厚，另一方面可能是高光照强度引起了叶片栅栏组织增厚，从而导致叶片变厚（Hanba et al.，1999）。本研究结果暗示，不同生活史阶段的植株往往分布在经济谱轴的两端，从资源获取型策略的个体转变到资源保守型策略的个体。

对于气孔性状，气孔长度和气孔宽度在不同生活史阶段无显著变化，这意味着这两种性状并未受到生活史阶段的显著调节。Mediavilla 等（2021）通过对西班牙中西部的橡树叶片性状进行研究发现，所取树种幼苗的气孔密度均显著大于成年树，且幼树的气孔长度显著小于成年树。气孔密度与叶片蒸腾作用密切相关，气孔密度越高，蒸腾速度越高、水分散失越快。较高的气孔密度往往与较高的光合速率相对应（王瑞丽等，2016）。本研究结果表明，气孔密度随植株生活史阶段推进而显著升高，这一变异趋势与以往的研究结果并不一致，这可能是因为本研究选择的树种耐阴性差别较大。因此，建议在以后的气孔密度相关研究中，重视树种耐阴性对气孔密度的调控作用。Thomas 和 Winner（2002）通过对 35 种树种（7 种针叶树、7 种温带落叶乔木和 21 种热带常绿乔木）的幼树和成年树叶片性状进行分析发现，生活史阶段对气孔导度具有显著影响，且幼树的气孔导度低于成年树，本研究结果同样支持此结论。幼树具有更低的气孔导度可能与其非保守型水分利用策略有关（Mediavilla and Escudero，2003，2004），使其即便在低水分环境中，仍然可以保持较高的气孔导度以实现碳增益及生长速率最大化，这与 Wright 等（2004）认为的生长早期的植株倾向于快速投资型资源利用策略也具有一致性。但以往研究中也存在不一致结论，例如，Thomas（2010）发现气孔导度峰值出现在中等胸径树龄的个体，这可能与植株所处生境或功能群差异有关。因此，相关研究仍需进一步开展。

在不同生活史阶段，叶片经济性状及气孔性状的变异原因存在差异（图 2.2）。对于叶片经济性状，幼苗和成年树的种内变异原因几乎一致。对于比叶面积和叶片干物质含量，树种解释了最多变异，说明种间差异是引起这两种性状变异的主要原因；而个体解释了叶厚的最多变异，说明叶厚对个体差异（如所处的微环境等）更敏感；而冠层和方向解释了幼苗和成年树叶片 N 含量的最多变异（图 2.2A、C），说明这两个生活史阶段叶片 N 含量对光环境变异更敏感。而对于幼树，除叶片干物质含量外，其余 3 种性状变异均由微环境或个体发育差异导致（图 2.2B）。对于气孔性状，3 个生活史阶段性状变异的主要原因均为树种，这说明气孔性状主要受树种的种间差异调控。

2.1.4.2　不同生活史阶段植物叶功能性状的协作机制及植物适应策略

本研究发现，气孔性状组内相关性强于叶片经济性状组内相关性，说明相比于叶片经济性状，气孔性状间具有更明显的协作机制（图 2.3）。对于叶片经济性状，幼苗阶段性状相关性最弱，其次是幼树阶段，而成年树阶段表现出最强的组内相关性（图 2.3）。这可能是因为随着生活史阶段推进，植株生存环境逐渐复杂、个体竞争压力变大，性状间稳定的相关关系可优化资源配置、提高植株资源利用能力，从而提高竞争力（Yin et al.，2018；Liu et al.，2019）。对于气孔性状，除幼树阶段气孔密度与气孔长度和气孔宽度间不存在显著相关外，其余均显著相关（图 2.3）。本研究结果与以往的研究结果具有一致性（温婧雯等，2018）。气孔长度及气孔宽度在幼苗阶段和成年树阶段均与气孔密度呈显著负相关关系（图 2.3A、C），这种相关性可用物理限制假说和能量限制假说来解释（Hetherington and Woodward，2003；Franks et al.，2009）。较小的气孔长度及气孔宽度往往代表着具有较大的比表面积和体积比的小气孔，对于叶片而言，较小的气孔能够通过打开和关闭来快速响应环境变化，而较高的气孔密度有助于降低叶肉表面在强辐照下引起的 CO_2 扩散阻力增加，因此这种性状关系有利于植株最大化光合作用（Bosabalidis and Kofidis，2002；Woodward et al.，2002）。在幼苗阶段，这种相关关系有助于快速积累有机物以用于植株生长；而对于成年树，则可促进植株对低光环境的适应。对于潜在气孔导度指数，其与气孔长度及气孔密度密切相关，较大的潜在气孔导度指数往往暗示着植株叶片具有较高的气孔导度和较强的光合能力（Sack et al.，2003）。这种性状间相关关系在不同生活史阶段的植株间稳定存在，这可能是叶片气孔性状对环境变化的适应策略之一。对于叶片经济性状-气孔性状组间，气孔长度及气孔宽度与比叶面积以及叶片 N 含量间存在的相关性均为负相关，较大的比叶面积、较高的叶片 N 含量往往对应具有较高光合速率的叶片（Tian et al.，2016），而小气孔有助于增强叶片光合作用，因此这几组性状间均为负相关关系。叶片干物质含量与气孔密度及潜在气孔导度指数间均存在显著负相关关系，这意味着幼树和成年树将更多的资源分配给了叶片构建而非光合作用的相关组织。此外，生活史阶段对气孔性状组内相关关系的调控强于叶片经济性状组内及气孔性状与叶片经济性状组间（表 2.4），一方面说明气孔性状对于生活史阶段引起的植株个体生理等变化更为敏感，另一方面说明不同生活史阶段植株对环境的适应主要通过调控气孔完成。

叶片经济性状与气孔性状间的相关关系受到植株生活史阶段的调控：在幼苗和幼树阶段为耦合关系，而在成年树阶段为解耦关系（图 2.4，表 2.5）。这种性状间相关关系的差异性暗示了不同生活史阶段植株生存策略存在差异。性状间相关关系的改变是对环境的适应（Yin et al.，2018），对于幼苗和幼树，将更多的资源分配到植株生长是一种更为经济的方式，而非通过改变性状关系（如从相关关系转变为不相关关系）来提高对环境的适应能力；而对于成年树，其生存环境较幼苗和幼树更为复杂，性状间的解耦关系可提供更多样的性状组合，从而提高其对环境的适应能力（Liu et al.，2019）。此外，本研究发现，代表叶片经济性状的主成分得分在幼苗与幼树阶段间存在负相关关系（图 2.5），说明在这两个生活史阶段，叶片经济性状所代表的生存策略相反；而幼苗与成年树以及幼树与成年树的叶片经济性状间均无显著相关性，说明这两个生活史阶段对叶片经济性状并无明显调控作用；气孔性状在 3 个生活史阶段存在一致且稳定的相关关系，这说明虽然生活史阶段对性状间相关关系有调控作用，但并未改变其资源利用策略（图 2.5）。

2.1.4.3　土壤肥力对不同生活史阶段植物叶功能性状的影响及植物适应策略

本研究结果表明，在忽略生活史阶段的影响时，土壤因子与气孔性状间的相关性强于其与叶片经济性状间的相关性（表 2.6）。这可能暗示着植株在适应不同土壤环境的过程中，相较于叶片经济性状的调节，气孔性状的调节可能是一种更为经济且快速的方式。

对于整个生活史阶段的所有植株（即忽略生活史阶段），比叶面积与土壤全氮含量呈显著负相关关系，而叶片干物质含量与土壤全碳含量、土壤全氮含量呈显著正相关关系（表 2.6），这些研究结果暗示，在营养物质含量较高的土壤中分布着“缓慢”生长的植株。这与以往的研究结果不一致（Ordoñez et al.，2009，2010），一方面可能与研究地的气候有关，植株将更多的资源分配到与叶片防御或延长叶片寿命有关的组织中；另一方面也可能与研究尺度有关，如群落尺度（Lin et al.，2020）等。但在不同生活史阶段，比叶面积与土壤全氮含量以及叶片干物质含量与土壤全碳含量、土壤全氮含量间无显著相关关系，说明这几组性状间相关关系在考虑生活史阶段时发生了改变（图 2.6A、F、G）。叶片干物质含量与土壤全磷含量间呈负相关关系，且这种相关关系在幼树和成年树中保持一致，这种负相关关系可能是因为在土壤全磷含量较高的地区植株往往具有较强的光合作用（Ordoñez et al.，2009），而较低的叶片干物质含量暗示着叶片具有更高的含水量（Mediavilla et al.，2021），可有效保证较高的光合速率。叶厚与土壤全碳含量、土壤全磷含量均呈显著负相关关系，说明在养分含量较高的地区，植株构建较薄的叶片以增加光吸收面积，增强光合作用（Lin et al.，2020）。但本研究发现，幼苗的叶厚与土壤全磷含量间的相关关系与成年树相反（图 2.6M），这可能反映了不同生活史阶段植株对土壤因子的差异性响应。幼苗和成年树的比叶面积与土壤 pH 以及成年树叶片 N 含量与土壤 pH 均存在正相关关系，而幼树和成年树的叶厚与土壤 pH 呈负相关关系，各生活史阶段叶片干物质含量与土壤 pH 均为负相关关系，这与 Hobbie 和 Gough（2002）的结果具有一致性，即在具有较高的土壤肥力利用率（高土壤 pH）的地区往往生长着高光合作用植株。土壤含水量仅与比叶面积呈负相关关系，这可能是由于在适度干旱条件下，叶片增加了构建成本（如提高气孔密度等）以适应环境改变，但这种相关关系在各生活史阶段并未发现（图 2.6E），这暗示土壤含水量在各生活史阶段对比叶面积变异无显著调控作用。

对于整个生活史阶段的所有植株，气孔密度、潜在气孔导度指数与土壤全碳含量呈显著正相关关系，潜在气孔导度指数与土壤全氮含量呈显著正相关关系，4 种气孔性状与土壤全磷含量均呈显著正相关关系（表 2.6）。以往的研究表明，在土壤肥力较高的环境中往往分布着“快速获取型”资源策略的植株，较高土壤肥力所对应的较高气孔密度和潜在气孔导度指数可为植株高光合潜力提供可能（Tanaka et al.，2013；Wang et al.，2021）。气孔宽度与土壤 pH 间存在显著负相关关系，而气孔密度及潜在气孔导度指数与土壤 pH 间存在显著正相关关系，且不同生活史阶段与忽略生活史阶段所分析的性状-土壤相关关系保持一致（除幼树阶段潜在气孔导度指数-土壤 pH 间相关关系外）。本研究结果符合高土壤 pH 地区植株“快速”增长的分布格局，且土壤 pH 与气孔宽度间呈显著负相关关系，这在温婧雯（2019）对太白山 210 种植物气孔性状和土壤因子相关关系的研究结果中也得到了证实。除气孔密度外，其他 3 种气孔性状与土壤含水量都存在显著正相关关系，这说明适度的干旱增加了气孔导度，这与 Franks 等（2015）的研究结果具有一致性，植物通过最大化气孔导度来适应水分较低的环境，有助于维持较低的气体交换速率，从而提高水分利用效率。气孔长度与土壤含水量间的相关关系与 Dow 等（2014）对拟南芥（*Arabidopsis thaliana*）的研究结果具有一致性，并且叶片通过增大气孔来维持自身吸收充

足 CO_2，这对维持较高的光合作用速率具有重要意义。此外，在本研究中气孔性状与土壤含水量间的正相关关系多出现在幼苗阶段，这可能是因为幼苗大多处于林下，光资源受限，通过增大气孔来迅速提高光合作用速率、实现快速生长是一种较为经济且有效的方式，而非提高气孔密度。此外，潜在气孔导度指数与土壤因子的相关性强于其他 3 种气孔性状，这可能是因为气孔导度对外界环境更敏感，同时说明植株主要通过调节气孔导度来适应环境变化（Zhang et al.，2012）。气孔性状与土壤因子间的相关关系在不同生活史阶段同样存在，但其相关强度弱于植株整体水平，且大多发生在幼苗阶段，这暗示着气孔性状调节可能是植株在幼苗阶段适应不同土壤因子的主要方式之一（图 2.7）。

不同生活史阶段主导性状变异的主要因子存在差异，但土壤因子对幼树的影响略强于幼苗和成年树（表 2.7）。这可能是因为在幼苗和成年树阶段，相较于土壤因子，光环境对植株性状变异具有更显著的影响。整体而言，土壤 pH 是叶片经济性状和气孔性状变异的主导因子，其次是土壤全磷含量。在幼苗阶段，仅土壤全磷含量及土壤 pH 对性状变异具有显著影响，且对气孔性状的影响显著大于对叶片经济性状的影响，这可能是因为叶片经济性状主要受光环境调控，而气孔性状在构建过程中消耗较多资源，故与土壤环境的改变密切相关。在幼树和成年树阶段，除土壤含水量对性状变异无显著影响外，其余土壤因子均对性状变异存在显著影响，且对叶片经济性状和气孔性状的影响几乎相当，这说明在这两个阶段，土壤因子对性状均具有调控作用且强度几乎相当。

2.1.5　小结

植物叶片经济性状及气孔性状与叶片尺度上的碳水交换过程密切相关，深入研究不同生活史阶段性状变异及权衡规律，不仅可深入探究植株生活史阶段对植物适应策略的影响，还能为碳水循环过程的模型模拟提供基础数据。本研究结果表明，植株叶片经济性状及部分气孔性状随植株生活史阶段推进发生显著变化，且不同生活史阶段叶片经济性状变异的主要来源有所差异，而气孔性状均为树种解释最多变异。叶片性状在叶片经济性状组内、气孔性状组内以及叶片经济性状与气孔性状组间均存在相关关系，但生活史阶段的差异导致部分性状间相关关系发生改变（如性状间关系由显著相关变成不相关等），但相关性基本保持一致。植株叶片经济性状和气孔性状在幼苗阶段和幼树阶段呈耦合关系，在成年树阶段呈解耦关系。耦合关系有助于幼苗阶段和幼树阶段植株个体实现更“经济”的性状组合方式，解耦关系为成年树提供了更强的环境变化适应能力。植株叶片部分性状与土壤因子间的相关关系以及性状变异的主要调控因子在植株整个生活史阶段和各个生活史阶段存在差异，这在一定程度上证明植株生活史阶段对性状间相关关系具有调控作用，同时暗示在以后的相关研究中，对于部分性状应用（如分析性状对气候变化的响应等）应着重考虑生活史阶段对性状值或性状相关关系的影响。

2.2　生活史对叶枝根化学计量学特征的影响

在木本植物的不同生活史阶段，各器官内的生理生态过程可能会因树木生长过程中环境和生长需求的变化而不断变化，因此探究各器官内的养分分配和利用策略的变异规律是深入了解植物生长策略的重要途径（Ågren，2008；Martin and Thomas，2013；Martin and Isaac，2021）。从植物个体发育的视角出发，幼苗生活在遮阴环境中，光资源被上方的高大树木遮挡，光合作用被极大限制，因此该阶段植物倾向于获取更多养分以支持其快速生长（即叶片表面积的增大和树高的增加），同时增加其光合利用效率（Wright et al.，2004；Martínez et al.，2007；Räim et al.，2012）。成年树的叶片及枝条生长于光资源丰富的林冠上层，与幼苗相比，成年树具有较为粗壮的枝条和根系，除了具有养分吸收和运输功能外，可能还具备养分储存功能，以便植物在面临环境变化时，能够快速分解其储存的养分并转运给叶片，以维持光合作用的正常进行，从而提高植物在快速变化环境中的生存能力（Freschet et al.，2010；Li et al.，2018；Song et al.，2020）。然而，综合考虑不同生活史阶段植物各器官的养分获取与利用策略如何变异的相关研究相对匮乏。

本节以小兴安岭地区典型阔叶红松林 7 种主要阔叶树种为研究对象，采集各树种在不同生活史阶段（幼苗、幼树、成年树）的叶片、枝条和细根样本及相应的土壤因子，测量其 C 含量、N 含量、P 含量，并计算相应的化学计量比 C∶N、C∶P 和 N∶P，拟解决以下问题。

（1）植物叶片、枝条和细根的化学计量学特征变异是否受生活史阶段的影响？不同器官间是否存在一致的变异规律？

（2）不同生活史阶段各器官间养分分配策略是否存在一致性？揭示了植物怎样的养分利用策略？

（3）不同生活史阶段叶片、枝条和细根的化学计量学特征是否受土壤因子的影响？各器官的化学计量学特征对土壤因子的变异采取趋同策略还是趋异策略？

2.2.1 研究背景

2.2.1.1 生态化学计量学的主要假说

1. 温度-植物生理假说 Reich 和 Oleksyn（2004）整合了全球范围内 452 个研究地点 1280 种植物叶片的 N 含量、P 含量，发现叶片 N 含量、P 含量均随纬度的降低而降低，而 N∶P 则呈现增加趋势。Han 等（2005）以中国 753 种植物为研究对象发现，叶片 N 含量、P 含量均随纬度的降低而呈现降低趋势，但 N∶P 并无明显的变异趋势。相同的结果在中国其他研究区域被发现，并且在个体水平上也同样适用（Zhang et al.，2018a）。Reich 和 Oleksyn（2004）认为植物叶片 N 含量、P 含量的纬度变异格局与温度相关，并提出温度-植物生理假说（temperature-plant physiological hypothesis）：随着纬度的升高，温度呈现下降趋势。低温会降低植物体内酶的活跃程度，导致植物代谢速率降低，影响植物叶片对养分的积累和运输，因此植物会补偿性地吸收更多的养分来提高代谢能力，导致低温地区（高纬度地区）的植物体内养分含量较高（Dreyer et al.，2001；Kerkhoff et al.，2005）。Yang 等（2014）以中国北方草本植物为研究对象，发现其化学计量学特征与纬度并无显著相关性，说明植物化学计量学特征的纬度格局并非对所有植物叶片适用。此外，有研究发现，植物细根 N 含量随纬度升高而呈现二次相关关系，细根 N：P 随纬度升高而呈现明显的下降趋势，P 含量则无显著趋势，说明对于不同器官，其化学计量学特征的纬度格局不同。这一假说阐明了植物对温度变化的响应机制，加深了对植物内部养分获取与分配的理解，加速了对植物化学计量学特征变异的探索，对陆地生态系统养分循环和结构与功能的研究具有重要意义。

2. 生长速率假说　生长速率假说（growth rate hypothesis）认为，生物体需要改变 C 含量、N 含量、P 含量及化学计量比，来适应其生长速率的改变，生物化学计量学特征的变异由其分配到 RNA 中的量决定，当 RNA 满足蛋白质合成的需求时植物才能实现快速生长和发育（Sterner and Elser，2002）。生长速率高的植物，其体内具有较高的 P 含量以及较小的 C：P 和 N：P，能够分配给 rRNA 足够的 P 含量，支持蛋白质快速合成和生物量积累（Sterner and Elser，2002）。生长速率假说是从分子水平探讨植物化学计量学特征的理论，是能够将分子生物学、种群动态、植物生活史等各种生物学特征综合起来的理论，能够为分析生态系统的养分供应平衡和植物体的元素组成平衡等提供新的思路和研究手段。在个体水平上发现具有较高生长速率的植物 N 含量、P 含量较高，说明其内部具有较高的蛋白质合成速率，符合生长速率假说，但 N：P 与生长速率假说并不吻合，说明 N 含量、P 含量的变化并不能决定化学计量学特征（Matzek and Vitousek，2009）。此外，Lovelock 等（2007）发现，植物 P 含量及生长速率均随纬度升高而呈现显著增加的趋势，但 N：P 仍然不受纬度因子的影响，说明化学计量学特征与生长速率间的关系并不稳定。因此，生长速率假说的适用范围及其影响因子仍需开展大量研究来进行验证。

3. 内稳性假说　内稳性假说（homeostasis hypothesis）是生态化学计量学的核心概念，内稳性强弱与物种的生态策略和适应能力有关（Sterner and Elser，2002）。内稳性假说认为，内稳性是植物生长发育和繁殖的基础，任何生物体都不可能在失去内稳性的情况下存活。内稳性表现为在不超过生物有机体自身限度的条件下，生物有机体可以通过内稳态机制对变化的环境做出相应的调整，从而维持自身化学元素组成的相对稳定（Yu et al.，2010），反映了生物在生理和生化方面对环境变化的适应（Elser et al.，2010），这也是生物经过漫长进化的结果。大量研究证实，叶片-枝条-细根间也存在内稳态（Reich et al.，2010；Wang et al.，2019），土壤养分可直接影响植物对养分的吸收和利用，改变植物 N、P 化学计量学特征，甚至改变植物整体的生物量分配和生态策略（Hogan et al.，2010）。生态化学计量内稳性高的物种具有较高的优势度和稳定性，这说明生态化学计量内稳性与生态系统结构、功能和稳定性密切相关（Sterner and Elser，2002；Wang et al.，2019）。研究表明，叶片维持自身内稳态的能力最强，可能是因为叶片是植物体内主要的光合器官，对植物生长和繁殖至关重要，因此在环境快速变化的情况下，树木可以通过调动来自枝条和根系的养分元素以供叶片满足其正常的代谢需求，维持其内部养分比例的稳定（Zhao et al.，2020）。Wang 等（2019）的研究表明，不同器官间的养分分配策略也是为了维持叶片养分含量的相对稳定。因此，内稳性假说的提出能够为未来气候变化条件下植物的应对策略研究提供理论基础。

2.2.1.2 生活史阶段对叶枝根化学计量学特征的影响

在植物生长发育过程中，生活史阶段是影响植物养分获取与利用的重要生物学特征（Poorter et al.，2012；Rehling et al.，2021）。研究表明，叶片 N 含量一般随植株大小的增加而下降（Thomas and Winner，2002；Hölscher，2004；Houter and Pons，2012）。Kenzo 等（2015）以不同树高的 204 株常绿乔木为研究对象发现，单位叶面积叶片 N 含量随树高增加而呈现升高趋势，而单位质量叶片 N 含量则无显著相关关系。Martin 和 Thomas（2013）探究了多米尼加热带雨林中两种优势树种从幼苗阶段到最大的林冠顶层的成年树阶段的叶片化学计量学特征变化，结果表明，叶片 C 含量、N 含量均随胸径增加而显著变化，变异趋势因树种不同而存在差异，但两种树种的树干 C 含量均随胸径增加而升高。Palow 等（2012）测量了 9 种印加树属（*Inga*）植物的单位面积叶片 P 含量，发现幼树叶片 P 含量显著小于成年树。然而，有研究表明，植物化学计量学特征并非均随植物生活史阶段的推进而变化（Kuusk et al.，2018）。上述不一致的结果表明，不同器官的养分利用策略不同，并且不同生活史阶段的植物器官在不断调整和优化植物的生长策略。

Li 等（2018）以亚热带、暖温带森林和寒温带森林中不同生活史阶段的树木为研究对象，发现较小的树木对环境变化较为敏感。He 和 Yan（2018）以中国东部亚热带常绿森林中的黄丹木姜子（*Litsea elongata*）为研究对象，发现叶片 N 含量随树高增加而升高，而叶片 P 含量并无明显的变化趋势。大量研究结果表明，植物体内的养分分配规则是为了满足特定器官功能的需求（Minden and Kleyer，2014；He et al.，2016；Xiong et al.，2022）。近年来，大部分学者致力于研究单一器官化学计量学特征的变异，如叶片或根系（Li et al.，2018；Park et al.，2019；Martin and Isaac，2021）。枝条作为养分转运、结构支撑以及养分储存的器官，完成叶片与根系间的养分运输与传递（Broadley et al.，2004；Yang et al.，2010；Guan et al.，2023），但很少得到研究学者的广泛关注，这不仅忽略了枝条在植物体内的重要作用，还忽略了在整个植物生长过程中不同器官间的协作关系。更重要的是，在以往研究中，不同生活史阶段植物器官的化学计量学特征变异一直以来都是该领域的研究空白。因此，整合阔叶红松林主要树种在不同生活史阶段叶片、枝条和细根的养分数据，系统地探究其化学计量学特征的变异，对揭示植物生长过程中器官间的养分分配策略具有重要意义。

2.2.1.3 环境因子对植物化学计量学特征变异的影响

纬度变化代表了温度、水分以及光有效性等一系列环境因子的变异，植物会因纬度变化而改变其外在的表型特征和内在的养分利用策略（Reich et al.，1999；Elser et al.，2000；Wright et al.，2017）。自温度-植物生理假说提出之后，很多研究学者对于不同纬度尺度上植物化学计量学特征开展了大量研究，结果表明在高纬度地区较低的温度会降低植物代谢速率，从而影响其内部养分的运输与积累，因此植物具有较高的 N 含量、P 含量（Reich and Oleksyn，2004；任书杰等，2007）。Yang 等（2014）以中国北方草本植物为研究对象，发现其化学计量学特征与纬度并无显著相关性，说明植物化学计量学特征的纬度格局并非对所有植物叶片适用。此外，有研究发现，植物细根 N 含量随纬度升高而呈现二次相关关系，而细根 N∶P 随纬度升高而呈现明显的减小趋势，细根 P 含量则无显著趋势。Liu 等（2021）以青海云杉（*Picea crassifolia*）为研究对象，发现植物叶片和枝条的 N 含量、P 含量随纬度升高而呈现降低趋势，但细根则相反，说明不同植物器官化学计量学特征的纬度格局不同，可能受到器官功能的主导。

土壤因子与植物生长密切相关（Liu et al.，2020a）。以往的研究表明，土壤因子对植物不同器官的化学计量学特征变异存在积极、消极影响或者无显著性影响（Liu et al.，2013，2021；Zhang et al.，2018b；Zhao et al.，2020）。然而，随着植物生长，植物与土壤因子之间的相互作用可能改变其对养分的利用策略。目前针对植物不同生活史阶段各个器官的化学计量学特征与土壤因子的相关性的研究少之又少，无论是单个器官，还是整合所有器官。因此，为了揭示植物生长过程中不同器官化学计量学特征的变异模式，量化不同器官化学计量学特征与土壤因子之间的相关关系，为未来生态模型的构建及优化提供理论依据，不同生活史阶段各器官化学计量学特征的变异规律亟待研究。

2.2.2　研究方法

2.2.2.1　研究区域概况

研究区域概况同 2.1.2.1 小节，此处不再赘述。

2.2.2.2　样本采集

本研究选取阔叶红松林的主要阔叶树种作为研究对象，于 2020 年 7 月中旬至 8 月进行野外取样。针对每种树种，以植株的胸径为标准划定植株的生活史阶段，包括幼苗阶段、幼树阶段以及成年树阶段，树种信息见表 2.9。针对每一生活史阶段，随机选取 5 株胸径相近的个体作为样树，即每种树种共采集 15 株样树。对于每株样树幼苗，因树木体量有限，以植株个体的第一活枝高度位置为取样起点，以树冠顶端为取样终点，将树冠等距分为上、下两层，设置南、北 2 个方向，共采集上南和下北 2 个方位的植物样本。针对每株幼树和成年树，将树冠等距分为上、中、下 3 层，设置南、北 2 个方向，每株样树共 6 个方位，即上南、上北、中南、中北、下南和下北。在每个方位采集足够的平整展开、完整无损且成熟健康的叶片，混匀装在写好标签的自封袋中；在每个方位采集足量的长势良好的当年生小枝（即枝条末端到第一个终端节点与分枝分离的部分），混匀装在写好标签的自封袋中；样树根系的采样采用追踪法，先用工具将取样树种周围的杂质去除，然后从树干基部着手，从暴露的主根开始，直到挖取到最远端的细根，在采集过程中避免弄断细根，保证根分枝的完整性，并装在写好标签的自封袋中。所有叶片、枝条和细根的样本放在 4℃的保温箱中带回实验室。

表 2.9　树种信息表

树种	树高（m）			胸径（cm）		
	幼苗	幼树	成年树	幼苗	幼树	成年树
白桦（*Betula platyphylla*）	6.12±0.92 c	17.5±0.93 b	19.34±1.22 a	5.20± 0.22 c	18.70±1.92 b	39.92±1.91 a

续表

树种	树高（m）			胸径（cm）		
	幼苗	幼树	成年树	幼苗	幼树	成年树
水曲柳（*Fraxinus mandschurica*）	7.60±0.73 c	16.68±2.85 b	22.30±0.87 a	5.18±0.46 c	16.98±0.88 b	41.95±1.45 a
春榆（*Ulmus davidiana* var. *japonica*）	4.04±0.58 c	11.56±3.24 b	20.10±4.72 a	3.74±0.65 c	17.92±1.81 b	42.96±1.63 a
裂叶榆（*Ulmus laciniata*）	4.96±0.90 c	10.98±1.25 b	16.08±2.37 a	3.96±0.66 c	17.38±0.52 b	41.12±1.20 a
枫桦（*Betula costata*）	6.36±1.45 c	15.52±0.59 b	20.42±1.98 a	4.66±1.19 c	17.40±0.68 b	41.72±2.02 a
紫椴（*Tilia amurensis*）	4.78±1.12 c	13.24±2.38 b	18.16±2.67 a	4.68±0.64 c	17.32±1.10 b	41.86±1.92 a
色木槭（*Acer mono*）	5.34±1.50 c	11.24±1.30 b	14.84±2.20 a	3.88±0.58 c	17.72±1.83 b	40.20±1.70 a

注：不同小写字母代表树高或胸径在不同生活史阶段存在显著性差异（$p<0.05$）。

对于土壤样本，首先去除每株样树周围 1m 内的凋落物，然后采集 3 个土壤样本（土壤深度为 0～10cm，各样本角度为 120°），最后将 3 个样本均匀混合在一个塑料袋中，并将它们带回实验室用于土壤因子测量。

2.2.2.3　样本测定

叶片和枝条：在实验室内，先将带回的叶片、枝条样本放置于 65℃烘箱内烘干至恒重（至少需要 72h），然后将烘干的叶片和枝条研磨成粉末状，最后通过 0.149mm 孔径的筛，以备后续 C 含量、N 含量、P 含量的测定。

细根：直径≤2mm 的细根具有主要的生理功能，因此本研究主要收集直径≤2mm 的细根。先将收集的细根样本用去离子水冲洗干净，然后用镊子去除根系中的杂质，再将样本放置于 65℃烘箱内烘干至恒重（至少需要 72h）并研磨成粉末状，最后通过 0.149mm 孔径的筛，以备后续 C 含量、N 含量、P 含量的测定。

土壤：对于每一个土壤样本，首先去除凋落物碎屑、枯枝落叶以及石头等杂物，其次利用 HANNAPH211 型 pH 计测量土壤 pH，然后利用干燥法测量土壤含水量（土壤干重与湿重的比值），再将各土壤样本风干至恒重并进一步研磨，通过 0.149mm 孔径的筛，以备后续土壤全碳含量、土壤全氮含量以及土壤全磷含量的测定。

本研究采用元素分析仪（元素分析系统公司，德国）测定样本全碳含量。对于植物样本和土壤样本，先分别采用 H_2SO_4+H_2O_2 消煮法和 H_2SO_4+$HClO_4$ 消煮法处理，获取的消煮液均用蒸馏水定容至 100ml；再利用连续流动分析仪（希尔分析有限公司，英国）对样本中的全碳含量和全磷含量进行测定。

2.2.2.4　数据分析

采用单因素方差分析与邓肯（Duncan）事后多重检验的方法，对不同生活史阶段、不同器官间的 C、N、P 化学计量学特征进行差异性分析。构建不同生活史阶段各器官的 C、N、P 化学计量学特征间的线性回归模型，分析各化学计量学特征间的相关关系。利用简化主轴分析比较某一化学计量学特征在不同器官间的异速生长关系。

为了确定不同生活史阶段叶片、枝条和细根的 C、N、P 化学计量学特征随土壤因子的变化，分别对不同生活史阶段的土壤因子进行主成分分析（PCA），随后分别确定不同生活史阶段各器官的 C、N、P 化学计量学特征与第一主成分（PC1soil）和第二主成分（PC2soil）的相关关系。

在所有统计分析之前，均对原始数据进行了对数转换，以满足正态分布。统计分析均在 Excel 和 R-4.0.3（R Core Team，2016）中完成。

2.2.3　研究结果

2.2.3.1　不同生活史阶段植物叶片、枝条和细根化学计量学特征的变异规律

不同生活史阶段叶片、枝条和细根间化学计量学特征存在显著性差异（$p<0.05$）（图 2.8），但仍然遵循其特定器官的功能需求。叶片 N 含量、P 含量显著高于枝条和细根，而枝条和细根的 C 含量显著高于叶片。对于各个器官的化学计量比，C∶P 和 N∶P 存在

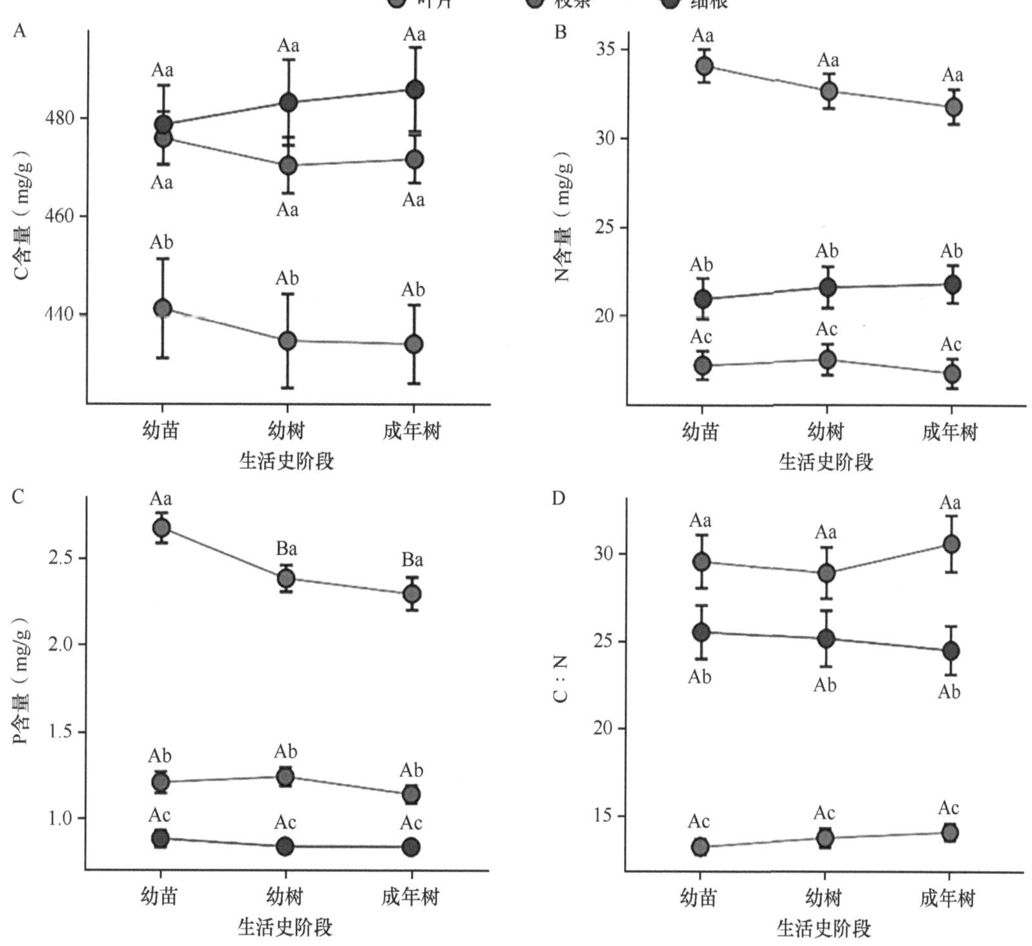

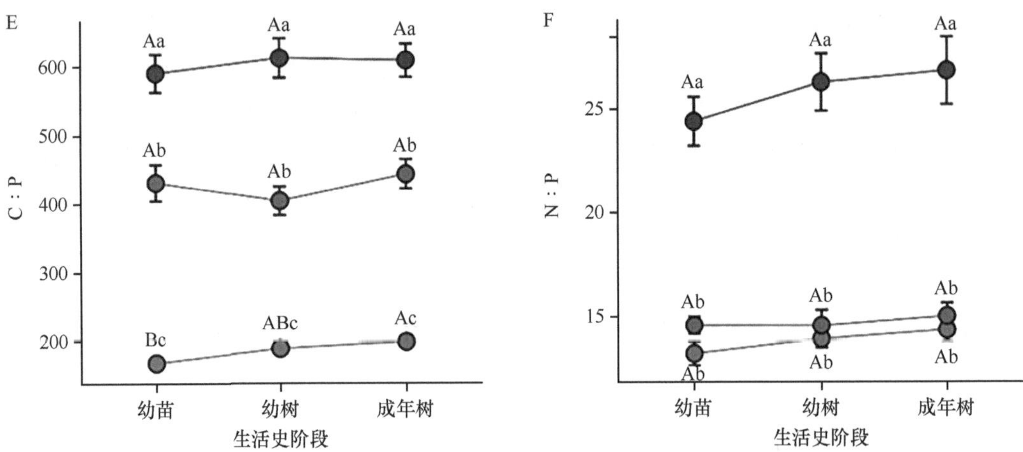

图 2.8　不同生活史阶段植物叶片、枝条、细根 C、N、P 化学计量学特征的变异规律

不同大写字母代表同一器官不同生活史阶段间 C、N、P 化学计量学特征存在显著性差异，不同小写字母代表同一生活史阶段不同器官间 C、N、P 化学计量学特征存在显著性差异（$p<0.05$）

一致规律，即细根中最高，其次是枝条，最后是叶片，其中叶片和枝条的 C∶P 和 N∶P 远小于细根。C∶N 在枝条中最大，在叶片中最小。叶片 P 含量随树木生长（不同生活史阶段）呈现显著下降趋势，而叶片 C∶P 随树木生长呈现显著上升趋势（$p<0.05$）；枝条和细根的化学计量学特征随树木生长无显著变异趋势（图 2.8）。

2.2.3.2　不同生活史阶段植物叶片、枝条和细根内化学计量学特征间的相关性

在幼苗、幼树和成年树阶段，叶片 C-N 间不存在显著的相关性；而 C-P 也仅在幼苗阶段显著相关；在幼树和成年树阶段，叶片 N-P 间均存在显著的相关性（$p<0.05$）（图 2.9）。不同生活史阶段叶片 C∶N 和 C∶P 的变异存在一定趋同性，即 C∶N 和 C∶P 均受到叶片 C 含量显著的正向调控作用，同时分别受到叶片 N 含量、P 含量显著的负向调控作用；且与 C 含量相比，叶片 N 含量、P 含量的负向调控作用为主导叶片 C∶N 和 C∶P 变异的主要因子（$p<0.05$）（图 2.9）。叶片 N∶P 的变异在 3 个生活史阶段基本显著，其中 P 含量对 N∶P 变异存在显著的负向调控作用，N 含量对 N∶P 变异存在显著的正向调控作用，且 P 含量为主导其变异的主要因子（$p<0.05$）（图 2.9）。整体而言，在幼苗阶段，叶片 C、N、P 化学计量学特征间的相关性弱于幼树和成年树阶段，这与幼苗的快速生长策略有关。

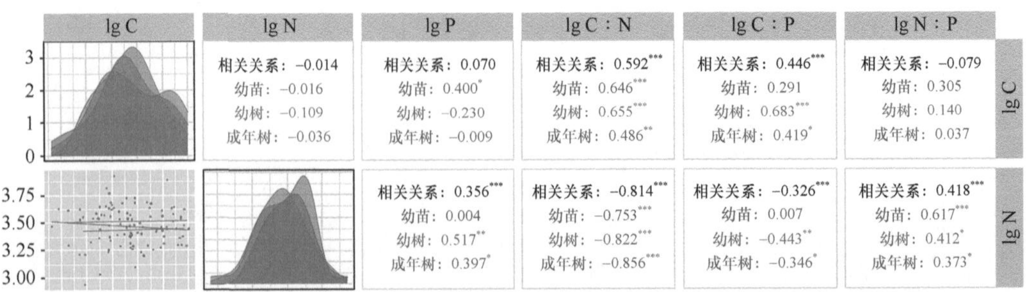

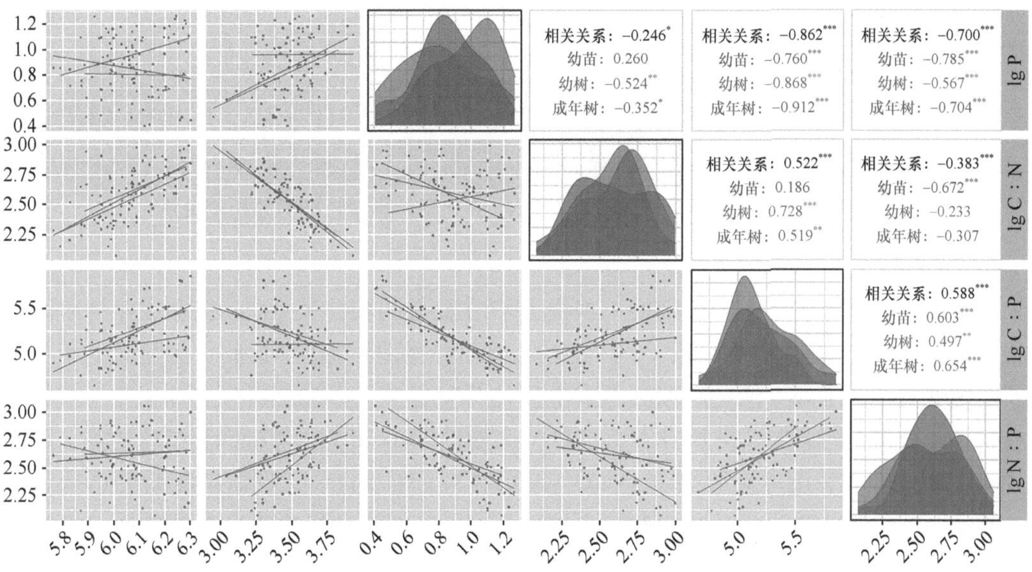

图 2.9　不同生活史阶段叶片 C、N、P 化学计量学特征间的相关关系

*** $p<0.001$；** $p<0.01$；* $p<0.05$

不同生活史阶段枝条的 C-N、C-P 间均不存在显著的相关关系，但幼苗、幼树和成年树阶段枝条 N、P 间存在显著的正相关关系（$p<0.05$）（图 2.10）。不同生活史阶段枝条 C∶N 和 C∶P 的变异存在一定趋同性，即枝条 C 含量对 C∶N 和 C∶P 的调控作用十分微弱，主要受到枝条 N 含量、P 含量的负向调控作用（$p<0.05$）（图 2.10）。枝条 N 含量对幼树和成年树阶段枝条的 N∶P 存在显著的正向调控作用，而 P 含量在不同生活史阶段均呈现显著的负向调控作用，且 N∶P 与 P 含量的相关性强于 N 含量，这表明枝条 N∶P 的变异主要由枝条 P 含量主导（$p<0.05$）（图 2.10）。

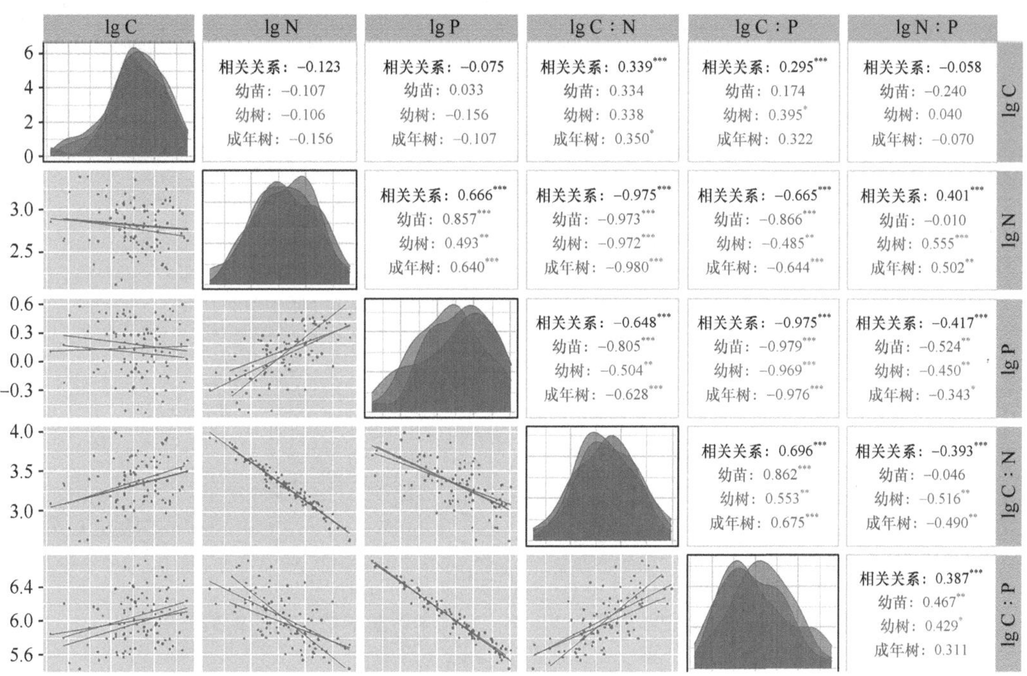

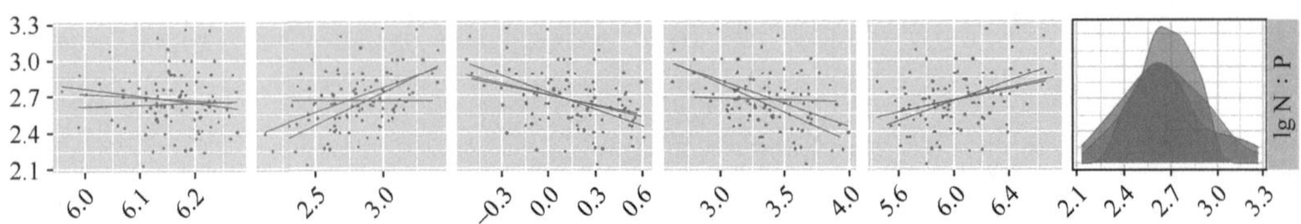

图 2.10　不同生活史阶段枝条 C、N、P 化学计量学特征间的相关关系

*** $p<0.001$；** $p<0.01$；* $p<0.05$

幼苗、幼树和成年树阶段细根 C-N 间均存在显著的相关关系，幼苗和成年树阶段细根 C-P 间存在显著的相关关系（$p<0.05$），而幼树阶段细根 C-P 间并无显著的相关关系（图 2.11）。不同生活史阶段细根 N-P 间均显著相关（$p<0.05$）（图 2.11）。细根 C 含量、N 含量对细根 C∶N 均存在显著的负向调控作用，但 N 含量的相关性较高，因此细根 C∶N 的变异由细根 N 含量主导（$p<0.05$）（图 2.11）。幼苗阶段细根 C 含量对细根 C∶P 存在显著的负向调控作用，相比之下，幼苗、幼树和成年树阶段细根 P 含量对细根 C∶P 均呈现显著的负向调控作用，因此判定细根 C∶P 的变异主要由细根 P 含量主导（$p<0.05$）（图 2.11）。在不同生活史阶段，P 含量对细根 N∶P 不存在显著的影响，只受到 N 含量的正向调控作用，并且这种正向调控作用随着树木生长而逐渐增强（$p<0.05$）（图 2.11）。

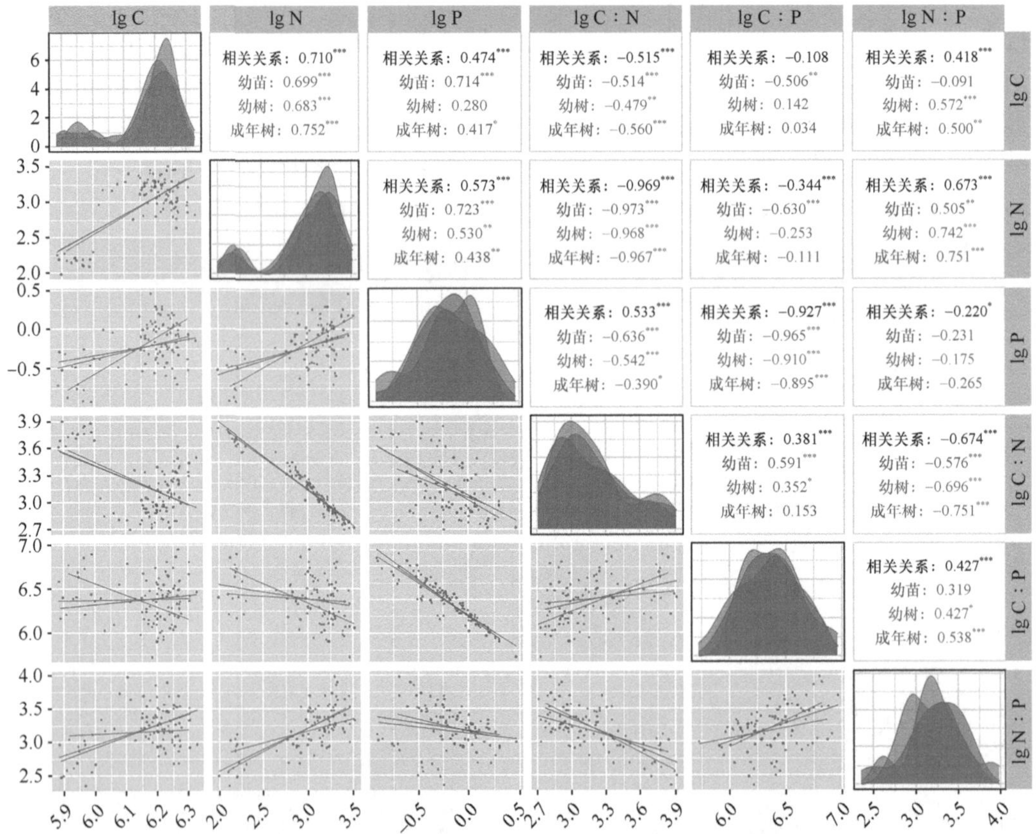

图 2.11　不同生活史阶段细根 C、N、P 化学计量学特征间的相关关系

*** $p<0.001$；** $p<0.01$；* $p<0.05$

2.2.3.3　不同生活史阶段植物叶片、枝条和细根间的养分分配策略

幼树阶段叶片-枝条间的 C 含量分配指数与 1 存在显著性差异，说明幼树阶段叶片和枝条间的养分分配为异速关系，且其分配指数显著小于 1，说明枝条 C 含量变化要快于叶片（$p<0.05$）（图 2.12，表 2.10）。不同生活史阶段叶片-枝条间 N 含量分配均无显著性相关关系，说明叶片和枝条间 N 含量并不存在显著的耦合关系（$p>.05$）（图 2.12，表 2.10）。幼苗阶段叶片 P 含量变化显著快于枝条，且随树木长大，其分配指数呈现下降趋势，说明植物对叶片的养分供给逐渐减少；这种现象同样出现在 C：P 中，这表明养分分配也存在明显的生活史策略（$p<0.05$）（图 2.12，表 2.10）。幼树阶段叶片和枝条间 C：N 分配为等速关系，说明二者之间 N 利用效率并无显著性差异（$p>0.05$）（图 2.12，表 2.10）。叶片和枝条间 N：P 分配的等速关系在成年树阶段才得以展现，此前多数显著的结果均在幼苗阶段出现（$p<0.05$）（图 2.12，表 2.10），充分证明了叶片-枝条间的养分分配在不同生活史阶段存在差异。

不同生活史阶段叶片和细根间的养分分配结果表明，仅在幼苗阶段 C 含量为显著的等速关系，其余均无显著的分配关系，可能是叶片和细根间养分需求不同步导致（$p<0.05$）（图 2.13，表 2.11）。

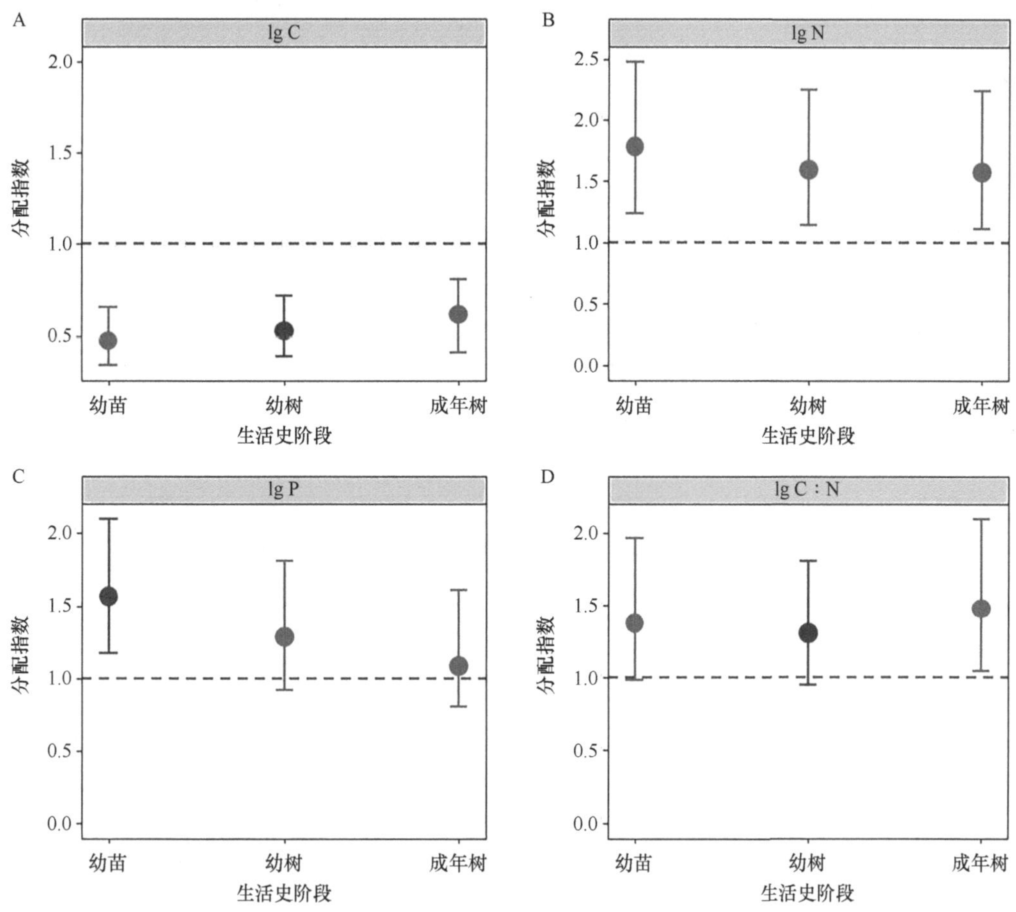

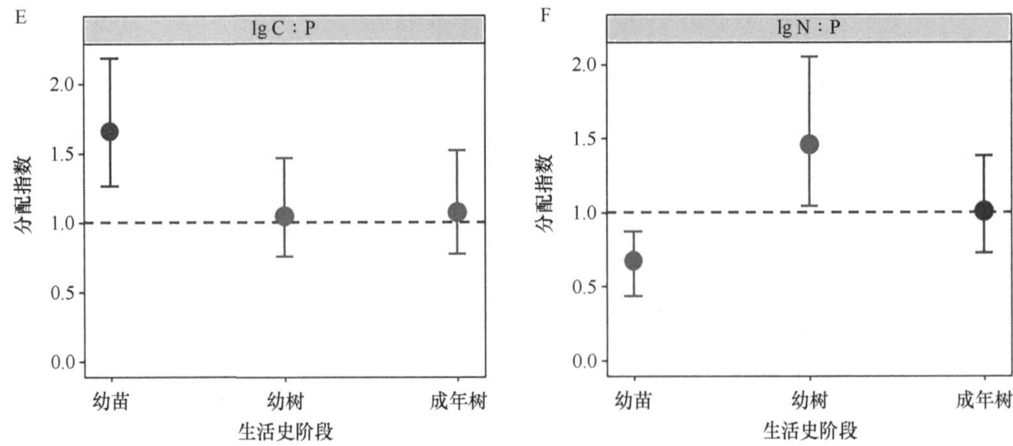

图 2.12 不同生活史阶段叶片-枝条间 C、N、P 化学计量学特征的分配规律

不同生活史阶段的分配指数（*b*）为叶片（*y*）和枝条（*x*）间 C、N、P 化学计量学特征的简化主轴分析（RMA）中的斜率，分配指数以误差条代表其上限和下限。红色虚线斜率为 1。蓝色的点代表根据似然比检验叶片-枝条间 C、N、P 化学计量学特征分配指数与 1 有显著性差异（异速关系）；红色的点代表叶片-枝条间 C、N、P 化学计量学特征分配指数与 1 无显著性差异（等速关系）；灰色的点代表器官间化学计量学特征的 RMA 回归不显著（$p>0.05$）

表 2.10 不同生活史阶段叶片-枝条间 C、N、P 化学计量学特征的 RMA 结果

化学计量学特征	生活史阶段	截距	斜率	上限	下限	R^2	*p*
C 含量	幼苗	3.285	0.473	0.658	0.339	0.089	0.080
	幼树	**2.947**	**0.528**	**0.718**	**0.389**	**0.227**	**0.004**
	成年树	2.690	0.571	0.807	0.405	0.014	0.505
N 含量	幼苗	8.940	1.745	2.470	1.234	0.001	0.890
	幼树	−2.733	1.601	2.245	1.142	0.056	0.172
	成年树	−2.651	1.578	2.234	1.115	0.000	0.980
P 含量	幼苗	**−1.377**	**1.568**	**2.097**	**1.172**	**0.306**	**0.001**
	幼树	−0.917	1.287	1.813	0.914	0.029	0.331
	成年树	−0.819	1.140	1.611	0.806	0.006	0.672
C : N	幼苗	−0.200	1.388	1.964	0.981	0.000	0.925
	幼树	−0.071	1.309	1.802	0.951	0.159	0.018
	成年树	−0.497	1.476	2.088	1.043	0.001	0.896
C : P	幼苗	**−2.476**	**1.661**	**2.182**	**1.265**	**0.393**	**0.000**
	幼树	0.502	1.049	1.468	0.750	0.066	0.136
	成年树	0.349	1.085	1.523	0.773	0.047	0.211
N : P	幼苗	1.093	0.615	0.867	0.436	0.017	0.45
	幼树	−1.180	1.460	2.046	1.042	0.059	0.160
	成年树	0.034	1.004	1.385	0.727	0.143	0.025

注：加粗字体表示斜率与 1 存在显著性差异。

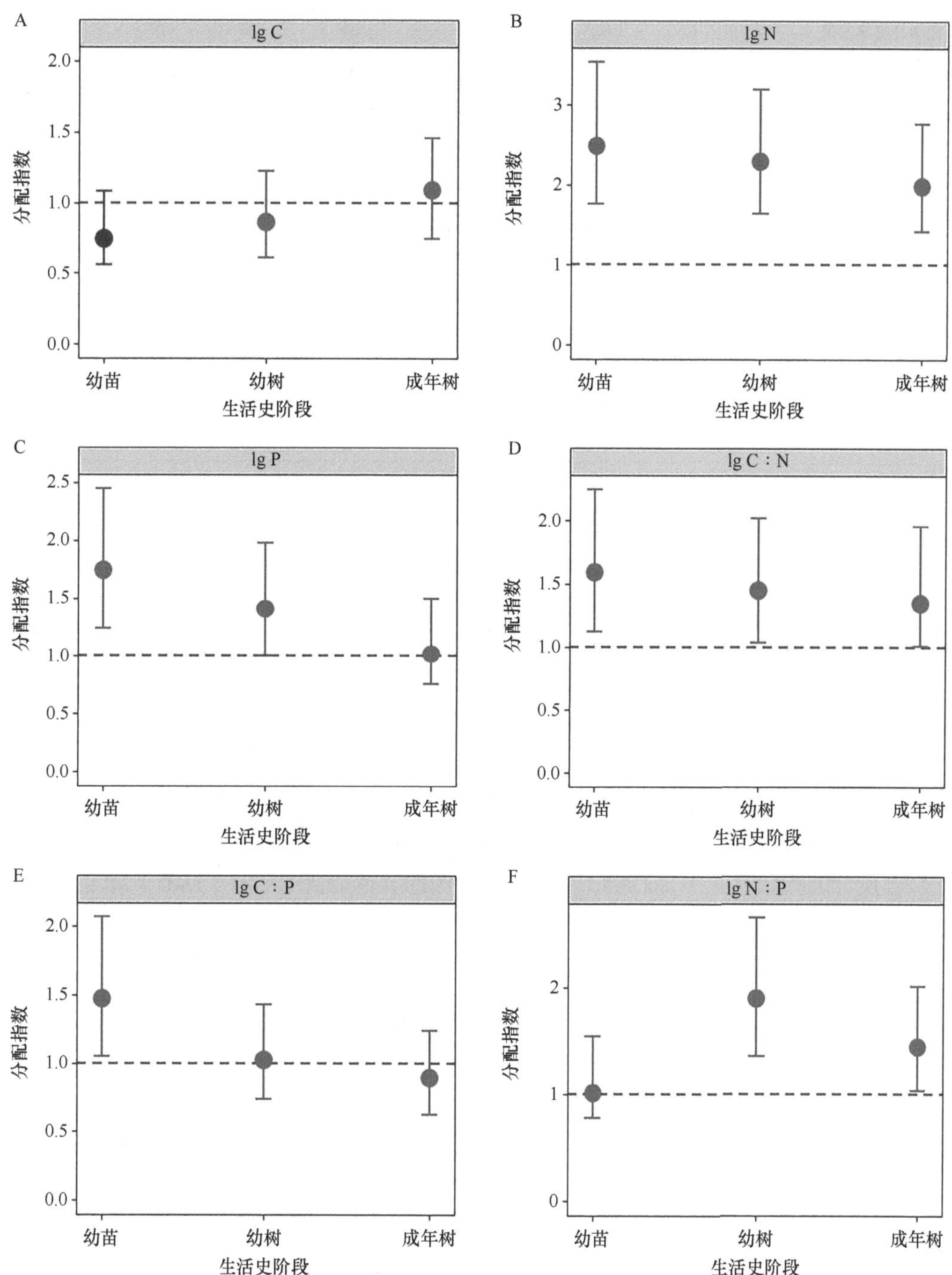

图 2.13　不同生活史阶段叶片-细根间 C、N、P 化学计量学特征的分配规律

不同生活史阶段分配指数（*b*）为叶片（*y*）和细根（*x*）间 C、N、P 化学计量学特征的简化主轴分析（RMA）中的斜率，分配指数以误差条代表其上限和下限。红色虚线斜率为 1。蓝色的点代表根据似然比检验叶片-细根间 C、N、P 化学计量学特征分配指数与 1 有显著性差异（异速关系）；红色的点代表叶片-枝条间 C、N、P 化学计量学特征分配指数与 1 无显著性差异（等速关系）；灰色的点代表器官间化学计量学特征的 RMA 回归不显著（$p>0.05$）

表 2.11 不同生活史阶段叶片-细根间 C、N、P 化学计量学特征的 RMA 结果

化学计量学特征	生活史阶段	截距	斜率	上限	下限	R^2	p
C 含量	幼苗	**1.416**	**0.781**	**1.080**	**0.565**	**0.134**	**0.031**
	幼树	0.931	0.864	1.223	0.611	0.000	0.955
	成年树	-0.131	1.041	1.455	0.744	0.069	0.128
N 含量	幼苗	11.755	2.494	3.528	1.763	0.002	0.815
	幼树	-4.931	2.287	3.194	1.637	0.076	0.108
	成年树	-3.758	1.974	2.761	1.412	0.070	0.125
P 含量	幼苗	-1.864	1.743	2.447	1.241	0.046	0.214
	幼树	-1.410	1.408	1.981	1.000	0.032	0.300
	成年树	0.652	1.066	1.498	0.758	0.039	0.255
C：N	幼苗	-0.885	1.588	2.247	1.122	0.000	0.974
	幼树	-0.586	1.446	2.023	1.034	0.067	0.132
	成年树	-0.530	1.401	1.952	1.005	0.089	0.081
C：P	幼苗	-1.201	1.475	2.069	1.052	0.053	0.182
	幼树	1.044	1.024	1.429	0.734	0.082	0.096
	成年树	11.005	0.878	1.242	0.621	0.003	0.737
N：P	幼苗	5.957	1.097	0.780	1.544	0.035	0.282
	幼树	-1.743	1.894	2.648	1.356	0.073	0.116
	成年树	-0.558	1.441	2.009	1.034	0.089	0.082

注：加粗字体表示斜率与 1 存在显著性差异。

枝条和细根间的 C 含量分配仅在成年树阶段存在显著性差异，且为异速关系（$b>1$），说明枝条的 C 含量变化快于细根（$p<0.05$）（图 2.14，表 2.12）。枝条和细根间的 N 含量分配指数存在下降趋势，从幼苗和幼树的异速分配（$b>1$）逐渐下降至等速分配，说明枝条的 N 含量在逐渐降低（$p<0.05$）（图 2.14，表 2.12）。对于其余化学计量学特征而言，基本为等速分配（$p<0.05$）（图 2.14，表 2.12）。整体而言，枝条-细根的养分分配关系比叶片-枝条和叶片-细根的关系更为显著，说明枝条和细根间的耦合关系十分紧密。

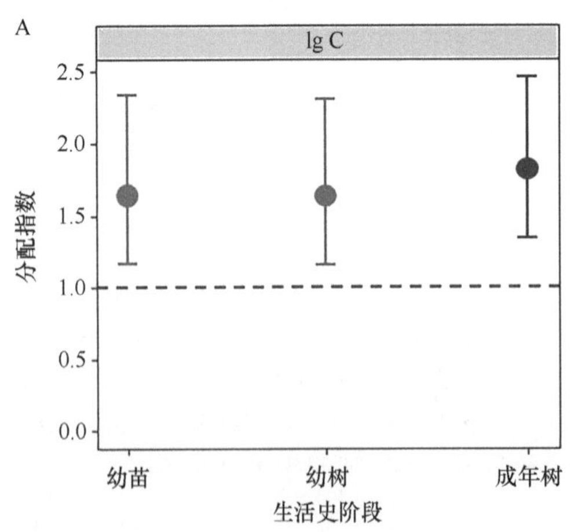

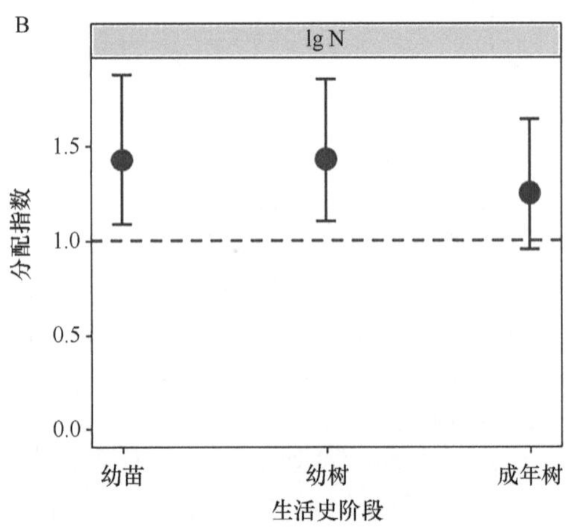

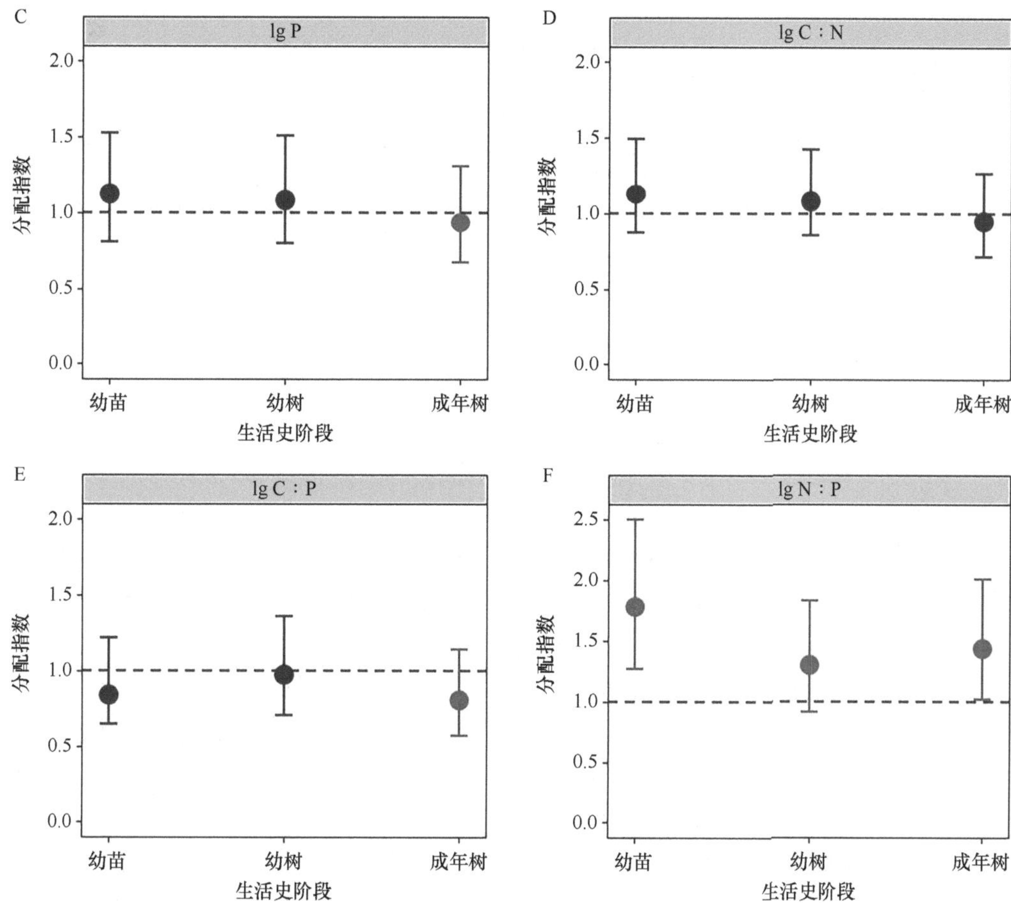

图 2.14　不同生活史阶段枝条-细根间 C、N、P 化学计量学特征的分配规律

不同生活史阶段分配指数（b）为枝条（y）和细根（x）间 C、N、P 化学计量学特征的简化主轴分析（RMA）中的斜率，分配指数以误差条代表其上限和下限。红色虚线斜率为 1。蓝色的点代表根据似然比检验枝条-细根间 C、N、P 化学计量学特征分配指数与 1 有显著性差异（异速关系）；红色的点代表叶片-枝条间 C、N、P 化学计量学特征分配指数与 1 无显著性差异（等速关系）；灰色的点代表器官间化学计量学特征的 RMA 回归不显著（p>0.05）

表 2.12　不同生活史阶段枝条-细根间 C、N、P 化学计量学特征的 RMA 结果

化学计量学特征	生活史阶段	截距	斜率	上限	下限	R^2	p
C 含量	幼苗	−4.014	1.653	2.337	1.169	0.004	0.704
	幼树	−3.891	1.636	2.313	1.157	0.005	0.697
	成年树	**−5.029**	**1.821**	**2.462**	**1.347**	**0.254**	**0.002**
N 含量	幼苗	**−1.021**	**1.429**	**1.876**	**1.089**	**0.395**	**0.000**
	幼树	**−1.027**	**1.428**	**1.857**	**1.098**	**0.437**	**0.000**
	成年树	−0.442	1.251	1.642	0.953	0.395	0.000
P 含量	幼苗	−0.333	1.112	1.527	0.809	0.170	0.014
	幼树	−0.408	1.094	1.504	0.795	0.163	0.016
	成年树	−0.298	0.935	1.307	0.669	0.071	0.122
C：N	幼苗	−0.656	1.144	1.493	0.876	0.420	0.000
	幼树	−0.508	1.014	1.428	0.854	0.461	0.000

续表

化学计量学特征	生活史阶段	截距	斜率	上限	下限	R^2	p
	成年树	−0.058	0.949	1.267	0.711	0.317	0.000
C∶P	幼苗	0.998	0.888	1.217	0.648	0.185	0.010
	幼树	0.553	0.976	1.355	0.704	0.113	0.048
	成年树	1.485	0.809	1.139	0.575	0.034	0.290
N∶P	幼苗	7.909	1.785	1.274	2.501	0.059	0.161
	幼树	6.645	1.297	0.917	1.835	0.001	0.842
	成年树	−0.606	1.436	2.015	1.023	0.048	0.206

注：加粗字体表示斜率与 1 有显著性差异。

2.2.3.4 土壤因子对不同生活史阶段植物叶片、枝条和细根的化学计量学特征的影响

土壤因子主成分分析降维结果中前两个主成分轴（PC1soil、PC2soil）存在明显的生活史差异（表 2.13）。幼苗阶段前两个主成分轴分别解释了 54.80%和 21.50%的土壤因子变异，幼树阶段前两个主成分轴分别解释了 48.90%和 27.30%的土壤因子变异，成年树阶段前两个主成分轴分别解释了 55.90%和 16.80%的土壤因子变异（表 2.13）。在幼苗阶段，第一主成分轴上加载的主要土壤因子为土壤全碳含量、土壤全氮含量、土壤全磷含量和土壤含水量，第二主成分轴上加载的主要土壤因子为土壤 pH；而幼树和成年树阶段得出不同结果，即第一主成分轴上加载的主要土壤因子为土壤全碳含量、土壤全氮含量和土壤含水量，第二主成分轴上加载的主要土壤因子为土壤 pH 和土壤全磷含量（表 2.13）。

表 2.13　不同生活史阶段 5 种土壤因子的主成分分析结果

	幼苗		幼树		成年树	
	PC1soil	PC2soil	PC1soil	PC2soil	PC1soil	PC2soil
特征值	2.742	1.074	2.446	1.365	2.797	0.842
解释比例（%）	54.80	21.50	48.90	27.30	55.90	16.80
pH	0.136	0.908	0.144	0.731	0.378	0.762
STC	−0.503	0.336	0.520	0.332	0.497	0.191
STN	−0.533	0.155	0.533	0.121	0.436	0.026
STP	−0.426	−0.142	0.396	−0.521	0.438	−0.495
SWC	−0.513	−0.133	0.518	−0.262	0.478	−0.371

注：对于每个主成分轴，给出了特征值、解释比例以及每个特征在前两个分量上的加载分数。

针对不同生活史阶段，分别构建各器官的 C、N、P 化学计量学特征与 PC1soil 的相关关系。结果表明，对于幼苗阶段各器官化学计量学特征，PC1soil 对叶片的 P 含量（R^2_S=0.148）和 C∶P（R^2_S=0.131）、枝条的 C 含量（R^2_S=0.141）和 C∶N（R^2_S=0.132）存在显著的调控作用（p<0.05）（图 2.15）。对于幼树阶段各器官化学计量学特征，PC1soil 仅对叶片 C 含量（R^2_Y=0.117）和细根 C∶P（R^2_Y=0.146）存在显著的调控作用

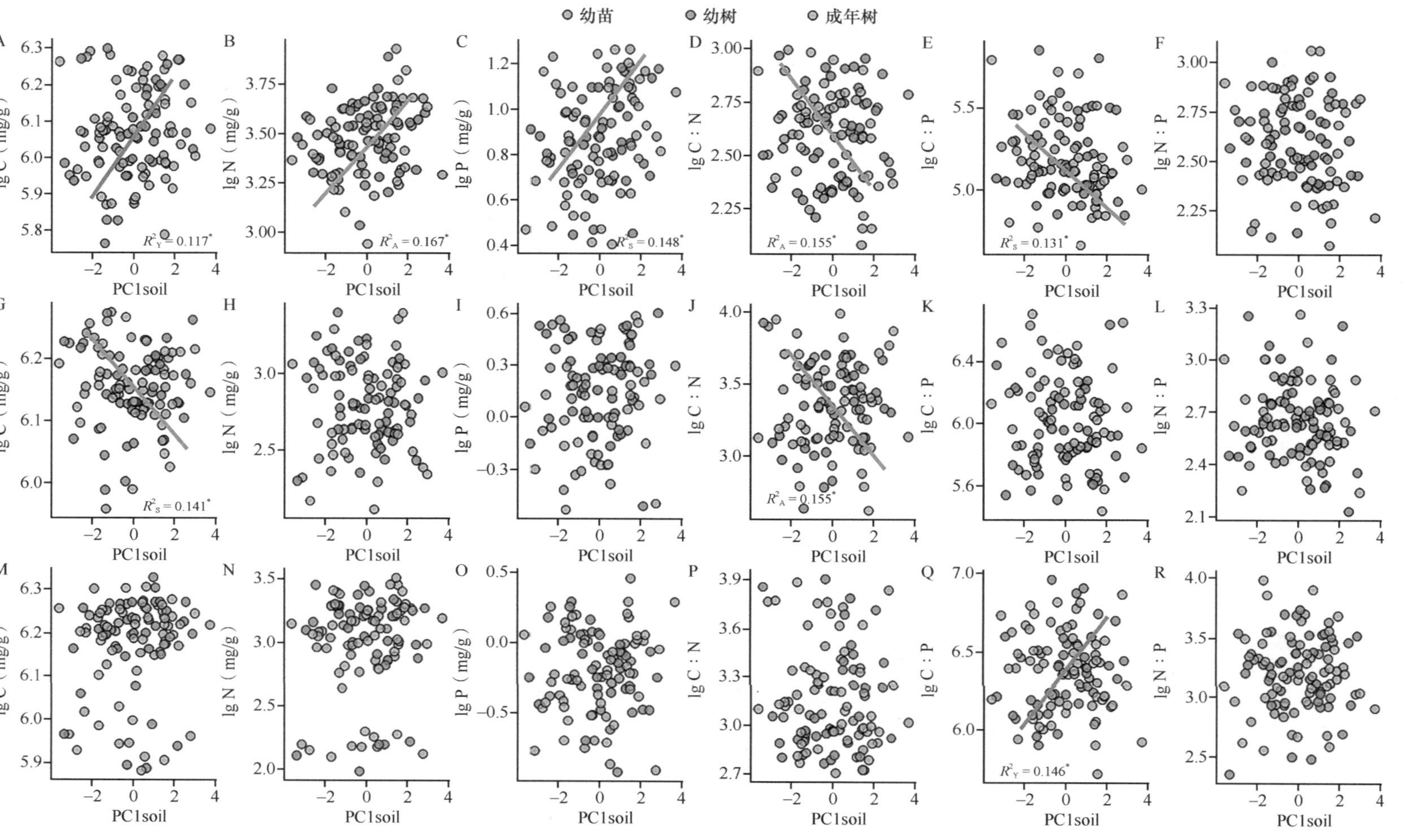

图 2.15　不同生活史阶段第一主成分轴（PC1soil）与叶片（A～F）、枝条（G～L）、细根（M～R）的 C、N、P 化学计量学特征间的相关关系

实线表示二者在 $p<0.05$ 水平上显著相关

（$p<0.05$）（图 2.15）。对于成年树阶段各器官化学计量学特征，PC1soil 对叶片的 N 含量（R^2_A=0.167）和 C∶N（R^2_A=0.155）存在显著的调控作用（$p<0.05$）（图 2.15）。

同样地，构建不同生活史阶段叶片、枝条和细根的 C、N、P 化学计量学特征与 PC2soil 的相关关系。结果表明，PC2soil 对幼苗阶段叶片、枝条、细根的化学计量学特征均不存在显著影响，但是对幼树阶段枝条的化学计量学特征存在显著的调控作用，包括枝条 P 含量（R^2_Y=0.113）、C∶N（R^2_Y=0.117）和 C∶P（R^2_Y=0.140）（$p<0.05$）（图 2.16）。对于成年树阶段各器官化学计量学特征，PC2soil 对枝条的 N 含量（R^2_A=0.182）、C∶N（R^2_A=0.160）和 N∶P（R^2_A=0.145）以及细根的 N∶P（R^2_A=0.147）存在显著的调控作用（$p<0.05$）（图 2.16）。

PC1soil 和 PC2soil 对不同生活史阶段叶片、枝条和细根的化学计量学特征变异存在不一致的影响（图 2.15，图 2.16），即 PC1soil 主导幼苗阶段叶片和枝条的化学计量学特征变异，而 PC2soil 对其并无显著影响；PC1soil 主导幼树阶段叶片和细根的化学计量学特征变异，而 PC2soil 显著地影响幼树阶段枝条的化学计量学特征变异；PC1soil 主导成年树阶段叶片的化学计量学特征变异，而 PC2soil 主导成年树阶段枝条和细根的化学计量学特征变异。这表明不同生活史阶段的植物受到了不同土壤因子的影响。整体而言，土壤因子主要对不同生活史阶段叶片和枝条的化学计量学特征存在显著的调控作用，而细根并不受土壤因子的影响，并且这种调控作用十分微弱，因此影响不同生活史阶段植物化学计量学特征变异的主导因子并不是土壤因子。

2.2.4 讨论

2.2.4.1 不同生活史阶段植物叶片、枝条和细根化学计量学特征的变异规律

不同生活史阶段叶片、枝条和细根间的化学计量学特征存在显著性差异（$p<0.05$）（图 2.8），与器官功能密切相关。在树木生长过程中，叶片 N 含量、P 含量始终显著高于枝条和细根，叶片 C 含量始终显著低于枝条和细根，这一结果与之前的研究结果一致（Yan et al.，2016a；Zhang et al.，2018b），强调了在树木生长过程中其养分变异受到相应器官组织结构和功能分化的显著影响，而这种结果主要归因于遗传和物种特性。此外，在单位养分水平上，C 积累遵循枝条和细根远远高于叶片（即高 C∶N 和 C∶P）的规律（$p<0.05$）（图 2.8），说明不同生活史阶段枝条或细根内部的组织架构对 C 需求仍然较高，本研究认为其变异主要受到相关养分含量变化的主导。依据生长速率假说，P 含量与生长速率呈显著正相关关系，本研究中叶片 P 含量随树木生长呈现显著的下降趋势，可能是因为叶片内部发生着复杂的生理生态过程，如光合作用、呼吸作用以及蛋白质合成等，促使植物快速生长，从而快速到达冠层上部，获取更多光照。与此同时，光照的增强也增加了植物对营养物质的需求，促使植物完成从幼苗到成年树的过渡（Cavaleri et al.，2008；Zhang et al.，2016；Wang et al.，2024）。以往的研究表明，成年树枝条除了机械支撑和运输代谢物质等主要功能，还具有储存养分的作用，以应对快速变化的环境，维持植物组织各种正常生理生态过程（Falster and Westoby，2003；Milla et al.，2005；Pasche et al.，2002；Li et al.，2018）。在本研究中，不同生活史阶段枝条

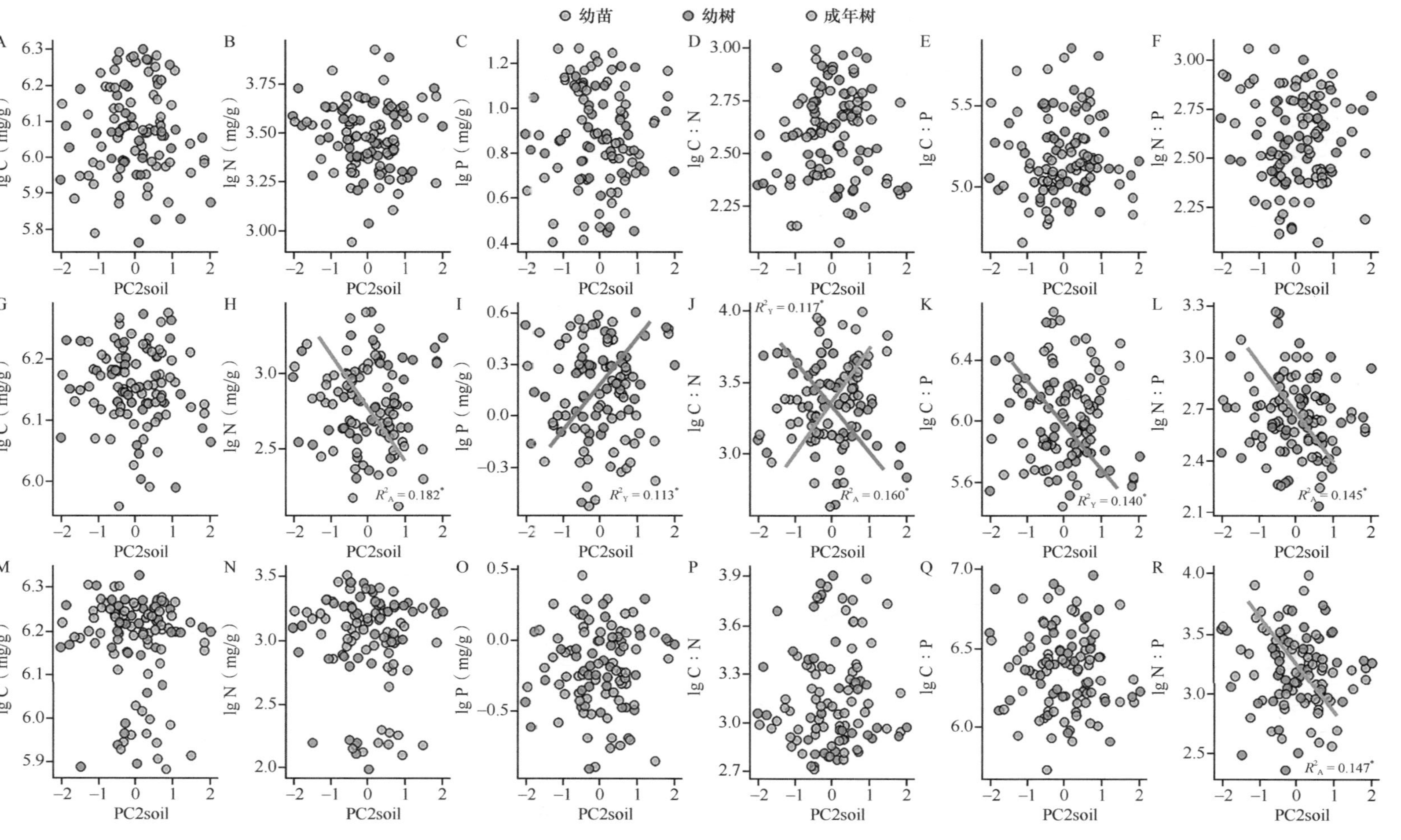

图 2.16　不同生活史阶段第二主成分轴（PC2soil）与叶片（A～F）、枝条（G～L）、细根（M～R）的 C、N、P 化学计量学特征间的相关关系

实线表示二者在 $p<0.05$ 水平上显著相关

的化学计量学特征并无明显变异趋势（图 2.8），说明在整个植物生长过程中，枝条中的化学元素组成十分稳定，与叶片相比，其主要生理功能对养分的依赖性并不强烈，这与枝条在植物体内的功能相关。此外，本研究涵盖了研究区域内的主要树种，并未考虑不同树种间的养分变异，不同树种间可能存在抵消作用，也可能导致这种结果。与此同时，细根是与土壤资源直接接触的植物器官，在水分、养分运输和碳循环中也起着重要作用（Ågren，2004；Tang et al.，2018；Kühnhammer et al.，2020）。一般而言，随着树木生长，植物体量增加会导致其对养分的需求增加，植物会逐渐扩张根系，以便获取更广范围内的资源，从而维持逐渐壮大的生命体的正常生长代谢需求（McCormack et al.，2015）。也有研究表明，植物根系 P 含量会随着树木生长而逐渐降低，说明幼苗阶段树木细根的养分利用策略与叶片相似，即幼苗需要更多富 P 的 rRNA 来支持根系蛋白质的快速合成，加速树木生长（He et al.，2016；Freschet et al.，2017；Zhao et al.，2020）。本研究结果表明，不同生活史阶段细根的 C 含量、N 含量存在上升趋势，而 P 含量并无明显趋势（图 2.8），说明随着树木生长，植物致力于结构构建，让根系更加牢固，这是在复杂的森林环境中生存的养分利用策略。

植物的 C∶N 和 C∶P 除了用于表征植物 N、P 利用效率，其比值大小还与植物的生长速率呈负相关关系（Schindler，2003）。本研究结果中，叶片的 C∶N 和 C∶P 随树木生长呈现上升趋势（图 2.8），说明其 N、P 利用效率在增加。一方面，可能是因为叶片在树木生长过程中存在 C 积累现象；另一方面，叶片 N 含量、P 含量随树木生长的确呈现下降趋势，说明幼苗阶段叶片 N、P 的积累主要是为了快速积累有机物来助力植株生长，争取林冠上层更加丰富的光资源。对于枝条与细根，其 C∶N 和 C∶P 随树木生长并未出现明显的变异趋势（图 2.8），说明枝条与细根中养分含量相对稳定，这可能是植物维持体内养分平衡的重要生活史策略（Zhang et al.，2018b）。生长速率假说指出，生长速率较高的植物 N∶P 较小（Elser et al.，2010）。本研究中，叶片、枝条和细根的 N∶P 随树木生长均无显著趋势，说明生物体在最适宜的生长情况下，植物器官内 N 含量、P 含量分配相对稳定，具有一定保守性（Reich et al.，2010；Zhang et al.，2018b）。

2.2.4.2　不同生活史阶段植物叶片、枝条和细根内化学计量学特征间的相关性

植物体内复杂的生理生态过程依赖于各个元素之间的协作。例如，植物通过光合作用固定空气中的 CO_2，这一过程依赖于富 P 的 rRNA 合成富 N 的蛋白质（Hikosaka and Shigeno，2009）。在不同生活史阶段，植物因所处生境不同而改变养分利用策略，因此其各器官化学计量学特征间的相关性是否发生改变值得探究（Sultan，2000）。Li 等（2018）以亚热带、暖温带森林以及寒温带森林中不同生活史阶段的树木为研究对象，发现较小的树木在面对外界环境的变化时不够稳定。本研究结果表明，幼苗阶段叶片 C、N、P 化学计量学特征间的相关关系弱于幼树和成年树阶段（图 2.9），可能是因为幼苗阶段植物生活在林下，光资源受到限制，植物会优先将养分分配给光合器官，以缓解树木叶片的养分限制，同时导致植物在幼苗阶段 C、N、P 化学计量学特征间的相关关系较弱。

与此同时，植物可能会将代谢物质运输至不同器官中，这也可能导致其叶片 C、N、P 化学计量学特征间的相关性较弱。幼树和成年树阶段叶片 C、N、P 化学计量学特征间大多显著相关，说明其养分利用策略存在趋同性。随着树木逐渐长高，其脱离了林下遮阴的环境，在光资源不受限制的情况下叶片的生理过程得到完善，光合效率增加，维持元素组成相对稳定的能力增强，树木在生长过程中能够维持其基本生理功能正常进行（Zhang et al.，2018b）。因此，本研究认为，植物在群落中所处环境的变化能够间接影响其养分利用策略，或者说，植物和环境之间复杂的相互作用是影响植物生长发育和养分获取与利用策略的主要因素。此外，不同生活史阶段叶片的 C∶N 和 C∶P 的变异分别主要受到 N、P 的显著负向调控作用，而 C 产生的影响较小，可能是因为 N、P 的可利用性比 C 低，或者生态系统更多受到 N、P 的约束（Du et al.，2020）。叶片的生理功能决定了在整个植物生长过程中都必须维持植物生长所需的最佳养分水平，N 和 P 是细胞代谢过程中的主要养分元素，因此 N 含量、P 含量的变异程度较 C 含量大些，这与之前的研究结果一致（Minden and Kleyer，2014；Zhao et al.，2016b；Luo et al.，2021）。3 个生活史阶段叶片 N∶P 均受到叶片 P 含量的调控作用，这表明当 N 含量增加时，P 含量的增加速度更快，以确保蛋白质或酶的快速合成，揭示了植物细胞中固定的生理生化反应机制，这一过程是具有遗传性的，证明了不同生活史阶段植物叶片养分利用的保守性（Antúnez et al.，2001；Kerkhoff et al.，2006；Furey and Tilman，2023）。

枝条是养分运输和结构支撑器官，其 C-N、C-P 的解耦关系是因为植物需要投入更多的 C 来构建基础结构，有利于优化防御和竞争策略的调整（Yin et al.，2021）。Zhao 等（2016a）以长白山地区 224 种植物为研究对象发现，随海拔梯度增加植物枝条 N-P 间仍然存在显著的相关关系，并且木本物种对环境约束的响应较弱。本研究以不同生活史阶段树种为研究对象，得出一致结论，并发现不同生活史阶段叶片 N-P 间相关关系一致（图 2.10），证明植物在 N-P 分配上具有较高的保守性，受分子水平上严格的元素分配约束。不同生活史阶段枝条 C∶N、C∶P 的变异分别主要受到 N、P 的负向调控作用，可能是因为枝条需要向下（细根）运输光合产物、向上（叶片）输送水分及养分等物质，其活跃的 N、P 较多，间接地影响了 C∶N 和 C∶P 的变异。而不同生活史阶段枝条 N∶P 与 P 含量呈显著负相关关系，而与 N 含量呈显著正相关关系（$p<0.05$）（图 2.10），这与叶片一致，表明植物体内各个器官中 N 含量、P 含量的分配遵循固定比例，具有高度保守性。

细根是与土壤环境直接接触的器官，能够直接从土壤中吸收养分和水分等资源，因此细根也是植物面对土壤环境变化时最快做出反应的重要器官（Yuan et al.，2011；McCormack et al.，2015；Ma et al.，2018）。本研究发现，不同生活史阶段细根 C-N、C-P 间基本呈显著相关关系（$p<0.05$）（图 2.11），说明细根内部 C、N、P 元素具有较强的耦合关系，随着植物生长，C 固持对 N、P 元素的依赖程度并未改变，具有相对保守的养分利用策略（McGroddy et al.，2004）。与叶片和枝条一致，不同生活史阶段细根 N-P 间相关关系仍然存在（$p<0.05$）（图 2.11），说明植物对限制性元素的分配机制仍然是保守的，也就是说，相对稳定的 N-P 耦合关系调控着植物体内的元素分配，这对优化植物生长与群落组成发挥着重要作用（Güsewell，2004；Zhang et al.，2018b）。

细根 C：N 受到 C 和 N 共同的负向调控作用，虽然 C 含量和 N 含量对于根系的构建和维护成本都很重要（Pregitzer et al.，2002），但本研究结果表明，在细根内部 N 含量的变化要快于 C 含量，说明植物根系的呼吸速率较高，可能是因为细根内部复杂的生理生态进程需要 N 的参与，以便有效地调节植物根系生长（Ryan et al.，1996）。不同生活史阶段细根的 N：P 变异由 N 含量主导，说明植物细根具有较高的呼吸速率与较快的物质合成需求（McCormack et al.，2015）。

2.2.4.3 不同生活史阶段植物叶片、枝条和细根间的养分分配策略

有研究表明，为适应外界环境变化，植物会调整其养分分配策略，以达到生存生长的目的（Martin and Thomas，2013；Li et al.，2018）。本研究结果表明，3 个生活史阶段叶片和枝条间 C 含量的养分分配为异速关系（$b<1$），这表明枝条 C 含量变化要快于叶片（$p<0.05$）（图 2.12，表 2.10），这一结果说明 C 含量分配和植物器官的功能紧密相连。不同生活史阶段叶片-枝条间 N 含量无显著分配关系，幼苗阶段叶片 P 含量变化要快于枝条，说明生活在林下遮阴环境中的幼苗会优先获取大量 P 来支持其快速生长（促进叶片生长和高度增加），尽早占领林冠上层，获取光资源（Martínez-Vilalta et al.，2007；Räim et al.，2012）。对于表征植物 N、P 利用率的 C：N 和 C：P，幼树阶段叶片和枝条的 N 利用率无显著性差异（$b=1$），而幼苗阶段 C：P 的斜率显著大于 1（$p<0.05$）（图 2.12，表 2.10），说明叶片的 P 利用率显著高于枝条。

不同生活史阶段叶片和细根间的养分分配结果表明，仅幼苗阶段 C 含量呈现显著的等速关系（图 2.13，表 2.11），说明其叶片和细根在结构构建上的 C 投资基本一致。而叶片和细根间 N 含量、P 含量分配不存在显著的相关关系，这一结果与以往的研究结果不一致。Kerkhoff 等（2006）以木本植物为研究对象，发现植物叶片和细根间 N 含量、P 含量分配均呈现异速关系，即细根的 N 含量、P 含量变化快于叶片。然而，也有研究认为，植物各器官间的养分分配关系并非一成不变，会因为植物功能型或者环境等因素的改变而改变（Yang et al.，2014；Yan et al.，2016a；Zhang et al.，2018b）。本研究采集了小兴安岭地区阔叶红松林 7 种主要树种，群落内物种竞争等生态过程可能存在互补和协调的成分，其养分分配关系可能被掩盖。营养物质在器官之间的分配可能是植物生活史策略的一个重要组成部分（Yang et al.，2014）。例如，叶片养分浓度高的植物，枝条和根系的养分浓度也可能偏高，以增加养分吸收和韧皮部负荷，满足更高的光合速率和光合产物输出的需要，这也是器官内部养分分配关系被掩盖的原因（Zhao et al.，2016b；Wang et al.，2017）。此外，植物各器官在生长过程中可能存在养分运输的距离问题，即根系从土壤中吸收 N、P 后，首先运输至树干，随后是枝条和叶片，也就是说，距离营养源最近的器官将最先获得养分，因为只有邻近器官的需求得到满足后，营养物质才会被输送到远处的器官，这一现象称为“邻近效应”（Brouwer，1962；Yang and Midmore，2005；Yang et al.，2014），这可能也是叶片和细根间养分分配关系不明显的原因。

枝条和细根之间的养分分配较为显著（$p<0.05$）（图 2.14，表 2.12）。枝条和细根的 C 含量分配仅在成年树阶段显著，并且为异速关系（$b>1$），说明成年树阶段枝条的 C 含量变化快于细根，由枝条的结构支撑和养分运输功能决定（Fortunel et al.，2014）。

对于 N 含量而言，其养分分配指数从幼苗和幼树阶段的异速分配（$b>1$）逐渐变化至等速分配，说明枝条的 N 含量变化逐渐与细根一致，可能是因为随树木生长，树木体积的增加也赋予枝条更多的必需支撑的重量（Craine and Dybzinski，2013；Yan et al.，2016b）；反过来，细根作为支撑整个植物体养分获取的主要地下器官，必须扩大根系，以便从更深更远的土壤中获得更多的营养，满足生长需求（McCormack et al.，2015；Carmona et al.，2021）。其余的化学计量学特征基本为等速分配，与 Kerkhoff 等（2006）的研究结果高度一致，这可能与植物体内的生物量分配有关（Reich and Oleksyn，2004；Poorter et al.，2012）。

不同生活史阶段各器官间的养分分配关系仍然需要通过测定植物器官内部的重要生理过程来进行验证，如光合作用、呼吸作用、营养物质的吸收和运输，或者测量代表这些生理过程的植物功能性状，这将会有效加深对植物不同生活史阶段各器官间的养分分配策略及其内在机制的理解。

2.2.4.4　土壤因子对不同生活史阶段植物叶片、枝条和细根化学计量学特征的影响

调整植物不同器官的养分化学计量学特征变异是适应环境变化的关键策略，这些调整是随着植物的生长而进行的，其中土壤因子作为植物的主要营养源，是探究植物生长过程中必须考虑的重要因素（Bell et al.，2014；Yang et al.，2015；Gerdol et al.，2019），特别是与土壤直接接触的根系（Li et al.，2018）。Zhao 等（2016b）整合了中国 9 个森林生态系统中叶片和细根的养分数据发现，土壤理化特征对叶片和细根的 N 含量和 P 含量变异存在显著影响，C∶P 和 N∶P 随着土壤 N 含量和 P 含量的升高而呈现显著的减小趋势，但是土壤养分含量与 C∶N 间没有明显的关系（Zhang et al.，2018b）。也有研究发现，土壤养分含量对灌木-生物群系样带中叶片 N 含量和 P 含量变化的解释力十分微弱（Liu ct al.，2013）。本研究以阔叶红松林不同生活史阶段的 7 种树种为研究对象，探究土壤因子在植物生长过程中的作用，发现不同生活史阶段影响各器官化学计量学特征变异的主要土壤因子不同（$p<0.05$）（表 2.13）。对于幼苗而言，叶片 P 含量受到 PC1soil 的正向调控作用，而叶片 C∶P 受到 PC1soil 的负向调控作用（$p<0.05$）（图 2.15），说明 PC1soil 主要是影响了幼苗的叶片 P 含量，继而间接影响了叶片 C∶P 的变异。幼苗阶段叶片受到土壤全磷含量的影响，主要是因为其叶片内部复杂的生理生态进程需要 P 的参与，并且 P 含量与植物生长密切相关，因此土壤全磷含量高能促进叶片生长，说明幼树为争取最佳生长对 P 的需求较高（Zhang et al.，2016），也说明幼树阶段植物因为受到光资源的限制将更依赖于土壤中的养分供给。PC1soil 与幼苗枝条 C 含量呈显著负相关关系（$p<0.05$）（图 2.15），说明枝条中 C 含量并不随土壤养分的增加而升高，可能是由叶片转移获得，或者说从叶片中转移获得比从土壤中获得是一种更经济便捷的方式，可能也和植物养分的“邻近效应”有关（Brouwer，1962；Yang and Midmore，2005）。对于幼树而言，仅叶片 C 含量和细根 C∶P 受到 PC1soil 的正向调控作用，与幼苗阶段采取了明显不同的生活史策略，证明幼树阶段植物相对较少依赖于土壤养分的供给。PC2soil 代表土壤 pH（$p<0.05$）（表 2.13）。土壤 pH 主要通过影响根

系正常生长，来影响地上部各器官的发育（Shen et al.，2014；Ali et al.，2019；de la Riva et al.，2021）。本研究中，仅有少部分植物的化学计量学特征受到 PC2soil 的影响，主要是幼树和成年树阶段的枝条，叶片和细根基本不受 PC2soil 的影响（图 2.16）。整体而言，土壤因子对植物化学计量学特征的影响十分微弱，大部分养分含量与土壤因子并无显著相关关系，这种结果并不足以证明土壤养分在向植物转移，或者是这种养分转移可能受到其他环境因素的影响，模糊了土壤养分与植物各个器官间化学计量学特征的相关性（Chapin et al.，1986；Ladanai et al.，2010；Vondráčková et al.，2014）。此外，本研究中选取了阔叶红松林 7 个树种，群落内物种竞争等生态过程可能存在互补和协调的成分，因此土壤因子的影响可能被掩盖。

2.2.5 小结

本研究通过对阔叶红松林 7 种树种的 3 个不同生活史阶段叶片、枝条和细根的化学计量学特征进行研究发现，叶片的化学计量学特征随树木生长呈现显著的下降趋势，而枝条和细根并无明显变异趋势。幼苗阶段叶片的化学计量学特征相关性弱于幼树和成年树阶段，说明幼苗阶段植物会将养分优先分配给光合器官，以维持其正常生理生态过程的进行；而幼树和成年树阶段树木长高，生境改变，光合效率增加，植物体内生理功能相对稳定，说明幼苗、幼树和成年树的生长发育、养分获取以及利用策略发生改变。器官间养分分配不受植物生活史阶段的影响，可能是因为受到群落内不同树种对资源存在竞争关系的影响，其养分分配关系可能被掩盖。因此，本研究建议在未来植物化学计量学特征的研究中，应将生活史阶段、树种和群落过程联合起来，这将有助于全面分析植物养分分配与利用策略的改变，进一步剖析植物生长策略及其内在机制的变异。

参 考 文 献

蔡志全，齐欣，曹坤芳. 2004. 七种热带雨林树苗叶片气孔特征及其可塑性对不同光照强度的响应. 应用生态学报, 15(2): 201-204.

任书杰，于贵瑞，陶波，等. 2007. 中国东部南北样带 654 种植物叶片氮和磷的化学计量学特征研究. 环境科学, 28(12): 2665-2673.

王瑞丽，于贵瑞，何念鹏，等. 2016. 气孔特征与叶片功能性状之间关联性沿海拔梯度的变化规律: 以长白山为例. 生态学报, 36(8): 2175-2184.

温婧雯. 2019. 太白山植物气孔性状沿海拔梯度的变化. 杨凌: 西北农林科技大学.

温婧雯，陈昊轩，滕一平，等. 2018. 太白山栎属树种气孔特征沿海拔梯度的变化规律. 生态学报, 38(18): 6712-6721.

杨利民，韩梅，周广胜，等. 2007. 中国东北样带关键种羊草水分利用效率与气孔密度. 生态学报, 27(1): 16-24.

郑淑霞，上官周平. 2004. 近一世纪黄土高原区植物气孔密度变化规律. 生态学报, 24(11): 2457-2464.

朱燕华，康宏樟，刘春江. 2011. 植物叶片气孔性状变异的影响因素及研究方法. 应用生态学报, 22(1): 250-256.

Ågren G I. 2004. The C : N : P stoichiometry of autotrophs-theory and observations. Ecology Letters, 7(3): 185-191.

Ågren G I. 2008. Stoichiometry and nutrition of plant growth in natural communities. Annual Review of Ecology, Evolution, and Systematics, 39: 153-170.

Ali A, Lin S L, He J K, et al. 2019. Climatic water availability is the main limiting factor of biotic attributes across large-scale elevational gradients in tropical forests. Science of the Total Environment, 647: 1211-1221.

Antúnez I, Retamosa E C, Villar R. 2001. Relative growth rate in phylogenetically related deciduous and evergreen woody species. Oecologia, 128(2): 172-180.

Bell C, Carrillo Y, Boot C M, et al. 2014. Rhizosphere stoichiometry: are C : N : P ratios of plants, soils, and enzymes conserved at the plant species-level? New Phytologist, 201(2): 505-517.

Bertrand R, Gégout J C, Bontemps J D. 2011. Niches of temperate tree species converge towards nutrient-richer conditions over ontogeny. Oikos, 120(10): 1479-1488.

Blackman C J, Aspinwall M J, de Dios V R, et al. 2016. Leaf photosynthetic, economics and hydraulic traits are decoupled among genotypes of a widespread species of eucalypt grown under ambient and elevated CO_2. Functional Ecology, 30(9): 1491-1500.

Bosabalidis A M, Kofidis G. 2002. Comparative effects of drought stress on leaf anatomy of two olive cultivars. Plant Science, 163(2): 375-379.

Broadley M R, Bowen H C, Cotterill H L, et al. 2004. Phylogenetic variation in the shoot mineral concentration of angiosperms. Journal of Experimental Botany, 55(396): 321-336.

Brouwer R. 1962. Nutritive influences on the distribution of dry matter in the plant. Netherlands Journal of Agricultural Science, 10(5): 399-408.

Carmona C P, Guillermo Bueno C, Toussaint A, et al. 2021. Fine-root traits in the global spectrum of plant form and function. Nature, 597(7878): 683-687.

Cavaleri M A, Oberbauer S F, Ryan M G. 2008. Foliar and ecosystem respiration in an old-growth tropical rain forest. Plant Cell & Environment, 31(4): 473-483.

Chapin F S III, Vitousek P M, van Cleve K. 1986. The nature of nutrient limitation in plant communities. The American Naturalist, 127(1): 48-58.

Cortez J, Garnier E, Pérez-Harguindeguy N, et al. 2007. Plant traits, litter quality and decomposition in a Mediterranean old-field succession. Plant and Soil, 296(1): 19-34.

Craine J M, Dybzinski R. 2013. Mechanisms of plant competition for nutrients, water and light. Functional Ecology, 27(4): 833-840.

Damián X, Fornoni J, Domínguez C A, et al. 2018. Ontogenetic changes in the phenotypic integration and modularity of leaf functional traits. Functional Ecology, 32(2): 234-246.

de Frenne P, Graae B J, Kolb A, et al. 2011. An intraspecific application of the leaf-height-seed ecology strategy scheme to forest herbs along a latitudinal gradient. Ecography, 34(1): 132-140.

de la Riva E G, Prieto I, Marañón T, et al. 2021. Root economics spectrum and construction costs in Mediterranean woody plants: the role of symbiotic associations and the environment. Journal of Ecology, 109(4): 1873-1885.

Díaz S, Kattge J, Cornelissen J H C, et al. 2016. The global spectrum of plant form and function. Nature,

529(7585): 167-171.

Dormann C F, Elith J, Bacher S, et al. 2013. Collinearity: a review of methods to deal with it and a simulation study evaluating their performance. Ecography, 36(1): 27-46.

Dow G J, Berry J A, Bergmann D C. 2014. The physiological importance of developmental mechanisms that enforce proper stomatal spacing in *Arabidopsis thaliana*. New Phytologist, 201(4): 1205-1217.

Drake P L, Froend R H, Franks P J. 2013. Smaller, faster stomata: scaling of stomatal size, rate of response, and stomatal conductance. Journal of Experimental Botany, 64(2): 495-505.

Dreyer E, Le Roux X, Montpied P, et al. 2001. Temperature response of leaf photosynthetic capacity in seedlings from seven temperate tree species. Tree Physiology, 21(4): 223-232.

Du E Z, Terrer C, Pellegrini A F A, et al. 2020. Global patterns of terrestrial nitrogen and phosphorus limitation. Nature Geoscience, 13: 221-226.

Elser J J, Fagan W F, Kerkhoff A J, et al. 2010. Biological stoichiometry of plant production: metabolism, scaling and ecological response to global change. New Phytologist, 186(3): 593-608.

Elser J J, Sterner R W, Gorokhova E, et al. 2000. Biological stoichiometry from genes to ecosystems. Ecology Letters, 3(6): 540-550.

Falster D S, Westoby M. 2003. Plant height and evolutionary games. Trends in Ecology & Evolution, 18(7): 337-343.

Forrestel E J, Ackerly D D, Emery N C. 2015. The joint evolution of traits and habitat: ontogenetic shifts in leaf morphology and wetland specialization in Lasthenia. New Phytologist, 208(3): 949-959.

Fortunel C, Ruelle J, Beauchêne J, et al. 2014. Wood specific gravity and anatomy of branches and roots in 113 Amazonian rainforest tree species across environmental gradients. New Phytologist, 202(1): 79-94.

Franks P J, Doheny-Adams A T W, Britton-Harper H Z J, et al. 2015. Increasing water-use efficiency directly through genetic manipulation of stomatal density. New Phytologist, 207(1): 188-195.

Franks P J, Drake P L, Beerling D J. 2009. Plasticity in maximum stomatal conductance constrained by negative correlation between stomatal size and density: an analysis using *Eucalyptus globulus*. Plant, Cell & Environment, 32(12): 1737-1748.

Freschet G T, Cornelissen J H C, van Logtestijn R S P, et al. 2010. Evidence of the 'plant economics spectrum' in a subarctic flora. Journal of Ecology, 98(2): 362-373.

Freschet G T, Valverde-Barrantes O J, Tucker C M, et al. 2017. Climate, soil and plant functional types as drivers of global fine-root trait variation. Journal of Ecology, 105(5): 1182-1196.

Furey G N, Tilman D. 2023. Plant chemical traits define functional and phylogenetic axes of plant biodiversity. Ecology Letters, 26(8): 1394-1406.

Gerdol R, Iacumin P, Brancaleoni L. 2019. Differential effects of soil chemistry on the foliar resorption of nitrogen and phosphorus across altitudinal gradients. Functional Ecology, 33(7): 1351-1361.

Guan X Y, Wen Y, Zhang Y, et al. 2023. Stem hydraulic conductivity and embolism resistance of *Quercus* species are associated with their climatic niche. Tree Physiology, 43(2): 234-247.

Güsewell S. 2004. N∶P ratios in terrestrial plants: variation and functional significance. New Phytologist, 164(2): 243-266.

Han W X, Fang J Y, Guo D L, et al. 2005. Leaf nitrogen and phosphorus stoichiometry across 753 terrestrial plant species in China. New Phytologist, 168(2): 377-385.

Hanba Y T, Miyazawa S-I, Terashima I. 1999. The influence of leaf thickness on the CO_2 transfer conductance and leaf stable carbon isotope ratio for some evergreen tree species in Japanese warm-temperate forests. Functional Ecology, 13(5): 632-639.

He D, Yan E R. 2018. Size-dependent variations in individual traits and trait scaling relationships within a shade-tolerant evergreen tree species. American Journal of Botany, 105(7): 1165-1174.

He M Z, Dijkstra F A, Zhang K, et al. 2016. Influence of life form, taxonomy, climate, and soil properties on shoot and root concentrations of 11 elements in herbaceous plants in a temperate desert. Plant and Soil, 398(1-2): 339-350.

Hetherington A M, Woodward F I. 2003. The role of stomata in sensing and driving environmental change. Nature, 424(6951): 901-908.

Hikosaka K, Shigeno A. 2009. The role of Rubisco and cell walls in the interspecific variation in photosynthetic capacity. Oecologia, 160(3): 443-451.

Hobbie S E, Gough L. 2002. Foliar and soil nutrients in tundra on glacial landscapes of contrasting ages in northern Alaska. Oecologia, 131(3): 453-462.

Hodgson J G, Montserrat-Martí G, Charles M, et al. 2011. Is leaf dry matter content a better predictor of soil fertility than specific leaf area? Annals of Botany, 108(7): 1337-1345.

Hogan E J, Minnullina G, Smith R I, et al. 2010. Effects of nitrogen enrichment on phosphatase activity and nitrogen: phosphorus relationships in *Cladonia portentosa*. New Phytologist, 186(4): 911-925.

Hölscher D. 2004. Leaf traits and photosynthetic parameters of saplings and adult trees of co-existing species in a temperate broad-leaved forest. Basic and Applied Ecology, 5(2): 163-172.

Houter N C, Pons T L. 2012. Ontogenetic changes in leaf traits of tropical rainforest trees differing in juvenile light requirement. Oecologia, 169(1): 33-45.

Ishida A, Yazaki K, Hoe A L. 2005. Ontogenetic transition of leaf physiology and anatomy from seedlings to mature trees of a rain forest pioneer tree, *Macaranga gigantea*. Tree Physiology, 25(5): 513-522.

Jarvis P G, McNaughton K G. 1986. Stomatal control of transpiration: scaling up from leaf to region. Advances in Ecological Research, 15: 1-49.

Kenzo T, Inoue Y, Yoshimura M, et al. 2015. Height-related changes in leaf photosynthetic traits in diverse Bornean tropical rain forest trees. Oecologia, 177(1): 191-202.

Kerkhoff A J, Enquist B J, Elser J J, et al. 2005. Plant allometry, stoichiometry and the temperature-dependence of primary productivity. Global Ecology and Biogeography, 14(6): 585-598.

Kerkhoff A J, Fagan W F, Elser J J, et al. 2006. Phylogenetic and growth form variation in the scaling of nitrogen and phosphorus in the seed plants. The American Naturalist, 168(4): E103-E122.

Kühnhammer K, Kübert A, Brüggemann N, et al. 2020. Investigating the root plasticity response of Centaurea jacea to soil water availability changes from isotopic analysis. New Phytologist, 226(1): 98-110.

Kuusk V, Niinemets Ü, Valladares F. 2018. A major trade-off between structural and photosynthetic investments operative across plant and needle ages in three *Mediterranean pines*. Tree Physiology, 38(4): 543-557.

Ladanai S, Ågren G I, Olsson B A. 2010. Relationships between tree and soil properties in *Picea abies* and *Pinus sylvestris* forests in Sweden. Ecosystems, 13(2): 302-316.

Larcher W. 2003. Physiological Plant Ecology. 4th ed. Berlin, Heidelberg: Springer Berlin Heidelberg.

Laughlin D C, Leppert J J, Moore M M, et al. 2010. A multi-trait test of the leaf-height-seed plant strategy scheme with 133 species from a *pine* forest flora. Functional Ecology, 24(3): 493-501.

Li L, McCormack M L, Ma C G, et al. 2015. Leaf economics and hydraulic traits are decoupled in five species-rich tropical-subtropical forests. Ecology Letters, 18(9): 899-906.

Li Y, Tian D S, Yang H, et al. 2018. Size-dependent nutrient limitation of tree growth from subtropical to cold temperate forests. Functional Ecology, 32(1): 95-105.

Lin G G, Zeng D H, Mao R. 2020. Traits and their plasticity determine responses of plant performance and community functional property to nitrogen enrichment in a boreal peatland. Plant and Soil, 449(1): 151-167.

Liu C C, Li Y, Xu L, et al. 2019. Variation in leaf morphological, stomatal, and anatomical traits and their relationships in temperate and subtropical forests. Scientific Reports, 9(1): 5803.

Liu C C, Li Y, Zhang J H, et al. 2020b. Optimal community assembly related to leaf economic-hydraulic-anatomical traits. Frontiers in Plant Science, 11: 341.

Liu C, Wang X P, Wu X, et al. 2013. Relative effects of phylogeny, biological characters and environments on leaf traits in shrub biomes across central Inner Mongolia, China. Journal of Plant Ecology, 6(3): 220-231.

Liu J G, Gou X H, Zhang F, et al. 2021. Spatial patterns in the C：N：P stoichiometry in Qinghai spruce and the soil across the Qilian Mountains, China. Catena, 196: 104814.

Liu J G, Liu W G, Long X E, et al. 2020a. Effects of nitrogen addition on C:N:P stoichiometry in moss crust-soil continuum in the N-limited Gurbantünggüt Desert, Northwest China. European Journal of Soil Biology, 98: 103174.

Lovelock C E, Feller I C, Ball M C, et al. 2007. Testing the Growth Rate *vs*. Geochemical Hypothesis for latitudinal variation in plant nutrients. Ecology Letters, 10(12): 1154-1163.

Luo Y, Peng Q W, Li K H, et al. 2021. Patterns of nitrogen and phosphorus stoichiometry among leaf, stem and root of desert plants and responses to climate and soil factors in Xinjiang, China. Catena, 199: 105100.

Ma Z Q, Guo D L, Xu X L, et al. 2018. Evolutionary history resolves global organization of root functional traits. Nature, 555(7694): 94-97.

Maire V, Wright I J, Prentice I C, et al. 2015. Global effects of soil and climate on leaf photosynthetic traits and rates. Global Ecology and Biogeography, 24(6): 706-717.

Martin A R, Isaac M E. 2021. The leaf economics spectrum's morning coffee: plant size-dependent changes in leaf traits and reproductive onset in a perennial tree crop. Annals of Botany, 127(4): 483-493.

Martin A R, Thomas S C. 2013. Size-dependent changes in leaf and wood chemical traits in two Caribbean rainforest trees. Tree Physiology, 33(12): 1338-1353.

Martínez-Vilalta J, Vanderklein D, Mencuccini M. 2007. Tree height and age-related decline in growth in Scots pine (*Pinus sylvestris* L.). Oecologia, 150(4): 529-544.

Mason C M, McGaughey S E, Donovan L A. 2013. Ontogeny strongly and differentially alters leaf economic and other key traits in three diverse *Helianthus* species. Journal of Experimental Botany, 64(13): 4089-4099.

Matzek V, Vitousek P M. 2009. N：P stoichiometry and protein: RNA ratios in vascular plants: an evaluation of the growth-rate hypothesis. Ecology Letters, 12(8): 765-771.

McCormack M L, Dickie I A, Eissenstat D M, et al. 2015. Redefining fine roots improves understanding of below-ground contributions to terrestrial biosphere processes. New Phytologist, 207(3): 505-518.

McGroddy M E, Daufresne T, Hedin L O. 2004. Scaling of C：N：P stoichiometry in forests worldwide: implications of terrestrial redfield-type ratios. Ecology, 85(9): 2390-2401.

Mediavilla S, Escudero A. 2003. Mature trees versus seedlings: differences in leaf traits and gas exchange patterns in three co-occurring Mediterranean oaks. Annals of Forest Science, 60(5): 455-460.

Mediavilla S, Escudero A. 2004. Stomatal responses to drought of mature trees and seedlings of two co-occurring Mediterranean oaks. Forest Ecology and Management, 187(2/3): 281-294.

Mediavilla S, Martín I, Escudero A. 2021. Plant ontogenetic changes in vein and stomatal traits and their relationship with economic traits in leaves of three Mediterranean oaks. Journal of Plant Ecology, 14(6): 1090-1104.

Milla R, Castro-Díez P, Maestro-Martínez M, et al. 2005. Relationships between phenology and the remobilization of nitrogen, phosphorus and potassium in branches of eight Mediterranean evergreens. New Phytologist, 168(1): 167-178.

Minden V, Kleyer M. 2014. Internal and external regulation of plant organ stoichiometry. Plant Biology, 16(5): 897-907.

Ordoñez J C, van Bodegom P M, Witte J P M, et al. 2009. A global study of relationships between leaf traits, climate and soil measures of nutrient fertility. Global Ecology and Biogeography, 18(2): 137-149.

Ordoñez J C, van Bodegom P M, Witte J P M, et al. 2010. Plant strategies in relation to resource supply in mesic to wet environments: does theory mirror nature? The American Naturalist, 175(2): 225-239.

Palow D T, Nolting K, Kitajima K. 2012. Functional trait divergence of juveniles and adults of nine Inga species with contrasting soil preference in a tropical rain forest. Functional Ecology, 26(5): 1144-1152.

Park M, Cho S, Park J, et al. 2019. Size-dependent variation in leaf functional traits and nitrogen allocation trade-offs in *Robinia pseudoacacia* and *Cornus controversa*. Tree Physiology, 39(5): 755-766.

Pasche F, Pornon A, Lamaze T. 2002. Do mature leaves provide a net source of nitrogen supporting shoot growth in *Rhododendron ferrugineum*? New Phytologist, 154(1): 99-105.

Poorter H, Niklas K J, Reich P B, et al. 2012. Biomass allocation to leaves, stems and roots: meta-analyses of interspecific variation and environmental control. New Phytologist, 193(1): 30-50.

Pregitzer K S, DeForest J L, Burton A J, et al. 2002. Fine root architecture of nine North American trees. Ecological Monographs, 72(2): 293-309.

R Core Team, 2016. R: a language and environment for statistical computing. R Foundation for Statistical Computing, Vienna, Austria. https://www.R-project.org/.

Räim O, Kaurilind E, Hallik L, et al. 2012. Why does needle photosynthesis decline with tree height in Norway spruce? Plant Biology, 14(2): 306-314.

Rehling F, Sandner T M, Matthies D, et al. 2021. Biomass partitioning in response to intraspecific competition depends on nutrients and species characteristics: a study of 43 plant species. Journal of Ecology, 109(5): 2219-2233.

Reich P B, Ellsworth D S, Walters M B, et al. 1999. Generality of leaf trait relationships: a test across six biomes. Ecology, 80(6): 1955-1969.

Reich P B, Oleksyn J. 2004. Global patterns of plant leaf N and P in relation to temperature and latitude. Proceedings of the National Academy of Sciences of the United States of America, 101(30): 11001-11006.

Reich P B, Oleksyn J, Wright I J, et al. 2010. Evidence of a general 2/3-power law of scaling leaf nitrogen to phosphorus among major plant groups and biomes. Proceedings Biological Sciences, 277(1683): 877-883.

Ryan M G, Hubbard R M, Pongracic S, et al. 1996. Foliage, fine-root, woody-tissue and stand respiration in *Pinus* radiata in relation to nitrogen status. Tree Physiology, 16(3): 333-343.

Sack L, Cowan P D, Jaikumar N, et al. 2003. The 'hydrology' of leaves: co-ordination of structure and function in temperate woody species. Plant Cell & Environment, 26(8): 1343-1356.

Schindler D W. 2003. Ecological stoichiometry: the biology of elements from molecules to the biosphere. Nature, 423: 225-226.

Sendall K M, Reich P B, Lusk C H. 2018. Size-related shifts in carbon gain and growth responses to light differ among rainforest evergreens of contrasting shade tolerance. Oecologia, 187(3): 609-623.

Shen Y, Santiago L S, Shen H, et al. 2014. Determinants of change in subtropical tree diameter growth with ontogenetic stage. Oecologia, 175(4): 1315-1324.

Song Z P, Liu Y H, Su H X, et al. 2020. N-P utilization of *Acer mono* leaves at different life history stages across altitudinal gradients. Ecology and Evolution, 10(2): 851-862.

Sterner R W, Elser J J. 2002. Ecological Stoichiometry: The Biology of Elements from Molecules to the Biosphere. Princeton: Princeton University Press.

Sultan S E. 2000. Phenotypic plasticity for plant development, function and life history. Trends in Plant Science, 5(12): 537-542.

Tanaka Y, Sugano S S, Shimada T, et al. 2013. Enhancement of leaf photosynthetic capacity through increased stomatal density in Arabidopsis. New Phytologist, 198(3): 757-764.

Tang Z Y, Xu W T, Zhou G Y, et al. 2018. Patterns of plant carbon, nitrogen, and phosphorus concentration in relation to productivity in China's terrestrial ecosystems. Proceedings of the National Academy of Sciences of the United States of America, 115(16): 4033-4038.

Thomas S C. 2010. Photosynthetic capacity peaks at intermediate size in temperate deciduous trees. Tree Physiology, 30(5): 555-573.

Thomas S C, Winner W E. 2002. Photosynthetic differences between saplings and adult trees: an integration of field results by meta-analysis. Tree Physiology, 22(2/3): 117-127.

Tian M, Yu G R, He N P, et al. 2016. Leaf morphological and anatomical traits from tropical to temperate coniferous forests: mechanisms and influencing factors. Scientific Reports, 6: 19703.

Vondráčková S, Hejcman M, Száková J, et al. 2014. Soil chemical properties affect the concentration of elements (N, P, K, Ca, Mg, As, Cd, Cr, Cu, Fe, Mn, Ni, Pb, and Zn) and their distribution between organs of *Rumex obtusifolius*. Plant and Soil, 379(1): 231-245.

Wang J N, Wang J Y, Wang L, et al. 2019. Does stoichiometric homeostasis differ among tree organs and with tree age? Forest Ecology and Management, 453: 117637.

Wang R L, Wang Q F, Zhao N, et al. 2017. Complex trait relationships between leaves and absorptive roots: coordination in tissue N concentration but divergence in morphology. Ecology and Evolution, 7(8): 2697-2705.

Wang R L, Yu G R, He N P, et al. 2015. Latitudinal variation of leaf stomatal traits from species to community level in forests: linkage with ecosystem productivity. Scientific Reports, 5: 14454.

Wang S Y, Wang W N, Wang S Z, et al. 2021. Intraspecific variations of anatomical, morphological and chemical traits in leaves and absorptive roots along climate and soil gradients: a case study with *Ginkgo biloba* and *Eucommia ulmoides*. Plant and Soil, 469(1): 73-88.

Wang Y J, Jin G Z, Liu Z L. 2024. Effects of tree size and organ age on variations in carbon, nitrogen, and phosphorus stoichiometry in *Pinus koraiensis*. Journal of Forestry Research, 35(1): 52.

Westoby M. 1998. A leaf-height-seed (LHS) plant ecology strategy scheme. Plant and Soil, 199(2): 213-227.

Westoby M, Falster D S, Moles A T, et al. 2002. Plant ecological strategies: some leading dimensions of variation between species. Annual Review of Ecology and Systematics, 33: 125-159.

Woodward F I, Lake J A, Quick W P. 2002. Stomatal development and CO_2: ecological consequences. New Phytologist, 153(3): 477-484.

Wright I J, Dong N, Maire V, et al. 2017. Global climatic drivers of leaf size. Science, 357(6354): 917-921.

Wright I J, Reich P B, Westoby M, et al. 2004. The worldwide leaf economics spectrum. Nature, 428(6985): 821-827.

Xiong J L, Dong L W, Lu J L, et al. 2022. Variation in plant carbon, nitrogen and phosphorus contents across the drylands of China. Functional Ecology, 36(1): 174-186.

Yan Z B, Han W X, Peñuelas J, et al. 2016a. Phosphorus accumulates faster than nitrogen globally in freshwater ecosystems under anthropogenic impacts. Ecology Letters, 19(10): 1237-1246.

Yan Z B, Li P, Chen Y H, et al. 2016b. Nutrient allocation strategies of woody plants: an approach from the scaling of nitrogen and phosphorus between twig stems and leaves. Scientific Reports, 6: 20099.

Yang D M, Niklas K J, Xiang S, et al. 2010. Size-dependent leaf area ratio in plant twigs: implication for leaf size optimization. Annals of Botany, 105(1): 71-77.

Yang X J, Huang Z Y, Zhang K L, et al. 2015. C：N：P stoichiometry of Artemisia species and close relatives across northern China: unravelling effects of climate, soil and taxonomy. Journal of Ecology, 103(4): 1020-1031.

Yang X, Tang Z Y, Ji C J, et al. 2014. Scaling of nitrogen and phosphorus across plant organs in shrubland biomes across Northern China. Scientific Reports, 4: 5448.

Yang Z J, Midmore D J. 2005. Modelling plant resource allocation and growth partitioning in response to environmental heterogeneity. Ecological Modelling, 181(1): 59-77.

Yin H, Zheng H W, Zhang B, et al. 2021. Stoichiometry of C：N：P in the roots of *Alhagi sparsifolia* is more sensitive to soil nutrients than aboveground organs. Frontiers in Plant Science, 12: 698961.

Yin Q L, Wang L, Lei M L, et al. 2018. The relationships between leaf economics and hydraulic traits of woody plants depend on water availability. Science of the Total Environment, 621: 245-252.

Yu Q, Chen Q S, Elser J J, et al. 2010. Linking stoichiometric homoeostasis with ecosystem structure, functioning, and stability. Ecology Letters, 13(11): 1390-1399.

Yuan Z Y, Chen H Y H, Reich P B. 2011. Global-scale latitudinal patterns of plant fine-root nitrogen and phosphorus. Nature Communications, 2: 344.

Zhang H, Guo W H, Yu M K, et al. 2018b. Latitudinal patterns of leaf N, P stoichiometry and nutrient resorption of *Metasequoia glyptostroboides* along the eastern coastline of China. Science of the Total Environment, 618: 1-6.

Zhang H, Yang X Q, Wang J Y, et al. 2017. Leaf N and P stoichiometry in relation to leaf shape and plant size for *Quercus acutissima* provenances across China. Scientific Reports, 7: 46133.

Zhang J H, He N P, Liu C C, et al. 2018a. Allocation strategies for nitrogen and phosphorus in forest plants. Oikos, 127(10): 1506-1514.

Zhang S B, Guan Z J, Sun M, et al. 2012. Evolutionary association of stomatal traits with leaf vein density in *Paphiopedilum,* Orchidaceae. PLoS One, 7(6): e40080.

Zhang Z C, Papaik M J, Wang X G, et al. 2016. The effect of tree size, neighborhood competition and environment on tree growth in an old-growth temperate forest. Journal of Plant Ecology, 10(6): 970-980.

Zhao N, Yu G R, He N P, et al. 2016b. Coordinated pattern of multi-element variability in leaves and roots across Chinese forest biomes. Global Ecology and Biogeography, 25(3): 359-367.

Zhao N, Yu G R, Wang Q F, et al. 2020. Conservative allocation strategy of multiple nutrients among major plant organs: from species to community. Journal of Ecology, 108(1): 267-278.

Zhao N, Yu G R, He N P, et al. 2016a. Invariant allometric scaling of nitrogen and phosphorus in leaves, stems, and fine roots of woody plants along an altitudinal gradient. Journal of Plant Research, 129(4): 647-657.

第 3 章

生长型对叶功能性状的影响

在全球气候变化背景下，植物功能性状的变异模式和相关关系已成为人们关注的焦点，性状对气候变化的适应具有很强的可塑性，可以直观地反映气候变暖对植物的影响（Rosas et al.，2019；Liu et al.，2022）。近年来，为了深入了解植物叶功能性状的变异和权衡模式，许多研究通过定量叶功能性状来揭示气候变化背景下性状的潜在变化机制（Huxley et al.，2023；Thakur et al.，2023）。叶片是影响植物生长发育的重要器官，是植物进行光合作用、呼吸作用以及蒸腾作用的主要营养器官，在进化过程中对环境变化有较强的敏感性和可塑性（He et al.，2019；Midolo et al.，2019）。在众多功能性状中，与叶片光捕获、水分运输等过程相关的性状备受关注，以往关于植物功能性状的研究更多关注结构（形态）性状，而对光合生理性状的关注较少，但这些性状对植物适应环境也至关重要（Thakur et al.，2023；Yan et al.，2023）。

3.1 研 究 背 景

植物叶功能性状的变异模式和相关关系一直是解析植物对气候变化响应机制的关键，然而，不同生长型阔叶植物间叶片结构性状和光合生理性状变异及相关性的异同尚不清晰。阔叶红松林是中国东北东部山区地带性顶极植被，其物种丰富、生产力高、稳定性强，极具区域特色，为研究植物性状变异规律及协作机制提供了天然的实验室。本章以黑龙江凉水国家级自然保护区典型阔叶红松（*Pinus koraiensis*）林中优势或常见的 6 种乔木、6 种灌木和 6 种草本植物为研究对象，测定了 8 个叶片性状，包括叶面积（LA）、叶厚（LT）、叶片干物质含量（LDMC）、比叶质量（LMA）、叶绿素值（SPAD）、净光合速率（P_n）、胞间 CO_2 浓度（C_i）、气孔导度（G_s），拟解决以下问题。

（1）不同生长型植物的叶结构性状和光合生理性状的变异模式。

（2）生长型对阔叶植物的叶功能性状之间相关关系的影响机制。

3.1.1 不同生长型植物叶光合生理性状变异研究进展

光合生理性状通常可以表征植物生长和抗逆性的强弱。例如，净光合速率是植物生长、生理代谢过程和产量构成的重要因子，气孔导度是表征植物耐旱性的重要指标，胞间 CO_2 浓度是 CO_2 同化速率与气孔导度的比值（Piao et al.，2008；Jumrani et al.，2017）。叶结构性状也对植物光合作用及其整个生长过程具有重要影响。例如，通过增大叶面积和改变叶倾角来增大光捕获效率，进行碳同化作用，或通过减小叶面积和改变叶形指数来减小蒸腾作用造成的水分损失或热损伤风险（Westoby et al.，2002；Wright et al.，2017；Martinez-Garcia and Rodriguez-Concepcion，2023）。有研究发现，随着叶面积的增大，净光合速率提高，叶绿素值分布范围也更广；较厚的叶片具有较强的抗旱能力，且叶厚与气孔导度密切相关（Atkinson et al.，2010；Liang et al.，2023；Liu et al.，2023）。因此，研究这些性状的权衡模式对于理解植物的资源获取策略至关重要。以往的研究主要关注种间的性状变异，但越来越多的研究表明，性状的种内变异与种间变异同样重要（Bolnick et al.，2011；Westerband et al.，2021）。性状的种内变异主要源于遗传特性和表型可塑性的差异，尽管许多研究已经阐明了不同物种多性状的遗传和可塑性的关联，但这些研究主要涉及结构性状（如比叶质量、叶面积、叶厚等）（Münzbergová et al.，2017；Kosová et al.，2022）。涉及光合生理性状（如净光合速率、气孔导度、胞间 CO_2 浓度）的研究较少，但这些光合生理性状也是植物适应环境、获取资源的关键（Liang et al.，2023；Liu et al.，2023）。因此，系统地揭示叶结构性状、光合生理性状的变异模式以及性状间的权衡关系，对于更好地理解和预测物种对持续气候变化的适应能力至关重要（Pérez-Ramos et al.，2019）。

生长型是植物生理、结构和外部形态对环境条件长期趋同适应的结果，决定了群落的外貌形态（Rowe and Speck，2005）。在森林群落中，不同冠层高度的植物处于不同的光照条件下，高大的乔木暴露于冠层，能够获取充足的光照，而较为矮小的灌木和草本植物生长于林下层，只能利用经冠层衰减后的光斑，从而造成不同生长型植物资源利用策略的差异（Spicer et al.，2020；Li et al.，2022）。此外，研究不同生长型植物的叶功能性状变异对于理解物种共存、群落构建以及生态系统功能具有重要的意义（Mouillot et al.，2013）。有研究发现，28%～52%的叶性状变异来源于种内个体差异，并且与植物的生长型密切相关；也有研究发现，叶功能性状的种间变异范围要远大于种内变异（Albert et al.，2010；Jackson et al.，2013）。可见，关于叶功能性状变异来源的研究仍有待深入。

3.1.2 不同生长型植物叶性状权衡研究进展

对于植物而言，能够利用的资源并非无止境，而是有限的，当植物将资源过多地投入到某一种性状，那么相应地必然会减少另一种性状的资源投入，这种资源分配方式使得植物能够实现资源优化配置，以更好地适应不同的生存环境（陈莹婷和许振柱，2014）。物种的功能性状间存在着各种各样的联系，其中最普遍的是协作及权衡关系，这种关系是经过自然筛选后形成的性状组合，也称“生态策略”，即物种沿一定的生态策略轴排列于最适应或最具竞争力的位置，如 Wright 等（2010）提出的叶片经济谱、Chave 等（2009）提出的木质经济谱以及 Weemstra 等（2016）提出的根经济谱等。然而，越来越多的研究发现，一些非经济谱性状与经济谱性状间可能存在耦合或解耦关系（Sack and Scoffoni，2013；Liu et al.，2019），即器官内性状可能存在不同的性状维度以行使不同功能，如由叶片结构的物理分离、进化轨迹的差异等导致的叶片经济性状和水力性状的解耦关系（Li et al.，2015）。对于植物而言，相较于单一性状维度，多维性状可赋予植物更多策略组合以适应更多样性的生态位维度，从而提高植物对高度异质环境的适应性，促进物种共存。

植物在生存和生长过程中总是倾向于维持较高水平的光合能力，并同时降低叶片构建成本和减少水分散失。然而，叶片从生长到衰落的过程中，营养物质分配、光合作用以及水分散失始终存在，为保证植株正常的生理功能，植株在光捕获与水分运输之间进行权衡。因此，将叶片经济性状与光合生理性状结合分析，有助于更好地理解植物资源利用策略。此外，不同生长型植物的叶片结构性状和光合生理性状的相关关系是否稳健也尚不清楚（Cui et al.，2020）。因此，揭示不同生长型阔叶植物的叶片结构性状和光合生理性状的变异模式，有助于理解植物对生境变化的适应策略。

3.2　研 究 方 法

3.2.1　研究区域概况

研究样地位于黑龙江凉水国家级自然保护区（地理坐标范围为 47°6′49″N～47°16′10″N，128°47′8″E～128°57′19″E）。该保护区为典型的低山丘陵地貌，区内森林植被茂密，覆盖率达 96%，有原始成熟林和过熟林 4100hm^2，分布着大片较原始的典型阔叶红松林，是中国目前保存最为完整的原生阔叶红松混交林分布区之一。研究区地处中纬度大陆东岸，属温带大陆性季风气候，冬季多在变性极地大陆气团控制下，气候严寒、干燥；夏季多受副热带变性海洋气团的影响，降水集中，气温较高；春秋两季，气候多变，春季多大风，降水少，易干旱，秋季降温急剧，常伴有霜冻。由于纬度较高，太阳辐射较少，年平均气温只有−0.3℃，年平均最高气温为 7.5℃，年平均最低气温为−6.6℃，年平均降水量为 676mm，年积雪期为 130～150d，年无霜期为 100～120d，地带性土壤为暗棕壤。

3.2.2　样本采集

本研究的样本采集工作于 2021 年 8 月进行。研究对象为黑龙江凉水国家级自然保护区 18 种常见的阔叶植物，其中 6 种乔木植物包括白桦（*Betula platyphylla*）、紫椴（*Tilia amurensis*）、色木槭（*Acer mono*）、裂叶榆（*Ulmus laciniata*）、枫桦（*Betula costata*）、水曲柳（*Fraxinus mandschurica*），6 种灌木植物包括刺五加（*Eleutherococcus senticosus*）、金花忍冬（*Lonicera chrysantha*）、东北山梅花（*Philadelphus schrenkii*）、光萼溲疏（*Deutzia glabrata*）、瘤枝卫矛（*Euonymus verrucosus*）、毛榛（*Corylus mandshurica*），6 种草本植物包括狭叶荨麻（*Urtica angustifolia*）、水金凤（*Impatiens noli-tangere*）、东北羊角芹（*Aegopodium alpestre*）、驴蹄草（*Caltha palustris*）、蚊子草（*Filipendula palmata*）、耳叶蟹甲草（*Parasenecio auriculatus*）。本实验的研究对象是根据《中国植物志》划分的传统意义上的乔木、灌木和草本植物。对于乔木与灌木植物，每种植物随机选择生长健康、发育程度相近的 3 株个体，每株个体选取 3 个当年生枝条，采集每个当年生枝条

上完整的所有叶片；对于草本植物，每种植物随机选择 3～10 株个体，采集全部健康、平整的叶片。

3.2.3 样本测定

对采集的所有乔木、灌木、草本植物的叶片均进行叶面积、叶厚、叶绿素值、叶片干物质含量、比叶质量 5 个性状的测定；对于净光合速率、胞间 CO_2 浓度、气孔导度这 3 个光合生理性状，则选取部分叶片进行测定。测定光合指标时，选择在天气晴朗的室外进行，测量时间为 9:00～14:00，选取位于冠层外围充分接受光照的叶片。使用 LI-6800 便携式光合仪（莱科生物科学公司，美国）检测净光合速率、胞间 CO_2 浓度、气孔导度，测定叶室面积为 2cm×3cm，叶室温度为 25℃，相对湿度为 65%。

采集的叶片需低温保存，带回实验室，用于叶面积、叶厚、叶绿素值、叶片干物质含量、比叶质量的测定。测定叶面积时，首先需将叶片（不包括叶柄部分）平铺于佳能 Lide 400 扫描仪（佳能公司，日本）上进行扫描，然后使用叶面积计算软件获得叶面积。叶厚的测定用电子数显游标卡尺（精度为 0.01mm），为保证测量精度需进行 3 次平行测定，最后取平均值作为最终的叶厚，需要注意的是，在测定叶厚时要避开主叶脉。叶绿素值的测定采用便携式叶绿素测定仪（柯尼卡美能达公司，日本），避开主叶脉，平行测定 3 个点求平均值，代表该叶片单位面积的叶绿素含量。叶片鲜重用分析天平（精度为 0.0001g）测定，称重后将鲜叶片装进信封置于 75℃下的电热干燥箱中烘干至恒重，称量得到叶片干重。其中，叶片干物质含量为叶片干重和鲜重的比值，比叶质量为叶片干重与叶面积的比值。

3.2.4 数据分析

对各个性状求算术平均值和标准偏差，利用变异系数（CV）计算各个功能性状的变异程度。通常采用皮尔逊变异系数（^{P}CV），即样本标准差与样本均值的比值。为了避免对异常值敏感以及受均值微小变化影响而响应强烈，本研究采用 Kvålseth（2017）提出的更稳健的变异系数 ^{K}CV，有 $^{K}CV=\sqrt{^{P}CV^2/\left(1+{}^{P}CV^2\right)}$ （Lobry et al.，2023）。采用嵌套方差分析法来解析叶性状变异，即采用 R 语言‘nlme’包中的‘lme’函数针对每个性状构建线性混合模型，嵌套水平为：个体＜物种＜生长型。采用单因素方差分析和最小显著性差异（LSD）方法检验不同生长型间阔叶植物叶性状的差异显著性（α=0.05）。

为检验生长型对性状之间的相关关系是否存在显著影响，基于斯皮尔曼相关性分析结果，对相关性显著的性状组合利用标准化主轴（SMA）估计法来检验斜率的差异显著性，若斜率间存在显著性差异，说明不同生长型对性状相关关系存在显著影响。将性状进行对数转换，使之符合正态分布，再进行数据分析：功能性状间的相关关系表示为 $y=bx^a$，并转换成 $\lg y=\lg b+a\lg x$，式中 x 和 y 表示两个性状参数，b 表示性状间相关关系的截距，a 则表示性状间相关关系的斜率，即异速生长参数或相对生长指数。当$|a|$=1 时，表示等速生长关系；当$|a|$大于或小于 1 时，表示异速生长关系。采用主成分分析（PCA）

方法探究 8 个性状之间的权衡关系。上述分析均在 R 4.3.0 中完成。

3.3 研究结果

3.3.1 叶性状变异特征

小兴安岭不同生长型植物 8 个叶性状特征值的整体变异范围较大，为 7.73%～74.54%（表 3.1）。其中，叶面积的变异系数最大（74.54%），变异系数大于 50%，为强变异。气孔导度、净光合速率、比叶质量、叶片干物质含量和叶厚为中等变异（20%≤变异系数＜50%），变异程度从大到小依次为气孔导度＞净光合速率＞比叶质量＞叶片干物质含量＞叶厚。胞间 CO_2 浓度和叶绿素值的变异系数较小（＜20%），为弱变异，其中胞间 CO_2 浓度的变异系数最小（7.73%）。

表 3.1 小兴安岭 18 种阔叶植物的叶性状统计信息

性状	极小值	极大值	中位数	均值	标准差	^{K}CV（%）
LA（cm^2）	0.978	423.847	23.936	33.974	39.314	74.54%
LT（10^{-2}mm）	5.667	26.000	12.000	12.495	3.022	21.24%
LMA（g/cm^2）	0.001	0.010	0.004	0.004	0.002	35.03%
LDMC（g/g）	0.077	0.951	0.332	0.327	0.110	26.74%
SPAD	13.900	56.250	40.500	39.041	6.210	15.84%
P_n（$\mu mol/m^2$）	0.195	21.995	5.864	7.082	3.943	45.09%
C_i（μmol/mol）	232.922	393.615	324.072	325.852	26.829	7.73%
G_s[mol/（$m^2 \cdot s$）]	0.018	0.676	0.159	0.193	0.119	45.57%

注：^{K}CV≥50%为强变异，20%≤^{K}CV＜50%为中等变异，^{K}CV＜20%属于弱变异。

3.3.2 叶性状变异来源及在不同生长型间的变异

生长型对胞间 CO_2 浓度、叶绿素值、叶片干物质含量以及比叶质量变异的解释比例较大（45.3%～65.8%）（图 3.1，表 3.2），这表明上述性状变异的主要来源是生长型。物种对叶厚和叶面积变异的解释比例较大（56.1%～76.5%）（图 3.1，表 3.2），这表明

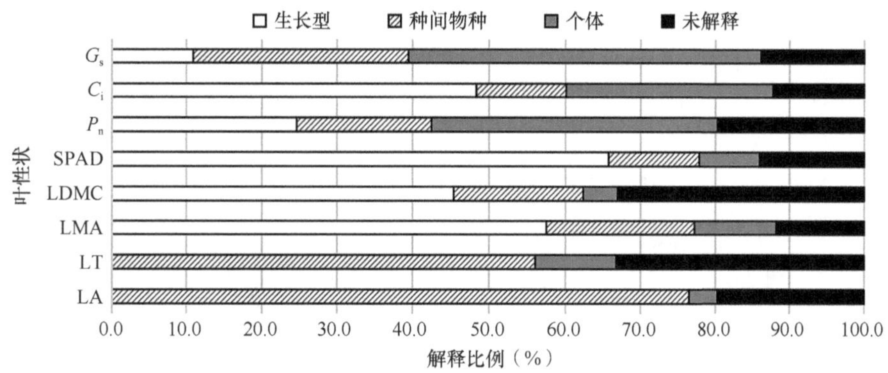

图 3.1 小兴安岭 18 种阔叶植物 8 个叶性状变异的方差分解

表 3.2 生长型、种间和种内对小兴安岭 18 种常见阔叶植物 8 个叶性状变异的解释比例 （单位：%）

叶性状	解释比例			
	生长型	物种	个体	未解释
LA	0.0	76.5	3.8	19.7
LT	0.0	56.1	10.7	33.3
LMA	57.5	19.6	11.0	11.8
LDMC	45.3	17.2	4.5	33.1
SPAD	65.8	12.1	8.1	14.0
P_n	24.6	17.8	37.9	19.6
C_i	48.4	11.8	27.6	12.3
G_s	10.9	28.5	46.8	13.8

上述性状变异的主要来源是种间差异。个体对气孔导度和净光合速率变异的解释比例较大（37.9%～46.8%）（图 3.1，表 3.2），这表明上述性状的主要变异来源是种内差异。

8 个叶功能性状除叶厚外在不同生长型之间均具有显著性差异（图 3.2）。其中，叶

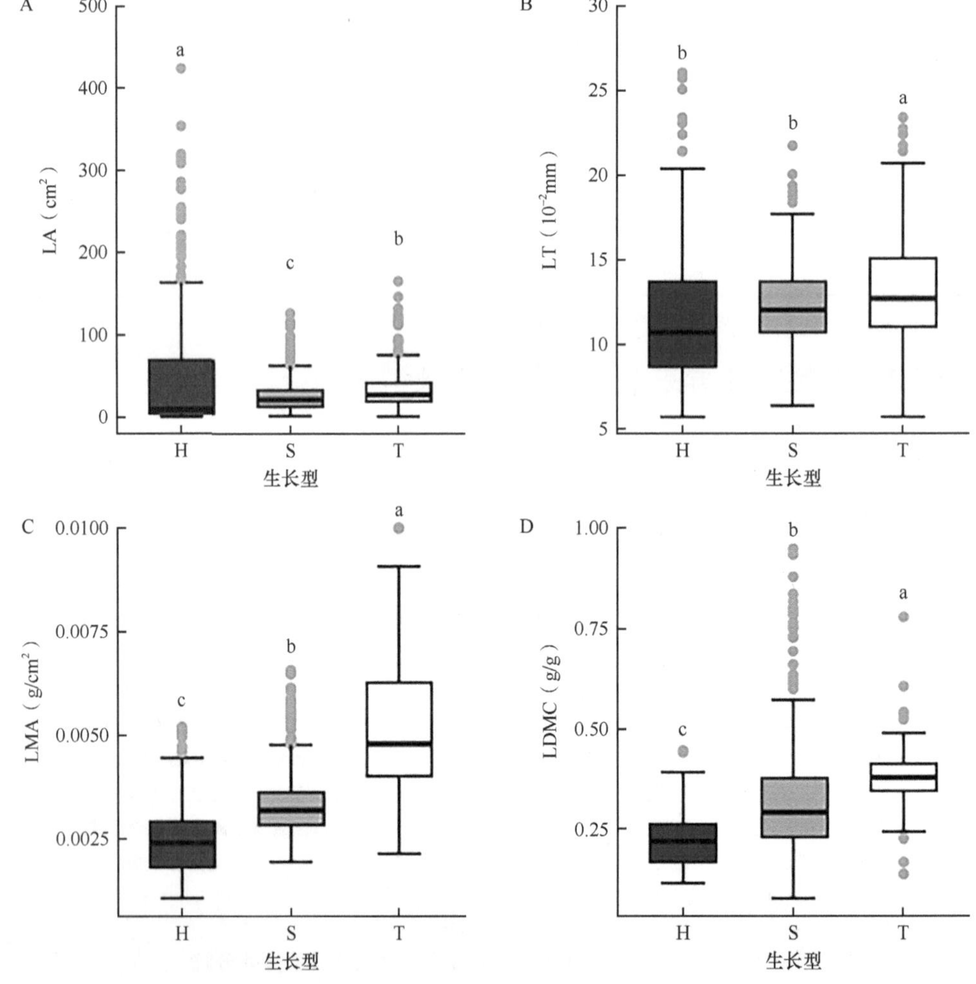

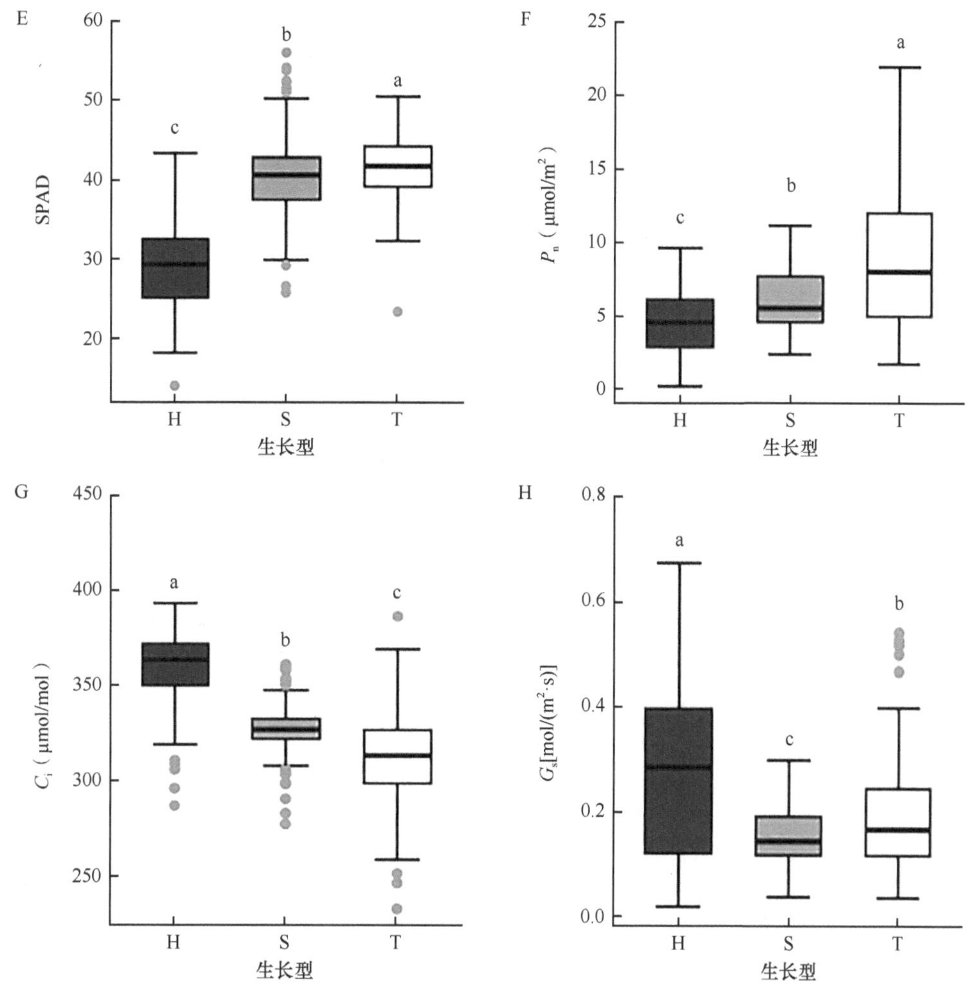

图 3.2　小兴安岭不同生长型 18 种阔叶植物 8 个叶性状的变异

不同小写字母表示不同生长型（H-草本；S-灌木；T-乔木）的叶性状之间具有显著性差异（$p<0.05$）

厚表现为乔木显著大于灌木和草本，而在灌木和草本之间差异不显著（图 3.2B）。比叶质量、叶片干物质含量、叶绿素值和净光合速率均表现为乔木＞灌木＞草本（图 3.2C～F）；草本的胞间 CO_2 浓度显著高于灌木，且灌木显著高于乔木，表现为草本＞灌木＞乔木（图 3.2G）；草本的叶面积和气孔导度显著大于灌木和乔木，且乔木显著大于灌木（图 3.2A、H）。

3.3.3　叶性状相关性分析

小兴安岭 18 种阔叶植物除了叶面积与气孔导度、叶面积与净光合速率、叶面积与叶片干物质含量之间，叶厚与气孔导度、叶厚与叶片干物质含量之间，叶片干物质含量与气孔导度之间，以及叶绿素值与气孔导度之间，其余性状之间均存在极显著相关关系（图 3.3）。不同生长型阔叶植物叶性状间的关系均无共同斜率（表 3.3）。除了草本和灌木的比叶质量与叶厚之间，以及草本的气孔导度与净光合速率之间的关系是等速生长关系，其余均为异速生长关系（表 3.3）。

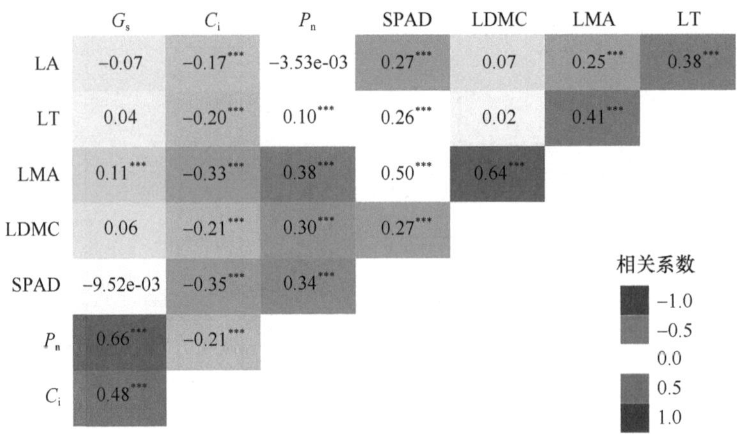

图 3.3 小兴安岭 18 种阔叶植物 8 种叶性状之间的斯皮尔曼相关分析热图

*** $p<0.001$

表 3.3 小兴安岭不同生长型 18 种阔叶植物叶性状相关关系的标准化主轴估计

指标（y-x）	生长型	R^2	p	截距	斜率（95%置信度）	下限	上限
P_n-LMA	草本	0.021	0.025	−6.338	−2.615	−2.964	−2.308
	灌木	0.004	0.164	—	—	—	—
	乔木	0.249	<0.001	5.641	2.065	1.925	2.214
P_n-LDMC	草本	0.010	0.130	—	—	—	—
	灌木	0.002	0.294	—	—	—	—
	乔木	0.078	<0.001	2.528	3.843	3.556	4.153
P_n-SPAD	草本	0.017	0.042	−6.994	5.171	4.561	5.863
	灌木	0.110	<0.001	−4.801	3.464	3.200	3.750
	乔木	0.016	0.002	−9.200	6.231	5.752	6.751
SPAD-LDMC	草本	0.004	0.319	—	—	—	—
	灌木	0.008	0.042	1.461	−0.269	−0.293	−0.248
	乔木	0.008	0.030	1.356	−0.617	−0.668	−0.569
SPAD-LT	草本	0.192	<0.001	0.870	0.563	0.502	0.631
	灌木	0.004	0.133	—	—	—	—
	乔木	0.044	<0.001	1.167	0.408	0.377	0.442
SPAD-LA	草本	0.224	<0.001	1.315	0.118	0.106	0.132
	灌木	0.002	0.359	—	—	—	—
	乔木	0.123	<0.001	1.407	0.147	0.136	0.158
LMA-LDMC	草本	0.287	<0.001	−1.817	1.220	1.096	1.357
	灌木	0.095	<0.001	−2.227	0.501	0.462	0.542
	乔木	0.204	<0.001	−1.508	1.861	1.732	2.000
LMA-SPAD	草本	0.154	<0.001	−5.520	1.977	1.760	2.221
	灌木	0.032	<0.001	−5.477	1.859	1.711	2.019
	乔木	0.025	<0.001	−7.188	3.018	2.787	3.269
LMA-LT	草本	0.216	<0.001	−3.800	1.113	0.995	1.245
	灌木	0.016	0.003	−3.643	1.067	0.982	1.160

续表

指标（y–x）	生长型	R^2	p	截距	斜率（95%置信度）	下限	上限
LMA-LT	乔木	0.392	<0.001	−3.666	1.232	1.156	1.312
LMA-LA	草本	0.270	<0.001	−2.920	0.234	0.210	0.261
	灌木	0.009	0.023	−2.137	−0.271	−0.295	−0.249
	乔木	0.007	0.044	−1.663	−0.443	−0.48	−0.409
G_s-C_i	草本	0.286	<0.001	−31.468	12.066	10.842	13.428
	灌木	0.406	<0.001	−23.265	8.915	8.355	9.512
	乔木	0.259	<0.001	−20.168	7.774	7.252	8.334
G_s-P_n	草本	0.467	<0.001	−1.244	0.986	0.899	1.082
	灌木	0.673	<0.001	−1.754	1.201	1.145	1.260
	乔木	0.678	<0.001	−1.748	1.078	1.029	1.128
C_i-LDMC	草本	0.129	<0.001	2.375	−0.261	−0.293	−0.232
	灌木	0.045	<0.001	2.582	0.126	0.116	0.136
	乔木	0.043	<0.001	2.720	0.533	0.492	0.577
C_i-SPAD	草本	0.073	<0.001	1.933	0.423	0.374	0.478
	灌木	0.009	0.029	3.264	−0.467	−0.507	−0.429
	乔木	0.019	0.001	3.891	−0.864	−0.936	−0.798

注："—"表示回归分析的显著性水平大于 0.05，不显示回归方程的斜率和截距。

净光合速率与比叶质量，胞间 CO_2 浓度与叶厚、叶片干物质含量、比叶质量的相关关系在不同生长型之间有所不同（图 3.4A、G、H、I）。在净光合速率与比叶质量的相关关系中，草本为显著负相关关系，乔木为显著正相关关系（草本斜率为−2.615，乔木斜率为 2.065）（图 3.4A）；在胞间 CO_2 浓度与叶厚的相关关系中，草本为显著正相关相关，灌木为显著负相关相关（草本斜率为 0.238，灌木斜率为−0.268）（图 3.4G）；在胞间 CO_2 浓度与叶片干物质含量的相关关系中，草本为显著负相关关系，灌木和乔木为显著正相关关系（草本斜率为−0.261，灌木斜率为 0.126，乔木斜率为 0.533）（图 3.4H）；在胞间 CO_2 浓度与比叶质量的相关关系中，草本为显著负相关关系，灌木和乔木为显著正相关关系（草本斜率为−0.214，灌木斜率为 0.251，乔木斜率为 0.286）（图 3.4I）。

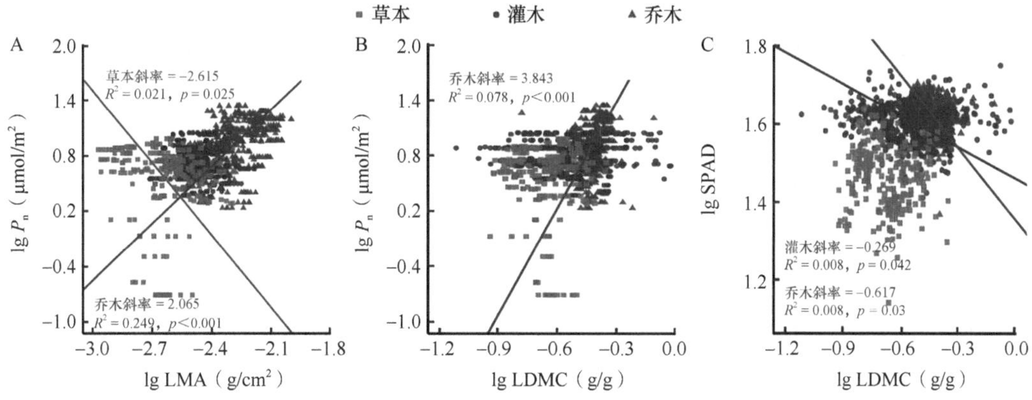

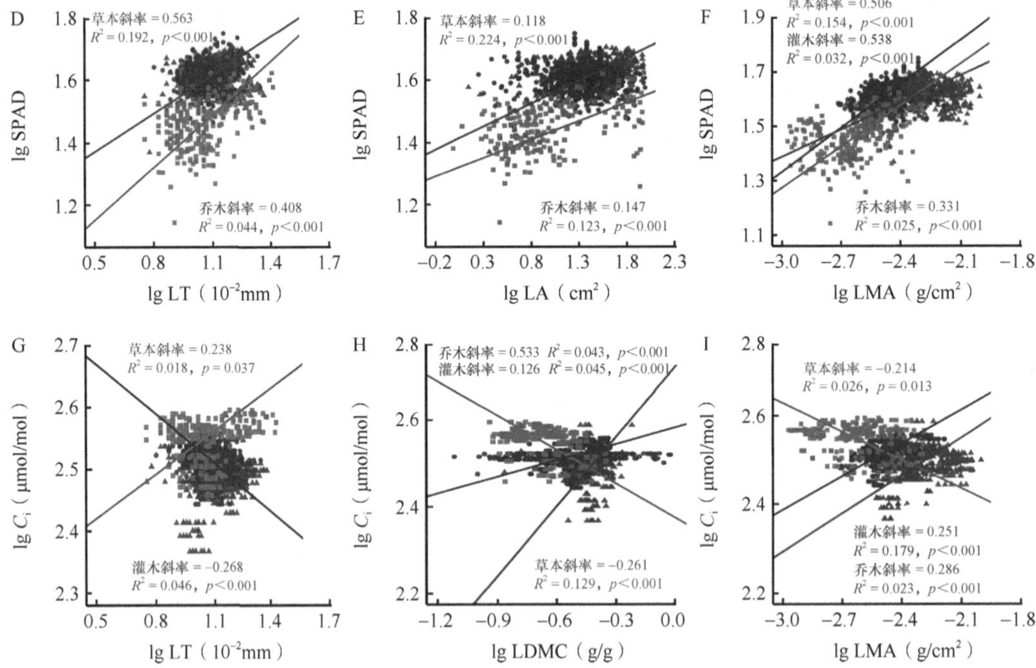

图 3.4　小兴安岭不同生长型对阔叶植物叶性状间相关关系的影响

如果性状之间不存在显著相关关系（p>0.05），则不显示线条

叶绿素值与比叶质量、叶厚、叶面积之间的相关关系在草本、乔木中均为显著正相关关系，而斜率有所不同（图 3.4D～F）。在叶绿素值与比叶质量的显著正相关关系中，草本斜率为 0.506，灌木斜率为 0.538，乔木斜率为 0.331（图 3.4F），线条的陡峭程度随着斜率的减小而逐渐变小，即叶绿素值随着比叶质量的增加而增加的趋势变小；在叶绿素值与叶厚的显著正相关关系中，草本斜率为 0.563，乔木斜率为 0.408（图 3.4D）；在叶绿素值与叶面积的显著正相关关系中，草本斜率为 0.118，乔木斜率为 0.147（图 3.4E）。

3.3.4　叶性状主成分分析

叶片结构性状中，第一主成分（PC1）和第二主成分（PC2）分别解释了 42.72%和 30.17%的变异，合计 72.89%（图 3.5A）。沿着性状贡献率相对较大的 PC1 轴，比叶质量和叶厚的相对贡献较大，且 PC1 与 4 个结构性状均呈正相关关系；沿着 PC2 轴，叶面积和叶片干物质含量的相对贡献较大，其中叶面积与 PC2 呈正相关关系，叶片干物质含量与 PC2 呈负相关关系（表 3.4）。这反映了不同生长型植物叶片结构性状之间的权衡，其中草本主要分布在 PC1 轴的负方向，比叶质量较小，叶厚较薄，代表着“快速投资-收益”型（获取型）策略；乔木与之相反，代表“缓慢投资-收益”型（保守型）策略（图 3.5A）。

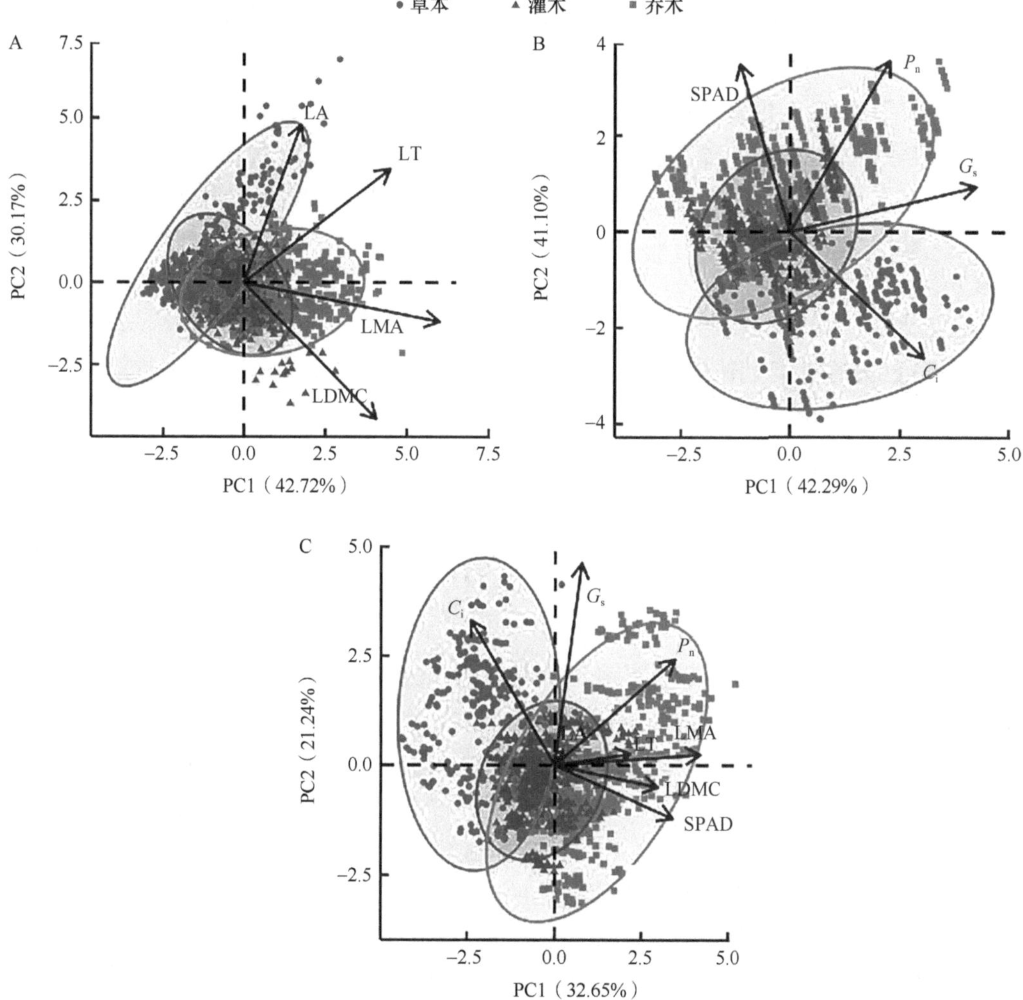

图 3.5 小兴安岭乔木、灌木、草本阔叶植物叶片结构性状（A）、光合生理性状（B）和所有性状（C）的主成分分析结果

颜色用于区分植物的不同生长型；主成分轴括号中的数据为解释比例

表 3.4 小兴安岭 18 种常见阔叶植物的叶片结构性状、光合生理性状和所有性状与第一主成分和第二主成分之间的相关系数

叶性状		结构性状		光合生理性状		所有性状	
		PC1	PC2	PC1	PC2	PC1	PC2
结构性状	LA	0.154	0.597	—	—	0.007	0.015
	LT	0.395	0.430	—	—	0.172	0.031
	LMA	0.527	−0.147	—	—	0.331	0.029
	LDMC	0.358	−0.515	—	—	0.236	−0.061
光合生理性状	SPAD	—	—	−0.151	0.475	0.270	−0.147
	P_n	—	—	0.298	0.486	0.275	0.293
	C_i	—	—	0.403	−0.359	−0.190	0.401
	G_s	—	—	0.563	0.128	0.061	0.560

注：本研究中结构性状为 LA、LT、LMA、LDMC，光合生理性状为 SPAD、P_n、C_i、G_s，在对结构性状进行主成分分析时，能够得到 LA、LT、LMA、LDMC 主成分得分，而没有 SPAD、P_n、C_i、G_s 主成分得分，因而无数据显示，对光合生理性状主成分分析同理。

叶片光合生理性状中，PC1 和 PC2 分别解释了 42.29%和 41.10%的变异，合计 83.39%（图 3.5B）。沿着性状贡献率相对较大的 PC1 轴，气孔导度和胞间 CO_2 浓度的相对贡献较大，与 PC1 均呈正相关关系；沿着 PC2 轴，净光合速率和叶绿素值的相对贡献较大，与 PC2 均呈正相关关系（表 3.4）。这反映了不同生长型植物叶片光合生理性状之间的权衡，其中草本主要分布在 PC1 轴的正方向，净光合速率较大，代表着“快速投资-收益”型（获取型）策略；乔木与之相反，代表“缓慢投资-收益”型（保守型）策略（图 3.5B）。

整体来看，PC1 和 PC2 分别累积解释了 32.65%和 21.24%的性状变异，合计解释 8 个性状 53.89%的变异（图 3.5C）。其中，气孔导度、净光合速率、胞间 CO_2 浓度和比叶质量对排序空间的贡献较大（表 3.4）。PC1 表明有着更高的比叶质量、净光合速率、叶绿素值的叶片会有更低的气孔导度、更小的叶面积。乔木分布在第一主轴的右侧，具有较高的比叶质量、净光合速率、叶绿素值和较低的气孔导度、较小的叶面积；草本植物集中分布在第一主轴的左侧，具有较低的比叶质量、净光合速率、叶绿素值和较高的气孔导度、较大的叶面积；灌木和乔木的特点类似，即乔木和灌木在这两个轴上具有相似的分布。

叶片结构性状、光合生理性状和所有性状的 PC1 轴在全部或部分生长型之间存在显著相关关系（图 3.6A～C）。当区分生长型时，灌木和乔木在结构性状 PC1 与光合生理性状 PC1 之间呈显著正相关关系（图 3.6A），在光合生理性状 PC1 与所有性状 PC1 之间也呈极显著正相关关系（图 3.6C），3 个生长型植物在结构性状 PC1 与所有性状 PC1 之间均呈极显著正相关关系（图 3.6B）。叶面积、叶厚、比叶质量、叶片干物质含量 4 个叶片结构性状与 PC1 轴正相关，净光合速率、胞间 CO_2 浓度、气孔导度 3 个叶片光合生理性状也与 PC1 轴正相关（表 3.4）。草本在结构性状权衡中主要分布在 PC1 轴的左侧（图 3.5A），在光合生理性状权衡中主要分布在 PC1 轴的右侧（图 3.5B）；而灌木和乔木分布的位置相对一致，因而灌木和乔木的结构性状 PC1 与光合

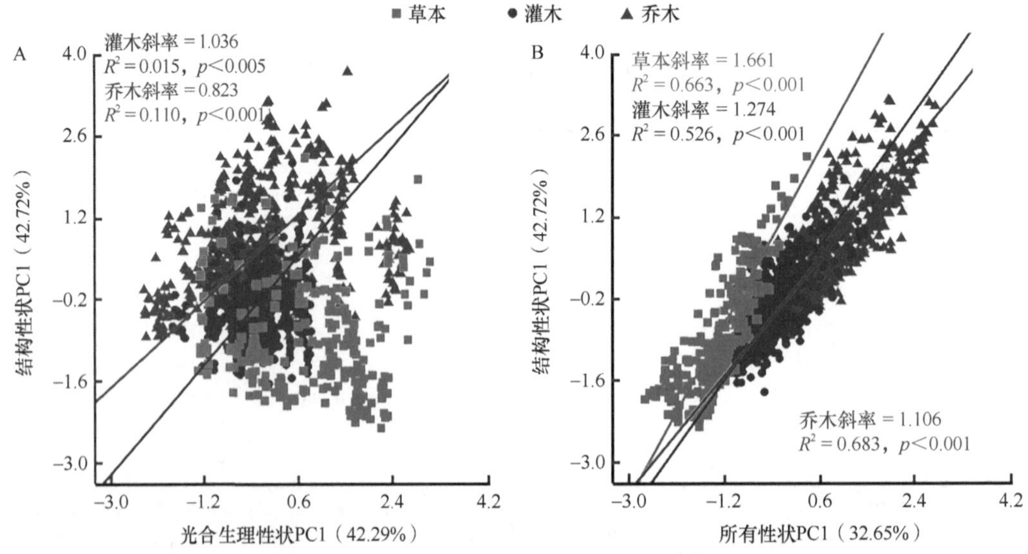

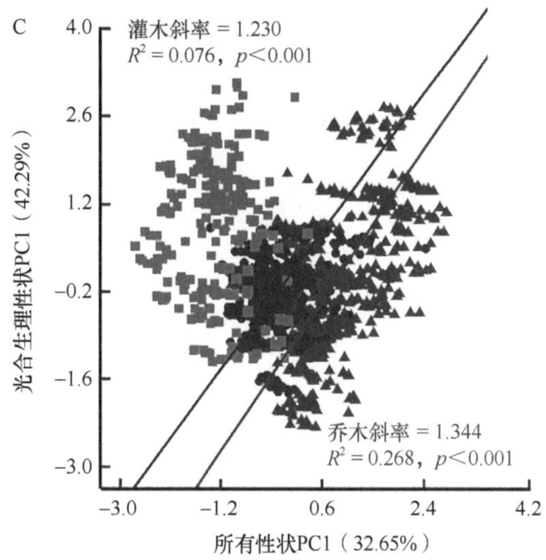

图 3.6　小兴安岭乔木、灌木、草本阔叶植物叶片结构性状 PC1、光合生理性状 PC1 和所有性状 PC1 之间的回归关系

生理性状 PC1 之间呈显著正相关关系（图 3.6A）。从决定系数来看，乔木的叶片结构性状 PC1、光合生理性状 PC1 和所有性状 PC1 之间的相关性均优于灌木（图 3.6A～C）。在结构性状 PC1 与光合生理性状 PC1 关系中，乔木相关性优于灌木（乔木 R^2 为 0.110，灌木 R^2 为 0.015）（图 3.6A）；在结构性状 PC1 与所有性状 PC1 关系中，乔木相关性优于草本，草本相关性优于灌木（乔木 R^2 为 0.683，草本 R^2 为 0.663，灌木 R^2 为 0.526）（图 3.6B）；在光合生理性状 PC1 与所有性状 PC1 关系中，乔木相关性优于灌木（乔木 R^2 为 0.268，灌木 R^2 为 0.076）（图 3.6C)。3 种关系中，不同生长型植物均不存在共同斜率（图 3.6A～C）。

3.4　讨　　论

3.4.1　叶性状的种间和种内变异

本研究发现，不同物种的叶面积、叶厚、叶片干物质含量、比叶质量、叶绿素值、净光合速率、胞间 CO_2 浓度和气孔导度存在明显差异（表 3.1），并以不同的适应策略来适应相似的生境条件（王常顺和汪诗平，2015；罗恬等，2022）。8 个性状中，叶面积的变异系数最大（74.54%），这与以往的研究结果相符。例如，Díaz 等（2016）发现，叶片大小在全球范围内可达到 6 个数量级的差异，从小于 $1mm^2$ 到大于 $1m^2$ 不等，表现出极大的可塑性，具有高变异性的性状通常与资源获取能力有关（Poorter，1999），叶面积大小直接影响着植物对光的截取能力和对碳的获取能力（王常顺和汪诗平，2015）。

方差分解结果表明，植物功能性状的种间变异和种内变异是普遍存在的（图 3.1）。叶厚和叶面积的变异主要由种间变异驱动，可能由环境条件和遗传变异共同导致。本研究中物种生长型包括乔木、灌木、草本 3 种，其所处的生长环境有所不同，遗传背景也不同，因而叶面积和叶厚这 2 个结构性状的种间变异较大。气孔导度和净光合速率的主要变异来源于种内（图 3.1，表 3.2）。Lü 等（2018）研究发现，包括净光合速率和气孔导度在内的 6 个光合生理性状主要由种内变异驱动，表现了较高的表型可塑性，反映了种内个体对生境的灵活适应。

3.4.2 生长型间叶性状的变异

以往的研究发现，不同生长型植物的叶功能性状存在显著性差异（Díaz et al., 2016）。本研究在生长型水平上所研究的 8 个叶性状（叶厚除外），均存在显著性差异（图 3.2），这说明在同一生境中不同生长型植物为了适应环境可能采取了不同的生态策略（刘润红等，2020；Spicer et al.，2020）。不同生长型植物处在群落的不同垂直结构层次，获得光照等资源的情况有所不同，从而通过影响植物性状等途径来调控植物在生长和繁殖等方面能量投入的权衡（Bolmgren and Cowan，2008）。这种差异也直接降低了局域生境中各物种之间的竞争强度，有利于增强群落稳定性，促进物种长期共存（Plourde et al.，2015）。同时，由于植物利用资源的总量有限，若一方面资源投入增大，则其他方面的资源投入就会相应减少，树种自身特性引起的叶片物质投资和分配格局的变化也会造成不同冠层间叶片性状的差异（Niklas et al.，2005；罗恬等，2022）。

叶厚表现为乔木显著大于灌木和草本,而在灌木和草本之间差异不显著(图 3.2B)，可能是因为相比于灌木和草本，乔木接受的光照强度较大，叶片内的水分容易损失，因此叶片通过减小叶面积、增加叶厚来适应强光，减弱植物叶片的蒸腾作用，减少水分的散失（Atkinson et al.，2010）。叶面积的大小关系为草本＞乔木＞灌木（图 3.2A），可能是因为草本植物生长在较为阴蔽的环境中，增大叶面积有利于增大光合效益，以适应不利环境，而乔木叶片接受的光照强度较大，叶片的水分容易损失，通过减小叶面积以适应强光，因此草本的叶面积较大，乔木和乔木的叶面积较小。郑淑霞和上官周平（2007）对不同生长型叶片属性进行研究发现，灌木的叶厚、叶面积显著小于乔木和草本，灌木通常具有生长率快等特性，而生长迅速会导致叶片较薄和叶面积较大。本研究结果与上述结果有所偏差，可能是因为本研究测定的 6 种草本植物的种间差异较大，不能代表大多数草本植物的叶片特征，或者是因为不同生长型植物采集的叶片数量差异较大。

方差分解结果表明，叶片干物质含量、比叶质量、叶绿素值以及胞间 CO_2 浓度的主要变异来源是生长型（图 3.1）。不同生长型阔叶植物的叶片干物质含量大小关系为：乔木＞灌木＞草本（图 3.2D）。叶片干物质含量能够在一定程度上反映植物对其生境资源的利用状况，在群落结构中的垂直轴上能够较好地预测资源利用策略（Rawat et al., 2021）。通常情况下，沿森林冠层向下光强逐渐减弱，相比于灌木和草本植物叶片，乔木植物叶片需克服由重力引起的较大水势差，因而其含水量较低，但乔木植物有较高的叶片干物质含量，具有较强的抵御外界环境变化的能力；同时，乔木、灌木、草本的植株生物量逐渐减小，对水分和养分的需求量也呈现减少的趋势，因此乔木的叶片干物质含量高于灌木，灌木的叶片干物质含量高于草本（Rawat et al.，2021）。比叶质量大小关系为：乔木＞灌木＞草本（图 3.2C）。郑淑霞和上官周平（2007）的研究发现，比叶质量是一个对环境变化敏感的功能性状，随着气候干旱的加剧，乔木、灌木和草本植物的比叶质量均呈现增加的趋势。具有较高比叶质量的乔木植物叶片投资较高，将更多的养分用于构建细胞以保持体内营养，能适应贫瘠、干旱和高光强的环境（Hassiotou et al.，2010）。具有较低比叶质量的草本植物保持体内营养的能力较强，由于其处在较低的位置，由重力引起的水势差较小，叶片相对不受水分的限制，且通常生长在资源较为丰富的环境中（Liu et al.，2020）。叶绿素是植物光合作用的主要光合色素，可在一定程度上反映植物叶片的光合能力（McGill et al.，2006；Croft et al.，2017）。本研究中，叶绿素值大小关系为：乔木＞灌木＞草本（图 3.2E），与刘润红等（2020）的研究结果一致。胞间 CO_2 浓度大小关系为：草本＞灌木＞乔木（图 3.2G）。乔木、灌木、草本植物的光照强度依次减弱，胞间 CO_2 浓度增加，已有研究发现随着光照强度减弱，胞间 CO_2 浓度会略微增加，两者结果相同（Hasper et al.，2017）。由此可见，不论是叶片结构性状还是光合生理性状，不同生长型植物的叶片显示了在资源利用上的差异，并具有一定的规律，这有利于植物对环境资源的充分利用，提高生态系统的稳定性。

3.4.3　不同生长型植物叶性状间的相关关系及权衡

本研究结果表明，小兴安岭阔叶植物叶片结构性状组合与光合生理性状组合间存在相关关系（图 3.6）。草本植物的净光合速率与比叶质量呈负相关关系，而乔木植物呈正相关关系（草本斜率−2.615，乔木斜率 2.065）（图 3.4A），可能是因为乔木往往分配较多的生物量和氮给细胞壁，以增强叶片韧性，并积累较多的光合产物，光合产物会被转化为淀粉等可储存的形式，在落叶之前会被转移到木质部中储存起来，为越冬及次年的生长做准备，因此乔木单位面积的叶干质量较大（Osnas et al.，2018）；而草本植物分配较多的有机氮给叶绿体，使其具有较强的光合能力，植物生长加快，地上部分生长迅速，叶片较薄，单位面积的叶干质量较小，因而草本植物的净光合速率与比叶质量呈负相关关系（Ghimire et al.，2017）。比叶质量与叶厚、叶片干物质含量呈显著正相关关系，而叶片干物质含量与叶厚无显著相关关系（图 3.3），这与荀彦涵等（2020）的研究结果一致。Wright 等（2004）的研究结果表明，单位叶面积合成的有机物越多，对外界资源的利用率越高，比叶质量大的植物具有更厚的叶片或更密集的组织，或两者兼而有之。比叶质量较大时，叶片相对坚韧，对物理威胁具有更强的抵抗力（孟婷婷等，2007），因而具有较大的比叶质量和较高的叶片干物质含量的乔木植物叶片具有较强的抵御不利环境胁迫的能力；比叶质量小的草本植物，叶寿命较短，单位干物质营养元素含量较高，光合能力较强，即净光合速率与比叶质量呈负相关关系，单位叶面积的经济投入较低，即叶片干物质含量与比叶质量呈正相关关系，因而植物资源的利用效率高，生长速度快（Hikosaka and Shigeno，2009）。Jumrani 等（2017）的研究发现，净光合速率与叶厚呈正相关关系，本研究也得到相同的结果（图 3.3）。叶面积与叶厚成正比，叶片大小可以通过影响叶片边界层厚度来影响叶片温度调节能力和蒸腾速率，进而影响叶片热量和水平衡（Wright et al.，2017），较大的叶片有较厚的边界层以减缓与周围的显热交换，同时意味着在其他条件相同的情况下，较小的叶片边界层较薄，显热交换快，叶片与空气温差大（Leigh et al.，2017）。本研究结果表明，乔木的叶面积随叶厚的变化较小，说明其在水热平衡中较稳定，更加适应外界环境的变化。

草本植物的胞间 CO_2 浓度与比叶质量呈负相关关系，灌木、乔木呈正相关关系（草本斜率为−0.214、灌木斜率为 0.251、乔木斜率为 0.286）（图 3.4I）。胞间 CO_2 浓度升高时，净光合速率随之升高，灌木和乔木的光合产物增多，叶片增厚，单位面积叶干质量变大以适应不利的环境条件，因此两性状间正相关；而草本植物两性状间负相关的原因可能是通过光合作用产生的光合产物没有用于增加叶厚，而是用于增大叶面积以满足地上部分的快速生长（Sassi et al.，2017）。不同生长型植物的叶片气孔导度与胞间 CO_2 浓度呈正相关关系，气孔导度与净光合速率呈正相关关系（表 3.3）。气孔是植物与外界环境进行水分和 CO_2 气体交换的重要通道（Cirtain et al.，2009；王建林等，2012）。空气中的 CO_2 通过气孔扩散进入叶片光合组织的细胞间隙并溶于液相中进行光合作用，大量的水分也会通过气孔经蒸腾作用扩散于大气中（叶子飘和于强，2009），因此气孔是决定植物光合强度和水分蒸腾强度的重要因素（Bonan，2008），植物通过气孔导度的改变来适应外界环境的变化。Rawat 等（2021）的研究表明，叶片光合生理性状主要受气孔导度调控，气孔的开放程度直接影响植物的蒸腾速率和光合作用（Taylor et al.，2012），随着叶片气孔扩散阻力的增加，气孔导度降低，吸收 CO_2 的量减少，导致植物的净光合速率降低（Hasper et al.，2017）。气孔导度降低造成胞间 CO_2 浓度减小，进而导致净光合速率下降，因此胞间 CO_2 浓度与气孔导度、净光合速率之间有相同的变化趋势，呈正相关关系，本研究结论与叶子飘和于强（2009）基于气孔导度的机制模型推导出的结论相同。

乔木植物具有大比叶质量、高净光合速率、高叶片干物质含量、大叶厚、小叶面积、低气孔导度的性状特点，草本植物反之。各叶片结构性状分别与各光合生理性状呈显著相关关系，标准化主轴估计进一步验证了叶片结构性状 PC1、光合生理性状 PC1 和所有性状 PC1 在不同生长型之间存在显著相关关系（图 3.6），这表明叶片结构性状与光合生理性状之间存在耦合关系，该研究结果为叶经济谱研究提供了局地性的证据，今后可尝试选出较稳定的性状组合代表植物的生态策略。植物各性状之间相互影响、相互关联，经过自然选择后最终形成特定的性状组合，以适应生存环境（Wright et al.，2007；王钊颖等，2021）。本研究中，乔木具有较大的比叶质量、叶厚，较高的叶片干物质含量、叶绿素值、净光合速率，以及较低的气孔导度，在细胞出现质壁分离时也能够保持较高的含水量，不易受到水分胁迫，这反映出其对资源获取、利用的能力较强，能够适应极端恶劣的环境（Atkinson et al.，2010），而草本植物有着与之相反的生存策略。不同生长型植物在叶经济谱中的位置不同，本研究结果表明，乔木属于“缓慢投资-收益”型（保守型）植物，将更多资源投入到提升自身防御性能和延长叶片寿命的过程中，草本植物属于“快速投资-收益”型（获取型）植物，这与以往的研究结果一致（Wright et al.，2004；Liu et al.，2023）。

3.5 小　　结

本研究以典型阔叶红松林中优势或常见的 18 种阔叶植物为研究对象，通过测量 4 个结构性状和 4 个光合生理性状，分析了不同生长型阔叶植物叶片结构性状和光合生理性状的变异及相关性。结果表明，不同生长型植物叶功能性状的变异范围为 7.73%～74.54%，其中物种是叶面积和叶厚变异的主要来源，胞间 CO_2 浓度、叶绿素值、叶片干物质含量以及比叶质量的变异主要由生长型驱动，气孔导度和净光合速率变异的主要来源是个体。不同生长型植物叶功能性状间存在显著性差异，其中草本的叶面积、叶厚和胞间 CO_2 浓度显著大于灌木和乔木，乔木的比叶质量、叶片干物质含量、叶绿素值、净光合速率和气孔导度显著大于灌木和草本。不同生长型植物之间净光合速率和比叶质量、叶片干物质含量之间具有显著的异速生长关系，且斜率大于 1；而叶绿素值和叶面积、叶厚、叶片干物质含量、比叶质量，胞间 CO_2 浓度与叶厚、叶片干物质含量、比叶质量之间则呈斜率小于 1 的异速生长关系。草本采取“快速投资-收益”型（获取型）策略，相对而言，乔木采取“缓慢投资-收益”型（保守型）策略，灌木则采取介于乔木与草本之间的资源利用策略，这可能与不同生长型植物所处环境的光照条件有关。总体来看，植物叶片结构性状和光合生理性状的变异及相互关系的研究对于揭示植物资源获取与分配策略具有重要意义。

参 考 文 献

陈莹婷, 许振柱. 2014. 植物叶经济谱的研究进展. 植物生态学报, 38(10): 1135-1153.

刘润红, 白金连, 包含, 等. 2020. 桂林岩溶石山青冈群落主要木本植物功能性状变异与关联. 植物生态学报, 44(8): 828-841.

罗恬, 俞方圆, 练琚愉, 等. 2022. 冠层垂直高度对植物叶片功能性状的影响: 以鼎湖山南亚热带常绿阔叶林为例. 生物多样性, 30(5): 4-17.

孟婷婷, 倪健, 王国宏. 2007. 植物功能性状与环境和生态系统功能. 植物生态学报, 31(1): 150-165.

王常顺, 汪诗平. 2015. 植物叶片性状对气候变化的响应研究进展. 植物生态学报, 39(2): 206-216.

王建林, 温学发, 赵风华, 等. 2012. CO_2 浓度倍增对 8 种作物叶片光合作用、蒸腾作用和水分利用效率的影响. 植物生态学报, 36(5): 438-446.

王钊颖, 陈晓萍, 程英, 等. 2021. 武夷山 49 种木本植物叶片与细根经济谱. 植物生态学报, 45(3): 242-252.

荀彦涵, 邸雪颖, 金光泽. 2020. 典型阔叶红松林主要树种叶性状的垂直变异及经济策略. 植物生态学报, 44(7): 730-741.

叶子飘, 于强. 2009. 植物气孔导度的机理模型. 植物生态学报, 33(4): 772-782.

郑淑霞, 上官周平. 2007. 不同功能型植物光合特性及其与叶氮含量、比叶重的关系. 生态学报, 27(1): 171-181.

Albert C H, Thuiller W, Yoccoz N G, et al. 2010. Intraspecific functional variability: extent, structure and sources of variation. Journal of Ecology, 98(3): 604-613.

Atkinson L J, Campbell C D, Zaragoza-Castells J, et al. 2010. Impact of growth temperature on scaling relationships linking photosynthetic metabolism to leaf functional traits. Functional Ecology, 24(6): 1181-1191.

Bolmgren K, Cowan P D. 2008. Time-size tradeoffs: a phylogenetic comparative study of flowering time, plant height and seed mass in a north-temperate flora. Oikos, 117(3): 424-429.

Bolnick D I, Amarasekare P, Araújo M S, et al. 2011. Why intraspecific trait variation matters in community ecology. Trends in Ecology and Evolution, 26(4): 183-192.

Bonan G B. 2008. Forests and climate change: forcings, feedbacks, and the climate benefits of forests. Science, 320(5882): 1444-1449.

Chave J, Coomes D, Jansen S, et al. 2009. Towards a worldwide wood economics spectrum. Ecology Letters, 12(4): 351-366.

Cirtain M C, Franklin S B, Pezeshki S R. 2009. Effect of light intensity on Arundinaria gigantea growth and physiology. Castanea, 74(3): 236-246.

Croft H, Chen J M, Luo X Z, et al. 2017. Leaf chlorophyll content as a proxy for leaf photosynthetic capacity. Global Change Biology, 23(9): 3513-3524.

Cui E Q, Weng E S, Yan E R, et al. 2020. Robust leaf trait relationships across species under global environmental changes. Nature Communications, 11(1): 2999.

Díaz S, Kattge J, Cornelissen J H C, et al. 2016. The global spectrum of plant form and function. Nature, 529(7585): 167-171.

Ghimire B, Riley W J, Koven C D, et al. 2017. A global trait-based approach to estimate leaf nitrogen functional allocation from observations. Ecological Applications, 27(5): 1421-1434.

Hasper T B, Dusenge M E, Breuer F, et al. 2017. Stomatal CO_2 responsiveness and photosynthetic capacity of tropical woody species in relation to taxonomy and functional traits. Oecologia, 184(1): 43-57.

Hassiotou F, Renton M, Ludwig M, et al. 2010. Photosynthesis at an extreme end of the leaf trait spectrum: how does it relate to high leaf dry mass per area and associated structural parameters? Journal of Experimental Botany, 61(11): 3015-3028.

He P C, Wright I J, Zhu S D, et al. 2019. Leaf mechanical strength and photosynthetic capacity vary independently across 57 subtropical forest species with contrasting light requirements. New Phytologist, 223(2): 607-618.

Hikosaka K, Shigeno A. 2009. The role of Rubisco and cell walls in the interspecific variation in photosynthetic capacity. Oecologia, 160(3): 443-451.

Huxley J D, White C T, Humphries H C, et al. 2023. Plant functional traits are dynamic predictors of ecosystem functioning in variable environments. Journal of Ecology, 111(12): 2597-2613.

Jackson B G, Peltzer D A, Wardle D A. 2013. The within- species leaf economic spectrum does not predict leaf litter decomposability at either the within-species or whole community levels. Journal of Ecology, 101(6): 1409-1419.

Jumrani K, Bhatia V S, Pandey G P. 2017. Impact of elevated temperatures on specific leaf weight, stomatal density, photosynthesis and chlorophyll fluorescence in soybean. Photosynthesis Research, 131(3): 333-350.

Kosová V, Hájek T, Hadincová V, et al. 2022. The importance of ecophysiological traits in response of *Festuca rubra* to changing climate. Physiologia Plantarum, 174(1): e13608.

Kvålseth T O. 2017. Coefficient of variation: the second-order alternative. Journal of Applied Statistics, 44(3): 402-415.

Leigh A, Sevanto S, Close J D, et al. 2017. The influence of leaf size and shape on leaf thermal dynamics: does theory hold up under natural conditions? Plant, Cell & Environment, 40(2): 237-248.

Li J L, Chen X P, Niklas K J, et al. 2022. A whole-plant economics spectrum including bark functional traits for 59 subtropical woody plant species. Journal of Ecology, 110(1): 248-261.

Li L, McCormack M L, Ma C G, et al. 2015. Leaf economics and hydraulic traits are decoupled in five species-rich tropical-subtropical forests. Ecology Letters, 18(9): 899-906.

Liang X Y, Wang D F, Ye Q, et al. 2023. Stomatal responses of terrestrial plants to global change. Nature Communications, 14(1): 2188.

Liu H, Ye Q, Simpson K J, et al. 2022. Can evolutionary history predict plant plastic responses to climate change? New Phytologist, 235(3): 1260-1271.

Liu L B, Xia H J, Quan X H, et al. 2023. Plant trait-based life strategies of overlapping species vary in different succession stages of subtropical forests, Eastern China. Frontiers in Ecology and Evolution, 10: 1103937.

Liu Z L, Hikosaka K, Li F R, et al. 2020. Variations in leaf economics spectrum traits for an evergreen coniferous species: tree size dominates over environment factors. Functional Ecology, 34(2): 458-467.

Liu Z L, Jiang F, Li F R, et al. 2019. Coordination of intra and inter-species leaf traits according to leaf phenology and plant age for three temperate broadleaf species with different shade tolerances. Forest Ecology and Management, 434: 63-75.

Lobry J R, Bel-Venner M C, Bogdziewicz M, et al. 2023. The CV is dead, long live the CV! Methods in Ecology and Evolution, 14(11): 2780-2786.

Lü X T, Hu Y Y, Zhang H Y, et al. 2018. Intraspecific variation drives community-level stoichiometric responses to nitrogen and water enrichment in a temperate steppe. Plant and Soil, 423(1): 307-315.

Martinez-Garcia J F, Rodriguez-Concepcion M. 2023. Molecular mechanisms of shade tolerance in plants. New Phytologist, 239(4): 1190-1202.

McGill B J, Enquist B J, Weiher E, et al. 2006. Rebuilding community ecology from functional traits. Trends in Ecology & Evolution, 21(4): 178-185.

Midolo G, De Frenne P, Hölzel N, et al. 2019. Global patterns of intraspecific leaf trait responses to elevation. Global Change Biology, 25(7): 2485-2498.

Mouillot D, Graham N A J, Villéger S, et al. 2013. A functional approach reveals community responses to disturbances. Trends in Ecology & Evolution, 28(3): 167-177.

Münzbergová Z, Hadincová V, Skálová H, et al. 2017. Genetic differentiation and plasticity interact along temperature and precipitation gradients to determine plant performance under climate change. Journal of Ecology, 105(5): 1358-1373.

Niklas K J, Owens T, Reich P B, et al. 2005. Nitrogen/phosphorus leaf stoichiometry and the scaling of plant growth. Ecology Letters, 8(6): 636-642.

Osnas J L D, Katabuchi M, Kitajima K, et al. 2018. Divergent drivers of leaf trait variation within species, among species, and among functional groups. Proceedings of the National Academy of Sciences of the United States of America, 115(21): 5480-5485.

Pérez-Ramos I M, Matías L, Gómez-Aparicio L, et al. 2019. Functional traits and phenotypic plasticity modulate species coexistence across contrasting climatic conditions. Nature Communications, 10(1): 2555.

Piao S L, Ciais P, Friedlingstein P, et al. 2008. Net carbon dioxide losses of northern ecosystems in response to autumn warming. Nature, 451(7174): 49-52.

Plourde B T, Boukili V K, Chazdon R L. 2015. Radial changes in wood specific gravity of tropical trees: inter- and intraspecific variation during secondary succession. Functional Ecology, 29(1): 111-120.

Poorter L. 1999. Growth responses of 15 rain-forest tree species to a light gradient: the relative importance of morphological and physiological traits. Functional Ecology, 13(3): 396-410.

Rawat M, Arunachalam K, Arunachalam A, et al. 2021. Assessment of leaf morphological, physiological, chemical and stoichiometry functional traits for understanding the functioning of Himalayan temperate forest ecosystem. Scientific Reports, 11(1): 23807.

Rosas T, Mencuccini M, Barba J, et al. 2019. Adjustments and coordination of hydraulic, leaf and stem traits along a water availability gradient. New Phytologist, 223(2): 632-646.

Rowe N, Speck T. 2005. Plant growth forms: an ecological and evolutionary perspective. New Phytologist, 166(1): 61-72.

Sack L, Scoffoni C. 2013. Leaf venation: structure, function, development, evolution, ecology and applications in the past, present and future. New Phytologist, 198(4): 983-1000.

Sassi R, Bond R R, Cairns A, et al. 2017. PDF-ECG in clinical practice: a model for long-term preservation of digital 12-lead ECG data. Journal of Electrocardiology, 50(6): 776-780.

Spicer M E, Mellor H, Carson W P. 2020. Seeing beyond the trees: a comparison of tropical and temperate plant growth forms and their vertical distribution. Ecology, 101(4): e02974.

Taylor S H, Franks P J, Hulme S P, et al. 2012. Photosynthetic pathway and ecological adaptation explain stomatal trait diversity amongst grasses. New Phytologist, 193(2): 387-396.

Thakur D, Hadincová V, Schnablová R, et al. 2023. Differential effect of climate of origin and cultivation climate on structural and biochemical plant traits. Functional Ecology, 37(5): 1436-1448.

Weemstra M, Mommer L, Visser E J W, et al. 2016. Towards a multidimensional root trait framework: a tree root review. New Phytologist, 211(4): 1159-1169.

Westerband A C, Funk J L, Barton K E. 2021. Intraspecific trait variation in plants: a renewed focus on its role in ecological processes. Annals of Botany, 127(4): 397-410.

Westoby M, Falster D S, Moles A T, et al. 2002. Plant ecological strategies: some leading dimensions of variation between species. Annual Review of Ecology and Systematics, 33: 125-159.

Wright I J, Ackerly D D, Bongers F, et al. 2007. Relationships among ecologically important dimensions of plant trait variation in seven neotropical forests. Annals of Botany, 99(5): 1003-1015.

Wright I J, Dong N, Maire V, et al. 2017. Global climatic drivers of leaf size. Science, 357(6354): 917-921.

Wright I J, Reich P B, Westoby M, et al. 2004. The worldwide leaf economics spectrum. Nature, 428(6985): 821-827.

Wright S J, Kitajima K, Kraft N J B, et al. 2010. Functional traits and the growth-mortality trade-off in tropical trees. Ecology, 91(12): 3664-3674.

Yan Z B, Sardans J, Peñuelas J, et al. 2023. Global patterns and drivers of leaf photosynthetic capacity: the relative importance of environmental factors and evolutionary history. Global Ecology and Biogeography, 32(5): 668-682.

第 4 章

季节对植物根、叶功能性状的影响

4.1 季节对植物根、叶功能性状的影响——以蕨类为例

蕨类的进化可以追溯到约 4 亿年前，是现存最古老的陆生维管植物（Tosens et al.，2016），作为林下草本层的优势物种，其对改变森林群落环境、维持森林生态系统生产力的作用不可替代（Yang et al.，2019）。以往的研究发现，蕨类叶性状间的协调关系与种子植物一致（Jin et al.，2021）；对根的研究也发现，根长减小而根直径和根组织密度增加等与根经济谱一致（Dong et al.，2015）。有研究证实，蕨类可能也符合植物经济谱（Li et al.，2022），即存在地上、地下生态策略的协调。然而，不同种蕨类地上、地下性状经济策略的差异，以及为适应季节变化经济策略的调整变化等相关研究仍较少。

阔叶红松（*Pinus koraiensis*）林是中国东北东部山区的地带性顶极植被，蕨类植物广泛分布于林下庇荫处，多以鳞毛蕨科和蹄盖蕨科为主，是阔叶红松林林下层植物的重要组成部分。研究阔叶红松林下蕨类的功能性状变化，有助于全面了解该林型物种。

本研究在中国东北东部山区的地带性植被阔叶红松林内开展，以常见的 3 种大型蕨类为研究对象，分别为粗茎鳞毛蕨（*Dryopteris crassirhizoma*）、东北蹄盖蕨（*Athyrium brevifrons*）和荚果蕨（*Matteuccia struthiopteris*）。3 种蕨类均属多年生草本，地上部分每年抽出新叶，叶片生长周期短。在 5、7、9 月分批采集上述 3 种蕨类叶和根，共测量 12 种性状，包括形态性状和化学性状，以体现季节差异。本研究旨在研究以下内容。

（1）蕨类叶、根功能性状变异的季节规律及种间差异。

（2）基于全球尺度下的叶经济谱、根经济谱及植物经济谱是否适用于阔叶红松林内的蕨类。若适用，蕨类地上、地下性状的资源利用策略如何随季节变化做出相应的协调。

4.1.1 研究背景

4.1.1.1 季节对植物功能性状变异的影响

光是自然界中高度异质的环境资源（Martinez and Fridley ，2018）。植物在整个生长过程中通过不断地调整叶片特征来对光环境的改变做出响应（Fajardo and Siefert，2016），这种对光环境改变的适应性对植物的存活、生长等具有重要意义（Boucher et al.，2017；Coble et al.，2017）。季节的改变会引起植物所处的微环境特别是光环境的改变（Martinez and Fridley，2018），叶性状因季节性光环境的改变亦有所变化（Wu et al.，2016；Albert et al.，2018）。例如，春季（叶生长期）叶片迅速展叶，增加叶面积以提

高光资源获取能力；夏季（叶稳定期）树木受到其他植株及自身叶片遮挡，光资源减少，其将更多的光合产物用于叶片构建以应对越来越复杂的生活环境；而秋季（叶衰落期）叶片的光合能力下降，营养物质发生转移。以上这些都可能造成叶性状在不同季节具有显著性差异。

Martinez 和 Fridley（2018）在温带落叶林中对不同季节变化条件下的本地物种及非本地物种性状变化进行研究发现，比叶面积、叶片 N 含量等性状均具有明显的季节动态变化；Nouvellon 等（2010）的研究结果同样表明，比叶面积在不同月份变化较大；Rossatto 等（2013）对稀树草原树种和巴西中部森林树种进行研究也得到了相同结论；Navarro 等（2010）测量地中海地区 84 种多年生植物的叶片形态性状发现，在春夏季降水期叶片生长活跃，且小叶物种的物候活跃期短于大叶物种。然而，目前关于蕨类植物不同器官的功能性状随季节变异的研究仍较少。

4.1.1.2　叶经济谱、根经济谱及全株经济谱

从单个器官到植物整体，从生物群落到生态系统，众多学者基于对功能性状的研究，得到植物资源获取-保护策略的普遍规律（Reich，2014）。叶经济谱（leaf economics spectrum，LES）作为功能性状的经典理论，被人们广泛接受。Wright 等（2004）收集全球范围内的蕨类植物、裸子植物与被子植物共 2000 多种，通过分析植物的 6 种叶功能性状，发现这 6 种叶功能性状间存在一定的规律。叶经济谱表明，在快速返回端是高光合作用速率和呼吸速率、高氮磷含量、低比叶重的物种，在慢返回端是低光合作用速率和呼吸速率、低氮磷含量、高比叶重的物种，并进一步总结出了养分利用速率快、寿命短的资源保护策略到养分利用速率慢、寿命长的资源获取策略（Ishizawa et al.，2021）。Onoda 等（2017）将细胞壁干质量分数、N 含量分配、叶肉 CO_2 扩散和相关的解剖性状等易被忽视的性状编译，验证叶经济谱背后的机制，研究发现，细胞壁变厚、比叶重增加、植物寿命延长的同时伴随着光合能力下降，这一结果支持了叶经济谱。然而，并非所有条件下的性状关系都符合叶经济谱。Wang 等（2023）对中国西北干旱地区植物叶片性状的变异进行研究发现，沙漠草本的叶片 N 含量与 P 含量呈负相关关系，这可能并不符合叶经济谱（崔东等，2018）。Fajardo 和 Siefert（2018）的研究也证实，并非所有叶经济谱预测的性状组合都反映在种内。可见，叶经济谱是否适用于区域尺度下的物种，值得探讨。

近年来，人们对植物地下性状的研究日益增多。然而，与地上性状的大量研究相比，地下性状仍亟待了解（Valverde-Barrantes et al.，2017；Qiao et al.，2023）。根系是植物从地下获取能量的主要器官，研究根性状有助于了解植物对土壤的资源利用及整体的协调策略（Weigelt et al.，2021；Rathore et al.，2023）。与叶经济谱相协调对应，根同样存在资源获取-保护策略，即根经济谱（root economics spectrum，RES）（Bergmann et al.，2020）。目前存在两种较为认可的理论，一种是一维根经济谱，特征是一端集中在高比根长（specific root length，SRL）、根 N 含量（root nitrogen content，RNC）和呼吸速率，另一端集中在高根干物质含量（root dry matter content，RDMC）、根直径（root diameter，RD）、根 C 含量；另一种则是基于主成分分析得到的多维根经济谱（Roumet et al.，2016），

即以根组织密度（root tissue density，RTD）-根 N 含量为主的保护梯度和以比根长-根直径+菌根为主的协同梯度正交。然而，对物种而言，是否存在根经济谱，以及哪种根经济谱更贴合其资源利用策略仍不清楚。Prieto 等（2015）测量了不同气候下乔木、灌木及草本植物细根（直径≤2mm）和粗根（直径＞2mm）的一系列形态和化学性状，结果表明，无论是细根还是粗根，都较为符合根系资源获取和保护策略的权衡。de Long 等（2019）研究温带草地的栽培植物叶、根性状发现，根直径和比根长并非与根 N 含量处在同一维度，而是形成了根性状变异的第二个独立维度。

植物资源获取-保护策略在地上性状、地下性状中的权衡，为全株经济谱（plant economics spectrum，PES）提供了支持（Li et al.，2022）。近年来的研究发现，叶、根性状之间的协调在乔木、灌木和草本植物中均有体现。Liu 等（2023）通过对中国各大尺度样带的蒿属植物叶、茎和根器官性状进行测量，研究了不同器官性状的协同变异，结果证实了蒿属植物不同器官性状存在协同变异，形成了全株经济谱，从而实现对资源的有效利用。Ciccarelli 等（2023）测量了海岸到内陆 3 种不同栖息地的被子植物叶和根性状，以验证叶经济谱和根经济谱的存在及经济谱间的协调，结果表明植物整体存在全株经济谱，且在不同生境中各经济谱表现为二维，这与碳经济策略和环境因素影响有关。

4.1.2　研究方法

4.1.2.1　研究区域概况

本研究在黑龙江省小兴安岭山脉东南段的黑龙江凉水国家级自然保护区（中心点地理坐标为 47°10′50″N，128°53′20″E）开展，该地属温带大陆性季风气候，四季分明。夏季高温多雨，冬季寒冷干燥，年平均气温−0.3℃，年降水量 676mm，年蒸发量 855mm。该保护区总面积为 12 133hm^2，森林总蓄积量为 180.0 万 m^3，森林覆被率为 98%，分布有以红松为主的温带针阔叶混交林，林下草本层主要有东北点地梅（*Androsace filiformis*）、东北穗花（*Pseudolysimachion rotundum* subsp. *subintegrum*）和狼尾草（*Pennisetum alopecuroides*）等一二年生草本植物，以及蚊子草（*Filipendula palmata*）、宽叶荨麻（*Urtica laetevirens*）、东北羊角芹（*Aegopodium alpestre*）、粗茎鳞毛蕨（*Dryopteris crassirhizoma*）、东北蹄盖蕨（*Athyrium brevifrons*）、荚果蕨（*Matteuccia struthiopteris*）等多年生草本植物。

4.1.2.2　样本采集

由于保护区平均温度低，蕨类展叶时间晚，本研究将春季采集时间延后。分别于 2022 年 5 月（春季）、7 月（夏季）和 9 月（秋季），采集阔叶红松林的粗茎鳞毛蕨、东北蹄盖蕨和荚果蕨，每个季节每种各取 10 株，共计 90 株。在每株个体中间位置取 1 片健康且完全展开的羽叶用于光合性状测定，取 3 片羽叶放入自封袋，用于叶片形态性状测定，其余叶片用于化学性状测定；除去根系的土壤颗粒，冲洗干净后用于根系形态及化学性状测量。将测得的叶、根性状合计为全株性状。

4.1.2.3　样本测定

1. 光合性状测定　在天气晴朗的 9:00～11:00，用 LI-6800 便携式光合仪（莱科生物科学公司，美国）测定叶光合参数。设置叶室参数为：光强 1500μmol/（$m^2 \cdot s$），CO_2浓度 400μmol/mol，叶室温度 25℃，相对湿度 65%。每株植物各取 1 片完整样叶，在设定光强下诱导 5min 后，测定其净光合速率（*A*）和蒸腾速率，则瞬时水分利用效率（WUE_i）=净光合速率/蒸腾速率。

2. 形态性状及化学性状测定　将叶片展平，用刷子扫去叶片背面的孢子囊。用佳能 Lide 400 扫描仪以 300dpi 的分辨率扫描得到叶片图像，用 ImageJ 软件处理图像获得叶面积；用电子天平（精度 0.0001g）称量样叶鲜重，于 65℃烘箱烘干至恒重后取出，称重得到叶干重。叶面积与叶干重的比值为比叶面积，叶干重与叶鲜重的比值为叶片干物质含量（LDMC）。从每株个体中挑选 3 个分枝完整的根系，首先将根浸泡在蒸馏水中，用镊子将根分枝展平，避免交叉；然后用扫描仪以 800dpi 的分辨率扫描；最后用 WinRHIZO 软件（瑞根特仪器公司，加拿大）处理图像，以确定总根长度、根直径和根体积。扫描后将根从蒸馏水中取出，用纸巾擦拭表面多余的水分，用电子天平（精度 0.0001g）称重得到根鲜重。将根烘干至恒重后，称重得到根干重。总根长度与根干重的比值为比根长，根鲜重与根干重的比值为根干物质含量，根体积与根干重的比值为根组织密度。首先将叶片和根放入烘箱内 105℃杀青，65℃下烘干；其次用粉碎机粉碎，过 100 目筛；然后消煮；最后采用 AQ400 自动间断化学分析仪（希尔分析有限公司，英国）来测定叶片 N 含量（leaf nitrogen content，LNC）、叶片 P 含量（leaf phosphorus content，LPC）和根 N 含量（RNC）、根 P 含量（root phosphorus content，RPC）。

4.1.2.4　数据分析

首先对数据进行对数转换，以保证数据正态化；然后用 SPSS 15.0 软件对数据进行处理。在季节和种间水平上，对叶、根性状做单因素方差分析，并进行多重比较检验，显著性水平设置为 α=0.05。用嵌套方差分析法解析各影响因素对性状变异的解释比例，嵌套水平为：季节＞物种＞个体。用主成分分析法分别对叶、根和全株性状降维，检验是否符合一维经济谱。用皮尔逊（Pearson）相关系数表示各性状分别与第一主成分（PC1）和第二主成分（PC2）的双变量关系。对叶、根和全株植物的 PC1 得分进行 *t* 检验，以确定各经济谱的变化规律。以上数据利用 R 软件和 Origin 软件作图。

4.1.3　研究结果

4.1.3.1　蕨类功能性状的季节变异

与春夏季相比，东北蹄盖蕨和荚果蕨的比叶面积在秋季差异较为显著（图 4.1A），叶片干物质含量从春季到秋季依次显著增加（图 4.1B）。粗茎鳞毛蕨的净光合速率和瞬时水分利用效率在秋季显著提高（图 4.1C、D）。3 种蕨类的叶片 N 含量从春季到秋季整体呈现递减趋势（图 4.1E）。东北蹄盖蕨和荚果蕨的叶片 P 含量从春季到秋季依次减小，粗茎鳞毛蕨则先减后增（图 4.1F）。粗茎鳞毛蕨的比叶面积和叶片 N 含量显著小于东北蹄盖蕨和荚果蕨（图 4.1A、E），叶片干物质含量则显著高于东北蹄盖蕨和荚果蕨（图 4.1B）。叶片 P 含量在粗茎鳞毛蕨与东北蹄盖蕨之间差异显著，但在荚果蕨与二者之间差异不显著，表现为东北蹄盖蕨＞荚果蕨＞粗茎鳞毛蕨（图 4.1F）。

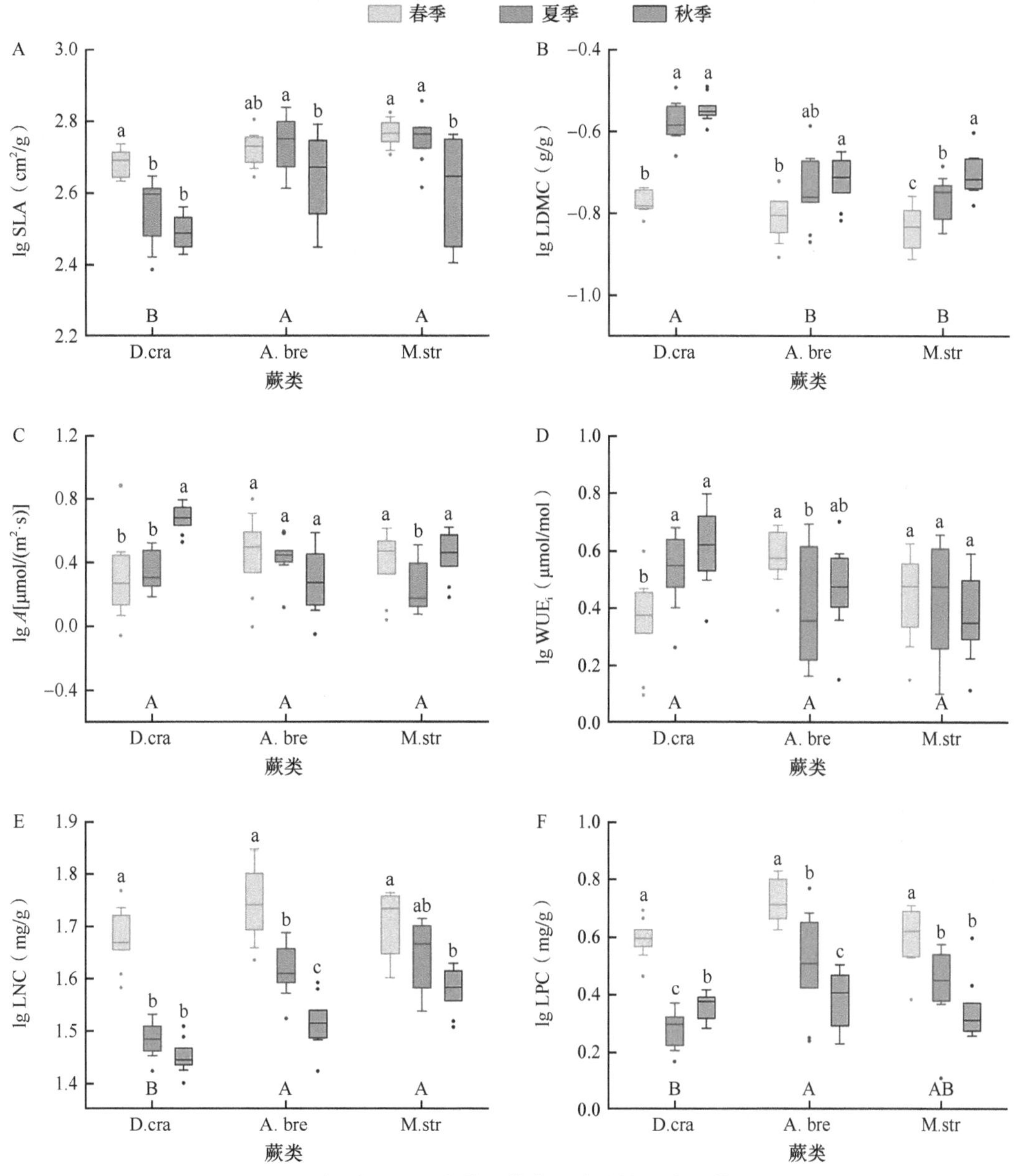

图 4.1　阔叶红松林内典型蕨类叶功能性状的季节变异

D.cra-粗茎鳞毛蕨；A.bre-东北蹄盖蕨；M.str-荚果蕨。不同大写字母表示种间差异显著（$p<0.05$），不同小写字母表示种内差异显著（$p<0.05$）

3 种蕨类的根直径在季节间均未表现出显著性差异，在种间则表现为荚果蕨＞东北蹄盖蕨＞粗茎鳞毛蕨（图 4.2A）。粗茎鳞毛蕨的比根长在夏季显著大于春秋季，根干物质含量则相反（图 4.2B、C）。东北蹄盖蕨和荚果蕨的根组织密度在秋季显著高于春夏季（图 4.2D）。东北蹄盖蕨的根 N 含量从春季到秋季依次降低（图 4.2E），粗茎鳞毛蕨和东北蹄盖蕨的根 P 含量在夏季显著低于春秋季（图 4.2F）。

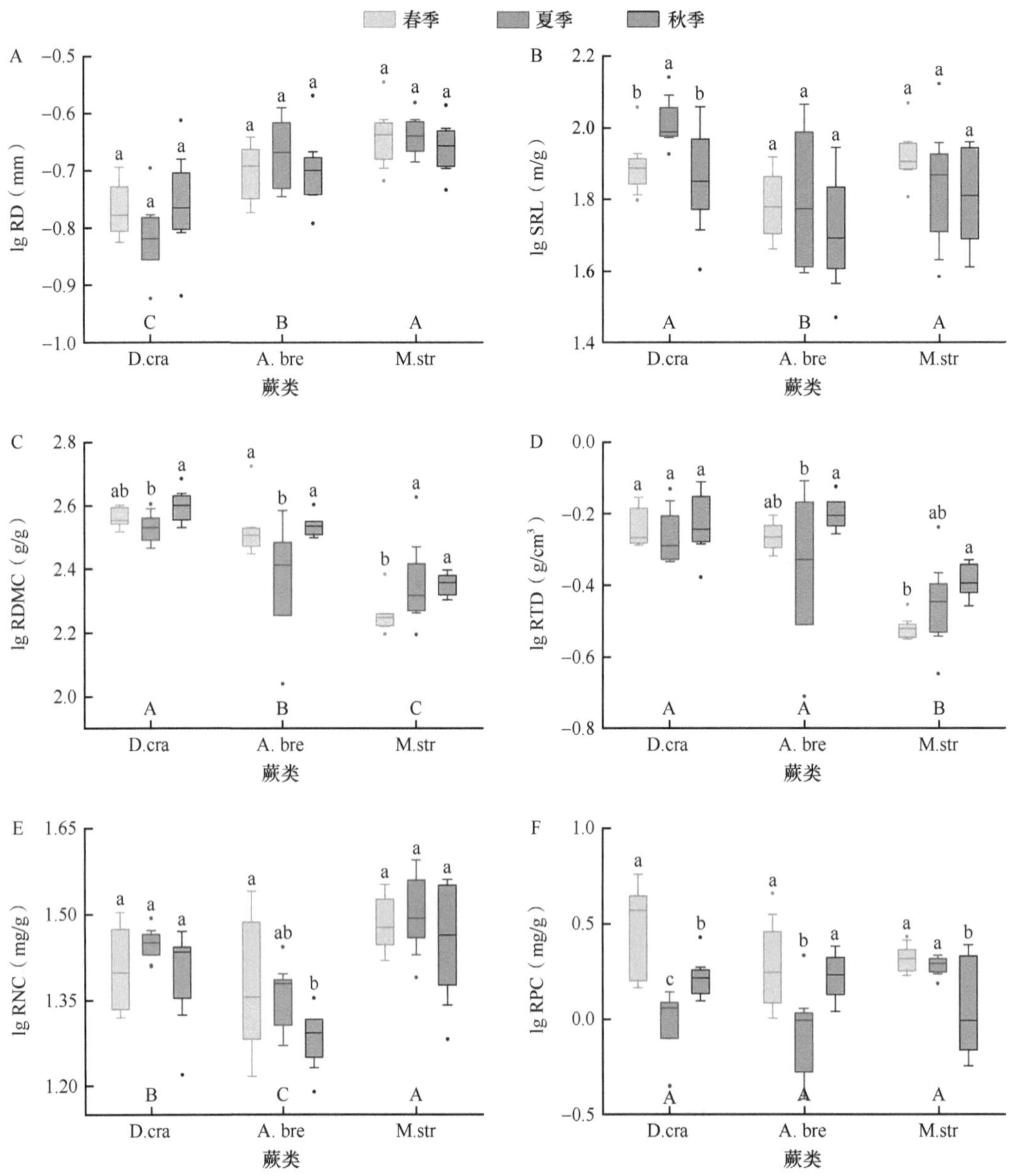

图 4.2　阔叶红松林内典型蕨类根功能性状的季节变异

D.cra-粗茎鳞毛蕨；A.bre-东北蹄盖蕨；M.str-荚果蕨。不同大写字母表示种间差异显著（$p<0.05$），不同小写字母表示种内差异显著（$p<0.05$）

季节对叶功能性状变异的解释比例远高于根功能性状（图 4.3）。季节是叶功能性状变异的主要因素，其次是物种和个体。叶功能性状变异均受季节、物种和个体变异的影响，其中叶片干物质含量主要受物种变异的影响，净光合速率受季节的影响最大（图 4.3A）。根功能性状变异主要受个体和物种变异的影响，个体变异是根直径、比根长、根 N 含量和根 P 含量变异的主要因素，物种变异是根干物质含量和根组织密度变异的主要因素（图 4.3B）。此外，季节对比根长和根 P 含量变异有一定影响（图 4.3B）。

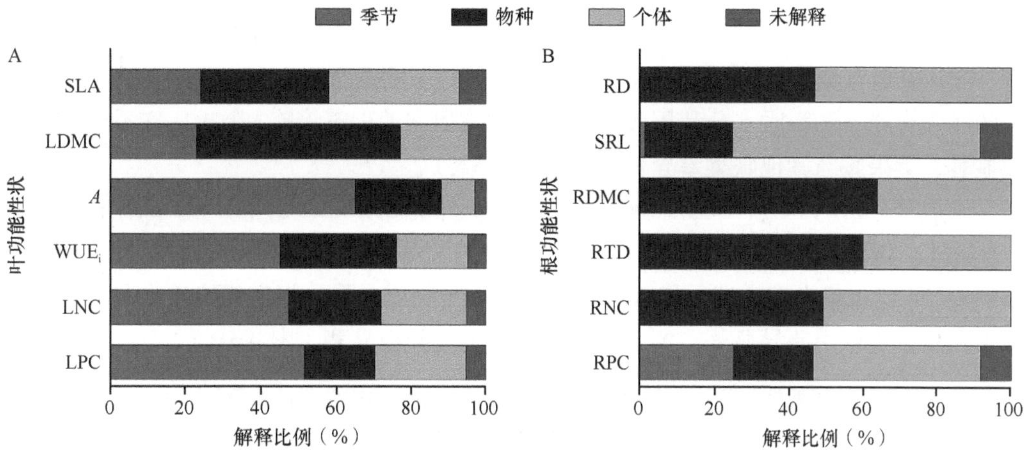

图 4.3　阔叶红松林内典型蕨类功能性状变异的方差分解

4.1.3.2　蕨类经济谱的季节变化

主成分分析的 PC1、PC2 共解释了叶性状变异的 78.4%（图 4.4A），各性状对 PC1

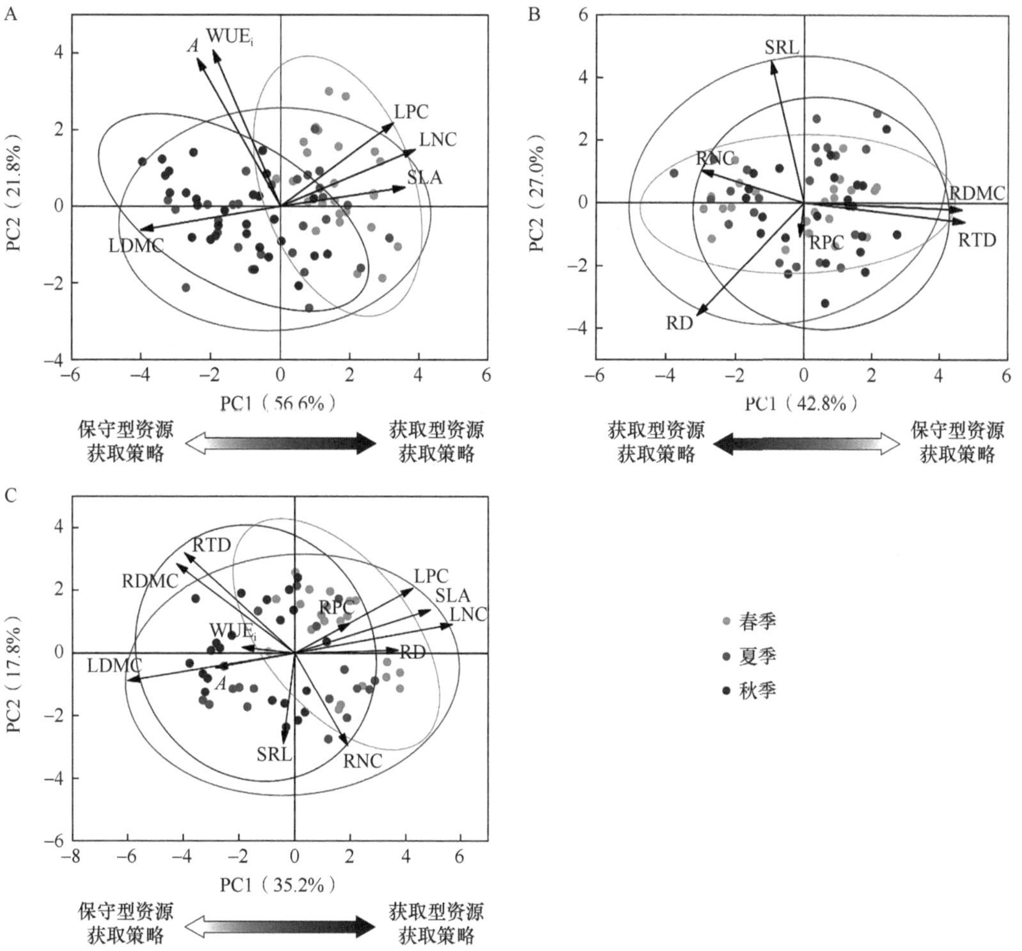

图 4.4　阔叶红松林内典型蕨类叶（A）、根（B）和全株（C）功能性状的主成分分析结果

主成分轴括号中的数据为解释比例

的贡献极显著（表 4.1）。沿主成分分析 PC1 轴，代表获取策略的比叶面积、叶片 N 含量、叶片 P 含量集中在一端，代表保守策略的叶片干物质含量在另一端，与光合作用相关的净光合速率和瞬时水分利用效率均表现为较保守的生态策略。叶 PC1 在季节间差异极显著，荚果蕨与其他蕨类差异极显著（图 4.5A）。

主成分分析的 PC1、PC2 共解释了根性状变异的 69.8%（图 4.4B）。除比根长和根 P 含量外，各性状对 PC1 的贡献极显著（表 4.1）。沿主成分分析 PC1 轴，代表获取策略的根 N 含量集中在一端，代表保守策略的根干物质含量、根组织密度在另一端。根 PC1 在夏季与秋季差异显著，荚果蕨与其他蕨类差异极显著（图 4.5B）。

表 4.1 阔叶红松林内典型蕨类叶经济谱、根经济谱和植物经济谱中个体性状与 PC1 和 PC2 得分的双变量关系

		LES		RES		PES	
		PC1	PC2	PC1	PC2	PC1	PC2
叶	SLA	0.45**	0.08	—	—	0.37**	0.21*
	LDMC	−0.50**	−0.1	—	—	−0.45**	−0.13
	A	−0.30**	0.62**	—	—	−0.21**	−0.07
	WUE_i	−0.24**	0.65**	—	—	−0.14*	0.03
	LNC	0.49**	0.24*	—	—	0.43**	0.14
	LPC	0.41**	0.35**	—	—	0.32**	0.31**
根	RD	—	—	−0.39**	−0.60**	0.28**	0.01
	SRL	—	—	−0.12	0.75**	−0.03	−0.43**
	RDMC	—	—	0.58**	−0.04	−0.32**	0.43**
	RTD	—	—	0.59**	−0.1	−0.30**	0.48**
	RNC	—	—	−0.38**	0.17	0.14*	−0.44**
	RPC	—	—	−0.02	0.18	0.15*	0.14

* $p<0.05$，** $p<0.01$。

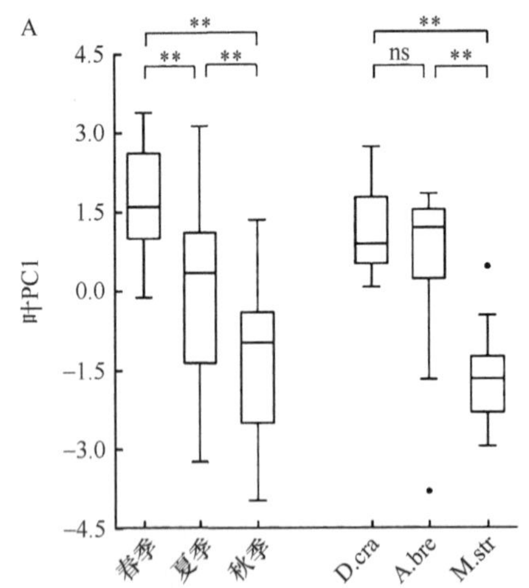

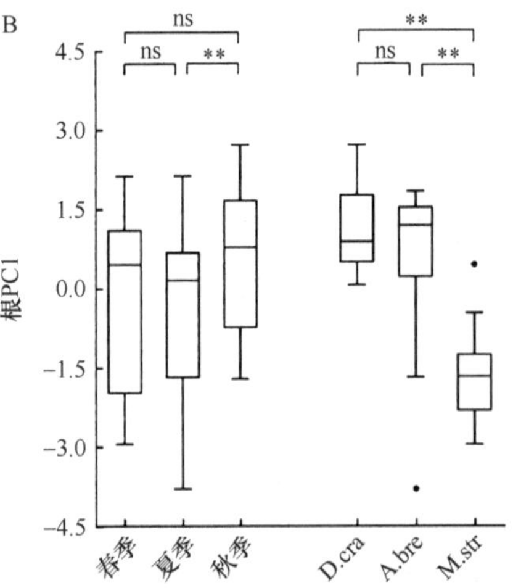

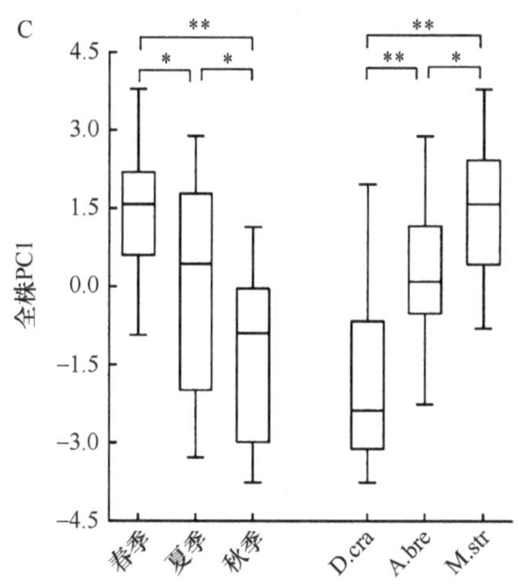

图 4.5　阔叶红松林内典型蕨类叶经济谱、根经济谱和植物经济谱 PC1 在季节间、物种间的差异

D.cra. 粗茎鳞毛蕨；A.bre. 东北蹄盖蕨；M.str. 荚果蕨。** $p<0.01$；* $p<0.05$；ns $p>0.05$

主成分分析的 PC1、PC2 共解释了全株性状变异的 53%（图 4.4C）。除比根长外，各性状对 PC1 的贡献显著（表 4.1）。整体而言，代表保守策略的干物质含量、瞬时水分利用效率和根组织密度在一端，代表获取策略的比叶面积、根直径、氮磷含量在另一端。比根长对 PC2 轴贡献极显著（表 4.1）。在物种间和季节间，全株 PC1 差异显著（图 4.5C）。

4.1.4　讨论

4.1.4.1　蕨类叶、根功能性状变异的季节规律

植物在不同季节表现出不同的资源获取方式，以满足生长发育各阶段的需求（Schmitt et al., 2022）。与根性状相比，季节对叶功能性状变异的影响更为显著（图 4.3）。相关研究表明，为实现植物生长时间和生长速率之间的功能权衡，面临快速生长压力的物种在早期生长速度相对较快，并在较短时间内完成整个生命周期（Wang et al., 2020）。为满足地上部分快速完成生长周期，植株迅速协调植物内部进行生物量分配，为前期叶片生长发育及之后的光合作用制造养分过程提供物质和能量；相比于地上部分，快速生长的物种在构建根系吸收表面积或长度上投入的生物量较少（Comas and Eissenstat, 2004）。本研究对象均为多年生蕨类，叶片在生长季前期快速生长；相对而言，地下根系受生长周期的限制不大，在季节间稳定生长。叶片的 N 含量、P 含量受季节的影响最大，春季 N、P 含量显著高于夏秋季；根 P 含量一定程度上受季节的影响。原因可能是，秋冬季凋落物的输入及土壤微生物的分解代谢为第二年春季土壤提供了充足的营养元素，春季到夏季是植物获取利用资源的活跃期，植物在土壤微生物的共同作用下，快速吸收土壤养分供植物根系和地上部分生长。

个体和物种变异是蕨类根功能性状变异的主要因素。个体变异倾向于影响代表获取策略的根性状（根直径、比根长、根 N 含量和根 P 含量），表明个体根系易受小尺度土壤因子的影响。这些性状对局部环境刺激高度敏感，容易感知外界环境并自我调整，表

型可塑性强，使个体在生态位竞争中占据优势（He et al.，2021）。通常来讲，比根长大、较细的根在竞争中能吸收更多的水分和营养，根系的 N、P 等元素含量也随之增加（Kramer-Walter et al.，2016；Lak et al.，2020）。物种变异则更倾向于影响代表保守策略的性状（根干物质含量和根组织密度），可认为是在面对环境压力时，蕨类根系的物种特异性造成的（Comas and Eissenstat，2009）。温带气候下多年生草本植物的地上部分每年都会重新发育（Huang et al.，2018），而根系则可通过休眠躲避不利季节（Liu et al.，2023），这也可能是物种更能解释根性状变异的原因。

4.1.4.2　蕨类存在叶经济谱、根经济谱及全株经济谱

本研究中，代表获取策略的叶片 N 含量，叶片 P 含量、比叶面积结果证实了先前的理论，即存在蕨类的叶经济谱、根经济谱及全株经济谱，无论是叶片、根系还是全株植物，它们的性状都表现出对资源获取-保护的权衡，这进一步说明反映资源利用策略的经济谱由器官扩展到整体水平是被认可的（Thomas et al.，2020）。然而，并非所有的性状都满足经济谱。本研究发现，无论是根经济谱还是全株经济谱，蕨类比根长对 PC1 的贡献率都较低（$p>0.05$）（表 4.1），这与相关研究中比根长独立于植物经济谱的结论一致（Kramer-Walter et al.，2016；Liu et al.，2023）。这可能是因为根性状与叶性状相比有更多的变异模式。例如，根系与共生真菌的相互作用进一步强调了根系性状间的非线性关系，性状间相关关系的弱化使得比根长符合根性状变异的多维性，但不一定满足植物经济谱（Kong et al.，2019）。事实上，基于主成分分析得到的多维根经济谱也被广泛认同，该理论认为以根组织密度-根 N 含量为主的保护梯度和以比根长-根直径+菌根为主的协同梯度正交。

本研究还比较了在相似环境条件下的物种发现，沿根经济谱、叶经济谱及全株经济谱的 PC1 轴，存在资源利用策略的物种间差异：粗茎鳞毛蕨在所有经济谱中均表现出相对保守的生存策略，荚果蕨则表现出相对积极的营养获取策略（图 4.5），体现了物种适应性的差异。林分郁闭度对粗茎鳞毛蕨性状的影响较大，在郁闭度较大的林分中，粗茎鳞毛蕨通过增大冠幅和捕获光面积以适应弱光环境；当郁闭度超过其耐阴限度后，种群呈现衰退状态（林红梅等，2006）。粗茎鳞毛蕨的体型偏大，羽片众多，保守的生存策略能够保证其在较大的生物量分配情况下完成生命周期。相比于粗茎鳞毛蕨，荚果蕨的体型小，林下的遮阴环境足以满足自身生长发育所需的光照条件，其积极的获取策略有助于扩大生长和繁殖。结合野外实践观察，本研究发现粗茎鳞毛蕨的叶寿命长于其他两种蕨类，这与以往研究证实的结果一致，即与快速生长（获取策略）的物种相比，缓慢生长（保守策略）的物种叶寿命更长（Mediavilla and Escudero，2003）。值得注意的是，3 种蕨类的地上部分和地下部分并未表现出一致的资源利用策略，叶性状表现为资源获取而根性状则表现为资源保护，这在一定程度上可能证实了以往研究的观点，即一个物种的地上部分和地下部分的资源利用策略并不一定协调（Isaac et al.，2017）。自然选择促进植物叶、根等器官之间共同变异，协调植物整体内部的水分、氮磷等资源分配利用，而偏离器官协调的物种可能受遗传变异、对环境差异的适应及个体变化等的影响（Russo and Kitajima，2016）。

4.1.4.3　蕨类叶经济谱、根经济谱及全株经济谱在季节间的分异

随着季节更替，蕨类全株植物的资源利用策略从获取向保守转化（图 4.5C），其中叶片呈现显著的策略变化；根在春夏季没有表现出显著的策略差异，均呈现积极的获取策略，在秋季则表现出较为显著的保守策略（图 4.5B）。由此可见，地上叶器官和地下根器官在随季节变化调整全株植物的资源利用策略时并不完全同步，叶性状和根性状存在解耦现象（Shen et al.，2019）。本研究认为，这可能与地理尺度有关。局部尺度上，各器官对外在环境的感知和适应能力不同，在环境压力下性状间的协调适应表现出与大尺度的全株植物资源利用策略的差异（Craine et al.，2005；Jiang et al.，2021）。

性状间的相互作用随季节变化在一定程度上反映各器官的联系协调，进而形成植物对不同环境的适应方式。相关研究表明，植物在适宜的环境条件下表现出大比叶面积、高比根长、高养分含量和低干物质含量，而在恶劣的环境条件下则更倾向于保守的生存策略以保证高存活率，性状通常表现为小比叶面积、低比根长、低养分含量和高干物质含量（Burnett et al.，2021；de Battisti et al.，2021）。粗茎鳞毛蕨、东北蹄盖蕨和荚果蕨均为早春展叶物种（杨光辉等，2023），早春空气温度和土壤温度回升，空气和土壤湿度加大，乔木和灌木的枝条幼芽开始发育，树冠未成型，蕨类在良好的生长环境条件下积极利用光照和水分等进行光合作用制造养分，地上器官对物候的响应带动地下根系从土壤中积极吸收水分和营养，以保证蕨类营养叶的光合作用、呼吸作用等生理活动，以及繁殖叶上孢子囊群的生长发育。总体而言，无论是地上部分还是地下部分，积极获取的生态策略使蕨类在春季显著生长。在水热条件最好的夏季，乔木和灌木层的树冠已成型，林冠开放度下降，蕨类叶片的生命活动由于光衰减不再像春季那样活跃，作为耐阴物种，其利用弱光合成养分以适应季节变化，进入生长稳定期（Zhou ct al.，2019），叶片更多的能量由供应植物营养生长发育转为供应生殖生长；相反，根并未随叶片资源利用策略的变化而变化，仍旧较为平稳地为叶片进行物质输送。随着秋季温度降低、光照强度减弱，地上部分的叶片叶龄增大、繁殖体成熟，植物生长缓慢，对营养物质的需求降低（Xu et al.，2017；Gao et al.，2024），整体以更保守的策略生存。

4.1.5　小结

本节测量了 3 种蕨类的叶性状和根性状，探究阔叶红松林内典型蕨类经济谱的季节变化，以及为适应季节变化做出的生态策略调整。与根性状相比，季节对叶性状变异的影响更显著。季节是净光合速率、瞬时水分利用效率、叶片 N 含量和叶片 P 含量变异的主要因素，个体变异和物种变异是影响根性状变异的主要因素。粗茎鳞毛蕨较另外两种蕨类而言，经济策略更为保守，荚果蕨表现为更积极的获取策略。从春季到秋季，叶 PC1 和全株 PC1 由积极的获取策略转变为保守策略，根 PC1 在夏季和秋季具有显著性差异，相比于叶、根的经济获取策略变化较为平稳。

◆ 4.2 季节对植物叶、枝功能性状的影响——以毛榛为例

阔叶红松林是中国东北东部山区的地带性顶极植被，而毛榛（*Corylus mandshurica*）是阔叶红松林中的灌木优势种，属于落叶物种，对林分内养分、物质循环以及群落内的能量流动都具有重要的促进作用，并且毛榛分布广泛（白雪娇等，2010；Ma et al.，2013），因此毛榛是探究局域尺度上灌木的枝、叶性状种内变异的良好选择。本研究分别于春季、夏季和秋季采集毛榛当年生枝和叶，测量毛榛枝、叶柄和叶脉横截面解剖结构的非维管柱组织占比（proportion of non-vascular column，NVP）、维管柱组织占比(proportion of vascular column，VP）、韧皮部组织占比（proportion of phloem，PP）、木质部组织占比（proportion of xylem，XP），旨在探究不同季节毛榛枝、叶柄和叶脉解剖性状的变异和权衡关系，以及响应环境变化的策略，并探索影响毛榛当年生枝、叶解剖性状的主要环境因素。对此，提出如下科学问题。

（1）季节和器官类型，谁对毛榛解剖性状的影响更大？沿着枝-叶柄-叶脉的顺序，横截面解剖结构中各组织占比的变异规律是什么？

（2）枝、叶柄和叶脉解剖性状间的协作关系是否受季节和器官的影响?在不同季节，毛榛会采取何种生态策略？且由于不同器官的功能存在差异，其枝、叶柄和叶脉的生存策略又是否存在差异?

（3）在不同季节，降水、温度、光照和土壤谁是影响毛榛解剖性状变异的关键因素，其对枝、叶柄和叶脉解剖性状的影响效应是否有差异？

4.2.1 研究背景

4.2.1.1 毛榛枝、叶柄和叶脉性状变异及权衡

近年来，小枝内和叶内的生长关系以及枝叶间的性状权衡逐渐成为研究热点（Wright et al.，2004；Niinemets et al.，2006；Sun et al.，2006；Yang et al.，2014），但以往研究主要集中于同一器官或者不同器官的形态性状、经济性状或化学性状（Wright et al.，2004；Liu et al.，2023），对解剖性状的研究相对较少。然而，植物解剖特征属于植物重要的功能性状之一（Kitajima and Poorter，2010；Lechthaler et al.，2019；Agustí and Blázquez，2020），也是反映植物生理过程的关键。解剖性状可以指示光合作用、水和养分的获取和运输、构建和维持组织的代谢成本、组织生物力学以及与其他生物和环境的相互作用关系等（Lambers et al.，2008；Kitajima and Poorter，2010；Strock et al.，2022）。因此，探究环境与植物解剖组织特征之间的关系，有助于进一步理解植物对环境变化的响应和适应策略（Wright et al.，2004；Pandey，2021）。另外，植物个体不同器官间彼此紧密相连且相互影响，如维管系统是贯穿整个植物体以实现地下与地上水分和养分交换的重要通道（Esau，1965；Mauseth，2017；Zhao et al.，2020；Liu et al.，2023）。对植物的当年生枝、叶来说，其处于树冠顶部，是植物分支系统中最活跃的部分，也是随气候（如水分和养分）变化最容易改变的部分（Yang et al.，2014；Primack et al.，2015；Wu et al.，2023）。负责输送水分和养分的管道组织分别存在于枝、叶柄和叶脉中，按

照不同功能，这 3 个部位的横截面解剖结构均可划分为：非维管柱组织、维管柱组织、韧皮部组织和木质部组织（贺学礼，2016；Mauseth，2017）。但枝是植物地上支持和运输结构，而叶是光合器官，二者在功能上存在差异，那么这 4 种组织在枝-叶柄-叶脉三者之间是如何变化的？是否存在权衡关系及其可能的影响因素又是什么？这些问题均有待深入探究。

4.2.1.2　环境因子对毛榛枝、叶柄和叶脉生存策略的影响

植物功能性状（或性状-性状关系）的季节性变化在生态生理学研究中常被忽视，或被认为很小（Ackerly，2004；Coble et al.，2016；Menezes et al.，2022）。但也有研究表明，季节变化对植物功能性状具有重要影响（Gotsch et al.，2010；McKown et al.，2013；Burnett et al.，2021；Schmitt et al.，2022）。例如，Gotsch 等（2010）研究了哥斯达黎加季节性干燥和潮湿森林中常绿和半落叶木本植物的叶性状与水分关系的变化，发现 26.7%的叶片性状与季节性变化有关；Schmitt 等（2022）也发现，季节性的土壤水分有效性与叶片性状变异显著相关。另外，对于植物性状的变异，前人研究多集中于不同尺度上高大乔木或不同类型灌木种间的比较，但是对灌木种内性状变异的研究相对较少（Gotsch et al.，2010；Rosa et al.，2015；Liu et al.，2020；Xiao et al.，2019）。例如，Xiao 等（2019）采用树木年代学方法，研究了 2 种灌木的径向生长特征和区域变暖趋势下 2 种灌木的适应性；也有研究对比了不同土壤养分和水分处理中多种灌木的性状变异特征（Nielsen et al.，2019）。越来越多的研究表明，种内变异是引起性状变异的主要组成部分（Violle et al.，2012；Bloomfield et al.，2018；Yang et al.，2021）。掌握灌木植物功能性状的种内变异规律及影响因素，有助于全面揭示植物对气候变化的响应机制（He et al.，2019；Yu et al.，2019；Tenkanen et al.，2023）。且对于林下灌木来说，其所处的生态位导致了生存环境缺乏光照，不同季节灌木性状变异的影响因素可能与乔木有所不同，因此不同季节灌木的种内性状变异还有待进一步探究。

4.2.2　研究方法

4.2.2.1　研究区域概况

研究区域概况同 4.1.2.1 小节，此处不再赘述。

4.2.2.2　样本采集

成年毛榛的胸径通常在 3cm 左右。为避免树大小对性状造成影响，本研究分别于 2021 年春季（5 月）、夏季（7 月）和秋季（9 月），在阔叶红松林内随机选取 15 株长势较好的成年毛榛个体作为样木，胸径为（3±0.5）cm，共 45 株。各样木所在立地的海拔、坡度、坡向相近，以排除地形因子对实验的影响，为减小空间自相关对实验结果产生的影响，样木之间保证了一定的距离（大于 10m）。针对每株样木，首先在冠层的上南部位采集 3 个叶片健康完整的当年生枝（Cornelissen et al.，2003），然后放入保温箱及时带回实验室，最后将新鲜的枝和叶片立即放入装有 FAA 溶液（70%乙醇：福尔马林：冰醋酸=90：5：5）的试剂瓶中，且固定时间超过 24h，使样本能够维持新鲜的组

织和细胞结构以用于解剖性状的测定。

4.2.2.3 环境因子的测定

取样前尽量选择无阳光直射的天气。首先在每株样木的林下固定好三脚架，然后使用鱼眼相机[带有 180°鱼眼镜头的 Nikon Coolpix 4500 数码相机（尼康株式会社，日本）]分别在其南、北方向各采集 3 张半球图片，最后利用 Gap Light Analyzer ver.2.0 软件计算总入射辐射（直射和漫射）和冠层开放度，用以表征样木所处的光照条件（Frazer et al.，1999）。本研究的月均温、降水数据来源于荷兰皇家气象研究所的数据共享网站（https://climexp.knmi.nl/history/）。

首先在每株样木周围选取 3 个取样点（任意 2 个取样点之间的夹角约为 120°），然后在每个样点距离地表（去除凋落物层）10cm 处获取土壤样本，最后将 3 个取样点的土壤样本完全混合后进行烘干处理。将其中一部分用于测定土壤含水量（SWC）；而另一部分则先用粉碎机将其磨成细粉过筛，再使用 HANNAPH211 型 pH 计测定土壤 pH，并利用 Multi N/C 3000 分析仪测定土壤全碳（STC）含量。另外，土壤样本细粉在经过浓 H_2SO_4+H_2O_2 消煮后采用 AQ400 间断分析仪（希尔分析有限公司，英国）测定土壤全氮（STN）含量和土壤全磷（STP）含量。

4.2.2.4 石蜡切片的制作和解剖性状的选定与测量

1. 枝 首先，在 FAA 溶液中选取样枝中部 1～2cm 长的样本；然后，采用石蜡切片的方法，依次进行脱水、透明、浸蜡、包埋、切片和染色等；最后，在光学显微镜（奥林巴斯株式会社，日本）下观察切片，并使用电子图像分析设备（奥林巴斯株式会社，日本）拍摄和获取需要测量的图像。

2. 叶柄 有研究表明，茎维管组织中的木质部或韧皮部可能会发生分叉、旋转、靠拢和合并，从而转变成叶维管组织的结构，这一过程在叶柄内发生（Lambers et al.，2008；Slewinski，2013；贺学礼，2016；Cheng et al.，2022），叶柄不同部位的维管柱组织结构可能存在差异。因此，在 FAA 溶液中挑选样叶的叶柄时，选取靠近枝条端（叶柄下部）和靠近叶片端（叶柄上部）各约 1cm 长的叶柄，用来制作石蜡样本（制作方法同枝），再分别进行切片，然后在光学显微镜下观察和拍摄（方法同枝）。

3. 叶脉 在 FAA 溶液中选取样叶时，先用刀片从每个叶片的中心部位切下约 $1cm^2$ 的叶片样本，然后选取样叶的中部主叶脉来制作石蜡切片（制作方法同枝），最后在光学显微镜下观察和拍摄（方法同枝）。

4. 解剖性状的选定 在石蜡切片制作过程中，对于同一种器官，植物的横截面面积特征存在一定的变异性，即使选取了粗细差异不大的样本，样本的形状差异和切片位点的偏移，也可能导致横截面解剖结构各组织的面积产生较大的偏差。但是对于不同解剖组织面积占横截面面积的比例，其变异性相对较小。一方面，其可在一定程度上表征植物的生理生态功能（Kiorapostolou et al.，2019；于青含等，2020），例如，对于同一器官，横截面解剖结构中木质部和韧皮部所占比例越高，意味着植物在每单位横截面面积上具有更多输送水分的导管和输送养分的筛管，因此横截面解剖结构中不同组织比例的大小可作为反映植物权衡策略的指标（Esau，1965；Mauseth，2017；Kiorapostolou et al.，2019）；另一方面，其也可较好地规避上述情况导致的样本间差异。因此，为了得到更为准确的结论，本研究针对同一器官，尽可能选取样本的相近部位进行切片，测量并使用各解剖结构组织占横截面面积的比例作为本研究的观测性状。在本研究测量的解剖性状中，非维管柱组织的绝大部分为薄壁细胞组织，其中外层为木栓层和表皮等（Esau，1965；Lambers et al.，2008；Mauseth，2017），非维管柱组织占比可以表征营养物质储存和植物自我保护等能力（Agustí and Blázquez，2020；Wu et al.，2020）；维管柱组织占比表征运输水分和养分的能力，可以影响植株机械稳定性（Schumann et al.，2019；Gričar et al.，2022）；韧皮部组织占比表征输导光合产物的能力（Montwé et al.，2019；Agustí and Blázquez，2020）；木质部组织占比表征水分和无机盐等物质的运输能力（Schumann et al.，2019；Pandey，2021）。

5. 毛榛枝、叶柄和叶脉横截面解剖结构及解剖性状的测定　毛榛当年生枝、叶柄和叶脉的取样部位及解剖结构示意见图 4.6。毛榛的当年生枝见图 4.6A～C。毛榛叶柄下部接近枝的部位，维管柱结构发生分离，结构中没有髓，见图 4.6D～F。毛榛叶柄上部靠近叶片的部位，结构中有髓，见图 4.6G～I。毛榛叶片中部的主叶脉见图 4.6J～L。

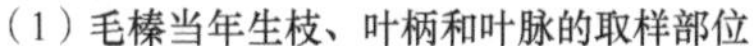

（1）毛榛当年生枝、叶柄和叶脉的取样部位

图 4.6　毛榛当年生枝、叶柄和叶脉的取样部位及解剖结构示意图

使用 ImageJ 软件测量枝、叶柄和叶脉各个部位横截面结构中的各组织面积，分别为非维管柱组织面积、维管柱组织面积、韧皮部组织面积和木质部组织面积。其中，维管柱组织面积（春季、夏季和秋季）=横截面积（μm^2）−非维管柱组织面积（μm^2），再分别计算枝、叶柄和叶脉各组织面积所占横截面面积的比例（Kiorapostolou et al.，2019；于青含等，2020），解剖性状计算公式如下：

$$\text{枝/叶柄下部/叶柄上部/叶脉 NVP}(\%)=\text{非维管柱组织面积}(\mu m^2)/\text{横截面积}(\mu m^2)\times 100\% \quad (4.1)$$

枝/叶柄下部/叶柄上部/叶脉 VP（%）=维管柱组织面积（μm^2）/横截面积（μm^2）×100%（4.2）

枝/叶柄下部/叶柄上部/叶脉 PP（%）=韧皮部组织面积（μm^2）/横截面积（μm^2）×100%（4.3）

枝/叶柄下部/叶柄上部/叶脉 XP（%）=木质部组织面积（μm^2）/横截面积（μm^2）×100%（4.4）

4.2.2.5 数据分析

首先，采用嵌套方差分析法，解析解剖性状变异来源，即采用 R 语言‘nlme’包中的‘lme’函数针对每个性状构建线性混合模型，嵌套水平为：季节＞个体＞器官（Paradis et al.，2004）。

其次，采用单因素方差分析和最小显著性差异（LSD）方法，对不同季节枝、叶柄和叶脉的 4 个解剖性状进行差异显著性分析，以揭示毛榛解剖性状在不同季节间和枝、叶柄和叶脉间的变异规律。

然后，采用皮尔逊相关分析方法，分析两两性状间的相关关系，再将相关性显著的成对解剖性状，进一步采用标准化主轴（SMA）估计法检验性状间关系是否受不同季节和器官类型的影响（Warton et al.，2012）（为了使数据符合正态分布，在分析前对数据进行了对数变换）。为揭示毛榛在不同季节和器官间的资源利用策略，对 4 个解剖性状进行主成分分析（PCA）。

最后，使用 R 语言‘hier.part’包，将不同环境因子对解剖性状的影响进行层次分割（Mac Nally and Walsh，2004），筛选出影响解剖性状的主要环境因子；再使用 R 语言‘plspm’包，构建环境因子和解剖性状的偏最小二乘路径模型（partial least squares path modeling，PLSPM）（Sanchez，2013）。在 PLSPM 中，结构模型（structural model）用于探究环境因子和解剖性状的关系，测量模型（measurement model）用于表示潜变量与其观测变量之间的关系。PLSPM 中所用的环境观测变量即层次分割中对性状变异影响较大的环境因子。以上数据利用 R-4.1.3（R Core Team，2022）和 Origin 2022 软件进行分析及图表绘制。

4.2.3 研究结果

4.2.3.1 器官和季节尺度上毛榛当年生枝、叶柄和叶脉解剖性状的变异规律

非维管柱组织占比、维管柱组织占比、韧皮部组织占比和木质部组织占比受到季节、个体和器官等变异驱动因素的影响。器官解释了上述 4 个性状的大部分变异，依次为96%、87%、81%和 76%；季节也是影响解剖性状的重要因素之一，解释性状变异的比例依次为 2%、11%、17%和 22%；而个体对解剖性状的影响较小，变异解释比例均低于1%（图 4.7）。

从春季到秋季，枝的非维管柱组织占比呈现上升趋势，而叶柄下部、叶柄上部和叶脉的非维管柱组织占比呈现下降趋势（图 4.8A）。枝的维管柱组织占比和韧皮部组织占

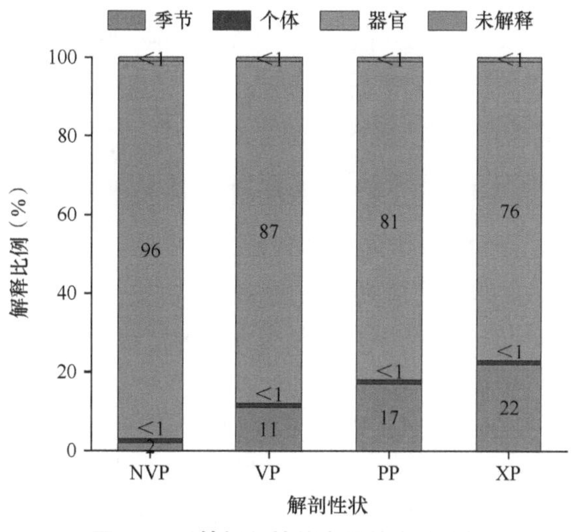

图 4.7　毛榛解剖性状变异的方差分解

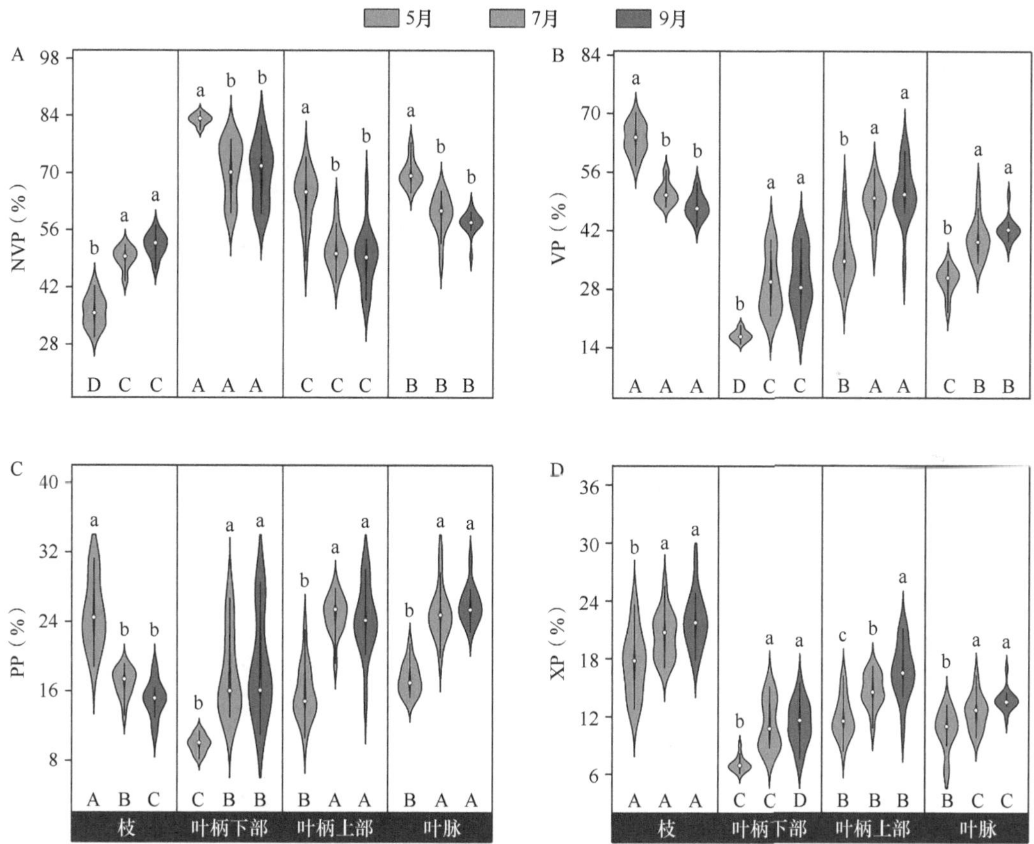

图 4.8　不同季节毛榛当年生枝、叶柄和叶脉解剖性状的比较

不同小写字母表示同一个器官内不同季节的解剖性状差异显著，不同大写字母表示同一个季节不同器官的解剖性状差异显著

比呈现下降趋势，而叶柄下部、叶柄上部和叶脉的维管柱组织占比和韧皮部组织占比均呈现上升趋势（图 4.8B、C）。枝、叶柄下部、叶柄上部和叶脉的木质部组织占比都呈现上升趋势（图 4.8D）。

对于不同的器官之间，按照枝-叶柄下部-叶柄上部-叶脉的顺序，非维管柱组织占比整体上呈现先上升后下降的趋势，维管柱组织占比、韧皮部组织占比和木质部组织占比整体上呈现先下降后上升的趋势（图 4.8）。

4.2.3.2 毛榛当年生枝、叶柄、叶脉解剖性状间的相关性及权衡关系

随着生长季节变化，性状协作关系具有显著性差异。lgNVP-lgPP、lgNVP-lgXP、lgVP-lgPP 和 lgVP-lgXP 的斜率绝对值大小比较结果均为：春季＞夏季＞秋季（图 4.9B～E）。lgPP-lgXP 具有共同斜率，为 0.96，且在夏季和秋季 lgPP-lgXP 性状间的双变量关系并不显著（$p>0.05$）（图 4.9F）。

对于不同器官之间，lgNVP-lgPP 斜率绝对值大小比较结果为：枝＞叶柄上部＞叶脉＞叶柄下部（图 4.9H）。lgVP-lgPP 斜率绝对值大小比较结果为：叶柄下部＞叶脉＞叶柄上部＞枝（图 4.9J）。lgPP-lgXP 具有共同斜率，为 1.27（图 4.9L）。枝的 lgNVP-lgXP 斜率为正，lgVP-lgXP 斜率为负；而叶柄下部、叶柄上部和叶脉与枝相反（图 4.9I、K）。

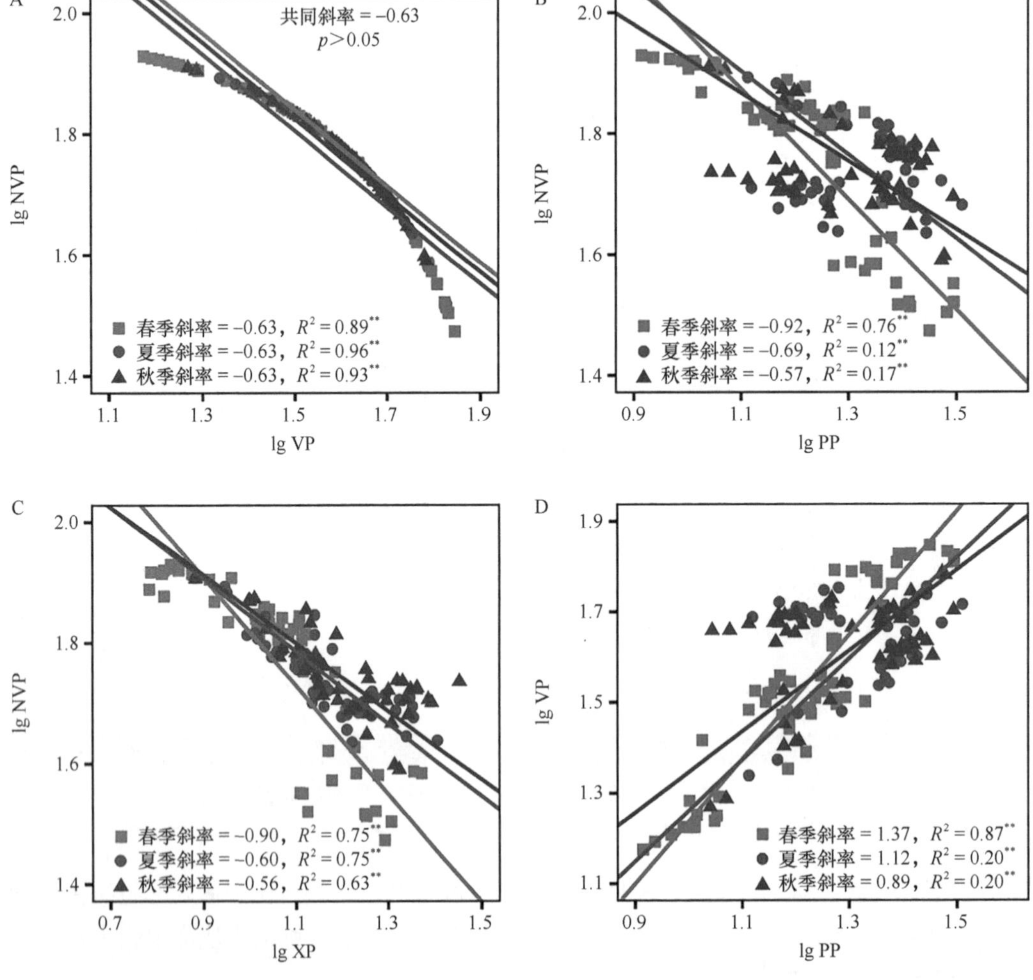

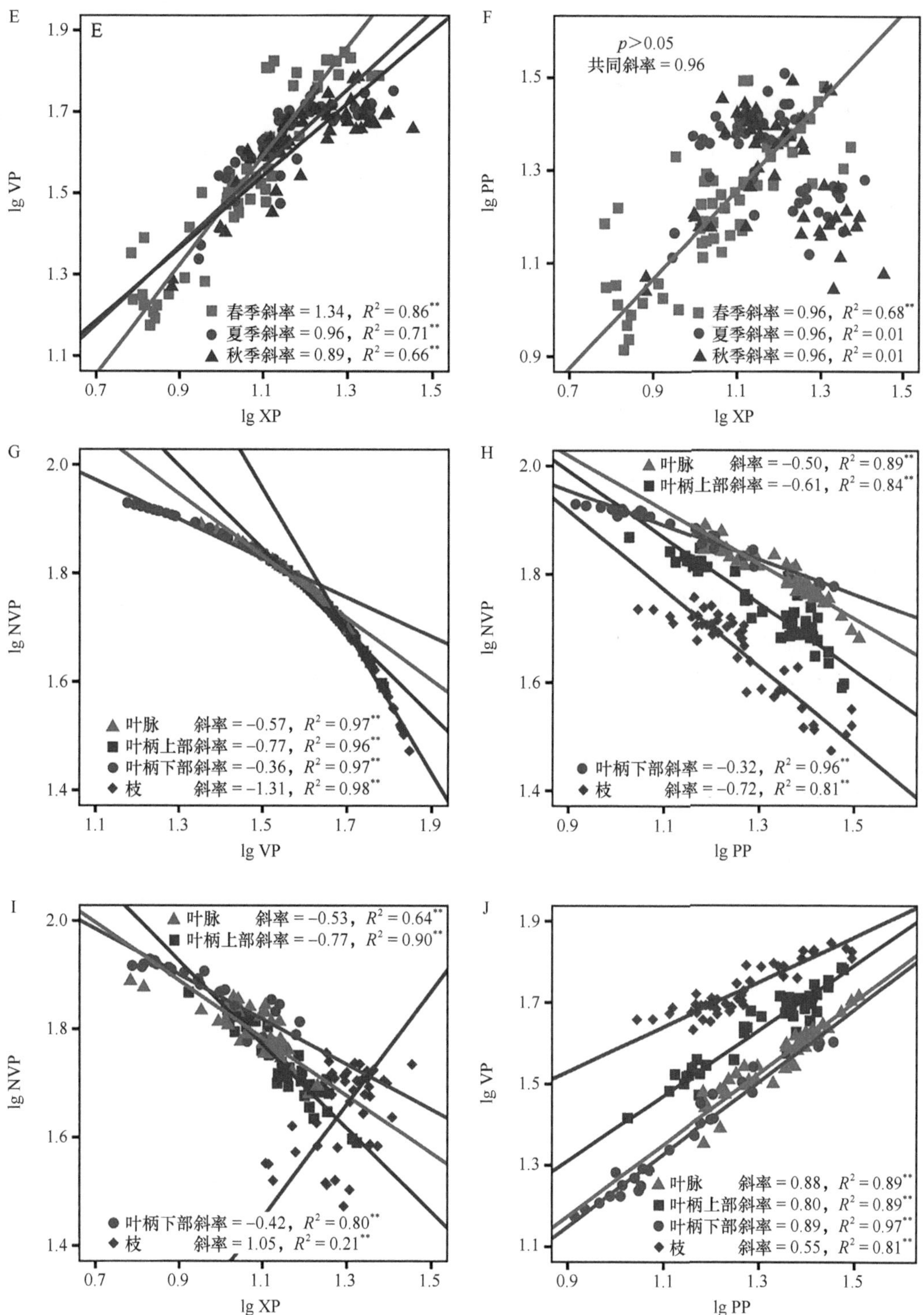

E
lg VP
lg XP
春季斜率 = 1.34，R^2 = 0.86**
夏季斜率 = 0.96，R^2 = 0.71**
秋季斜率 = 0.89，R^2 = 0.66**
F
lg PP
lg XP
p>0.05
共同斜率 = 0.96
春季斜率 = 0.96，R^2 = 0.68**
夏季斜率 = 0.96，R^2 = 0.01
秋季斜率 = 0.96，R^2 = 0.01
G
lg NVP
lg VP
叶脉 斜率 = −0.57，R^2 = 0.97**
叶柄上部斜率 = −0.77，R^2 = 0.96**
叶柄下部斜率 = −0.36，R^2 = 0.97**
枝 斜率 = −1.31，R^2 = 0.98**
H
lg NVP
lg PP
叶脉 斜率 = −0.50，R^2 = 0.89**
叶柄上部斜率 = −0.61，R^2 = 0.84**
叶柄下部斜率 = −0.32，R^2 = 0.96**
枝 斜率 = −0.72，R^2 = 0.81**
I
lg NVP
lg XP
叶脉 斜率 = −0.53，R^2 = 0.64**
叶柄上部斜率 = −0.77，R^2 = 0.90**
叶柄下部斜率 = −0.42，R^2 = 0.80**
枝 斜率 = 1.05，R^2 = 0.21**
J
lg VP
lg PP
叶脉 斜率 = 0.88，R^2 = 0.89**
叶柄上部斜率 = 0.80，R^2 = 0.89**
叶柄下部斜率 = 0.89，R^2 = 0.97**
枝 斜率 = 0.55，R^2 = 0.81**

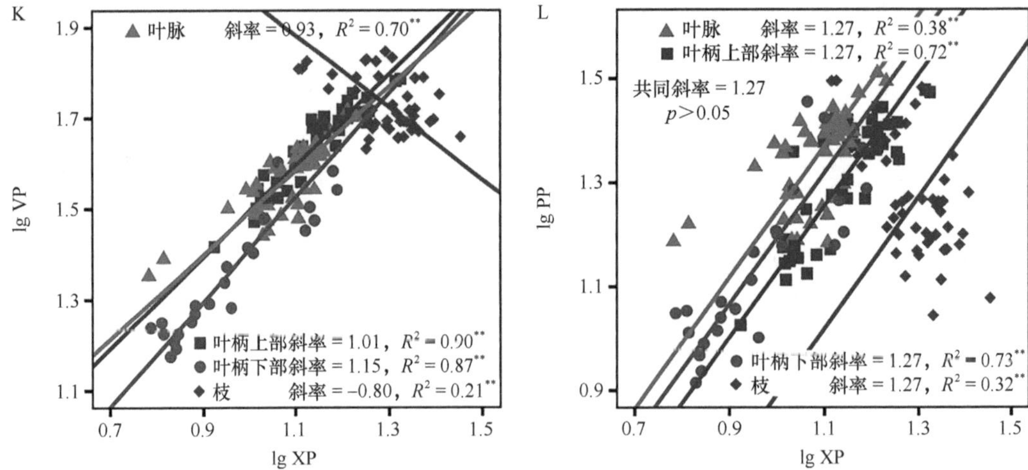

图 4.9　不同季节毛榛当年生枝、叶柄和叶脉解剖性状间的协作关系

A～F 为不同季节解剖性状间的协作关系，G～L 为不同器官间解剖性状的协作关系。p 用于测试斜率是否相同，$p>0.05$ 表示斜率相同。p_1 用于测试性状间是否具有显著的回归关系，**表示 $p_1<0.01$，即具有显著的回归关系。如果解剖性状之间不存在显著的回归关系，则不显示该回归线

主成分分析结果显示，在不同季节，前两个主成分（PC1、PC2）共解释解剖性状变异的 98.5%，其中 PC1 和 PC2 分别解释 92.4%和 6.1%的变异。沿着 PC1 轴从左到右的顺序，非维管柱组织占比逐渐减小，而维管柱组织占比和韧皮部组织占比逐渐增大。毛榛在春季表现出具有更高的非维管柱组织占比，以及更低的维管柱组织占比和韧皮部组织占比，倾向于“快速生长”策略；在夏季和秋季毛榛具有更低的非维管柱组织占比，以及更高的维管柱组织占比和韧皮部组织占比，倾向于“资源获取”策略（图 4.10）。

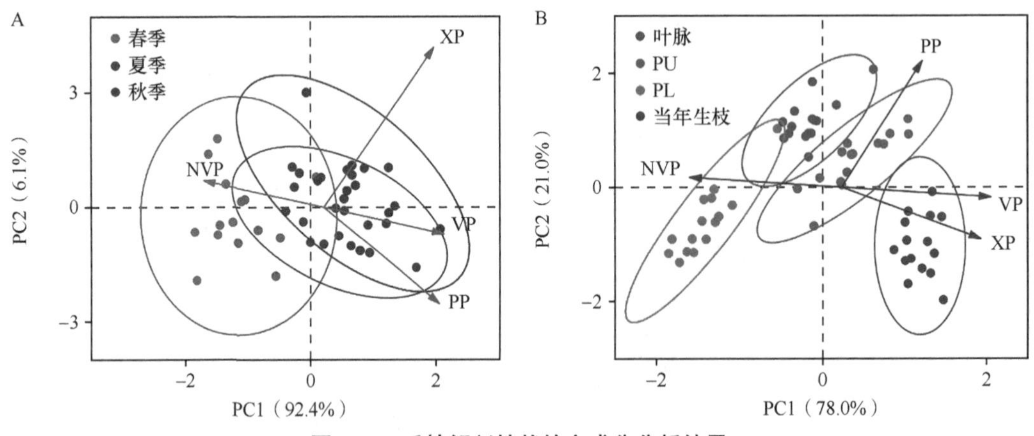

图 4.10　毛榛解剖性状的主成分分析结果

主成分轴括号中的数据为解释比例

在不同器官之间，前两个主成分（PC1、PC2）共解释解剖性状变异的 99.0%，其中 PC1 和 PC2 分别解释 78.0%和 21.0%的变异。沿着 PC1 轴从左到右的顺序，非维管柱组织占比逐渐减小，而维管柱组织占比和木质部组织占比逐渐增大；枝具有较低的非维管柱组织占比，但具有较高的维管柱组织占比和木质部组织占比，而叶柄和叶脉与之相反，

且器官的变化顺序为叶柄下部-叶脉-叶柄上部-枝（图 4.10）。枝、叶柄上部和叶脉倾向于“支持-运输”策略，而叶柄下部倾向于“支持-储存”策略。

4.2.3.3　不同季节环境变化对毛榛当年生枝、叶柄、叶脉解剖性状的影响

对于枝、叶柄下部、叶柄上部和叶脉，水热条件（月降水量、月均温）和光照条件（冠层开放度和总透射入射辐射）对 4 个解剖性状变异的解释比例均较高，为影响解剖性状的主要环境因子。水热条件和光照条件对枝、叶柄下部、叶柄上部和叶脉解剖性状的影响呈现差异性（图 4.11）。水热条件和光照条件对枝、叶柄下部、叶柄上部和叶脉的维管柱组织占比、非维管柱组织占比和营养运输组织占比（木质部组织占比和韧皮部组织占比）均具有显著的直接影响（$p<0.01$）；且水热条件和光照条件对这 4 个器官部位的营养运输组织占比均呈现显著的正效应（$p<0.01$）（图 4.11）。对于枝而言，水热条件和光照条件对维管柱组织占比呈现显著的负效应（$p<0.01$），对非维管柱组织占比呈现显著的正效应（$p<0.01$），而叶柄下部、叶柄上部和叶脉的结果恰好与枝相反（图 4.11），这表明在不同季节，毛榛当年生枝、叶器官对环境变化的响应存在分异特征。

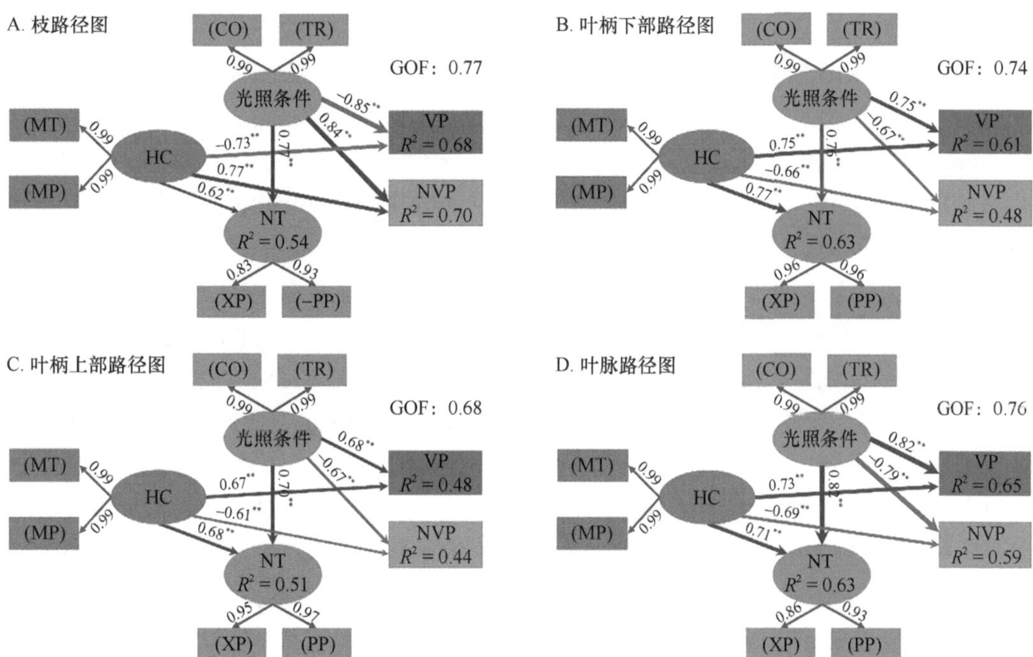

图 4.11　水热条件和光照条件对维管柱组织占比、非维管柱组织占比和营养运输组织占比的影响效应模型

HC. 水热条件；NT. 营养运输组织占比。MP. 月降水量；MT. 月均温；CO. 冠层开放度；TR. 总透射入射辐射。测量模型显示，水热条件（MP 和 MT）、光照条件（CO 和 TR）以及不同器官的营养运输组织占比潜变量与其观测变量的载荷值均较高，范围为 0.83～0.99，说明所选择的观测变量能较好地代表其潜变量。4 个模型整体的拟合优度（GOF）不低于 0.68，说明模型的整体表现较好。箭头旁的数字表示标准化的路径系数。箭头颜色代表路径系数的正负，红色代表正相关关系，蓝色代表负相关关系。箭头宽度与标准路径系数的大小成比例。R^2 表示为每个潜变量被解释的方差比例。**表示路径关系极显著（$p<0.01$）。潜变量及其观测变量的测量模型，箭头颜色为灰色，箭头旁边的数字表示载荷值得分。注意：枝的 PP 被转换为其相反数，表示为“−PP”，以确保载荷值为正数

4.2.4 讨论

4.2.4.1 不同季节毛榛当年生枝、叶柄和叶脉解剖性状的变异及权衡关系

植物性状的变异往往由多个因素导致（Yang et al.，2014；Bloomfield et al.，2018；Joswig et al.，2022）。对于本研究的 4 个解剖性状而言，从方差分解的结果可看出季节和器官解释了性状大部分的变异，但是器官的解释比例更高（图 4.7）。这表明在不同生长季节，枝、叶解剖性状在器官上的变异程度大于其适应环境而产生的变异，验证了植物器官差异主导植物养分、水分储存以及运输结构组织的资源分配（Poorter et al.，2012；封焕英等，2019）。在探究环境和植物的相互作用关系时，植物不同器官的性状响应规律值得关注。

SMA 分析结果显示，毛榛的一部分解剖性状间的协作关系受到季节和器官的影响。例如，随着生长季节变化，lgNVP-lgPP、lgNVP-lgXP、lgVP-lgPP 和 lgVP-lgXP 的斜率绝对值大小比较结果均为：春季＞夏季＞秋季（图 4.9B～E）。原因可能是，春季为叶生长期，要为短暂的生长旺季（夏季）做准备，因此在叶片的生长初期，植物调控韧皮部组织占比和木质部组织占比增加（Montwé et al.，2019），这影响了横截面的维管组织与非维管组织的配比关系，从而在夏季毛榛可实现高光合、高蒸腾、强呼吸作用，并满足生物信息传递对于水分和营养物质的强烈需求（Montwé et al.，2019；Savage and Chuine，2021）。对于不同的器官，枝 lgXP 与 lgNVP 和 lgVP 的协作关系与叶柄和叶脉恰好相反（图 4.9I、K）。原因可能是，枝除了直接或间接对叶片提供机械支持以及水分和养分输送功能，还承担着保护、防御以及储存营养物质的重要作用（Pratt and Jacobsen，2017），随着不同季节环境的变化，当年生枝逐渐老化且变粗，在木质部组织增加的同时增厚了表皮和皮层等外层结构（Killingbeck，1996；Pratt and Jacobsen，2017），导致非维管柱组织占比增加（图 4.8），因此促使枝 lgXP 与 lgNVP 呈正相关关系（图 4.9I），而枝 lgXP 与 lgVP 呈负相关关系（图 4.9K）。而对叶柄和叶脉而言，除了具有支持功能，其主要起输导作用（Niinemets and Fleck，2002；Lechthaler et al.，2019），在生长发育的过程中，其非维管柱组织占比逐渐减小（图 4.8），因此枝与叶柄和叶脉呈现这种相反的特征。此外，lgPP-lgXP 为正相关关系且有共同斜率（图 4.9L），原因可能是水分的供给会影响光合产物的生产、储存与分配（Gotsch et al.，2010；Nielsen et al.，2019；Xiao et al.，2019），因此植物的水分运输结构与养分运输结构之间的协作关系需要保持稳定，这说明随着生存环境的改变，并非所有性状间的协作关系都会被影响。该结果验证了性状间协作关系的趋同和趋异现象共同保障植物生长和发育的观点（Zhang et al.，2020）。

植物会采取不同的经济策略以应对环境的变化（Wright et al.，2004）。在不同的季节，毛榛在春季的养分储存组织占比更大，而营养运输组织占比更小，在夏季和秋季与之相反（图 4.10）。这暗示了对于温带地区的植物，由于不同季节的光照、温度和水分等环境条件存在差异，植物在春季还处于生理状态的复苏期（Montwé et al.，2019；Savage and Chuine，2021），可能体内大部分营养物质还储存于非维管柱组织中，在此生长阶段非维管柱组织占比相对更大，而由于水分和养分运输结构仍在快速发育过程中，其组

织占比相对较小（Esau，1965；贺学礼，2016；Wu et al.，2020）。这些特征表明，春季植物更倾向于“快速生长”策略；而在夏季到秋季期间，植物通常处于生理状态活跃期（Zani et al.，2020；Gričar et al.，2022），同时需要大量的水分进行蒸腾作用和光合作用等生理过程（Agustí and Blázquez，2020；Savage and Chuine，2021），因此增大水分和养分运输组织占比，倾向于“资源获取”策略。

值得注意的是，在不同的器官之间，叶柄下部为横截面解剖结构中各组织占比的变异趋势转折点。按照枝-叶柄下部-叶柄上部-叶脉的次序，叶柄下部的非维管柱组织占比最高，而维管柱组织占比、韧皮部组织占比和木质部组织占比最低（图 4.8）。主成分分析结果也表明，整体上枝、叶柄上部和叶脉具有较高的维管柱组织占比和木质部组织占比，但非维管柱组织占比较低（图 4.10），这可能是因为器官功能的主次目标不同。对于枝、叶柄上部和叶脉而言，维管柱除了作为内部具有支持功能的“骨骼”结构，还需负责生长发育所必需的信息传递和物质交换（Niinemets et al.，2006；Pratt and Jacobsen，2017；Agustí and Blázquez，2020），因此其倾向于“支持-运输”策略；而叶柄下部连接着枝，除了具有运输水分和养分以及衔接和保持叶片稳定性的作用，还是新叶生长发育的初始点（Esau，1965；Niinemets and Fleck，2002；Faisal et al.，2010；Cheng et al.，2022）。另外，由于在横截面结构上，属于非维管柱组织的皮层中大部分为具有储存和潜在分生能力的薄壁细胞（Esau，1965；Lambers et al.，2008；贺学礼，2016），相对其他部位，叶柄下部在结构上表现出非维管柱组织占比最大（图 4.8），所以除开表皮组织后每单位面积横截面上就具有更大的薄壁细胞组织占比，从而可以为叶片的生长发育储存更多的营养物质和资源（Esau，1965；Lambers et al.，2008；Mauseth，2017），这有利于促进植物的次级生长和发育。这侧面说明叶柄下部除了对叶片起支持作用，还可能是枝、叶生长发育的“养分缓存站点”，叶柄可将叶片制造的光合产物中的一部分传输给枝，同时临时缓存另一部分以满足叶片生长发育的需求，因此在功能上更倾向于“支持-储存”策略。

总之，本研究结果揭示了毛榛解剖性状的变异主要受季节和器官因素的共同影响，器官对性状变异中的解释比例高于季节。按照枝-叶柄下部-叶柄上部-叶脉的次序，叶柄下部为横截面解剖结构中各组织占比的变异趋势转折点，反映出不同器官的功能差异导致的生理结构差异，这也为后续植物解剖性状的研究提供了数据支持和新的思路。这说明对于不同的器官或者同一器官的不同部位，由于其功能不同，在性状或者结构上可能会具有较大的差异，这反映了在生长发育的过程中，植物会有选择性地构建运输水分和养分的生理结构。因此，在今后的研究中，研究人员应当给予植物不同器官的衔接部位更高的关注度。

4.2.4.2　环境变化对毛榛当年生枝、叶柄、叶脉的影响效应

气候和土壤是影响植物性状变异或性状间协作关系的重要环境因子（Yang et al.，2014；Rosa et al.，2015；Xiao et al.，2019；Joswig et al.，2022）。例如，Nielsen 等（2019）对比了不同土壤水分和养分处理条件下多种灌木物种的性状表现，发现在低水和高养分处理条件下植株生长速率较高，这表明不同土壤条件会影响灌木性状的变异。而研究结

果表明，在不同季节，土壤对植物性状变异的解释比例较低，降水、温度和光照情况才是影响毛榛枝、叶解剖性状变异的重要因素。这可能与研究的尺度有关，毛榛作为灌木，与高大的乔木相比，其生态位处于林下，生存环境中缺乏光照，且随着生长季节的变化，在取样地区夏季温热多雨且降雨集中（刘敏等，2014；Liu et al.，2020），气候条件呈现显著性差异，但在一个较短的时间内（春季至秋季）土壤条件通常不会出现较大的差异（Xu et al.，2022；Lal et al.，2023）。因此，与土壤因子相比，水热条件可能更能影响毛榛性状的变异，从而在不同的生长季节，降水、温度和光照成为影响毛榛解剖性状变异的主要因素。

本研究中，气候对毛榛枝、叶柄和叶脉解剖性状的影响呈现差异性（图 4.8，图 4.11）。一方面，水热条件和光照条件对枝的营养运输组织占比和非维管柱组织占比呈现显著的正效应，而对维管柱组织占比为负效应（图 4.11A），表现为随着气候回暖，毛榛枝条的木质部组织占比逐渐增加，且逐渐生长出更完善的非维管柱组织，如出现木栓层（图 4.6，图 4.8）。这可能是因为在气候条件较好的夏季和秋季，植物除了进行资源获取，防御昆虫和动物的侵害、为生长末期叶片掉落和冬季防寒做准备等也是至关重要的（McKown et al.，2013；贺学礼，2016；封焕英等，2019；Montwé et al.，2019）。因为木质部中含有大量导管细胞且木栓层具有保护作用（Esau，1965；贺学礼，2016；Agustí and Blázquez，2020），当解剖结构中木质部组织占比逐渐增加、木栓层出现以及表皮老化时，有利于满足毛榛对水分的必要需求和提高毛榛对环境胁迫的防御能力（贺学礼，2016；Mauseth，2017）。另一方面，对于叶柄下部、叶柄上部和叶脉而言，水热条件和光照条件对叶柄和叶脉的营养运输组织占比和维管柱组织占比呈现显著的正效应，而对非维管柱组织占比为负效应（图 4.11B～D），表现为随着生长季节的变化，非维管柱组织占比逐渐减小，维管柱组织占比、韧皮部组织占比和木质部组织占比逐渐增加（图 4.8）。这种增加维管组织（包括韧皮部和木质部）占比的方式有利于叶柄和叶脉在夏季具有良好的运输和支持能力（Schumann et al.，2019；Pandey，2021；Gričar et al.，2022），满足毛榛叶片对水分和养分的需求以及光合产物的运输和分配。

总之，环境对植物不同器官的影响效应是植物适应环境的体现。从春季到秋季，降水量和温度增加，光照条件得到改善，而毛榛当年生枝、叶器官对环境变化的响应存在分异特征，这保障了毛榛枝、叶功能的分化，有利于植物在生长发育过程中对有限资源的合理利用和分配。

4.2.4.3 环境变化与毛榛性状变异的相互关系

遗传因素和环境因素共同影响植物性状的变异（Liu et al.，2020；Agustí and Blázquez，2020；Gričar et al.，2022）。在种内性状变异中，环境因素是性状变异的重要驱动力（Bloomfield et al.，2018；于青含等，2020；Wu et al.，2023）。根据本研究的结果可推导出环境变化与毛榛性状变异的相互关系。首先，在不同季节，变化的环境信号刺激了毛榛枝、叶柄和叶脉；其次，这种环境刺激使得毛榛调整了不同季节的生存策略，同时可能也激活或抑制了特定的基因表达，从而在器官间也产生了不同的生态策略；最后，在毛榛的表型上呈现不同解剖性状的变异特征，且相比于季节的变化，性状变异受器官的影响更大（图 4.12）。这种性状变异的响应过程是环境变化与生物种群之间互动的结果，因此也可利用性状的变异逆向推导出气候变化特征，这对古环境（包括水分、温度和光照等）的重建以及深入理解植物在气候变化下的变迁过程具有一定的启示意义（图 4.12）。此外，未来的研究应该结合植物宏观响应过程，进一步深入探讨基因组和表观遗传调控在植物性状变异中的作用以及气候变化对种群动态和生态系统功能的影响，从而为保护和管理自然资源提供科学依据。

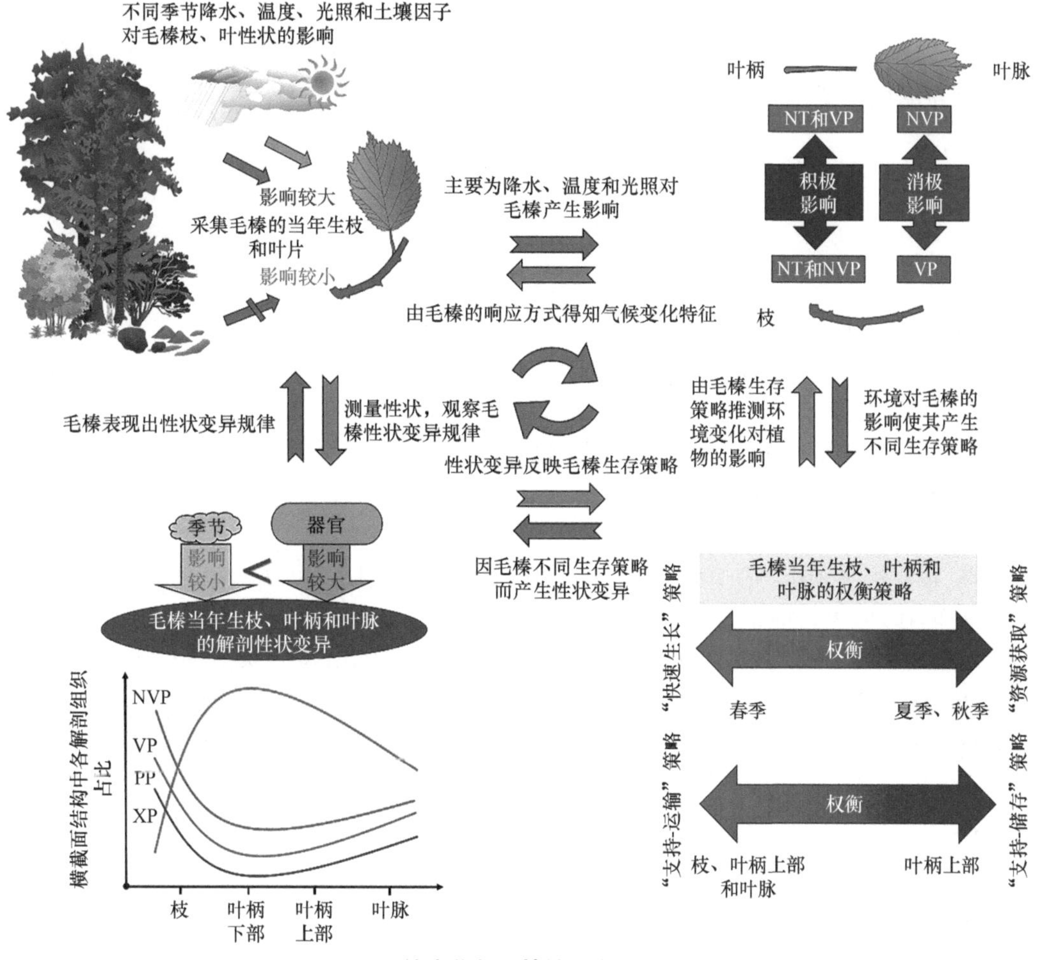

图 4.12　环境变化与毛榛性状变异的相互关系

图片修改自：马里兰大学环境科学中心集成与应用网络（ian.umces.edu/imagelibrary/）

4.2.5　小结

本研究以阔叶红松林中灌木优势种——毛榛为研究对象，分别在春季（5 月）、夏季（7 月）和秋季（9 月）采集毛榛的当年生枝、叶，测量了枝、叶柄下部、叶柄上部和叶脉的解剖性状，包括非维管柱组织占比、维管柱组织占比、韧皮部组织占比和木质部组织占比。本研究发现，与季节相比，器官解释了以上 4 个性状的大部分变异，按照枝-叶柄下部-叶柄上部-叶脉的次序，叶柄下部为横截面解剖结构的各组织占比变异趋势的转折点。毛榛在春季具有较高的非维管柱组织占比，但具有较低的维管柱组织占比和韧皮部组织占比，而夏季和秋季的结果与春季相反。在不同的器官之间，枝具有较低的非维管柱组织占比，但具有较高的维管柱组织占比和木质部组织占比，而叶柄和叶脉与之相反。水热条件（月降水量和月均温）和光照条件（冠层开放度和总透射入射辐射）是影响解剖性状变异的主导环境因素，在不同季节，毛榛枝的非维管柱组织占比和维管柱组织占比对主导环境因素的响应方式与叶柄下部、叶柄上部和叶脉恰好相反。本研究表明，毛榛当年生枝、叶柄和叶脉的横截面解剖性状对季节变化的响应存在分异特征，且枝、叶柄和叶脉展现出不同的生存策略，在未来的研究中应加强对植物不同器官及其衔接部位的性状变异的关注。

参考文献

白雪娇, 李步杭, 张健, 等. 2010. 长白山阔叶红松林灌木物种组成、结构和空间分布. 应用生态学报, 21(8): 1899-1906.

崔东, 陈亚宁, 李卫红, 等. 2018. 伊犁河谷苦豆子C、N、P含量变化及化学计量特征. 生态学报, 38(17): 6163-6170.

封焕英, 杜满义, 辛学兵, 等. 2019. 华北石质山地侧柏人工林C、N、P生态化学计量特征的季节变化. 生态学报, 39(5): 1572-1582.

贺学礼. 2016. 植物学. 2版. 北京: 科学出版社.

林红梅, 韩忠明, 吴劲松, 等. 2006. 粗茎鳞毛蕨种群形态性状及其生态可塑性的研究. 吉林农业大学学报, 28(4): 398-401, 406.

刘敏, 毛子军, 厉悦, 等. 2014. 凉水自然保护区不同皮型红松径向生长对气候的响应. 应用生态学报, 25(9): 2511-2520.

杨光辉, 秦树林, 金光泽. 2023. 小兴安岭五种林型早春草本植物多样性及其环境解释. 生态学报, 43(3): 1234-1246.

于青含, 金光泽, 刘志理. 2020. 植株大小、枝龄和环境共同驱动红松枝性状的变异. 植物生态学报, 44(9): 939-950.

Ackerly D D. 2004. Adaptation, niche conservatism, and convergence: comparative studies of leaf evolution in the California chaparral. The American Naturalist, 163(5): 654-671.

Agustí J, Blázquez M A. 2020. Plant vascular development: mechanisms and environmental regulation. Cellular and Molecular Life Sciences, 77(19): 3711-3728.

Albert L P, Wu J, Prohaska N, et al. 2018. Age-dependent leaf physiology and consequences for crown-scale carbon uptake during the dry season in an Amazon evergreen forest. New Phytologist, 219(3): 870-884.

Bergmann J, Weigelt A, van der Plas F, et al. 2020. The fungal collaboration gradient dominates the root economics space in plants. Science Advances, 6(27): eaba3756.

Bloomfield K J, Cernusak L A, Eamus D, et al. 2018. A continental-scale assessment of variability in leaf traits: within species, across sites and between seasons. Functional Ecology, 32(6): 1492-1506.

Boucher F C, Verboom G A, Musker S, et al. 2017. Plant size: a key determinant of diversification? New Phytologist, 216(1): 24-31.

Burnett A C, Serbin S P, Lamour J, et al. 2021. Seasonal trends in photosynthesis and leaf traits in scarlet oak. Tree Physiology, 41(8): 1413-1424.

Cheng Q, Sun L, Qiao H, et al. 2022. Loci underlying leaf agronomic traits identified by re-sequencing celery accessions based on an assembled genome. iScience, 25(7): 104565.

Ciccarelli D, Bona C, Carta A. 2023. Coordination between leaf and root traits in Mediterranean coastal dune plants. Plant Biology, 25(6): 973-980.

Coble A P, Fogel M L, Parker G G. 2017. Canopy gradients in leaf functional traits for species that differ in growth strategies and shade tolerance. Tree Physiology, 37(10): 1415-1425.

Coble A P, VanderWall B, Mau A, et al. 2016. How vertical patterns in leaf traits shift seasonally and the implications for modeling canopy photosynthesis in a temperate deciduous forest. Tree Physiology, 36(9): 1077-1091.

Comas L H, Eissenstat D M. 2004. Linking fine root traits to maximum potential growth rate among 11 mature temperate tree species. Functional Ecology, 18(3): 388-397.

Comas L H, Eissenstat D M. 2009. Patterns in root trait variation among 25 co-existing North American forest species. New Phytologist, 182(4): 919-928.

Cornelissen J H C, Lavorel S, Garnier E, et al. 2003. A handbook of protocols for standardised and easy measurement of plant functional traits worldwide. Australian Journal of Botany, 51(4): 335.

Craine J M, Lee W G, Bond W J, et al. 2005. Environmental constraints on a global relationship among leaf and root traits of grasses. Ecology, 86(1): 12-19.

de Battisti D, Berg M P, Walter B, et al. 2021. Stress-resistance traits disrupt the plant economics-decomposition relationship across environmental gradients in salt marshes. Estuarine Coastal and Shelf Science, 258: 107391.

de Long J R, Jackson B G, Wilkinson A, et al. 2019. Relationships between plant traits, soil properties and carbon fluxes differ between monocultures and mixed communities in temperate grassland. Journal of Ecology, 107(4): 1704-1719.

Dong X Y, Wang H F, Gu J C, et al. 2015. Root morphology, histology and chemistry of nine fern species (Pteridophyta) in a temperate forest. Plant and Soil, 393(1): 215-227.

Esau K. 1965. Plant Anatomy. 2nd ed. New York: Wiley.

Faisal T R, Khalil Abad E M, Hristozov N, et al. 2010. The impact of tissue morphology, cross-section and turgor pressure on the mechanical properties of the leaf petiole in plants. Journal of Bionic Engineering, 7: S11-S23.

Fajardo A, Siefert A. 2016. Phenological variation of leaf functional traits within species. Oecologia, 180(4): 951-959.

Fajardo A, Siefert A. 2018. Intraspecific trait variation and the leaf economics spectrum across resource gradients and levels of organization. Ecology, 99(5): 1024-1030.

Frazer G, Canham C, Lertzman K. 1999. Gap Light Analyzer (GLA): imaging software to extract canopy structure and gap light transmission indices for true-color fisheye photographs, Users Manual and Program Documentation, Version 2.0. Simon Fraser University, Burnaby & The Institute of Ecosystem Studies, New York.

Gao Y Q, Wang H M, Yang F T, et al. 2024. Relationships between root exudation and root morphological and architectural traits vary with growing season. Tree Physiology, 44(1): tpad118.

Gotsch S G, Powers J S, Lerdau M T. 2010. Leaf traits and water relations of 12 evergreen species in Costa Rican wet and dry forests: patterns of intra-specific variation across forests and seasons. Plant Ecology, 211(1): 133-146.

Gričar J, Jevšenak J, Hafner P, et al. 2022. Climatic regulation of leaf and cambial phenology in *Quercus pubescens*: their interlinkage and impact on xylem and phloem conduits. Science of the Total Environment, 802: 149968.

He D, Biswas S R, Xu M S, et al. 2021. The importance of intraspecific trait variability in promoting functional niche dimensionality. Ecography, 44(3): 380-390.

He N P, Liu C C, Piao S L, et al. 2019. Ecosystem traits linking functional traits to macroecology. Trends in Ecology & Evolution, 34(3): 200-210.

Huang L, Koubek T, Weiser M, et al. 2018. Environmental drivers and phylogenetic constraints of growth phenologies across a large set of herbaceous species. Journal of Ecology, 106(4): 1621-1633.

Isaac M E, Martin A R, de Melo Virginio Filho E, et al. 2017. Intraspecific trait variation and coordination: root and leaf economics spectra in coffee across environmental gradients. Frontiers in Plant Science, 8: 1196.

Ishizawa H, Onoda Y, Kitajima K, et al. 2021. Coordination of leaf economics traits within the family of the world's fastest growing plants (Lemnaceae). Journal of Ecology, 109(8): 2950-2962.

Jiang X Y, Jia X, Gao S J, et al. 2021. Plant nutrient contents rather than physical traits are coordinated between leaves and roots in a desert shrubland. Frontiers in Plant Science, 12: 734775.

Jin D M, Zhou X L, Schneider H, et al. 2021. Functional traits: adaption of ferns in forest. Journal of Systematics and Evolution, 59(5): 1040-1050.

Joswig J S, Wirth C, Schuman M C, et al. 2022. Climatic and soil factors explain the two-dimensional spectrum of global plant trait variation. Nature Ecology & Evolution, 6(1): 36-50.

Killingbeck K T. 1996. Nutrients in senesced leaves: keys to the search for potential resorption and resorption proficiency. Ecology, 77(6): 1716-1727.

Kiorapostolou N, da Sois L, Petruzzellis F, et al. 2019. Vulnerability to xylem embolism correlates to wood parenchyma fraction in angiosperms but not in gymnosperms. Tree Physiology, 39(10): 1675-1684.

Kitajima K, Poorter L. 2010. Tissue-level leaf toughness, but not *Lamina* thickness, predicts sapling leaf lifespan and shade tolerance of tropical tree species. New Phytologist, 186(3): 708-721.

Kong D L, Wang J J, Wu H F, et al. 2019. Nonlinearity of root trait relationships and the root economics spectrum. Nature Communications, 10(1): 2203.

Kramer-Walter K R, Bellingham P J, Millar T R, et al. 2016. Root traits are multidimensional: specific root length is independent from root tissue density and the plant economic spectrum. Journal of Ecology, 104(5): 1299-1310.

Lak Z A, Sandén H, Mayer M, et al. 2020. Plasticity of root traits under competition for a nutrient-rich patch depends on tree species and possesses a large congruency between intra- and interspecific situations. Forests, 11(5): 528.

Lal P, Shekhar A, Gharun M, et al. 2023. Spatiotemporal evolution of global long-term patterns of soil moisture. Science of the Total Environment, 867: 161470.

Lambers H, Chapin F S, Pons T L. 2008. Plant Physiological Ecology. 2nd ed. New York: Springer New York.

Lechthaler S, Colangeli P, Gazzabin M, et al. 2019. Axial anatomy of the leaf midrib provides new insights into the hydraulic architecture and cavitation patterns of *Acer pseudoplatanus* leaves. Journal of Experimental Botany, 70(21): 6195-6201.

Li J L, Chen X P, Niklas K J, et al. 2022. A whole-plant economics spectrum including bark functional traits for 59 subtropical woody plant species. Journal of Ecology, 110(1): 248-261.

Liu R, Yang X J, Gao R R, et al. 2023. Coordination of economics spectra in leaf, stem and root within the genus Artemisia along a large environmental gradient in China. Global Ecology and Biogeography, 32(2): 324-338.

Liu Z L, Hikosaka K, Li F R, et al. 2020. Variations in leaf economics spectrum traits for an evergreen coniferous species: tree size dominates over environment factors. Functional Ecology, 34(2): 458-467.

Ma H, Lu Z Q, Liu B B, et al. 2013. Transcriptome analyses of a Chinese hazelnut species *Corylus mandshurica*. BMC Plant Biology, 13(1): 152.

Martinez K A, Fridley J D. 2018. Acclimation of leaf traits in seasonal light environments: are non-native species more plastic? Journal of Ecology, 106(5): 2019-2030.

Mauseth J D. 2017. Botany: An Introduction to Plant Biology. 6th ed. Jones & Bartlett Learning.

McKown A D, Guy R D, Azam M S, et al. 2013. Seasonality and phenology alter functional leaf traits. Oecologia, 172(3): 653-665.

Mediavilla S, Escudero A. 2003. Leaf life span differs from retention time of biomass and nutrients in the crowns of evergreen species. Functional Ecology, 17(4): 541-548.

Menezes J, Garcia S, Grandis A, et al. 2022. Changes in leaf functional traits with leaf age: when do leaves decrease their photosynthetic capacity in Amazonian trees? Tree Physiology, 42(5): 922-938.

Montwé D, Hacke U, Schreiber S G, et al. 2019. Seasonal vascular tissue formation in four boreal tree species with a focus on callose deposition in the phloem. Frontiers in Forests and Global Change, 2: 58.

Nally R N, Walsh C J. 2004. Hierarchical partitioning public-domain software. Biodiversity & Conservation, 13(3): 659-660.

Navarro T, El Oualidi J, Taleb M S, et al. 2010. Leaf patterns, leaf size and ecologically related traits in high Mediterranean mountain on the Moroccan High Atlas. Plant Ecology, 210(2): 275-290.

Nielsen R L, James J J, Drenovsky R E. 2019. Functional traits explain variation in chaparral shrub sensitivity to altered water and nutrient availability. Frontiers in Plant Science, 10: 505.

Niinemets Ü, Fleck S. 2002. Petiole mechanics, leaf inclination, morphology, and investment in support in relation to light availability in the canopy of *Liriodendron tulipifera*. Oecologia, 132(1): 21-33.

Niinemets Ü, Portsmuth A, Tobias M. 2006. Leaf size modifies support biomass distribution among stems, petioles and mid-ribs in temperate plants. New Phytologist, 171(1): 91-104.

Nouvellon Y, Laclau J P, Epron D, et al. 2010. Within-stand and seasonal variations of specific leaf area in a clonal *Eucalyptus* plantation in the Republic of Congo. Forest Ecology and Management, 259(9): 1796-1807.

Onoda Y, Wright I J, Evans J R, et al. 2017. Physiological and structural tradeoffs underlying the leaf economics spectrum. New Phytologist, 214(4): 1447-1463.

Pandey S. 2021. Climatic influence on tree wood anatomy: a review. Journal of Wood Science, 67(1): 24.

Paradis E, Claude J, Strimmer K. 2004. APE: analyses of phylogenetics and evolution in R language. Bioinformatics, 20(2): 289-290.

Poorter H, Niklas K J, Reich P B, et al. 2012. Biomass allocation to leaves, stems and roots: meta-analyses of interspecific variation and environmental control. New Phytologist, 193(1): 30-50.

Pratt R B, Jacobsen A L. 2017. Conflicting demands on angiosperm xylem: tradeoffs among storage, transport and biomechanics. Plant, Cell & Environment, 40(6): 897-913.

Prieto I, Roumet C, Cardinael R, et al. 2015. Root functional parameters along a land-use gradient: evidence of a community-level economics spectrum. Journal of Ecology, 103(2): 361-373.

Primack R B, Laube J, Gallinat A S, et al. 2015. From observations to experiments in phenology research: investigating climate change impacts on trees and shrubs using dormant twigs. Annals of Botany, 116(6): 889-897.

Qiao Y G, Liu L, Miao C, et al. 2023. Coupling of leaf elemental traits with root fungal community composition reveals a plant resource acquisition strategy in a desert ecosystem. Plant and Soil, 484(1): 115-131.

R Core Team. 2022. R: a language and environment for statistical computing. R Foundation for Statistical Computing, Vienna, Austria. https://www.R-project.org/.12c.

Rathore N, Hanzelková V, Dostálek T, et al. 2023. Species phylogeny, ecology, and root traits as predictors of root exudate composition. New Phytologist, 239(4): 1212-1224.

Reich P B. 2014. The world-wide 'fast-slow' plant economics spectrum: a traits manifesto. Journal of Ecology, 102(2): 275-301.

Rosa R R, Oberbauer S F, Starr G, et al. 2015. Plant phenological responses to a long-term experimental extension of growing season and soil warming in the tussock tundra of Alaska. Global Change Biology, 21(12): 4520-4532.

Rossatto D R, Hoffmann W A, de Carvalho Ramos Silva L, et al. 2013. Seasonal variation in leaf traits between congeneric savanna and forest trees in Central Brazil: implications for forest expansion into savanna. Trees, 27(4): 1139-1150.

Roumet C, Birouste M, Picon-Cochard C, et al. 2016. Root structure-function relationships in 74 species: evidence of a root economics spectrum related to carbon economy. New Phytologist, 210(3): 815-826.

Russo S E, Kitajima K. 2016. The ecophysiology of leaf lifespan in tropical forests: adaptive and plastic responses to environmental heterogeneity//Tropical Tree Physiology. Cham: Springer International Publishing: 357-383.

Sanchez G. 2013. PLS path modeling with R. Trowchez Editions. http://www.gaston-sanchez.com/ PLS Path Modeling with R.pdf.

Savage J A, Chuine I. 2021. Coordination of spring vascular and organ phenology in deciduous angiosperms growing in seasonally cold climates. New Phytologist, 230(5): 1700-1715.

Schmitt S, Trueba S, Coste S, et al. 2022. Seasonal variation of leaf thickness: an overlooked component of functional trait variability. Plant Biology, 24(3): 458-463.

Schumann K, Leuschner C, Schuldt B. 2019. Xylem hydraulic safety and efficiency in relation to leaf and wood traits in three temperate Acer species differing in habitat preferences. Trees, 33(5): 1475-1490.

Shen Y, Gilbert G S, Li W B, et al. 2019. Linking aboveground traits to root traits and local environment: implications of the plant economics spectrum. Frontiers in Plant Science, 10: 1412.

Slewinski T L. 2013. Using evolution as a guide to engineer kranz-type c4 photosynthesis. Frontiers in Plant Science, 4: 212.

Strock C F, Schneider H M, Lynch J P. 2022. Anatomics: high-throughput phenotyping of plant anatomy. Trends in Plant Science, 27(6): 520-523.

Sun S C, Jin D M, Shi P L. 2006. The leaf size-twig size spectrum of temperate woody species along an altitudinal gradient: an invariant allometric scaling relationship. Annals of Botany, 97(1): 97-107.

Tenkanen A, Keinänen M, Oksanen E, et al. 2023. Polar day syndrome: differences in growth, photosynthetic traits and sink-size patterns between northern and southern Finnish silver birch (*Betula pendula* Roth) provenances in native and non-native photoperiods. Tree Physiology, 43(1): 16-30.

Thomas H D, Bjorkman A D, Myers-Smith I H, et al. 2020. Global plant trait relationships extend to the climatic extremes of the tundra biome. Nature Communications, 11(1): 1351.

Tosens T, Nishida K, Gago J, et al. 2016. The photosynthetic capacity in 35 ferns and fern allies: mesophyll CO_2 diffusion as a key trait. New Phytologist, 209(4): 1576-1590.

Valverde-Barrantes O J, Freschet G T, Roumet C, et al. 2017. A worldview of root traits: the influence of ancestry, growth form, climate and mycorrhizal association on the functional trait variation of fine-root tissues in seed plants. New Phytologist, 215(4): 1562-1573.

Violle C, Enquist B J, McGill B J, et al. 2012. The return of the variance: intraspecific variability in community ecology. Trends in Ecology & Evolution, 27(4): 244-252.

Wang H, Liu H Y, Cao G M, et al. 2020. Alpine grassland plants grow earlier and faster but biomass remains unchanged over 35 years of climate change. Ecology Letters, 23(4): 701-710.

Wang H Y, Yang J, Xie T T, et al. 2023. Variation and association of leaf traits for desert plants in the arid area, northwest China. Ecology and Evolution, 13(3): e9946.

Warton D I, Duursma R A, Falster D S, et al. 2012. Smatr 3-an R package for estimation and inference about allometric lines. Methods in Ecology and Evolution, 3(2): 257-259.

Weigelt A, Mommer L, Andraczek K, et al. 2021. An integrated framework of plant form and function: the belowground perspective. New Phytologist, 232(1): 42-59.

Wright I J, Reich P B, Westoby M, et al. 2004. The worldwide leaf economics spectrum. Nature, 428(6985): 821-827.

Wu D, Li L B, Ma X B, et al. 2020. Morphological and anatomical adaptations to dry, shady environments in Adiantum reniforme var. sinense (*Pteridaceae*). PeerJ, 8: e9937.

Wu J, Albert L P, Lopes A P, et al. 2016. Leaf development and demography explain photosynthetic seasonality in Amazon evergreen forests. Science, 351(6276): 972-976.

Wu Z F, Fu Y H, Crowther T W, et al. 2023. Poleward shifts in the maximum of spring phenological responsiveness of Ginkgo biloba to temperature in China. New Phytologist, 240(4): 1421-1432.

Xiao S C, Ding A J, Tian Q Y, et al. 2019. Site- and species-specific climatic responses of two co-occurring shrubs in the temperate Alxa Desert Plateau, northwest China. Science of the Total Environment, 66: 77-85.

Xu M H, Zhao Z T, Zhou H K, et al. 2022. Plant allometric growth enhanced by the change in soil stoichiometric characteristics with depth in an alpine meadow under climate warming. Frontiers in Plant Science, 13: 860980.

Xu M J, Wang H M, Wen X F, et al. 2017. The full annual carbon balance of a subtropical coniferous plantation is highly sensitive to autumn precipitation. Scientific Reports, 7(1): 10025.

Yang J, Song X Y, Zambrano J, et al. 2021. Intraspecific variation in tree growth responses to neighbourhood composition and seasonal drought in a tropical forest. Journal of Ecology, 109(1): 26-37.

Yang X D, Yan E R, Chang S X, et al. 2014. Twig-leaf size relationships in woody plants vary intraspecifically along a soil moisture gradient. Acta Oecologica, 60: 17-25.

Yang Y Z, Wang H, Harrison S P, et al. 2019. Quantifying leaf-trait covariation and its controls across climates and biomes. New Phytologist, 221(1): 155-168.

Yu L, Song M Y, Xia Z C, et al. 2019. Elevated temperature differently affects growth, photosynthetic capacity, nutrient absorption and leaf ultrastructure of *Abies faxoniana* and *Picea purpurea* under intra-and interspecific competition. Tree Physiology, 39(8): 1342-1357.

Zani D, Crowther T W, Mo L D, et al. 2020. Increased growing-season productivity drives earlier autumn leaf senescence in temperate trees. Science, 370(6520): 1066-1071.

Zhang J H, He N P, Liu C C, et al. 2020. Variation and evolution of C：N ratio among different organs enable plants to adapt to N-limited environments. Global Change Biology, 26(4): 2534-2543.

Zhao N, Yu G R, Wang Q F, et al. 2020. Conservative allocation strategy of multiple nutrients among major plant organs: from species to community. Journal of Ecology, 108(1): 267-278.

Zhou G, Xu Z Z, Du W X, et al. 2019. Seasonal variability of functional traits of understory herbs in a broad-leaved Korean pine forest. Russian Journal of Ecology, 50(6): 583-586.

第 5 章

叶性状的预测

叶片是植物主要器官之一，承担着植物的重要生命活动，如蒸腾作用、呼吸作用及光合作用等，植物主要利用叶片与外界环境进行能量与物质交换，包括养分循环和水循环等（He and Yan，2018；Azuma et al.，2019）。叶片的大小直接反映植物对光截获的能力、对外界环境资源的获取能力与利用效率，是植物生长发育、物质产物形成的基础（Wright et al.，2005；Houter and Pons，2012；Wong and Gamon，2015）。同时，植物叶片的密度和分布决定了林分受光，制约着森林小气候，是林木和林分群体结构合理性的重要标志之一，控制着森林植被许多生物和物理过程（Kang et al.，2016）。不同植物的叶片之间会以一种或几种内在或外在的方式来响应其生存环境（胡启鹏等，2008），且对气候变化具有很强的敏感性（Peppe et al.，2011；Alton，2016）。因此，常用叶性状来表示植物的基本行为和功能，反映其所处的生态系统特征，指示生境和局域的环境变化（Vendramini et al.，2002；Reich et al.，2003；张林和罗天祥，2004；孟婷婷等，2007）。如今，叶性状成为大多数林业和农业生理研究中的关键变量。

5.1 单叶叶面积经验模型的构建

植物叶面积（LA）是叶性状中重要的基础参数，其大小和分布直接影响着叶片对光的截取能力和碳利用能力，与植物生长息息相关，能够反映植物产量和生物群落的生产力（Wilson et al.，1999；Ewert，2004；Myneni et al.，2007），同时还涉及植物的蒸发以及对肥料和灌溉的反应（Blanco and Folegatti，2005）。在农业生产和科研中，许多重要指标的测定，如比叶面积、叶面积指数、比叶质量等都会涉及叶面积问题，而这些指标与植物生理特征紧密联系，如植物蒸腾速率、光合速率等，进而能够反映植物对光的利用效率，以及在光压迫下的自我保护能力，体现植物对生境的适应性，也被用来评价群落生产力水平和组织结构是否健康合理（Niinemets and Kull，1994；Kim et al.，2016；Greenwood et al.，2017；Yang et al.，2019）。因此，LA 的测定是研究中一项基本且常见的测定，快速准确地获取该指标对植物的生理、形态以及生态系统特征与功能的相关研究都具有重要的意义，且在植物生理、病理、作物育种、农林生产经营、模型估算等方面应用广泛。

本节以黑龙江凉水国家级自然保护区为研究区域，以该区域的色木槭（*Acer mono*）、花楷槭（*Acer ukurunduense*）、紫椴（*Tilia amurensis*）、青楷槭（*Acer tegmentosum*）、白桦（*Betula platyphylla*）、毛榛（*Corylus mandshurica*）、枫桦（*Betula costata*）、裂

叶榆（*Ulmus laciniata*）、暴马丁香（*Syringa reticulata* subsp. *amurensis*）、春榆（*Ulmus davidiana* var. *japonica*）、忍冬（*Lonicera japonica*）和水曲柳（*Fraxinus mandschurica*）12 种阔叶树种作为研究对象，分别在叶生长期、叶稳定期和叶凋落初期采集叶片，测定叶片的主要性状，包括叶长（*L*）、叶宽（*W*）、叶厚（*T*）和 LA，拟探索以下问题。

（1）叶片性状的变异。

（2）针对单种植物，构建适用于预测不同叶片生长时期单叶 LA 的单独经验模型，并根据叶长宽比对植物进行分类组合，构建适用于预测具有相似叶形的植物不同叶片生长时期单叶 LA 的合并经验模型。

5.1.1　研究背景

植物 LA 的测量可以采用直接法和间接法，直接法一般需要将叶片从树上摘下后进行测量，如投影称重法、方格纸法、排水量测定法等（Granier et al.，2002；夏善志和祝旭加，2009）。LA 投影称重法受光线和人为因素的影响较大，而排水量测定法受植物本身叶片水分含量的影响较大（李宝光等，2006）。这些直接获取植物 LA 的方法对植物叶片甚至对于整株植物都造成了不可恢复的破坏和干扰，影响了植物正常的生长发育，也不能进行长期的动态观测，甚至在采摘严重时会引发植物死亡，不符合生态理念。为了寻求更加安全的 LA 获取方法，技术人员研发了便携式叶面积仪。该仪器小、方便携带，可以快捷地测定 LA，且操作简单，但该仪器昂贵，而且当叶片很小时，测定结果偏差很大，且便携式仪器易受到天气变化、环境胁迫、昆虫破坏以及病害的影响（夏善志和祝旭加，2009）。随着扫描仪的普及和计算机图像处理技术水平的普遍提高，技术人员运用图像处理技术与扫描仪结合来获取植物 LA（杨劲峰等，2002；李宝光等，2006），该方法步骤简单、成本较低、操作实时、测定结果更为准确，具有良好的稳定性和可靠性，且不受植物种类和外界环境及人为因素的影响，可节省大量的人力、物力，缩短实验的时间，因此图像处理技术被广泛地应用于 LA 的测定和检验（杨劲峰等，2002）。

近年来，越来越多的学者开始探究间接获取植物 LA 的方法，确保在不伤害植物叶片的前提下，快速、准确地间接获取植物 LA。研究发现，可以利用叶片结构参数如叶长（*L*）、叶宽（*W*）以及长宽乘积（*LW*）与 LA 间的相关性来构建预测 LA 的经验模型，常见的有公式法、系数法和回归分析法等（王永坤和吕芳芝，1997；杨劲峰等，2002；Chen et al.，2013）。基于不同的叶片结构参数及其组合构建的模型，估计的植物 LA 精度不同，根据 LA 估计精度的要求、参数获取条件以及树种的不同，应采用不同的经验模型（Leroy et al.，2007）。例如，Serdar 和 Demirsoy（2006）发现，欧洲栗（*Castanea sativa*）的 LA 估计模型中同时包含了 *L* 和 *W* 两个变量（R^2=0.98）；Chen 等（2013）发现，预测水稻 LA 的最优模型的自变量为 *LW*，模型预测值与实际测量值吻合度高（R^2=0.94）；对现代月季（*Rosa hybrida*）的单叶 LA 与 *L* 和 *W* 进行回归分析发现，估计现代月季单叶 LA 的最优模型为以 *LW* 为自变量的线性模型（Rouphael et al.，2010）；对向日葵（*Helianthus annuus*）的研究得出，以 W^2 为自变量的线性方程提供了向日葵 LA 的最准确估计值（R^2=0.98）（Rouphael et al.，2007）；在黄瓜（*Cucumis sativus*）

的 LA 预测模型构建中，得出其最优模型为 LA=0.88×*LW*−4.27（Blanco and Folegatti，2005）；Kandiannan 等（2009）利用 *L* 和 *W* 来构建预测生姜（*Zingiber officinale*）LA 的线性模型和幂函数模型，发现最优的模型为 LA=−0.0146+0.6621×*LW*，R^2=0.997；但是王彦君等（2018）在裂叶榆（*Ulmus laciniata*）和青楷槭（*Acer tegmentosum*）的 LA 预测模型构建中发现，预测裂叶榆和青楷槭的单叶 LA 的最优模型为幂函数，且模型具有较高的预测精度（83%～86%）。因此，构建经验模型是一种快速、可靠的准确测量 LA 的替代方法，该方法使研究人员能够在植物生长期间测量同一植物的 LA，并尽可能减少实验中的变异性；同时在 LA 测量模型构建中大多选择线性函数和幂函数，其拟合效果最优，自变量大多同时包括 *L* 和 *W* 两个叶片尺寸参数，但具体的模型参数在不同树种间存在差异。

5.1.2　研究方法

5.1.2.1　研究区域概况

本研究在黑龙江凉水国家级自然保护区（中心点地理坐标为 47°10′50″N，128°53′20″E）进行。该保护区地处小兴安岭山脉的东南段，以低山丘陵地貌为主，平均海拔为 280m，最高海拔达 707m，地形复杂，北高南低，山地坡度一般为 10°～15°。其中,北面坡度较小,长度较长;而南面坡度较大,较为陡峭。该地区的土壤类型中有 84.91% 为暗棕壤，土壤肥力较高，具有厚厚的腐殖质层，土壤呈酸性，质地以壤土为主；其他土壤类型主要为草甸土、沼泽土。该地区属于温带大陆性季风气候，冬季较长，多风雪；夏季较短,温热多雨且降雨集中。年平均气温为−0.3℃,年温差很大。年平均地温为 1.2℃,地面每年有很长时间被冰雪覆盖，从 11 月下旬至第二年 4 月中下旬，冻土深度达 2m 左右。年平均降水量为 676mm。

该地区的水平地带性植被为以红松（*Pinus koraiensis*）为优势树种的阔叶红松混交林，包括山地和谷地两大类。主要乔木树种有白桦、枫桦、紫椴、水曲柳、裂叶榆、春榆、色木槭、青楷槭和花楷槭等，针叶树种主要有红松、红皮云杉（*Picea koraiensis*）、鱼鳞云杉（*Picea jezoensis*）、臭冷杉（*Abies nephrolepis*）和兴安落叶松（*Larix gmelinii*）等，灌木树种主要有毛榛、暴马丁香、忍冬、刺五加（*Acanthopanax senticosus*）、珍珠梅(*Sorbaria sorbifolia*)等,林下草本植物种类丰富,主要有蚊子草(*Filipendula palmata*)、毛缘薹草（*Carex pilosa*）、细叶黄乌头（*Aconitum barbatum*）、荨麻（*Urtica fissa*）和林问荆（*Equisetum sylvaticum*）等。

5.1.2.2　数据采集

本研究以黑龙江凉水国家级自然保护区的 9 种阔叶乔木（色木槭、花楷槭、紫椴、青楷槭、白桦、枫桦、裂叶榆、春榆和水曲柳）和 3 种灌木（毛榛、暴马丁香和忍冬）作为研究对象，于 2015 年根据树木叶片生长和生理特点分 3 个时期采集：①叶生长期，大部分叶片处于快速生长阶段，具体时间为 5 月下旬；②叶稳定期，此时叶片处于最茂盛的阶段，具体时间为 7 月中旬；③叶凋落初期，部分阔叶植物的叶片开始干枯、变黄，甚至脱落，但并未进入落叶高峰期，具体时间为 9 月初。

针对每种阔叶乔木，分别随机选择 3 株长势良好、树冠发育良好、无病虫害的样树，且所选样树的胸径均大于 15cm。采集的叶片着生在树冠不同高度和不同朝向等可能会引起实验误差，为尽可能地减小这类误差，本研究中将每一棵样树按树冠高度分为上、中、下 3 层，每层分为南、北两个方向，一共 6 个方位。在每一个方位上随机选取 10 片无病虫害、平整、无破损的健康叶片，每株样树在每一个时期内共采集 60 片样叶，在 3 个时期共采集 540 片样叶。针对每一种灌木植物，分别随机选择 10 株树冠发育良好的样树，每株样树同样分朝向采集样叶，每株样树在每一个时期内共采集 20～80 片样叶，在 3 个时期内共采集 600～2400 片样叶。

为保持叶片生活力，防止叶片暴晒、失水，将采集的叶片立即装入塑料封口袋中，标记并密封后放入装有冰块的泡沫箱中，在 24h 内带回实验室并立即进行测量。利用直尺（精度 0.1cm）测量每片样叶的叶长和叶宽，将叶尖端到叶基部的最大长度作为叶长（L），叶片的近似最大宽度作为叶宽（W）；利用游标卡尺（精度为 0.01cm）测量叶厚，避开叶脉并重复测量 3 个不同位置的厚度，取其平均值作为该叶片的叶厚（T）；利用扫描仪和 Photoshop 软件（奥多比公司，美国）获取叶片的数字图像并折算出各样叶的 LA，以此作为 LA 测定值，精确到 0.01cm^2；最后将各样叶放入 65℃烘箱烘干至恒重，利用万分位的电子天平（精度 0.0001g）测定叶干质量（leaf dry mass，LM），以此作为测定叶干质量。

5.1.2.3　经验模型的构建和选择

针对每一个阔叶树种，在不同的叶片生长时期，随机选取 75%的数据，用于构建预测 LA 或 LM 的经验模型，称为单独模型。

为了提高本研究中经验模型的普适性，根据 12 种阔叶植物叶片的细长程度，即叶长宽比（L/W），将 12 种阔叶树种进行分组。为了更易于描述，本研究采用中位数来表示，在统计学里中位数表示为按顺序排列分布的一组数据的中间值，可以将一组数据集合分为相等的两部分，且不受数据极端值的影响（贾俊平等，2015）。12 种阔叶植物的叶长宽比均值为 0.8～3.4，因此本研究以叶长宽比等于 1.5 为分类标准，即分为叶长宽比小于 1.5 的树种（色木槭、花楷槭、紫椴、青楷槭、白桦和毛榛，L/W 为 0.8～1.3）和叶长宽比大于 1.5 的树种（枫桦、裂叶榆、暴马丁香、春榆、忍冬和水曲柳，L/W 为 1.8～3.4）。针对每一个 L/W 分类，将 6 种树种的数据合并在一起，同样在不同叶片生长时期随机选取 75%的合并数据用于构建经验模型，利用合并数据构建的经验模型称为合并模型。

选择线性函数（$y=ax+b$）和幂函数（$y=ax^b$）作为预测阔叶植物的 LA 的经验模型，其中 y 为 LA 实际测定值，x 为叶片结构参数，a、b 为经验模型的系数。为选出经验模型的最优自变量，本研究采用多个叶片的结构参数作为自变量，包括 L、W、L 与 W 的组合（如 LW、L^bW^c，其中 b、c 为系数）和 L、W、T 三者的组合（LWT）。针对每一自变量，分别构建线性关系和幂函数的经验模型，并计算各模型的赤池信息量准则（Akaike information criterion，AIC）和均方根误差（root mean square error，RMSE）。

选择 AIC 值最小的模型作为最优经验模型，若 2 个模型间 AIC 值的差异小于 2，则根据 RMSE 值来确定，即选择 RMSE 值较小的模型作为最优经验模型。AIC 和 RMSE 计算如下：

$$\mathrm{AIC} = 2K + n[\ln 2\pi \frac{\sum_{i=1}^{n}(T_i - P_i)^2}{n} + 1] \quad (5.1)$$

$$\mathrm{RMSE}=\sqrt{\frac{\sum_{i=1}^{n}(T_i - P_i)^2}{n}} \quad (5.2)$$

式中，K 为经验模型中参数的个数；n 为样本数；T_i 为第 i 个样本的测定值；P_i 为第 i 个样本的预测值。

当自变量中同时包含两个参数时，为避免两参数间存在多重共线性问题而影响经验模型的预测效果，本研究需计算参数间的方差膨胀因子（variance inflation factor，VIF）。若两参数的 VIF 值大于 10，则说明两者存在明显的多重共线性，在模型中不能同时存在；若 VIF 值小于 10，则表明两参数间的多重共线性问题可忽略不计，构建模型时 2 个参数均可保留（Marquardt，1970）。VIF 计算如下：

$$\mathrm{VIF} = \frac{1}{1 - r^2} \quad (5.3)$$

式中，r 为 L 与 W 的相关系数。

5.1.2.4　经验模型的构建和选择

为了进一步提高经验模型的适用性，合并模型需要检验叶片的生长时期对构建模型是否存在显著影响。以 LA 为例，先将 3 个或者 2 个时期的数据进行组合，构建出最优经验模型，并计算该经验模型下的 LA 预测值；再利用配对样本进行 t 检验，分别检验每一个生长时期 LA 的预测值和测定值（利用扫描仪和数字图像处理获得的测量值）是否存在显著性差异（$p<0.05$）。若其中每个时期的预测值和测定值均不存在显著性差异（$p>0.05$），则证明生长时期的变异对构建预测 LA 的经验模型不存在显著影响；若某个时期的 LA 预测值和测定值存在显著性差异（$p<0.05$），则证明生长时期的变异对构建预测 LA 的经验模型存在显著影响。为了减小经验模型的预测误差，对处于不同生长时期的叶片需要构建不同的经验模型。

5.1.2.5　最优经验模型的评估

基于 5.1.2.3 小节 75%的数据构建的最优经验模型，得出 LA 或 LM 预测值，进行残差分析（残差指实际测定值与模型估计值之间的差，即测定值−预测值）。当残差的分布近似符合正态分布，且大部分残差点落在残差平均值±3 倍标准差的范围内时，可初步认定该经验模型可靠，数据合理（Chiang et al.，2003）。

利用剩余 25%的数据及选择的最优经验模型，检验经验模型得到的 LA 或 LM 的预测值与实际测定值之间的吻合度，即利用预测值和测定值进行线性回归分析，根据得到的回归线斜率与 1 的接近程度、截距的大小以及决定系数 R^2，来判定预测值和测定值之间吻合度的高低。

5.1.2.6　最优经验模型的精度检验

为进一步检验经验模型的实用性和可靠性，同样利用剩余25%的数据，计算每一个树种利用该经验模型得到的LA或LM预测值,并求出相对于测定值的相对误差(relative error，RE），计算公式如下：

$$RE=\frac{1}{n}\sum_{i=1}^{n}\left(\text{abs}\frac{(T_i-P_i)}{T_i}\times 100\%\right) \tag{5.4}$$

式中，n为样本数；T_i为第i个样本的测定值；P_i为第i个样本的预测值；abs为绝对值函数。

5.1.2.7　数据分析

本研究采用单因素方差分析和最小显著性差异（LSD）方法，对植物叶片不同生长时期的性状进行差异和显著性分析，该分析与独立配对样本 t 检验均在IBM SPSS Statistics 18.0中进行。经验模型的拟合和参数计算利用R语言‘nlme’包中的‘gnls’函数（Pinheiro et al.，2018）完成，所有图表分别在Excel 2019、Sigmaplot 10.0软件中制作。

5.1.3　研究结果

5.1.3.1　单种植物叶面积的最优经验模型（单独模型）

1. 叶形态性状的整体变异　叶片性状 L、W、L/W、T、LA和LM在12种阔叶植物间变异较大。12种阔叶植物的 L 平均值范围为6.1～11.1cm，W 平均值范围为2.6～9.3cm，L/W 平均值范围为0.8～3.4，T 平均值范围为0.08～0.15cm，LA平均值范围为10.98～63.61cm^2，LM平均值范围为0.0332～0.2352g。不同叶片性状在同一植物中具有一定变异，其中LA和LM的变异系数在各植物中均较大，分别为30%～58%和39%～74%，L/W 的变异系数在12种阔叶植物中大多最小，为9%～21%；另外，12种阔叶植物 L 的变异系数为15%～35%，W 的变异系数为17%～33%，T 的变异系数为17%～43%（表5.1）。

表5.1　12种阔叶植物叶片性状信息统计

树种	叶片性状	L(cm)	W(cm)	T(cm)	L/W	LA(cm^2)	LM(g)
色木槭	Min	3.3	4.0	0.03	0.6	8.14	0.0160
（*Acer mono*）	Max	10.5	15.7	0.17	1.6	91.04	0.3562
	Mean	6.3	8.1	0.09	0.8	28.90	0.1058
	SD	1.3	1.9	0.03	0.1	14.49	0.0587
	CV(%)	21.0	23.0	33.0	13.0	50.0	55.0
花楷槭	Min	3.4	3.4	0.05	0.6	6.78	0.0130
（*Acer ukurunduense*）	Max	15.6	18.8	0.24	1.7	141.62	0.5803
	Mean	8.2	9.0	0.11	0.9	48.10	0.1087

续表

树种	叶片性状	*L*(cm)	*W*(cm)	*T*(cm)	*L/W*	LA(cm^2)	LM(g)
花楷槭	SD	2.3	2.9	0.04	0.1	28.06	0.0731
（*Acer ukurunduense*）	CV(%)	29.0	32.0	32.0	15.0	58.0	67.0
紫椴	Min	3.5	3.5	0.02	0.7	10.35	0.0323
（*Tilia amurensis*）	Max	12.4	10	0.16	1.6	83.70	0.2967
	Mean	6.6	6	0.08	1.1	29.13	0.1097
	SD	1.5	1.2	0.04	0.1	12.05	0.0487
	CV(%)	23.0	21.0	43.0	11.0	41.0	44.0
青楷槭	Min	4.7	3.2	0.02	0.8	9.12	0.0296
（*Acer tegmentosum*）	Max	16.5	16.3	0.17	1.6	209.95	1.0247
	Mean	10.2	9.3	0.10	1.1	63.61	0.2337
	SD	2.7	2.8	0.03	0.1	35.99	0.1621
	CV(%)	26.0	30.0	30.0	9.0	57.0	69.0
白桦	Min	4.1	2.9	0.02	1.0	7.90	0.0344
（*Betula platyphylla*）	Max	10.3	8.5	0.18	1.6	50.81	0.3290
	Mean	6.7	5.4	0.10	1.3	22.51	0.1156
	SD	1.2	1.1	0.02	0.1	8.54	0.0494
	CV(%)	18.0	20.0	23.0	9.0	38.0	43.0
毛榛	Min	3.8	2.6	0.06	0.9	6.28	0.0237
（*Corylus mandshurica*）	Max	13.2	11.4	0.19	1.8	103.99	0.5736
	Mean	8.5	6.8	0.12	1.3	43.8	0.1491
	SD	1.8	1.8	0.02	0.2	18.71	0.0848
	CV(%)	21.0	26.0	20.0	12.0	43.0	57.0
枫桦	Min	4.3	2.5	0.04	1.2	8.08	0.0300
（*Betula costata*）	Max	9.9	5.7	0.15	2.4	37.93	0.2439
	Mean	7.3	4.1	0.10	1.8	19.50	0.0967
	SD	1.1	0.7	0.02	0.2	5.76	0.0374
	CV(%)	15.0	17.0	22.0	12.0	30.0	39.0
裂叶榆	Min	3.0	1.5	0.05	1.2	3.06	0.0196
（*Ulmus laciniata*）	Max	18.8	11.6	0.31	3.0	129.02	1.0435
	Mean	10.1	5.8	0.15	1.8	43.02	0.2352
	SD	2.9	1.9	0.05	0.3	24.56	0.1737
	CV(%)	29.0	32.0	30.0	15.0	57.0	74.0
暴马丁香	Min	1.6	0.6	0.06	0.8	0.67	0.0010
（*Syringa reticulata* subsp.	Max	13	6.6	0.23	4.2	52.06	0.3148
amurensis）	Mean	6.7	3.7	0.14	1.9	17.87	0.0791
	SD	2.3	1.2	0.03	0.3	9.91	0.0540
	CV(%)	34.0	33.0	24.0	16.0	55.0	68.0
春榆	Min	1.9	1.1	0.05	1.2	1.41	0.0086
（*Ulmus davidiana* var. *japonica*）	Max	12.5	6.5	0.31	2.7	48.62	0.3890

续表

树种	叶片性状	L(cm)	W(cm)	T(cm)	L/W	LA(cm^2)	LM(g)
春榆 （*Ulmus davidiana* var. *japonica*）	Mean	7.1	3.7	0.13	2.0	18.40	0.1112
	SD	2.2	1.1	0.05	0.3	9.67	0.0700
	CV(%)	30.0	31.0	34.0	13.0	53.0	63.0
忍冬 （*Lonicera japonica*）	Min	1.1	0.9	0.04	0.6	1.11	0.0029
	Max	12.5	6.2	0.14	5.4	42.22	0.1278
	Mean	6.1	2.6	0.09	2.4	10.98	0.0332
	SD	2.1	0.8	0.02	0.5	6.12	0.0202
	CV(%)	35.0	32.0	21.0	19.0	56.0	61.0
水曲柳 （*Fraxinus mandschurica*）	Min	5.1	1.2	0.06	1.9	6.06	0.0212
	Max	19.9	5.9	0.18	7.6	70.57	0.3634
	Mean	11.1	3.4	0.12	3.4	24.74	0.1158
	SD	2.8	0.9	0.02	0.7	12.25	0.0708
	CV(%)	26.0	27.0	17.0	21.0	50.0	61.0

注：Min. 最小值，Max. 最大值，Mean. 平均值，SD. 标准差，CV. 变异系数。

根据 *L*/*W* 将 12 种阔叶植物分为两组，分析这两组植物的叶形态性状在不同叶片生长时期的变异，发现随着叶片生长时期的变化，不同叶片性状的变异规律不同（图 5.1）。其中，两组植物的 *L* 在叶生长期和叶稳定期基本无明显差异（$p>0.05$），在叶凋落初期叶长/叶宽大于 1.5 的植物组呈现轻微的上升趋势（$p<0.05$）；两组植物的 *W* 在叶片生长的 3 个时期基本无明显差异（$p>0.05$）；*T* 在不同时期的变异较大，且在不同植物组别中变异规律不同，其中叶长/叶宽小于 1.5 的植物组的叶厚随时间推移呈现显著减小趋势（$p<0.05$），而叶长/叶宽大于 1.5 的植物组的叶厚呈现增加的趋势（$p<0.05$）；两组植物的 LA 在叶生长期和叶稳定期基本无明显差异（$p>0.05$），在叶凋落初期叶长/叶宽小于 1.5 的植物组有轻微的减小趋势（$p<0.05$）；两组植物的 LM 随着叶片生长均呈现显著上升趋势（$p<0.05$）。另外，叶长/叶宽小于 1.5 的植物组的 *W*、LA 和 LM 均显著大于叶长/叶宽大于 1.5 的植物组；而 *T* 则相反，叶长/叶宽小于 1.5 的植物组的 *T* 显著小于叶长/叶宽大于 1.5 的植物组（图 5.1）。

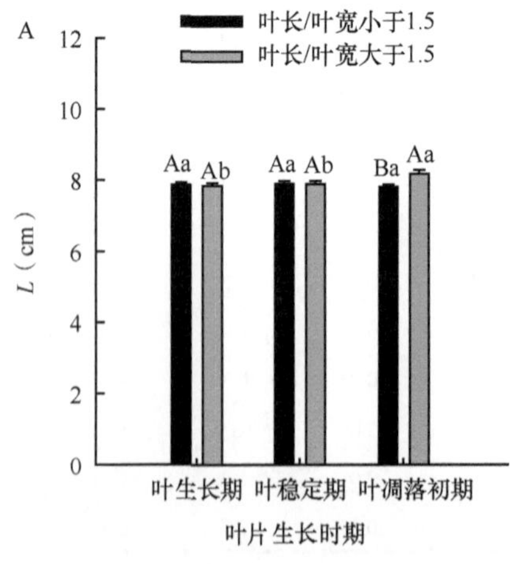

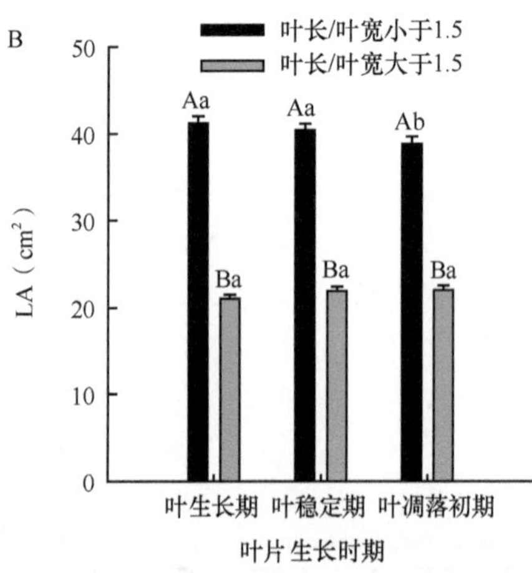

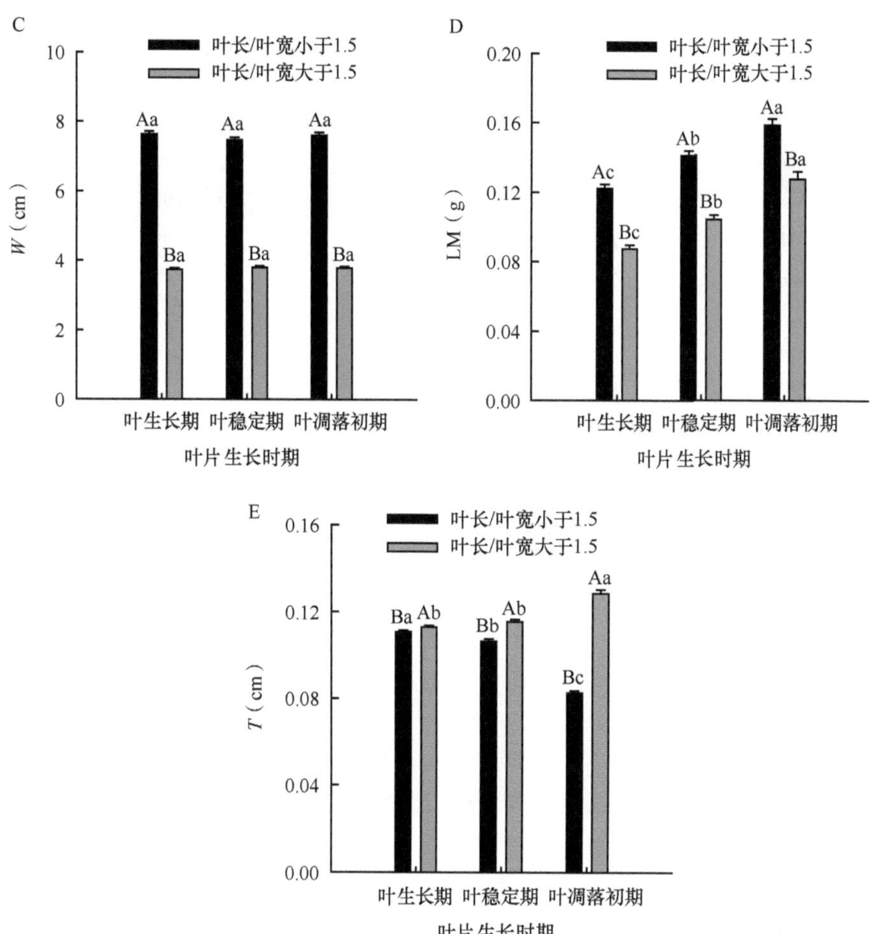

图 5.1　两组阔叶植物叶性状在不同叶片生长时期的变异

数值为平均值+标准误，不同小写字母表示在同一植物组内不同叶片生长时期差异显著（$p<0.05$），不同大写字母表示在不同植物组内差异显著（$p<0.05$）

2. 单种植物叶面积与各叶片参数的相关性　本研究中阔叶植物的单个叶片 LA 与大多数的叶片参数的相关性较高，其中与 L 和 W 的相关系数分别为 0.84～0.98 和 0.87～0.98（$p<0.05$）；与叶长和叶宽的乘积（LW）相关性最高，相关系数基本为 0.93～0.99（$p<0.05$）；与叶厚的相关性较低，有些甚至不相关，相关系数在 0.57 以下（表 5.2）。

表 5.2　12 种阔叶植物在不同叶片生长时期 LA 与各叶片参数的相关性

树种	叶片生长时期	*L*	*W*	*LW*	*T*	*LWT*
色木槭	叶生长期	0.93	0.92	0.95	0.11	0.87
（*Acer mono*）	叶稳定期	0.89	0.87	0.94	0.17	0.91
	叶凋落初期	0.93	0.87	0.93	0.22	0.80
花楷槭	叶生长期	0.95	0.95	0.97	0.52	0.96
（*Acer ukurunduense*）	叶稳定期	0.93	0.94	0.96	−0.06	0.93
	叶凋落初期	0.94	0.95	0.97	0.21	0.93

续表

树种	叶片生长时期	*L*	*W*	*LW*	*T*	*LWT*
紫椴	叶生长期	0.93	0.96	0.99	0.27	0.94
（*Tilia amurensis*）	叶稳定期	0.92	0.98	0.99	−0.16	0.82
	叶凋落初期	0.93	0.98	0.98	0.23	0.80
青楷槭	叶生长期	0.96	0.97	0.99	0.27	0.96
（*Acer tegmentosum*）	叶稳定期	0.98	0.96	0.98	0.33	0.91
	叶凋落初期	0.94	0.91	0.97	0.41	0.90
白桦	叶生长期	0.95	0.97	0.99	−0.11	0.89
（*Betula platyphylla*）	叶稳定期	0.94	0.98	0.98	0.08	0.89
	叶凋落初期	0.94	0.97	0.99	0.05	0.86
毛榛	叶生长期	0.95	0.97	0.99	0.06	0.92
（*Corylus mandshurica*）	叶稳定期	0.93	0.97	0.98	0.38	0.92
	叶凋落初期	0.95	0.97	0.99	0.44	0.95
枫桦	叶生长期	0.91	0.95	0.98	0.44	0.94
（*Betula costata*）	叶稳定期	0.86	0.94	0.98	0.12	0.90
	叶凋落初期	0.88	0.93	0.97	0.14	0.90
裂叶榆	叶生长期	0.92	0.96	0.98	0.43	0.94
（*Ulmus laciniata*）	叶稳定期	0.90	0.91	0.96	0.34	0.82
	叶凋落初期	0.95	0.97	0.99	0.12	0.96
暴马丁香	叶生长期	0.95	0.96	0.99	0.39	0.95
（*Syringa reticulata* subsp. *amurensis*）	叶稳定期	0.95	0.96	0.99	0.57	0.95
	叶凋落初期	0.95	0.93	0.99	0.38	0.95
春榆	叶生长期	0.92	0.96	0.99	0.04	0.83
（*Ulmus davidiana* var. *japonica*）	叶稳定期	0.92	0.96	0.99	0.14	0.88
	叶凋落初期	0.97	0.98	0.99	0.19	0.95
忍冬	叶生长期	0.92	0.93	0.97	−0.04	0.93
（*Lonicera japonica*）	叶稳定期	0.94	0.97	0.99	0.45	0.96
	叶凋落初期	0.90	0.96	0.99	0.34	0.96
水曲柳	叶生长期	0.93	0.92	0.98	0.26	0.93
（*Fraxinus mandschurica*）	叶稳定期	0.84	0.87	0.98	−0.03	0.85
	叶凋落初期	0.92	0.93	0.99	0.02	0.91

3. 单独模型的确定　利用公式（5.3）计算并分析各个植物在不同叶片生长时期叶片参数（*L*、*W* 和 *T*）之间的多重共线性，得出花楷槭在叶生长期 *L* 和 *W* 的方差膨胀因子为 10.26，青楷槭在叶生长期和叶稳定期 *L* 和 *W* 的方差膨胀因子均为 12.76，裂叶榆在叶凋落初期 *L* 和 *W* 的方差膨胀因子为 10.26（表 5.3），均大于 10，这说明此时 *L* 和 *W* 存在多重共线性问题，在构建经验模型时不能同时存在，需剔除其中一个。其他叶片生长时期以及其他植物的 *L* 和 *W* 的方差膨胀因子均在 1.41～9.76（表 5.3），此时 *L* 和 *W* 的多重共线性可以忽略，故构建模型时这两个参数均可保留。本研究中，所有植物 *L* 和 *T* 以及

W 和 *T* 的相关性较低，方差膨胀因子最大值为 1.43，不存在共线性（表 5.3）。

表 5.3　12 种阔叶植物在不同叶片生长时期叶长、叶宽和叶厚间的方差膨胀因子

树种	叶片生长时期	VIF		
		L-W	*L-T*	*W-T*
色木槭	叶生长期	8.59	1.00	1.02
（*Acer mono*）	叶稳定期	2.55	1.01	1.00
	叶凋落初期	3.84	1.04	1.00
花楷槭	叶生长期	10.26	1.37	1.32
（*Acer ukurunduense*）	叶稳定期	5.82	1.01	1.02
	叶凋落初期	6.51	1.04	1.04
紫椴	叶生长期	3.60	1.03	1.13
（*Tilia amurensis*）	叶稳定期	4.43	1.04	1.01
	叶凋落初期	4.81	1.01	1.09
青楷槭	叶生长期	12.76	1.11	1.03
（*Acer tegmentosum*）	叶稳定期	12.76	1.13	1.11
	叶凋落初期	5.26	1.16	1.03
白桦	叶生长期	6.51	1.01	1.01
（*Betula platyphylla*）	叶稳定期	5.82	1.00	1.00
	叶凋落初期	5.26	1.00	1.00
毛榛	叶生长期	5.82	1.00	1.01
（*Corylus mandshurica*）	叶稳定期	4.81	1.19	1.17
	叶凋落初期	6.51	1.30	1.19
枫桦	叶生长期	2.91	1.14	1.21
（*Betula costata*）	叶稳定期	2.08	1.07	1.00
	叶凋落初期	2.21	1.03	1.00
裂叶榆	叶生长期	3.84	1.15	1.18
（*Ulmus laciniata*）	叶稳定期	2.91	1.18	1.13
	叶凋落初期	10.26	1.01	1.02
暴马丁香	叶生长期	5.26	1.33	1.11
（*Syringa reticulata* subsp. *amurensis*）	叶稳定期	5.82	1.43	1.41
	叶凋落初期	3.84	1.09	1.16
春榆	叶生长期	3.84	1.01	1.00
（*Ulmus davidiana* var. *japonica*）	叶稳定期	3.84	1.02	1.04
	叶凋落初期	9.76	1.06	1.05
忍冬	叶生长期	3.21	1.00	1.00
（*Lonicera japonica*）	叶稳定期	4.81	1.13	1.24
	叶凋落初期	3.60	1.07	1.14
水曲柳	叶生长期	2.66	1.09	1.07
（*Fraxinus mandschurica*）	叶稳定期	1.41	1.06	1.05
	叶凋落初期	2.66	1.00	1.00

根据最优经验模型的选择原则及共线性的检验结果，得出单个植物的叶片在不同叶片生长时期最优经验模型类型存在差异。但大部分模型类型均为幂函数，模型的自变量主要为 L^bW^c，只有少数为 LW，如叶凋落初期的花楷槭、叶稳定期的裂叶榆和叶生长期的水曲柳；而由于共线性问题，叶生长期的花楷槭和青楷槭的最优自变量均为 L，叶凋落初期的裂叶榆的最优自变量为 W。另外，有少部分模型类型为线性，如处于叶稳定期的青楷槭，自变量为 L；处于叶稳定期的花楷槭、叶生长期的毛榛和叶凋落初期的水曲柳，其自变量均为 LW（表 5.4）。

表 5.4　12 种阔叶植物在不同叶片生长时期预测 LA 的最优经验模型

树种	叶片生长时期	模型类型	参数			赤池信息准则	均方根误差
			a	b	c	（AIC）	（RMSE）
色木槭（*Acer mono*）	叶生长期	$LA=aL^bW^c$	0.325	1.870	0.477	800.699	4.610
	叶稳定期	$LA=aL^bW^c$	0.461	1.357	0.790	729.204	3.609
	叶凋落初期	$LA=aL^bW^c$	0.248	1.757	0.660	791.689	4.658
花楷槭（*Acer ukurunduense*）	叶生长期	$LA=aL^b$	0.580	2.078	—	873.657	8.800
	叶稳定期	$LA=aLW+b$	0.672	-0.751	—	832.652	7.026
	叶凋落初期	$LA=a(LW)^b$	0.609	0.967	—	701.185	6.290
紫椴（*Tilia amurensis*）	叶生长期	$LA=aL^bW^c$	0.820	0.679	1.268	552.881	1.841
	叶稳定期	$LA=aL^bW^c$	0.768	0.598	1.416	306.760	1.294
	叶凋落初期	$LA=aL^bW^c$	0.744	0.574	1.404	461.272	1.328
青楷槭（*Acer tegmentosum*）	叶生长期	$LA=aL^b$	0.428	2.120	—	935.194	7.614
	叶稳定期	$LA=aL+b$	10.539	-49.31	—	250.071	3.727
	叶凋落初期	$LA=aL^bW^c$	0.312	1.337	0.941	915.302	9.505
白桦（*Betula platyphylla*）	叶生长期	$LA=aL^bW^c$	0.737	0.747	1.176	449.597	1.271
	叶稳定期	$LA=aL^bW^c$	0.808	0.564	1.354	507.976	1.559
	叶凋落初期	$LA=aL^bW^c$	0.664	0.778	1.170	390.517	1.042
毛榛（*Corylus mandshurica*）	叶生长期	$LA=aLW+b$	0.689	1.432	—	539.715	2.388
	叶稳定期	$LA=aL^bW^c$	1.196	0.608	1.179	609.597	3.005
	叶凋落初期	$LA=aL^bW^c$	0.879	0.787	1.126	637.891	2.982
枫桦（*Betula costata*）	叶生长期	$LA=aL^bW^c$	0.883	0.835	0.999	426.360	1.152
	叶稳定期	$LA=aL^bW^c$	0.872	0.799	1.098	441.443	1.219
	叶凋落初期	$LA=aL^bW^c$	0.887	0.772	1.084	224.503	0.894
裂叶榆（*Ulmus laciniata*）	叶生长期	$LA=aL^bW^c$	0.623	1.094	0.927	811.661	5.138
	叶稳定期	$LA=aLW^b$	0.802	0.966	—	814.602	5.215
	叶凋落初期	$LA=aW^b$	1.627	1.774	—	786.015	5.666
暴马丁香（*Syringa reticulata* subsp. *amurensis*）	叶生长期	$LA=aL^bW^c$	0.897	0.782	1.099	450.082	1.027
	叶稳定期	$LA=aL^bW^c$	0.876	0.840	1.039	408.859	1.013
	叶凋落初期	$LA=aL^bW^c$	0.757	0.878	1.056	519.361	1.232
春榆（*Ulmus davidiana* var. *japonica*）	叶生长期	$LA=aL^bW^c$	0.858	0.731	1.204	476.576	1.388
	叶稳定期	$LA=aL^bW^c$	0.840	0.782	1.150	251.436	0.966
	叶凋落初期	$LA=aL^bW^c$	0.780	0.860	1.050	258.317	1.228

续表

树种	叶片生长时期	模型类型	参数			赤池信息准则	均方根误差
			a	*b*	*c*	（AIC）	（RMSE）
忍冬	叶生长期	$LA=aL^bW^c$	1.022	0.728	1.037	685.417	1.062
（*Lonicera japonica*）	叶稳定期	$LA=aL^bW^c$	0.900	0.752	1.100	229.214	0.504
	叶凋落初期	$LA=aL^bW^c$	0.939	0.692	1.185	342.704	1.000
水曲柳	叶生长期	$LA=a(LW)^b$	0.645	0.988	—	457.701	1.299
（*Fraxinus*	叶稳定期	$LA=aL^bW^c$	0.610	0.952	1.109	550.030	1.779
mandschurica）	叶凋落初期	$LA=aLW+b$	0.631	-0.564	—	614.515	2.322

4. 单独模型的评估　12 种阔叶植物在不同叶片生长时期的 LA 测定值与预测值之间的残差均为正态分布，且均有 97%以上的残差点落在残差平均值±3 倍标准差的范围内（图 5.2），初步认定利用这些单独模型来预测 12 种植物的 LA 较为可靠。

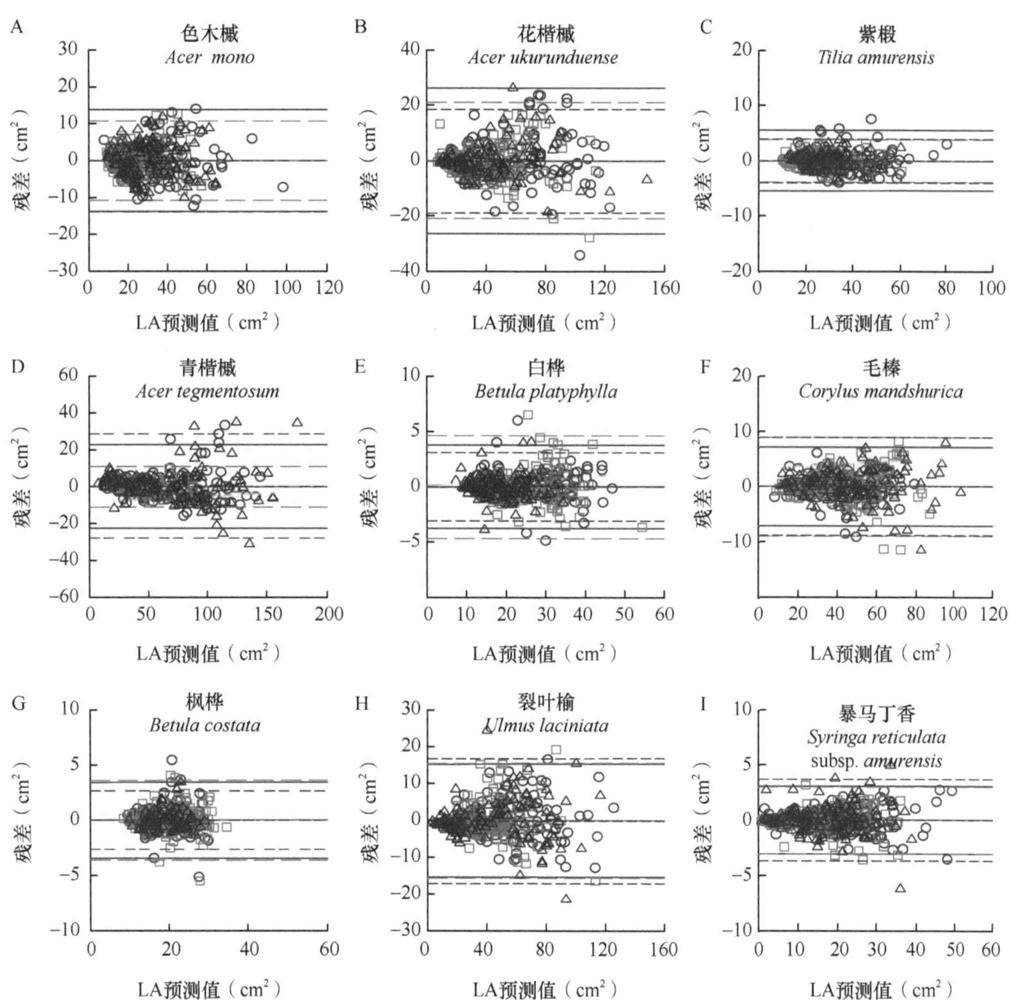

J
春榆
Ulmus davidiana var. japonica
残差（cm²）
LA预测值（cm²）
K
忍冬
Lonicera japonica
残差（cm²）
LA预测值（cm²）
L
水曲柳
Fraxinus mandschurica
残差（cm²）
LA预测值（cm²）

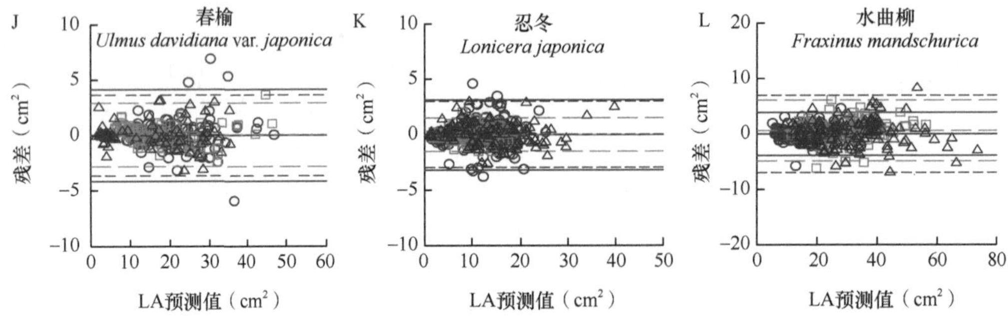

图 5.2　12 种阔叶植物在不同叶片生长时期 LA 的残差分布

红色圆圈和红色实线分别为叶生长期的残差点、残差平均线以及标准差线（残差平均值±3 倍标准差），绿色正方形和绿色长虚线为叶稳定期的残差点、残差平均线以及标准差线，蓝色三角形和蓝色短虚线为叶凋落初期的残差点、残差平均线以及标准差线

利用剩余 25%的数据对 12 种阔叶植物不同叶片生长时期 LA 预测值和实测值进行回归分析，发现这 12 种植物的 LA 预测值和测定值均具有很高的吻合度，其决定系数较高，R^2 为 0.87～0.99（图 5.3）。

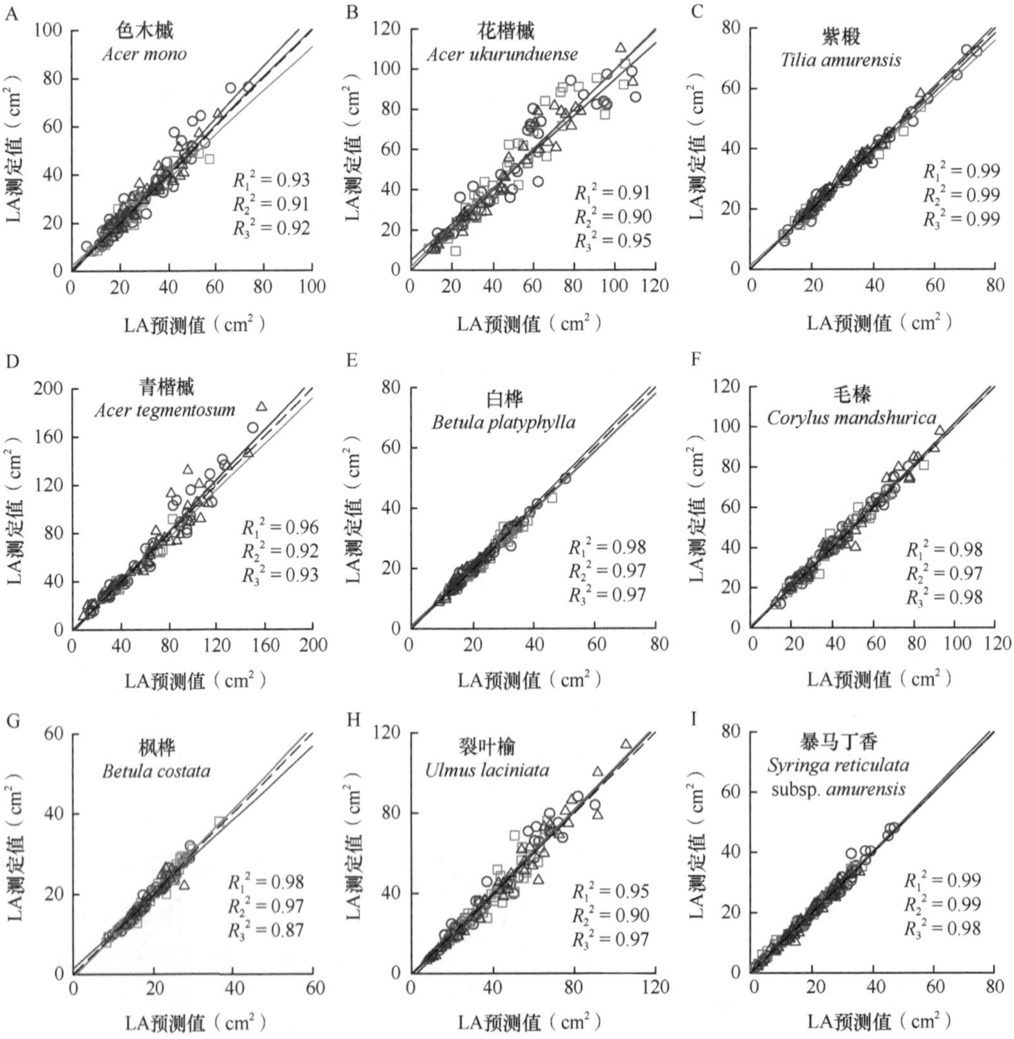

A
色木槭
Acer mono
$R_1^2 = 0.93$
$R_2^2 = 0.91$
$R_3^2 = 0.92$
B
花楷槭
Acer ukurunduense
$R_1^2 = 0.91$
$R_2^2 = 0.90$
$R_3^2 = 0.95$
C
紫椴
Tilia amurensis
$R_1^2 = 0.99$
$R_2^2 = 0.99$
$R_3^2 = 0.99$
D
青楷槭
Acer tegmentosum
$R_1^2 = 0.96$
$R_2^2 = 0.92$
$R_3^2 = 0.93$
E
白桦
Betula platyphylla
$R_1^2 = 0.98$
$R_2^2 = 0.97$
$R_3^2 = 0.97$
F
毛榛
Corylus mandshurica
$R_1^2 = 0.98$
$R_2^2 = 0.97$
$R_3^2 = 0.98$
G
枫桦
Betula costata
$R_1^2 = 0.98$
$R_2^2 = 0.97$
$R_3^2 = 0.87$
H
裂叶榆
Ulmus laciniata
$R_1^2 = 0.95$
$R_2^2 = 0.90$
$R_3^2 = 0.97$
I
暴马丁香
Syringa reticulata subsp. amurensis
$R_1^2 = 0.99$
$R_2^2 = 0.99$
$R_3^2 = 0.98$
LA测定值（cm²）
LA预测值（cm²）

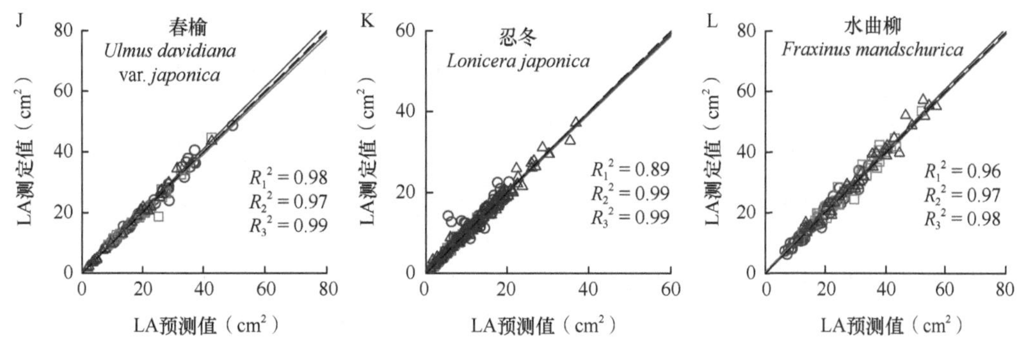

图 5.3　12 种阔叶植物在不同叶片生长时期 LA 预测值与测定值的回归分析结果

红色圆圈和红色实线为叶生长期的回归点和回归线，绿色正方形和绿色实线为叶稳定期的回归点和回归线，蓝色三角形和蓝色实线为叶凋落初期的回归点和回归线，黑色虚线为 1∶1 线，R_1^2、R_2^2、R_3^2 分别为叶生长期、叶稳定期和叶凋落初期的决定系数

5.1.3.2　按叶长宽比分组后叶面积的最优经验模型（合并模型）

1. 单独模型的评估　按叶长宽比分组后，利用公式（5.3）计算两组数据的 L、W 和 T 之间的多重共线性，发现 L 和 W 的 VIF 值为 1.73～3.05，L 和 T 的 VIF 值为 1.01～1.30，W 和 T 的 VIF 值为 1.00～1.56（表 5.5），其 VIF 值均小于 10，说明 L、W 和 T 的多重共线性可以忽略，在构建合并模型时这几个参数可同时存在。

表 5.5　两组阔叶植物在不同叶片生长时期叶长、叶宽和叶厚间的方差膨胀因子

L/W	叶片生长时期	VIF		
		L-W	L-T	W-T
小于 1.5	叶生长期	3.05	1.12	1.32
	叶稳定期	2.21	1.01	1.03
	叶凋落初期	2.66	1.11	1.00
大于 1.5	叶生长期	2.21	1.02	1.01
	叶稳定期	2.14	1.30	1.56
	叶凋落初期	1.73	1.03	1.19

根据配对样本 t 检验的结果，发现对于叶长/叶宽小于 1.5 和叶长/叶宽大于 1.5 的两组阔叶植物，在 3 个叶片生长时期（叶生长期、叶稳定期和叶凋落初期）均需要单独构建预测 LA 的经验模型，叶片生长时期的变化对 LA 经验模型的构建具有显著影响。

叶长/叶宽小于 1.5 和叶长/叶宽大于 1.5 的两组阔叶植物在不同叶片生长时期预测 LA 的经验模型类型均一致，最优自变量均为 L 和 W 的组合，最优的经验模型类型均为幂函数，表示为 LA=aL^bW^c（表 5.6）。

表 5.6　两组阔叶植物在不同叶片生长时期预测 LA 的最优经验模型

L/W	叶片生长时期	模型类型	参数			AIC	RMSE
			a	b	c		
小于 1.5	叶生长期	LA=aL^bW^c	0.644	1.229	0.764	4807.496	5.175

续表

L/W	叶片生长时期	模型类型	参数 a	参数 b	参数 c	AIC	RMSE
小于 1.5	叶稳定期	$LA=aL^bW^c$	0.675	1.171	0.813	3872.118	5.011
	叶凋落初期	$LA=aL^bW^c$	0.508	1.527	0.547	4951.812	6.295
大于 1.5	叶生长期	$LA=aL^bW^c$	0.618	0.951	1.105	4329.289	2.518
	叶稳定期	$LA=aL^bW^c$	0.702	0.889	1.131	3806.182	2.471
	叶凋落初期	$LA=aL^bW^c$	0.675	0.928	1.068	3347.942	2.274

2. 合并模型的评估　基于合并模型，叶片/叶宽小于 1.5 的阔叶植物在 3 个叶片生长时期的 LA 预测值与测定值间的残差分布均近似呈正态分布，有 98%以上的残差点落在残差平均值±3 倍标准差的范围内（图 5.4）；叶长/叶宽大于 1.5 的阔叶植物在 3 个叶片生长时期的 LA 预测值与测定值间的残差分布同样近似呈正态分布，均有 98%的残差点落在残差平均值±3 倍标准差的范围内。研究结果说明，利用这些合并经验模型得到的 LA 预测值与实际测定的结果间的误差在合理范围内，以上经验模型预测得到的相对应的阔叶植物的 LA 是可靠的。

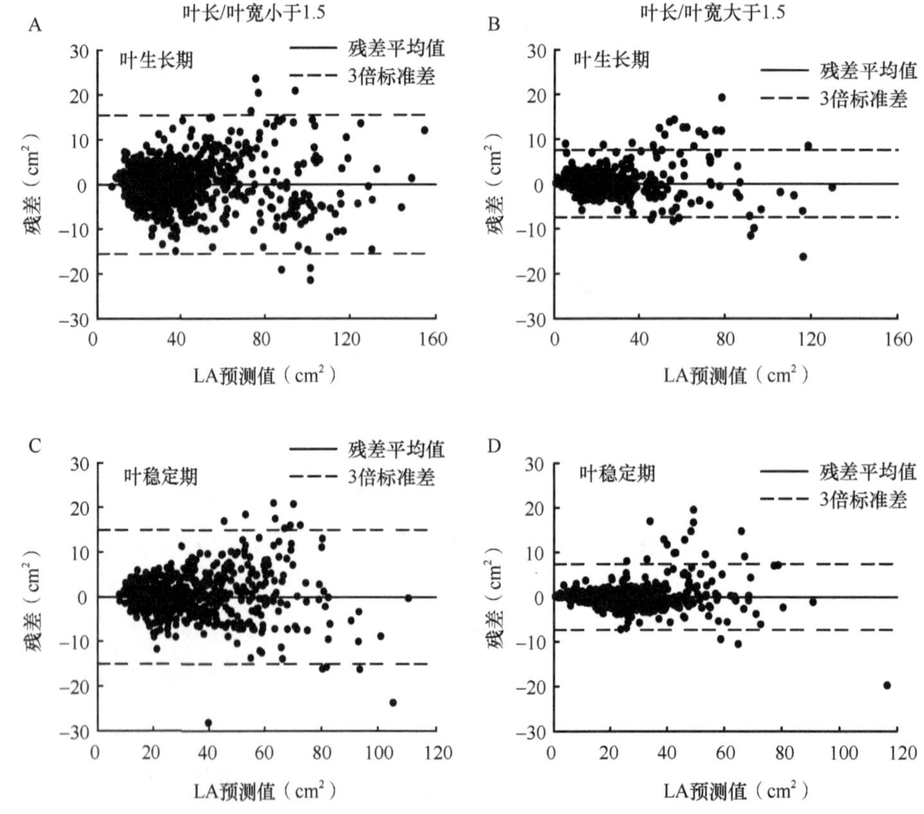

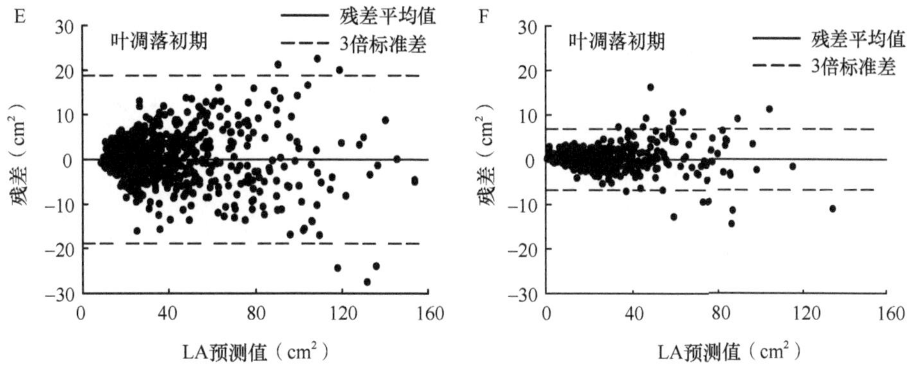

图 5.4　两组阔叶植物在不同叶片生长时期 LA 的残差分布

利用合并模型得到的 LA 的预测值与实际测定值之间均具有很高的吻合度（图 5.5）。其中，叶片/叶宽小于 1.5 的阔叶植物组在 3 个叶片生长时期的决定系数为 0.94～0.96（$p<0.0001$），叶长/叶宽大于 1.5 的阔叶植物组在 3 个叶片生长时期的决定系数为 0.97～0.98（$p<0.0001$）。

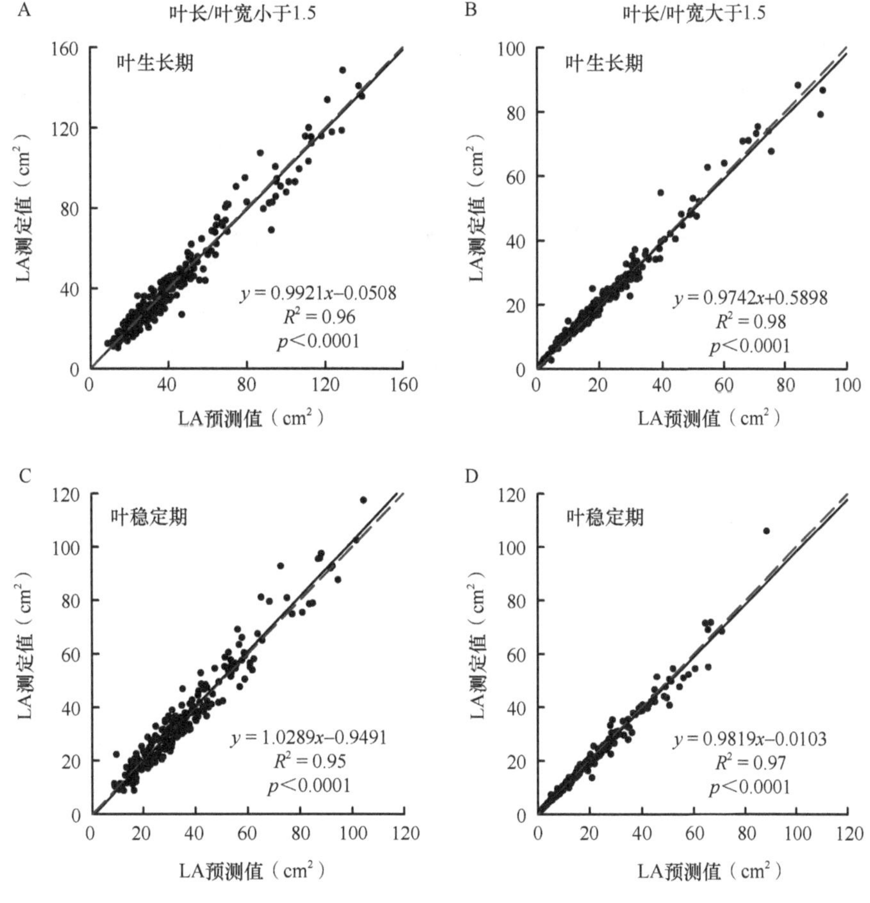

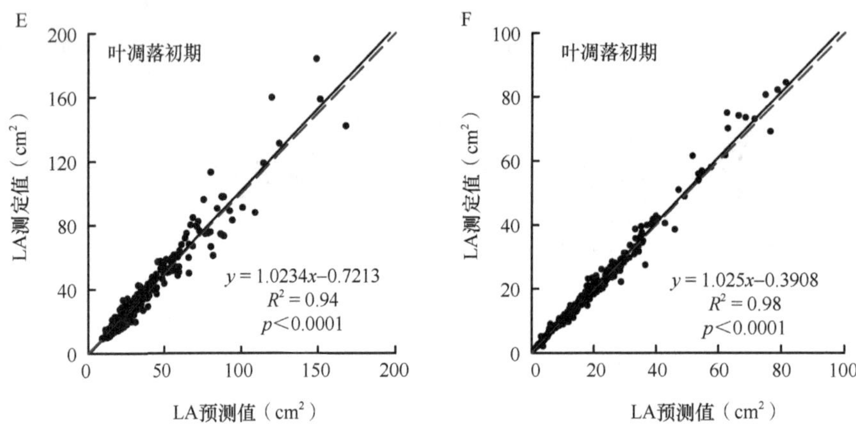

图 5.5　两组阔叶植物在不同叶片生长时期 LA 预测值和测定值的回归分析结果

黑实线为 LA 预测值与实测值的回归线，红虚线为 1∶1 线

3. 单独模型和合并模型的精度检验　基于单独模型，单个树种在 3 个叶片生长时期的 LA 预测值与测定值间的相对误差均较小。其中，叶长/叶宽小于 1.5 的 6 种阔叶植物，即色木槭、花楷槭、紫椴、青楷槭、白桦和毛榛在 3 个叶片生长时期的预测相对误差分别为 10%～12%、9%～15%、3%～5%、8%～9%、4%～5%和 5%～6%；叶长/叶宽大于 1.5 的 6 种阔叶植物，即枫桦、裂叶榆、暴马丁香、春榆、忍冬和水曲柳在 3 个叶片生长时期的预测相对误差分别为 3%～5%、9%～10%、4%～6%、4%、4%～10%和 5%～7%（表 5.7）。

表 5.7　基于单独模型和合并模型预测 12 种阔叶植物 LA 的相对误差

树种	叶片生长时期	RE（%）±SD（%）	
		合并模型	单独模型
色木槭	叶生长期	15±12	12±10
（*Acer mono*）	叶稳定期	15±12	10±8
	叶凋落初期	11±8	10±7
花楷槭	叶生长期	11±8	14±10
（*Acer ukurunduense*）	叶稳定期	15±19	15±19
	叶凋落初期	13±10	9±8
紫椴	叶生长期	10±6	4±5
（*Tilia amurensis*）	叶稳定期	17±8	5±3
	叶凋落初期	13±6	3±2
青楷槭	叶生长期	8±6	9±6
（*Acer tegmentosum*）	叶稳定期	8±7	8±5
	叶凋落初期	10±7	9±9
白桦	叶生长期	16±7	4±4
（*Betula platyphylla*）	叶稳定期	10±6	4±3
	叶凋落初期	10±5	5±5

续表

树种	叶片生长时期	RE（%）±SD（%）	
		合并模型	单独模型
毛榛	叶生长期	8±5	6±5
（*Corylus mandshurica*）	叶稳定期	7±5	5±5
	叶凋落初期	11±7	6±5
枫桦	叶生长期	5±3	3±4
（*Betula costata*）	叶稳定期	4±4	3±4
	叶凋落初期	5±6	5±5
裂叶榆	叶生长期	9±7	10±6
（*Ulmus laciniata*）	叶稳定期	8±7	9±7
	叶凋落初期	7±8	10±7
暴马丁香	叶生长期	6±5	4±3
（*Syringa reticulata* subsp.*amurensis*）	叶稳定期	7±9	6±7
	叶凋落初期	6±7	6±7
春榆	叶生长期	5±4	4±3
（*Ulmus davidiana*	叶稳定期	6±7	4±6
var. *japonica*）	叶凋落初期	5±3	4±2
忍冬	叶生长期	12±11	10±11
（*Lonicera japonica*）	叶稳定期	7±5	4±3
	叶凋落初期	8±8	6±6
水曲柳	叶生长期	7±5	7±6
（*Fraxinus mandschurica*）	叶稳定期	6±5	6±4
	叶凋落初期	5±4	5±4

基于合并模型，叶长/叶宽小于 1.5 的 6 种阔叶植物在 3 个叶片生长时期的 LA 预测值与实测值间的相对误差较小，色木槭、花楷槭、紫椴、青楷槭、白桦和毛榛在 3 个叶片生长时期的相对误差分别为 11%～15%、11%～15%、10%～17%、8%～10%、10%～16%和 7%～11%；叶长/叶宽大于 1.5 的 6 种阔叶植物在 3 个叶片生长时期的 LA 预测值与实测值间的相对误差也较小，枫桦、裂叶榆、暴马丁香、春榆、忍冬和水曲柳在 3 个叶片生长时期的相对误差分别为 4%～5%、7%～9%、6%～7%、5%～6%、7%～12%和 5%～7%（表 5.7）。

利用单独模型得到的阔叶植物 LA 预测值与测定值间的相对误差大体上小于利用合并模型得到的相对误差，但这两者的差异范围不大：色木槭、花楷槭、紫椴、青楷槭、白桦和毛榛在 3 个叶片生长时期的差异平均分别为 3%、3%、9%、1%、8%和 3%，枫桦、裂叶榆、暴马丁香、春榆和忍冬在 3 个叶片生长时期的差异平均分别为 1%、2%、1%、1%、2%，水曲柳无差异（表 5.7）。这说明对于阔叶植物来说，单独模型预测 LA 时的相对误差较小；而合并模型预测 LA 时同样具有较小的误差，但兼具更高的普适性。

5.1.4 讨论

5.1.4.1 叶形态性状在不同叶片生长时期的变异规律

植物叶片性状在同一植物内存在一定变异，12 种阔叶植物中大部分植物的叶片变异系数由大到小排列为：LM＞LA＞T＞W＞L＞L/W。其中，L/W 是变异最小的参数，变异系数最大的仅为 21%（表 5.1），所以叶片的长宽比作为稳定的、变异较小的植物叶片外在形态参数，常被用于描述植物叶片的细长程度，使叶长宽比可作为树种识别和分类的一个指标。叶长宽比基本决定了叶片的表面形状，根据长宽比能够区分圆形与椭圆形、卵形与披针形等叶形（郑小东等，2011）。而每个植物叶片的外在形态都多种多样，大小相差很大，形状万千，叶片性状如 L、W、T、LA 和 LM 等均具有较大差异。但是经过对成千上万种植物叶形的归纳，总结出常见的阔叶植物叶形大多为圆形、椭圆形、卵形与披针形及上述叶形的变异形状。所以本研究以最稳定的叶片参数——叶长宽比作为分类标准，将 12 种阔叶植物分成两组，同时发现 12 种阔叶植物叶长宽比的均值变化范围为 0.8～3.4（表 5.1），其中的中位数为 1.5。根据此标准，将植物划分为：叶长宽比小于 1.5 的植物组（包括色木槭、花楷槭、紫椴、青楷槭、白桦和毛榛），叶长宽比平均为 0.8～1.3（表 5.1），L 和 W 相近；叶长宽比大于 1.5 的植物组（枫桦、裂叶榆、暴马丁香、春榆、忍冬和水曲柳），叶长宽比平均为 1.8～3.4（表 5.1），L 明显大于 W。根据叶长宽比将具有相似叶形的植物组合在一起，共同探究不同叶片生长时期的变异，并构建可预测阔叶植物 LA 和 LM 的经验模型，提高模型的普适度。

叶片性状在生长季的不同阶段表现出的差异性，是植物叶片为了满足在不同发育阶段的物质和能量需要，在形态和生理两方面共同作用下的外在表现形式（Kuster et al.，2016；Lahr et al.，2020）。一般而言，在植物叶片生长初期，叶片还未完全展开时，叶片较小、较薄；在快速生长阶段，为了截获更多光线，叶片快速向外伸展，L 和 W 同时加大，叶片将有效资源用于叶面积的快速增加，从而有机物质积累较少；在叶片生长稳定后，LA 基本稳定，叶片内部栅栏组织的生长促使叶厚不断增加，干物质积累随之增加到稳定状态；在叶片掉落前，由于衰老，叶片可能存在卷曲、发皱、病虫害、发黄等情况，LA 和 LM 可能随之发生改变（Delagrange，2011；Noda et al.，2015）。另外，在不同时期，植物微环境发生显著变化，特别是光照水平在落叶阔叶林中是高度动态的，在低光照条件下，植物倾向于形成较大的叶面积、较高的叶绿素含量和较小的叶厚，以提高叶片的光收集能力和效率，在最大限度提高碳同化率的同时减少呼吸消耗（Sánchez-Gómez et al.，2006；Valladares and Niinemets，2008）。同时，林分中的水汽、温度等在不同时期也存在显著的改变（Martinez and Fridley.，2018）。这些微环境的改变易影响植物的形态构建和生理机能，这是植物对环境变化的可塑性，这种可塑性是植物对于不同环境的潜在适应能力，因此叶性状也常被用作指示环境变化的指标（孟婷婷等，2007；Wu et al.，2016；Martinez and Fridley，2018）。

叶性状在不同叶片生长时期的波动规律在不同植物组间有一定的差异，特别是 T、LA 和 LM（图 5.1）。这说明叶性状在不同叶片生长时期的波动变化，不仅受个体发育和环境的影响，还受树种特性的调控。在相同的环境条件下，不同植物在能量利用与养分循环方面可能具有不同的生态策略（Wright et al.，2002）。特别是在 9 月初，有些植物已经进入叶片衰老凋落时期，如白桦和色木槭（叶长/叶宽小于 1.5）的叶片衰老变黄、叶片卷曲，叶厚减小，LA 出现轻微损耗；而有些植物内部的生命活动仍然剧烈，如春榆、裂叶榆和水曲柳（叶长/叶宽大于 1.5），叶厚仍不断增加，营养物质不断积累。因此，在叶片性状方面，特别是在 LA 和 LM 的测定和研究中，需要格外关注和区分叶片在不同叶片生长时期和不同植物间的差异。

5.1.4.2　预测单叶叶面积的最优自变量和经验模型

叶片参数 L、W 及 LW 与 LA 之间均有很高的相关性（表 5.2），在构建预测 LA 的模型中常常采用 L、W 以及它们的组合作为自变量。例如，Awal 等（2004）在估计油棕 LA 时、Tai 等（2009）在衡量甜椒 LA 时均采用 L、W 来构建模型，均得到了较高的相关性和较低的标准差；Mokhtarpour 等（2010）也发现，L、W 与 LA 之间有很强的关系。本研究同样选择 L、W 以及它们的组合作为自变量构建预测 LA 的经验模型，得出最优自变量大多为 L 与 W 的组合，如 LW 或者 L^bW^c（b 和 c 为模型参数），这说明 LW 与 LA 的 R^2 值最高，相关性最大。这与前人的研究结果一致，例如，在对 3 种红树植物（Le et al.，2014）、春榆（*Ulmus davidiana* var. *japonica*）（Cai et al.，2017）、五味子（*Schisandra chinensis*）（卜海东等，2008）和黄瓜（Cho et al.，2007）的 LA 预测模型构建中，也同时利用 L 与 W 的组合，均得到了较高的 R^2 值。这可能是因为多数植物在生长过程中，并不是叶片伸长而叶宽保持不变或叶片加宽而不伸长，而是在伸长的同时也会加宽，L 与 W 呈显著正相关关系（邢世岩等，1997）。所以，相比于利用单一的叶长或叶宽来构建预测 LA 的经验模型，同时利用叶长和叶宽的组合来预测 LA 更加可靠，精度更高。但是，值得注意的是，L 与 W 之间的联系高度紧密时，可能存在多重共线性问题，进而导致模型的估计失真。例如，本研究中青楷槭叶片在叶生长期和叶稳定期的 L 与 W 存在多重共线性，为了保证模型的可靠性和准确性，在构建模型时只能采用单一的 L 或者单一的 W。

在最优经验模型的选择中，根据单一植物在不同时期的数据，建立的单独模型大部分是幂函数，根据叶长宽比分组后，建立的合并模型全部为幂函数，且多表现为 $y=aL^bW^c$。这说明在阔叶红松林中，针对阔叶植物 LA 的预测，方程 LA=aL^bW^c 的拟合效果最好。在非破坏条件下，该模型是获得这些树种 LA 优先选择的经验模型。在构建预测 LA 的经验模型时，幂函数的拟合效果优于线性函数，在许多研究中均得出相似的结论。例如，Wang 等（2019）在构建阔叶红松林的 8 个树种 LA 预测模型时，也发现幂函数拟合效果较好。线性函数也可作为预测 LA 备选的回归模型，其预测精度基本上可以满足 LA 测定的要求，且线性函数较为简单。例如，Rouphael 等（2007）在研究中就采用了线性方程对向日葵 LA 进行测算；Tai 等（2009）在预测甜椒 LA 时采用了线性公式，同样得到了较高的 R^2 值（R^2=0.9949，$p<0.001$）。

5.1.4.3　单叶叶面积经验模型的适用性

根据野外调查数据归纳出参数与变量之间的数学关系式的经验模型法，最大的优点是无损、无破坏性，所以在近几年的植物 LA 测定研究中被频繁运用（Serdar and Demirsoy，2006；de Souza et al.，2015）。当针对单一品种来建立方程式时，其优点是模型的预测误差会较小，可获得较为精确的预测值。本研究对 12 种阔叶植物分别建立的单独模型中，LA 预测值与实际测定值的相对误差基本小于 15%。在五味子、油棕等的 LA 预测模型构建研究中得到的方程式，预测精度同样较高（Awal et al.，2004；卜海东等，2008）。不同的树种由于叶片形态和大小的巨大变化，其最优经验模型的类型不一，最优自变量也存在一定差异（表 5.4）。但是每一个品种就要建立一个对应的方程，这让 LA 的测定工作显得烦琐且费时。为了简化这一步骤，同时能准确地估计 LA，近年来有研究开始考虑通过将同一树种的不同品种的数据甚至不同树种的数据整合在一起，来建立通用的回归方程。例如，陈宗礼等（2013）将 20 个品种枣（*Zizyphus jujube Mill*）的数据合并，建立了总的叶面积回归方程；Kandiannan 等（2009）发现，5 个生姜品种的预测 LA 的模型无显著性差异，因此将 5 个品种的数据合并，进而构建了一个经验模型，且模型的估计值和实际值之间高度吻合，R^2 为 0.997；姜喜等（2017）采用系统聚类方法，以叶片的 *L*、*W*、LA、LM、*L*/*W* 为评估指标，将阿拉尔市 20 种树木的叶片分成 5 类，建立了 LA 的回归方程。以品种作为分类依据，其适用范围仍然过小；而运用系统聚类方法对树种进行分类，步骤又过于复杂，没有达到简化的目的。

在不同植物间，叶形变化万千，但可总结为圆形、椭圆形、卵形、披针形及其上述叶形的变异形状（Pinheiro et al.，2018）。此前已有研究根据叶形建立了阔叶植物通用的 LA 估计公式（马良清，1990；田兴军，1992）。例如，田兴军（1992）将叶片看作一个平面几何图形，通过数学建模得出 3 类叶形（圆形、卵形和纺锤形）的曲线方程。王永坤和吕芳芝（1997）利用 *L* 和 *W* 对宽叶形的植物叶片进行拟合，得到了宽叶形 LA 的效应公式。为了探索更加快捷、适用性更强的分类标准，本研究采用叶长宽比作为分类标准，对阔叶红松林内 12 种阔叶植物进行分组，将叶长和叶宽基本相近的树种组合在一起，即叶长/叶宽小于 1.5，将叶长明显大于叶宽的树种组合在一起，即叶长/叶宽大于 1.5，得到的组合模型的最优模型类型和自变量均一致（表 5.6）。此外，基于组合模型的阔叶植物 LA 预测值与实际测定值之间的相对误差基本小于 17%（表 5.7），与单独模型相比，基本只多了 3%左右。这说明，这些合并而来的经验模型是可靠、准确的，能更快速地预测对应阔叶植物的 LA，且同一个经验模型可适用于叶形相似的植物 LA 预测。因此，叶长宽比可作为一个稳定的标准，来对植物进行分类，得到的植物组合在叶片外在形态上会有一定的相似性，由此建立的经验模型，既能在非破坏的条件下准确估计不同植物的 LA，又能在很大程度上简化因物种不同而需建立和查询不同方程式的烦琐程序。

基于合并模型，叶长/叶宽小于 1.5 的阔叶植物预测 LA 的相对误差平均为 9%，而叶长/叶宽大于 1.5 的阔叶植物预测 LA 的相对误差平均仅为 6.5%（表 5.7），这两组相对误差的差异可能是因为叶长/叶宽小于 1.5 的植物组中色木槭和花楷槭的叶片不规则，开裂程度较大（张翠琴等，2015）。针对花楷槭和色木槭单独构建的模型预测 LA 的相对误差同样明显大于其他植物（表 5.7）。因此，关于叶片开裂程度较大的植物构建预测 LA 经验模型的问题，还需进一步研究。

在叶片不同的生长时期,叶长/叶宽小于 1.5 和大于 1.5 的植物组均需要分别构建 LA 经验模型，这表明叶片的生长动态变化影响了 LA 经验模型的构建。叶片的 LA 在不同叶片生长时期表现出了一定的差异性（图 5.1），这可能导致了 LA 与 *L*、*W* 间的模型拟合结果的差异。这提示了在构建和应用经验模型时应注意时间上的限制性，而能适用于不同生长阶段的 LA 经验模型还需在未来进一步研究。

5.1.5 小结

叶片结构参数 *L*、*W* 和 *LW* 与 LA 均显著相关，其中 *LW* 与 LA 的相关性最高。在构建单叶 LA 的经验模型时，幂函数的拟合效果普遍优于线性函数，且大多为 LA=aL^bW^c，其中 *a*、*b*、c 为经验模型系数。以单一树种构建的 LA 的经验模型具有最好的预测效果，其预测的相对误差为 4%～15%。为了提高经验模型的普适性，以叶长宽比等于 1.5 为分类标准，将全部阔叶树种分成两组（叶长/叶宽小于 1.5 和大于 1.5），对这两组预测 LA 时同样具有较好的预测效果，预测相对误差为 4%～17%。叶片的生长时期对 LA 经验模型的影响显著，针对不同的生长阶段，大多需要构建不同的 LA 经验模型。这些为快捷、高效地测定阔叶红松林内阔叶树种的单叶 LA 及其动态变化提供了技术支持。

5.2 生活史对叶功能性状的影响

在林业生产及科研工作中，经常需要测定植物的叶干质量（LM），主要因为其对植物生产力具有良好的指示作用（Duursma and Falster，2016）。此外，比叶面积和叶片干物质含量也是以植物 LM 为基础计算得到的指标（Cornelissen et al.，2003），还有一些植物生理过程（如光合作用）也以 LM 为单位表示其生理活动（Wright et al., 2004）。同时，LM 也是研究植物养分、植物竞争、林内微气象的重要参考变量（Marron et al.，2005；Okajima et al.，2012）。因此，植物 LM 是叶性状中重要的基础参数，快捷、准确地测定植物的 LM 及其动态变化，对研究植物叶性状的动态及其对环境变化的适应机制具有重要意义。

本研究以黑龙江凉水国家级自然保护区内 12 种阔叶树种作为研究对象，分别在叶生长期、叶稳定期和叶凋落初期采集叶片，测定叶片的主要性状，包括 *L*、*W*、*T* 和 LM。本研究拟构建适用于预测单种植物在不同叶片生长时期的单叶 LM 的单独经验模型，并根据叶长宽比对植物进行分类组合，构建适用于预测叶形相似的植物在不同叶片生长时期的单叶 LM 的合并经验模型。

5.2.1 研究背景

5.2.1.1 单叶的叶干质量研究动态

LM 的测定一般采用烘干法（Liu et al.，2015）。该方法通过破坏性取样获得样叶，将其带回实验室烘干后称重获得 LM。这种方法虽然技术成熟、测定准确，但费时费力，破坏性大，尤其无法对同一片样叶进行连续观测，即无法测定同一叶片 LM 的动态。但这种方法得出的结果可靠，因此其常用于检验和校准其他方法得出的测量结果。

目前，国内外普遍利用某一特定物种的叶片结构参数（包括 *L*、*W*、*T* 和参数之间的组合，如 *LW*、*LWT* 等）与 LM 之间的相关性，构建经验模型来预测该物种的 LM（Wang et al.，2019）。例如，Mokhtarpour 等（2010）发现，*L*、*W* 与 LM 之间存在很强的相关性（$R^2>0.85$），利用叶长和叶宽可以无损地估算玉米（*Zea mays*）叶片的 LM，经验模型为 $\ln LM=-8.704+1.071\ln L+2.709\ln W$（$R^2=0.87$）；Tai 等（2009）提出，辣椒（*Capsicum annuum*）的 LM、*L* 和 *W* 显著相关，预测 LM 的经验模型为 $LM=0.25-0.001LS+0.000\,08LWS$，其中 *S* 为叶绿素含量，并获得了较高的 R^2 值（$R^2=0.95$）；Tondjo 等（2015）发现，柚木（*Tectona grandis*）的叶长和叶宽的乘积（*LW*）与 LM 的相关性最显著，经验模型类型为幂函数，表示为 $LM=0.004(LW)^{1.11}$；王彦君等（2018）发现，裂叶榆和青楷槭的 LM 与叶片结构参数的幂函数关系均优于线性关系，且利用经验模型预测 LM 的精度分别为 73%和 83%。

利用叶片结构参数（*L*、*W*、*T*）及其组合（*LW*、*LWT*）与 LA 和 LM 的相关性来预测植物 LA 和 LM 的方法，具有快速、无损、准确的特点。然而，上述研究的对象仅限于少数几个树种，当树种不同或品种不同时，则需要分别计算模型中的参数或者系数，工程量较大，较为烦琐。相关研究表明，LA 和 LM 与 *L* 和 *W* 均有很高的相关性，且叶长宽比（*L/W*）在一定程度上决定了叶片的形状，因此其常被作为植物物种识别和分类的依据。另外，较大的叶长宽比更能避免叶片之间的相互遮蔽，有助于每单位叶面积的光能获取和有机物质合成（Takenaka，1994），从而影响叶片的 LM。因此，利用叶长宽比作为分类指标，对树种进行分组，得到的树种组合在叶片形态上会有一定的相似性，那么在此基础上是否可以构建适用性更广泛的 LA 和 LM 经验模型？该问题亟待解决。

5.2.1.2 叶性状在不同叶片生长时期的变异研究动态

在以往的 LA 和 LM 经验模型构建研究中，大多是采用叶稳定期的叶片或者某一特定时刻的叶片（Cho et al.，2007；Chen et al.，2013），但评估此类经验模型是否适用于预测其他时期（如叶生长期或叶凋落期）的研究尚少。在树木不同生长阶段，环境变化常常较大，如降雨量、光照强度等，这些常常会引起植物的响应，其叶片生理活动和生态特征会发生一定变化，如叶厚、叶绿素含量、叶片大小、叶片干物质含量、气孔导度等，进而调控水分利用效率和光利用效率等（Fredericksen et al.，1995；Kuster et al.，2016；Lahr et al.，2020）。当采集叶片的时期与经验模型所用叶片的时期相差较远时，可能会得出与实际值相差较大的结果，进而容易得到不符合实际的结论。因此，在构建和应用 LA 和 LM 的经验模型时需要考虑时间限制性。

5.2.2 研究方法

研究方法同 5.1.2 小节，此处不再赘述。

5.2.3 研究结果

5.2.3.1 单种植物叶干质量的最优经验模型（单独模型）

1. 单种植物叶干质量与各叶片参数之间的相关性　本研究中 12 种阔叶植物的单个叶片 LM 与多数叶片结构参数有较强的相关性(表 5.8),LM 与 L 的相关系数为 0.75～0.95（$p<0.05$）；LM 与 W 的相关系数为 0.54～0.93（$p<0.05$）；LM 与 T 的相关性最弱，相关系数最大为 0.69，且在不同树种间变化较大。其中，LM 与多个叶片参数的组合的相关性较强，与叶长和叶宽的乘积（LW）的相关系数为 0.81～0.96（$p<0.05$），与叶长、叶宽和叶厚的乘积（LWT）的相关系数为 0.66～0.97（$p<0.05$）。

表 5.8　12 种阔叶植物在不同叶片生长时期 LM 与各叶片结构参数的相关性

树种	叶片生长时期	叶长（L）	叶宽（W）	叶长×叶宽（LW）	叶厚（T）	叶长×叶宽×叶厚（LWT）
色木槭（*Acer mono*）	叶生长期	0.84	0.87	0.88	0.40	0.94
	叶稳定期	0.82	0.79	0.86	0.33	0.91
	叶凋落初期	0.82	0.75	0.81	0.51	0.90
花楷槭（*Acer ukurunduense*）	叶生长期	0.95	0.93	0.96	0.56	0.96
	叶稳定期	0.91	0.92	0.94	0.02	0.93
	叶凋落初期	0.87	0.88	0.93	0.21	0.89
紫椴（*Tilia amurensis*）	叶生长期	0.76	0.90	0.85	0.57	0.93
	叶稳定期	0.79	0.87	0.86	0.19	0.90
	叶凋落初期	0.82	0.91	0.89	0.40	0.85
青楷槭（*Acer tegmentosum*）	叶生长期	0.95	0.93	0.95	0.38	0.97
	叶稳定期	0.92	0.88	0.92	0.45	0.92
	叶凋落初期	0.88	0.80	0.89	0.57	0.95
白桦（*Betula platyphylla*）	叶生长期	0.90	0.89	0.92	0.03	0.89
	叶稳定期	0.92	0.92	0.94	0.14	0.88
	叶凋落初期	0.84	0.84	0.87	0.26	0.87
毛榛（*Corylus mandshurica*）	叶生长期	0.80	0.88	0.87	0.24	0.88
	叶稳定期	0.88	0.88	0.92	0.47	0.91
	叶凋落初期	0.88	0.87	0.92	0.57	0.95
枫桦（*Betula costata*）	叶生长期	0.80	0.87	0.88	0.69	0.95
	叶稳定期	0.81	0.91	0.94	0.19	0.89
	叶凋落初期	0.83	0.84	0.90	0.22	0.88
裂叶榆（*Ulmus laciniata*）	叶生长期	0.84	0.89	0.92	0.44	0.91
	叶稳定期	0.86	0.75	0.86	0.50	0.83
	叶凋落初期	0.91	0.93	0.94	0.27	0.96
暴马丁香（*Syringa reticulata* subsp. *amurensis*）	叶生长期	0.91	0.87	0.94	0.59	0.97
	叶稳定期	0.89	0.91	0.95	0.66	0.95
	叶凋落初期	0.82	0.85	0.89	0.60	0.96
春榆（*Ulmus davidiana* var. *japonica*）	叶生长期	0.85	0.79	0.83	0.02	0.66
	叶稳定期	0.75	0.85	0.82	0.53	0.94
	叶凋落初期	0.89	0.89	0.90	0.46	0.96

续表

树种	叶片生长时期	叶长（*L*）	叶宽（*W*）	叶长×叶宽（*LW*）	叶厚（*T*）	叶长×叶宽×叶厚（*LWT*）
忍冬	叶生长期	0.84	0.86	0.88	0.13	0.89
（*Lonicera japonica*）	叶稳定期	0.86	0.90	0.92	0.62	0.96
	叶凋落初期	0.84	0.92	0.94	0.45	0.96
水曲柳	叶生长期	0.93	0.88	0.96	0.34	0.93
（*Fraxinus mandschurica*）	叶稳定期	0.88	0.54	0.81	0.41	0.91
	叶凋落初期	0.89	0.88	0.94	0.25	0.94

2. 单独模型的确定　*L*、*W* 和 *T* 间的多重共线性问题与前文中的结果一致（表5.3），花楷槭在叶生长期、青楷槭在叶生长期和叶稳定期、裂叶榆在叶凋落初期的 *L* 和 *W* 存在多重共线性问题，在构建模型时不能同时存在，需剔除其中一个。

随着树种和叶片生长时期的变化，12 种阔叶植物的 LM 最优自变量存在较大差异（表 5.9），其中大多数变量为 *L* 和 *W* 的组合（*LW* 和 L^bW^c）以及 *LWT*。12 种阔叶植物在不同叶片生长时期的 LM 最优经验模型类型也存在差异（表 5.9），其中色木槭、花楷槭、紫椴、青楷槭、毛榛、裂叶榆、暴马丁香、春榆和水曲柳在 3 个时期的最优经验模型类型均为幂函数，白桦在叶生长期和叶稳定期，以及枫桦、忍冬在叶凋落初期的最优经验模型类型均为线性函数，在其他叶片生长时期为幂函数（表 5.9）。

表 5.9　12 种阔叶植物在不同叶片生长时期 LM 的最优经验模型

树种	叶片生长时期	模型类型	参数			AIC	RMSE
			a	*b*	*c*		
色木槭	叶生长期	$LM=a(LWT)^b$	0.0173	0.964	—	−706.128	0.017
（*Acermono*）	叶稳定期	$LM=a(LWT)^b$	0.0215	1.033	—	−648.788	0.021
	叶凋落初期	$LM=a(LWT)^b$	0.0417	0.898	—	−553.166	0.030
花楷槭	叶生长期	$LM=a(L)^b$	0.0009	2.197	—	−582.917	0.028
（*Acer ukurunduense*）	叶稳定期	$LM=a(LW)^b$	0.0014	1.010	—	−627.641	0.019
	叶凋落初期	$LM=a(LW)^b$	0.0004	1.289	—	−427.747	0.032
紫椴	叶生长期	$LM=a(LWT)^b$	0.0306	0.780	—	−726.233	0.016
（*Tilia amurensis*）	叶稳定期	$LM=a(LWT)^b$	0.0287	0.896	—	−480.852	0.016
	叶凋落初期	$LM=a(W)^b$	0.0029	2.100	—	649.464	0.021
青楷槭	叶生长期	$LM=a(L)^b$	0.0008	2.350	—	−509.633	0.036
（*Acer tegmentosum*）	叶稳定期	$LM=a(L)^b$	0.0010	2.320	—	−168.811	0.035
	叶凋落初期	$LM=a(LWT)^b$	0.0455	0.841	—	−343.240	0.060
白桦	叶生长期	$LM=aLW+b$	0.0026	−0.001	—	−715.754	0.017
（*Betula platyphylla*）	叶稳定期	$LM=aLW+b$	0.0040	−0.016	—	−707.341	0.017
	叶凋落初期	$LM=a(LW)^b$	0.0029	1.039	—	−649.392	0.020
毛榛	叶生长期	$LM=a(W)^b$	0.0058	1.578	—	−550.652	0.023
（*Corylus mandshurica*）	叶稳定期	$LM=a(LW)^b$	0.0016	1.093	—	−509.562	0.028
	叶凋落初期	$LM=a(LWT)^b$	0.0181	1.042	—	−504.082	0.032

续表

树种	叶片生长时期	模型类型	参数			AIC	RMSE
			a	*b*	*c*		
枫桦（*Betula costata*）	叶生长期	$LM=a(LWT)^b$	0.0314	0.873	—	−870.493	0.009
	叶稳定期	$LM=aL^bW^c$	0.0027	0.893	1.362	−769.311	0.014
	叶凋落初期	$LM=aLW+b$	0.0034	−0.008	—	−520.960	0.011
裂叶榆（*Ulmus laciniata*）	叶生长期	$LM=a(LW)^b$	0.0012	1.203	—	−400.917	0.052
	叶稳定期	$LM=aL^bW^c$	0.0015	1.910	0.264	−391.429	0.054
	叶凋落初期	$LM=a(W)^b$	0.0117	1.803	—	−230.160	0.094
暴马丁香（*Syringa reticulata* subsp. *amurensis*）	叶生长期	$LM=a(LW)^b$	0.0022	1.075	—	−771.020	0.019
	叶稳定期	$LM=a(LWT)^b$	0.0277	0.863	—	−821.415	0.013
	叶凋落初期	$LM=a(LWT)^b$	0.0167	1.088	—	−880.697	0.015
春榆（*Ulmus davidiana* var. *japonica*）	叶生长期	$LM=aL^bW^c$	0.0040	1.288	0.382	−629.779	0.023
	叶稳定期	$LM=a(LWT)^b$	0.0370	0.944	—	−415.309	0.023
	叶凋落初期	$LM=a(LWT)^b$	0.0311	0.949	—	−312.254	0.032
忍冬（*Lonicera japonica*）	叶生长期	$LM=a(LWT)^b$	0.0221	0.821	—	−1578.039	0.821
	叶稳定期	$LM=a(LWT)^b$	0.0211	0.882	—	−1255.072	0.004
	叶凋落初期	$LM=aLWT+b$	0.0207	0.003	—	−844.297	0.007
水曲柳（*Fraxinus mandschurica*）	叶生长期	$LM=aL^bW^c$	0.0022	1.140	0.760	−938.663	0.007
	叶稳定期	$LM=a(LWT)^b$	0.0265	0.913	—	−667.056	0.020
	叶凋落初期	$LM=a(LWT)^b$	0.0368	0.853	—	−607.377	0.025

3. 单独模型的评估 12 种阔叶植物在不同时期的 LM 测定值与预测值之间的残差分布均为正态分布，且均有 97%以上的残差点落在残差平均值±3 倍标准差的范围内（图 5.6），这表明利用这些单独模型可以较为可靠地预测这 12 种阔叶植物的 LM。

利用剩余 25%的数据对模型预测值和测定值进行回归拟合，得出这 12 种阔叶植物在不同叶片生长时期的 LM 预测值和测定值大多具有很高的吻合度，其决定系数为 0.65～0.98（图 5.7）。

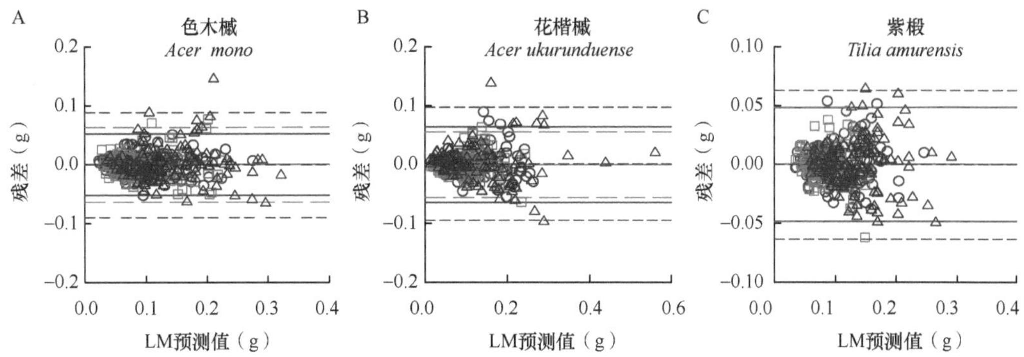

D 青楷槭 *Acer tegmentosum*
E 白桦 *Betula platyphylla*
F 毛榛 *Corylus mandshurica*
G 枫桦 *Betula costata*
H 裂叶榆 *Ulmus laciniata*
I 暴马丁香 *Syringa reticulata* subsp. *amurensis*
J 春榆 *Ulmus davidiana* var. *japonica*
K 忍冬 *Lonicera japonica*
L 水曲柳 *Fraxinus mandschurica*

残差（g）

LM预测值（g）

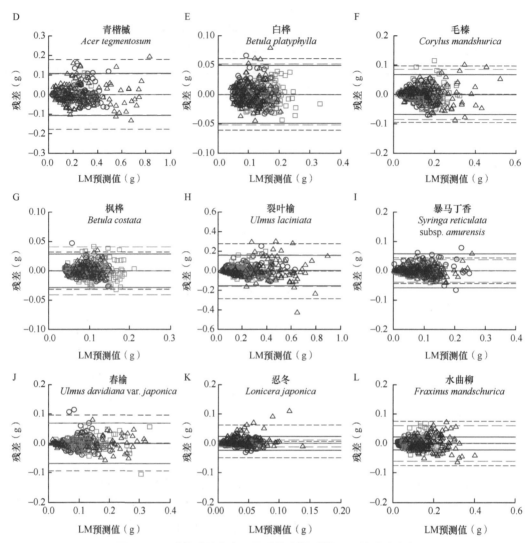

图 5.6　12 种阔叶植物在不同叶片生长时期 LM 的残差分布

红色圆圈和红色实线为叶生长期的残差点、残差平均线以及标准差线（残差平均值±3 倍标准差），绿色正方形和绿色长虚线为叶稳定期的残差点、残差平均线以及标准差线，蓝色三角形和蓝色短虚线为叶凋落初期的残差点、残差平均线以及标准差线

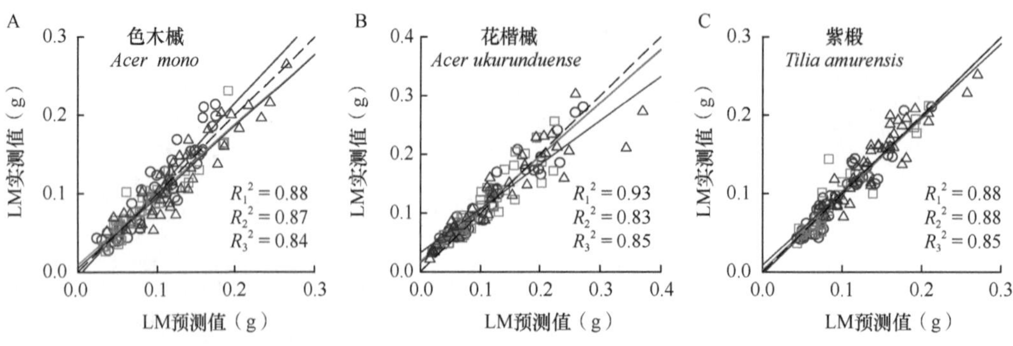

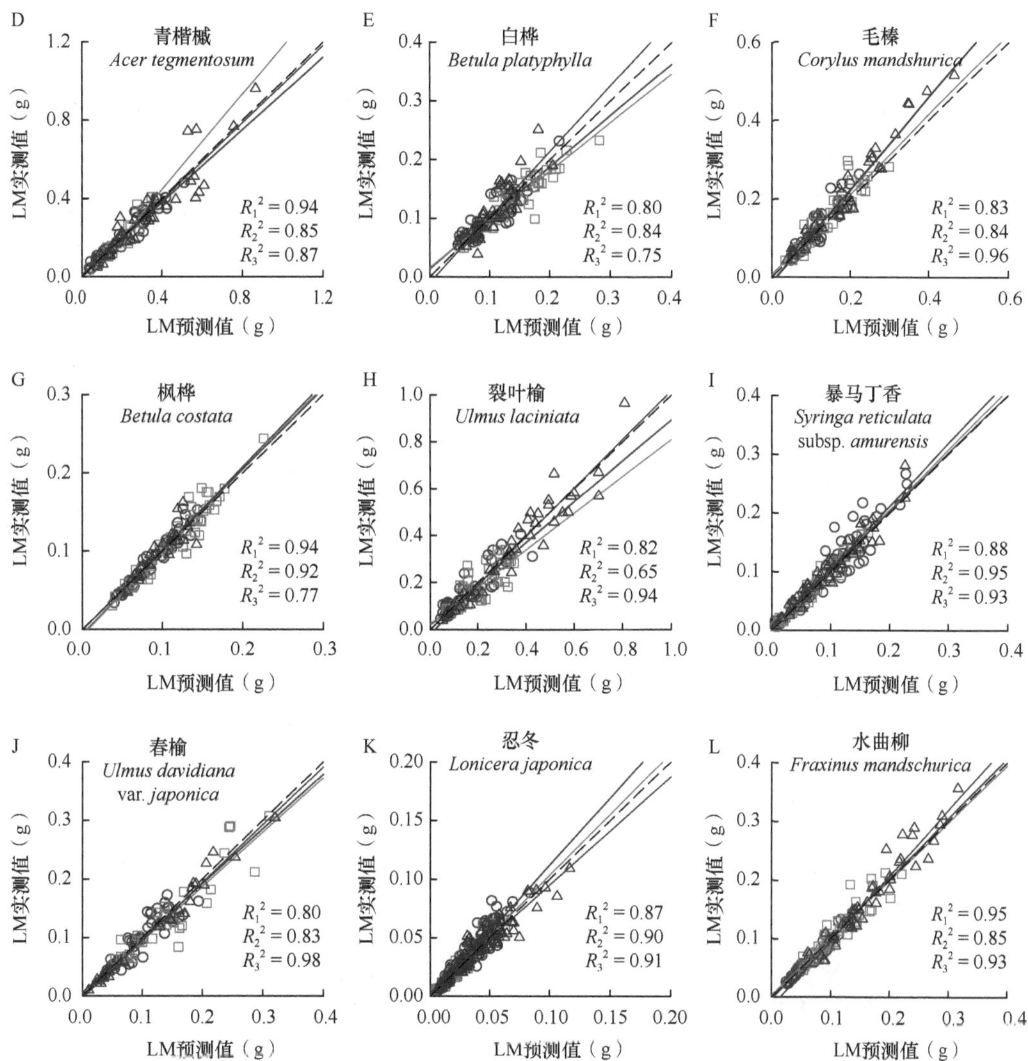

图 5.7 12 种阔叶植物在不同叶片生长时期 LM 预测值与测定值的回归分析结果

红色圆圈和红色实线为叶生长期的回归点和回归线，绿色正方形和绿色实线为叶稳定期的回归点和回归线，蓝色三角形和蓝色实线为叶凋落初期的回归点和回归线，黑色虚线为 1∶1 线，R_1^2、R_2^2、R_3^2 分别为叶生长期、叶稳定期和叶凋落初期的决定系数

5.2.3.2 按叶长宽比分组后叶干质量的最优经验模型（合并模型）

1. 合并模型的确定 对叶片生长时期的配对样本进行 t 检验，发现按叶长宽比分组得到的两组组合模型，在叶生长期、叶稳定期和叶凋落初期的 LM 预测值和实测值均存在显著性差异，这表明叶片生长时期的变异对构建 LM 的经验模型存在显著影响，即每组树种在 3 个叶片生长时期均需独立构建预测 LM 的经验模型。

在不同的叶片生长时期，两组阔叶植物预测 LM 的最优经验模型类型均为幂函数，但最优自变量存在差异（表 5.10）。叶长/叶宽比小于 1.5 的植物组，在叶生长期和叶凋落初期的最优经验模型为 LM=aL^bW^c，在叶稳定期的最优经验模型为 LM=$a(LWT)^b$（表 5.10）；叶长/叶宽比大于 1.5 的植物组，在叶生长期的最优经验模型为 LM=aL^bW^c，在叶稳定期和叶凋落初期的最优经验模型为 LM=$a(LWT)^b$（表 5.10）。

表 5.10　两组植物在不同叶片生长时期预测 LM 的最优经验模型

L/*W*	叶片生长时期	模型类型	参数			AIC	RMSE
			a	*b*	*c*		
小于 1.5	叶生长期	LM=aL^bW^c	0.0023	1.616	0.290	−3099.718	0.033
	叶稳定期	LM=$a(LWT)^b$	0.0306	0.812	—	−2536.166	0.033
	叶凋落初期	LM=aL^bW^c	0.0017	2.156	−0.013	−2171.510	0.058
大于 1.5	叶生长期	LM=aL^bW^c	0.0021	0.920	1.282	−4087.275	0.026
	叶稳定期	LM=$a(LWT)^b$	0.0360	0.786	—	−3209.617	0.034
	叶凋落初期	LM=$a(LWT)^b$	0.0252	1.011	—	−2793.265	0.037

注：*L*/*W* 小于 1.5 的树种包括色木槭、花楷槭、紫椴、青楷槭、白桦和毛榛，*L*/*W* 大于 1.5 的树种包括枫桦、裂叶榆、暴马丁香、春榆、忍冬和水曲柳。

2. 合并模型的评估　基于合并模型，叶片/叶宽小于 1.5 的植物组在 3 个叶片生长时期的 LM 预测值与测定值间的残差分布均近似呈正态分布，均有 99%的残差点落在残差平均值±3 倍标准差的范围内（图 5.8）。叶长/叶宽大于 1.5 的植物组在 3 个叶片生长时期的 LM 预测值与测定值间的残差分布同样近似呈正态分布，均有 98%以上的残差点落在残差平均值±3 倍标准差的范围内。这初步表明，利用该合并模型来预测这两组阔叶植物的 LM 是可靠的。

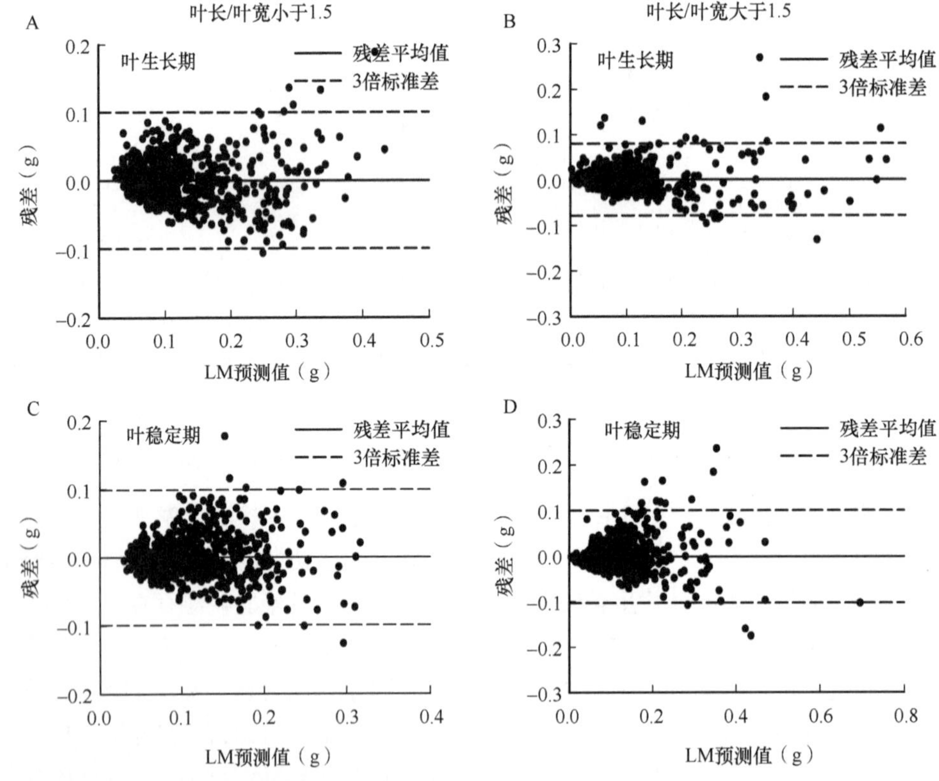

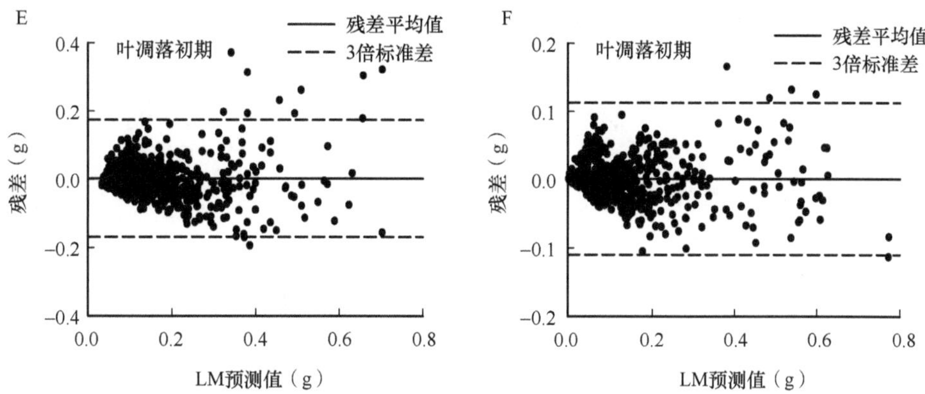

图 5.8　两组阔叶植物在不同叶片生长时期 LM 的残差分布

利用合并模型得到的 LM 预测值与实际测定值之间均具有较高的吻合度（图 5.9），其中叶片/叶宽小于 1.5 的植物组在 3 个叶片生长时期的决定系数为 0.76～0.84，叶长/叶宽大于 1.5 的植物组在 3 个叶片生长时期的决定系数为 0.84～0.92（p＜0.0001）。

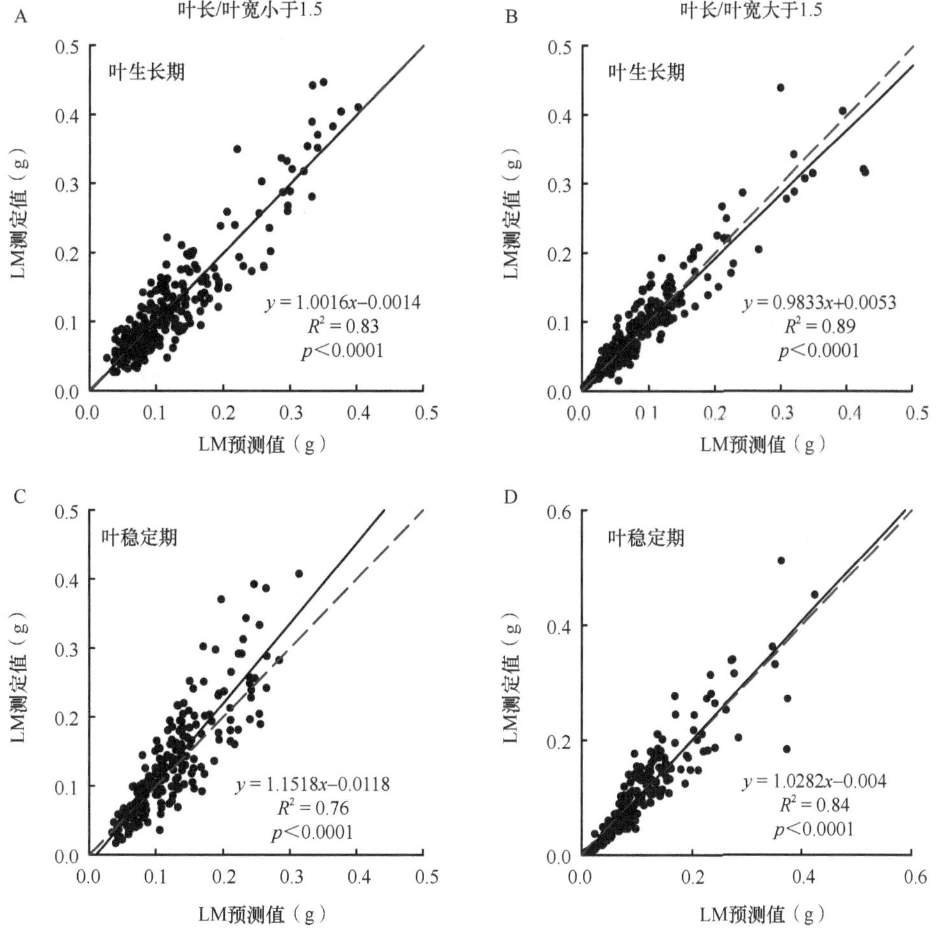

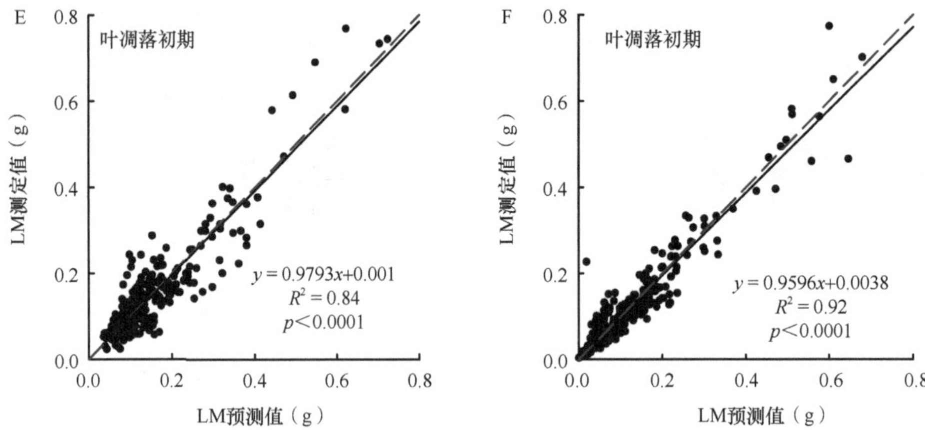

图 5.9　两组阔叶植物在不同叶片生长时期 LM 预测值和实测值的回归分析结果

黑实线为 LA 预测值与实测值的回归线，红虚线为 1∶1 线

3. 单独模型和合并模型的精度检验　基于单独模型，单个树种在 3 个叶片生长时期 LM 的预测值与实际测定值间的相对误差均较小，其中叶长/叶宽小于 1.5 的 6 种阔叶植物，即色木槭、花楷槭、紫椴、青楷槭、白桦和毛榛在 3 个叶片生长时期的预测相对误差分别为 13%～19%、15%～22%、11%～14%、14%～19%、12%～16%和 12%～16%；叶长/叶宽大于 1.5 的 6 种阔叶植物，即枫桦、裂叶榆、暴马丁香、春榆、忍冬和水曲柳在 3 个叶片生长时期的预测相对误差分别为 8%～10%、15%～28%、12%～16%、11%～18%、14%和 9%～11%（表 5.11）。

表 5.11　基于单独模型和合并模型预测 12 种阔叶植物 LM 的相对误差

树种	叶片生长时期	相对误差（%）±标准差（%）	
		合并模型	单独模型
色木槭	叶生长期	22±16	17±12
（*Acer mono*）	叶稳定期	15±17	13±11
	叶凋落初期	19±13	19±16
花楷槭	叶生长期	29±17	15±10
（*Acer ukurunduense*）	叶稳定期	29±19	17±11
	叶凋落初期	46±22	22±14
紫椴	叶生长期	24±18	14±12
（*Tilia amurensis*）	叶稳定期	14±12	13±11
	叶凋落初期	21±12	11±8
青楷槭	叶生长期	17±14	14±10
（*Acer tegmentosum*）	叶稳定期	17±14	16±11
	叶凋落初期	18±14	19±15
白桦	叶生长期	17±11	14±11
（*Betula platyphylla*）	叶稳定期	19±11	12±12
	叶凋落初期	19±17	16±16

续表

树种	叶片生长时期	相对误差（%）±标准差（%）	
		合并模型	单独模型
毛榛	叶生长期	19±14	16±10
（*Corylus mandshurica*）	叶稳定期	16±12	13±12
	叶凋落初期	21±12	12±9
枫桦	叶生长期	10±8	8±5
（*Betula costata*）	叶稳定期	19±11	10±8
	叶凋落初期	43±8	8±9
裂叶榆	叶生长期	24±14	21±13
（*Ulmus laciniata*）	叶稳定期	26±15	28±19
	叶凋落初期	9±7	15±12
暴马丁香	叶生长期	18±12	16±13
（*Syringa reticulata* subsp. *amurensis*）	叶稳定期	24±18	12±9
	叶凋落初期	29±19	13±9
春榆	叶生长期	21±16	14±13
（*Ulmus davidiana* var. *japonica*）	叶稳定期	19±13	18±17
	叶凋落初期	10±7	11±9
忍冬	叶生长期	18±16	14±11
（*Lonicera japonica*）	叶稳定期	18±13	14±11
	叶凋落初期	18±14	14±12
水曲柳	叶生长期	12±8	9±5
（*Fraxinus mandschurica*）	叶稳定期	17±11	11±7
	叶凋落初期	13±9	10±10

基于合并模型，12 种阔叶植物在叶生长期和叶稳定期预测 LM 的相对误差为 10%～29%，在叶凋落初期预测 LM 的相对误差变化较大，范围为 9%～46%，这表明利用两组阔叶植物分别构建的 LM 经验模型来预测在叶生长期和叶稳定期的 LM 是可行的。叶长/叶宽小于 1.5 的阔叶植物，即色木槭、花楷槭、紫椴、青楷槭、白桦和毛榛在 3 个叶片生长时期的预测相对误差分别为 15%～22%、29%～46%、14%～24%、17%～18%、17%～19%和 16%～21%；叶长/叶宽大于 1.5 的阔叶植物，即枫桦、裂叶榆、暴马丁香、春榆、忍冬和水曲柳在 3 个叶片生长时期的预测相对误差分别为 10%～43%、9%～26%、18%～29%、10%～21%、18%和 12%～17%（表 5.11）。

5.2.4　讨论

5.2.4.1　预测单叶叶干质量的最优自变量和最优模型

在单独模型和合并模型中，12 种阔叶植物在 3 个叶片生长时期的 LM 最优自变量存在较大差异（表 5.9，表 5.10），包括 L、W、L 和 W 的组合（LW 和 L^bW^c）以及 LWT，这与前人的研究结果一致（Jung et al.，2016；王彦君等，2018）。这可能是因为 LM 受到叶片体内多种因素的制约，特别是内部包括生理和化学活动在内的旺盛生命活动，导致其波动较大，变化机制复杂。LM 受叶片光合能力的影响较大（Niinemets，1999）。光合能力在种间的变异范围较大，树种间干物质的积累差异明显，而且同一植物的光合作用在叶片不同发展时期的波动同样明显。在叶片建成初期，叶绿素含量低，光合能力弱，有机物质合成较慢，此时组织细胞活动强烈，消耗大量营养物质；而叶片发育稳定后，光合能力快速增强，此时有机物质积累丰富（Delagrange，2011）。植物光合能力和效率还与大气候和微环境联系紧密（Dietze，2014）。这导致 LM 对环境的响应更为敏感，而这可能也是 LM 能够衡量许多植物生理指标（如叶片干物质含量、光合能力、养分利用以及竞争力），进而指示群落生产力的原因（Marron et al.，2005；Kakulas et al.，2010；Okajima et al.，2012；Duursma and Falster，2016）。因此，在构建 LM 模型时要从多方面考量，拟合多样的自变量，才能更容易确定最适宜的自变量。

针对每种阔叶植物在不同叶片生长时期构建的模型中，幂函数模型的数量多于线性模型。在合并模型中，不同叶片生长时期的 LM 与叶片结构参数的幂函数关系均强于线性关系（表 5.9，表 5.10），这与以往的研究结果相符（Tai et al.，2009；王彦君等，2018）。例如，Tondjo 等（2015）发现，幂函数可更好地预测柚木的 LM，与线性模型相比，幂函数模型能更好地描述 LM 和 *LW* 的关系，且其质量残差的方差是恒定的；王彦君等（2018）在构建预测裂叶榆和青楷槭 LM 的经验模型时，也得到了幂函数模型比线性模型更优的结论。因此，在阔叶植物 LM 的经验模型构建中，幂函数可以作为优先选项。

5.2.4.2　单叶叶干质量经验模型的适用性

LM 是叶片性状研究中的常用参数，在以往研究中多数是通过破坏性取样的方法来测定（Rouphael et al.，2007；Peppe et al.，2011；Alton，2016）。但这种方法不仅费时费力，还不适于监测叶片尺度上 LM 的动态。综合国内外研究，通过构建叶片性状参数与 LM 之间的经验模型来预测 LM 的方法已得到广泛应用，关于构建 LM 经验模型的研究多针对单一树种（Tai et al.，2009；Tondjo et al.，2015；王彦君等，2018），较易获得预测误差较小的 LM 估计值。在本研究中，针对单个植物构建的单独模型在不同叶片生长时期的预测相对误差基本小于 28%（表 5.11）。为了探索适用于不同植物的 LM 经验模型，本研究根据叶长宽比将 12 种阔叶植物分为两组，再构建合并模型，发现合并模型能够准确、快捷地预测叶生长期和叶稳定期的 LM（相对误差为 10%～29%），且合并模型的类型和自变量均较为统一。这表明，利用叶长宽比构建的 LM 合并模型简化了翻阅不同经验模型的烦琐程序，具有更高的适用价值。

在不同的叶片生长时期，针对叶长/叶宽小于 1.5 的植物组和大于 1.5 的植物组，均需要分别构建 LM 经验模型，这表明叶片的生长动态变化影响了 LM 经验模型的构建。在阔叶植物叶片的整个生命时期，叶片内部结构、生理以及形态均会发生一定变化，来支持不同时期叶片生长发育的需要（图 5.1）（Delagrange，2011；Noda et al.，2015；Kuster et al.，2016），这些变化也会直接或间接地影响 LM，进而影响 LM 经验模型的构建，因此在 LM 经验模型的构建和使用中应注意时间上的限制性。另外，值得注意的是，叶片的生长周期和波动状态在物种间也是不一致的，特别是在叶凋落初期，即 9 月初叶片的状态在种间差异较大。有些植物叶片病虫害较为严重（如紫椴），有些严重枯萎、卷曲，甚至脱落（如裂叶榆等），而有些仍保持着强大的生命力（如青楷槭等）。这些可能导致合并模型在叶凋落初期预测 LM 的相对误差（9%～46%）变化较大，这提示了在 LM 合并模型的构建中需要关注树种的生长动态。

5.2.5　小结

对于单种植物在不同的叶片生长时期构建的单叶 LM 经验模型的最优自变量存在较大差异，但主要为 L、W 的组合（LW 和 L^bW^c）和 LWT，大多数最优模型的类型为幂函数。各单独模型能够有效地预测各树种不同时期的 LM，预测相对误差为 8%～28%；按叶长宽比分组后构建的合并模型中，最优自变量为 L^bW^c 和 LWT，最优模型的类型均为幂函数。合并模型能够有效地预测各植物在叶生长期和叶稳定期的 LM，预测相对误差为 10%～29%，而叶凋落初期的 LM 变异较为复杂，在未来 LM 经验模型构建的研究中仍需进一步探究。综上，叶片的生长时期对 LM 合并经验模型的影响显著，针对叶片不同的生长阶段，大多还需要构建不同的 LM 经验模型。

参 考 文 献

卜海东, 顾蔚, 齐永平, 等. 2008. 基于图像处理华中五味子叶面积的回归测算. 植物生理学通讯, 44(3): 543-547.

陈宗礼, 雷婷, 齐向英, 等. 2013. 20 个品种枣树叶面积回归方程的建立. 生物学杂志, 30(1): 86-90.

胡启鹏, 郭志华, 李春燕, 等. 2008. 不同光环境下亚热带常绿阔叶树种和落叶阔叶树种幼苗的叶形态和光合生理特征. 生态学报, 28(7): 3262-3270.

贾俊平, 何晓群, 金勇进. 2015. 统计学. 6 版. 北京: 中国人民大学出版社.

姜喜, 周禧琳, 党艳青, 等. 2017. 阿拉尔市二十种树木叶片形态分析. 塔里木大学学报, 29(4): 64-69.

李宝光, 陶秀花, 倪国平, 等. 2006. 扫描像素法测定植物叶面积的研究. 江西农业学报, 18(3): 78-81.

马良清. 1990. 一类阔叶树叶面积的通用公式测算法. 生态学杂志, 9(1): 60-61.

孟婷婷, 倪健, 王国宏. 2007. 植物功能性状与环境和生态系统功能. 植物生态学报, 31(1): 150-165.

田兴军. 1992. 阔叶树的叶形曲线方程: 适于叶面积计算的数学模型. 生态学杂志, 11(2): 61-63.

王彦君, 金光泽, 刘志理. 2018. 小兴安岭 2 种阔叶树种叶面积和叶干质量经验模型的构建. 应用生态学报, 29(6): 1745-1752.

王永坤, 吕芳芝. 1997. 植物叶面积测定的研究. 农业与技术, 17(3): 15-17.

夏善志, 祝旭加. 2009. 林木叶面积研究方法综述. 林业勘查设计, (2): 71-72.

邢世岩, 孙霞, 李可贵, 等. 1997. 银杏叶生长发育规律的研究. 林业科学, 33(3): 267-273.

杨劲峰, 陈清, 韩晓日, 等. 2002. 数字图像处理技术在蔬菜叶面积测量中的应用. 农业工程学报, 18(4): 155-158.

张翠琴, 姬志峰, 林丽丽, 等. 2015. 五角枫种群表型多样性. 生态学报, 35(16): 5343-5352.

张林, 罗天祥. 2004. 植物叶寿命及其相关叶性状的生态学研究进展. 植物生态学报, 28(6): 844-852.

郑小东, 王晓洁, 高洁. 2011. 面向植物分类的被子植物叶形特征自动提取. 中国农学通报, 27(15):

149-153.

Alton P B. 2016. The sensitivity of models of gross primary productivity to meteorological and leaf area forcing: a comparison between a Penman-Monteith ecophysiological approach and the MODIS Light-Use Efficiency algorithm. Agricultural and Forest Meteorology, 218: 11-24.

Awal M A, Ishak W, Endan J, et al. 2004. Regression model for computing leaf area and assessment of total leaf area variation with frond ages in oil palm. Asian Journal of Plant Sciences, 3(5): 642-646.

Azuma W, Roaki Ishii H, Masaki T. 2019. Height-related variations of leaf traits reflect strategies for maintaining photosynthetic and hydraulic homeostasis in mature and old *Pinus densiflora* trees. Oecologia, 189(2): 317-328.

Blanco F F, Folegatti M V. 2005. Estimation of leaf area for greenhouse cucumber by linear measurements under salinity and grafting. Scientia Agricola, 62(4): 305-309.

Cai H Y, Di X Y, Jin G Z. 2017. Allometric models for leaf area and leaf mass predictions across different growing seasons of elm tree（*Ulmus japonica*). Journal of Forestry Research, 28(5): 975-982.

Chen L S, Yang N, Wang K. 2013. Non-destructive estimation of rice leaf area by leaf length and width measurements. International Journal of Applied Mathematics and Statistics, 42(12): 230-240.

Chiang L H, Pell R J, Seasholtz M B. 2003. Exploring process data with the use of robust outlier detection algorithms. Journal of Process Control, 13(5): 437-449.

Cho Y Y, Oh S, Oh M M, et al. 2007. Estimation of individual leaf area, fresh weight, and dry weight of hydroponically grown cucumbers（*Cucumis sativus* L.) using leaf length, width, and SPAD value. Scientia Horticulturae, 111(4): 330-334.

Cornelissen J H C, Lavorel S, Garnier E, et al. 2003. A handbook of protocols for standardised and easy measurement of plant functional traits worldwide. Australian Journal of Botany, 51(4): 335-380.

de Souza M C, do Amaral C L, Habermann G, et al. 2015. Non-destructive model to estimate the leaf area of multiple Vochysiaceae species. Brazilian Journal of Botany, 38(4): 903-909.

Delagrange S. 2011. Light- and seasonal-induced plasticity in leaf morphology, N partitioning and photosynthetic capacity of two temperate deciduous species. Environmental and Experimental Botany, 70(1): 1-10.

Dietze M C. 2014. Gaps in knowledge and data driving uncertainty in models of photosynthesis. Photosynthesis Research, 119(1/2): 13-14.

Duursma R A, Falster D S. 2016. Leaf mass per area, not total leaf area, drives differences in above-ground biomass distribution among woody plant functional types. New Phytologist, 212(2): 368-376.

Ewert F. 2004. Modelling plant responses to elevated CO_2: how important is leaf area index? Annals of Botany, 93(6): 619-627.

Fredericksen T S, Joyce B J, Skelly J M, et al. 1995. Physiology, morphology, and ozone uptake of seedlings, saplings, and canopy black cherry trees. Environmental Pollution, 89(3): 273-283.

Granier C, Massonnet C, Turc O, et al. 2002. Individual leaf development in *Arabidopsis thaliana*: a stable thermal-time-based programme. Annals of Botany, 89(5): 595-604.

Greenwood S, Ruiz-Benito P, Martínez-Vilalta V J, et al. 2017. Tree mortality across biomes is promoted by drought intensity, lower wood density and higher specific leaf area. Ecology Letters, 20(4): 539-553.

He D, Yan E R. 2018. Size-dependent variations in individual traits and trait scaling relationships within a shade-tolerant evergreen tree species. American Journal of Botany, 105(7): 1165-1174.

Houter N C, Pons T L. 2012. Ontogenetic changes in leaf traits of tropical rainforest trees differing in juvenile light requirement. Oecologia, 169(1): 33-45.

Jung D H, Cho Y Y, Lee J G, et al. 2016. Estimation of leaf area, leaf fresh weight, and leaf dry weight of Irwin mango grown in greenhouse using leaf length, leaf width, petiole length, and SPAD value. Protected Horticulture and Plant Factory, 25(3): 146-152.

Kakulas F, Renton M, Ludwig M, et al. 2010. Photosynthesis at an extreme end of the leaf trait spectrum: how does it relate to high leaf dry mass per area and associated structural parameters? Journal of Experimental Botany, 61(11): 3015-3028.

Kandiannan K, Parthasarathy U, Krishnamurthy K S, et al. 2009. Modeling individual leaf area of ginger (*Zingiber officinale* Roscoe) using leaf length and width. Scientia Horticulturae, 120(4): 532-537.

Kang W H, Park J S, Park K S, et al. 2016. Leaf photosynthetic rate, growth, and morphology of lettuce under different fractions of red, blue, and green light from light-emitting diodes (LEDs). Horticulture, Environment and Biotechnology, 57(6): 573-579.

Kim J H, Lee J W, Ahn T I, et al. 2016. Sweet pepper (*Capsicum annuum* L.) canopy photosynthesis modeling using 3D plant architecture and light ray-tracing. Frontiers in Plant Science, 7: 1321-1331.

Kuster V C, Paula M S A M, de Castro S A B, et al. 2016. Physiological and phenological vegetative responses of *Campomanesia adamantium* (Cambess) O. Berg (Myrtaceae) to the hydric seasonality of rupestrian fields. Revista Árvore, 40(6): 973-981.

Lahr E C, Backe K M, Frank S D. 2020. Intraspecific variation in morphology, physiology, and ecology of wildtype relative to horticultural varieties of red maple (*Acer rubrum*). Trees, 34(2): 603-614.

Le T C, Zhang H R, Tan F L, et al. 2014. Models for estimation of single leaf area of mangrove trees based on leaf length and width. Wetland Science, 12(2): 214-219.

Leroy C, Saint-André L, Auclair D. 2007. Practical methods for non-destructive measurement of tree leaf area. Agroforestry Systems, 71(2): 99-108.

Liu Z L, Chen J M, Jin G Z, et al. 2015. Estimating seasonal variations of leaf area index using litterfall collection and optical methods in four mixed evergreen-deciduous forests. Agricultural and Forest Meteorology, 209: 36-48.

Marquardt D. 1970. Generalized inverses, ridge regression, biased linear estimation, and nonlinear estimation. Technometrics, 12(3): 591-612.

Marron N, Villar M, Dreyer E, et al. 2005. Diversity of leaf traits related to productivity in 31 *Populus deltoides* × *Populus nigra* clones. Tree Physiology, 25(4): 425-435.

Martinez K A, Fridley J D. 2018. Acclimation of leaf traits in seasonal light environments: are non-native species more plastic? Journal of Ecology, 106(5): 2019-2030.

Mokhtarpour H, Teh C B, Saleh G, et al. 2010. Non-destructive estimation of maize leaf area, fresh weight, and dry weight using leaf length and leaf width. Communications in Biometry and Crop Science, 5(1): 19-26.

Myneni R B, Yang W Z, Nemani R R, et al. 2007. Large seasonal swings in leaf area of Amazon rainforests. Proceedings of the National Academy of Sciences of the United States of America, 104(12): 4820-4823.

Niinemets Ü. 1999. Components of leaf dry mass per area-thickness and density-alter leaf photosynthetic capacity in reverse directions in woody plants. New Phytologist, 144(1): 35-47.

Niinemets Ü, Kull K. 1994. Leaf weight per area and leaf size of 85 Estonian woody species in relation to shade tolerance and light availability. Forest Ecology and Management, 70(1/2/3): 1-10.

Noda H, Muraoka H, Nasahara K, et al. 2015. Phenology of leaf morphological, photosynthetic, and nitrogen use characteristics of canopy trees in a cool-temperate deciduous broadleaf forest at Takayama, central Japan. Ecological Research, 30(2): 247-266.

Okajima Y, Taneda H, Noguchi K, et al. 2012. Optimum leaf size predicted by a novel leaf energy balance model incorporating dependencies of photosynthesis on light and temperature. Ecological Research, 27(2): 333-346.

Peppe D J, Royer D L, Cariglino B, et al. 2011. Sensitivity of leaf size and shape to climate: global patterns and paleoclimatic applications. New Phytologist, 190(3): 724-739.

Pinheiro J, Bates D, Debroy S, et al. 2018. Nlme: linear and nonlinear mixed effects models. R package version 3.1-131.

R Core Team. 2016. R: a language and environment for statistical computing. R Foundation for Statistical Computing, Vienna, Austria. https://www.R-project.org/.

Reich P B, Wright I J, Cavender-Bares J, et al. 2003. The evolution of plant functional variation: traits, spectra, and strategies. International Journal of Plant Sciences, 164(S3): S143-S164.

Rouphael Y, Colla G, Fanasca S, et al. 2007. Leaf area estimation of sunflower leaves from simple linear measurements. Photosynthetica, 45(2): 306-308.

Rouphael Y, Mouneimne A H, Ismail A, et al. 2010. Modeling individual leaf area of rose (*Rosa hybrida* L.) based on leaf length and width measurement. Photosynthetica, 48(1): 9-15.

Sánchez-Gómez D, Valladares F, Zavala M A. 2006. Functional traits and plasticity in response to light in seedlings of four Iberian forest tree species. Tree Physiology, 26(11): 1425-1433.

Serdar Ü, Demirsoy H. 2006. Non-destructive leaf area estimation in chestnut. Scientia Horticulturae, 108(2): 227-230.

Tai N, Ta H, Ahn T I, et al. 2009. Estimation of leaf area, fresh weight, and dry weight of paprika (*Capsicum annuum* L.) using leaf length and width in rockwool-based soilless culture. Horticulture, Environment and Biotechnology, 50(5): 422-426.

Takenaka A. 1994. Effects of leaf blade narrowness and petiole length on the light capture efficiency of a shoot. Ecological Research, 9(2): 109-114.

Tondjo K, Brancheriau L, Sabatier S A, et al. 2015. Non-destructive measurement of leaf area and dry biomass in Tectona grandis. Trees, 29(5): 1625-1631.

Valladares F, Niinemets Ü. 2008. Shade tolerance, a key plant feature of complex nature and consequences. Annual Review of Ecology, Evolution, and Systematics, 39: 237-257.

Vendramini F, Diaz S, Gurvich D E, et al. 2002. Leaf traits as indicators of resource-use strategy in flora with succulent species. New Phytologist, 154(1): 147-157.

Wang Y J, Jin G Z, Shi B K, et al. 2019. Empirical models for measuring the leaf area and leaf mass across growing periods in broadleaf species with two life histories. Ecological Indicators, 102: 289-301.

Wilson P J, Thompson K, Hodgson J G. 1999. Specific leaf area and leaf dry matter content as alternative predictors of plant strategies. New Phytologist, 143(1): 155-162.

Wong C Y S, Gamon J A. 2015. The photochemical reflectance index provides an optical indicator of spring photosynthetic activation in evergreen conifers. New Phytologist, 206(1): 196-208.

Wright I J, Reich P B, Cornelissen J H C, et al. 2005. Modulation of leaf economic traits and trait relationships by climate. Global Ecology and Biogeography, 14(5): 411-421.

Wright I J, Reich P B, Westoby M, et al. 2004. The worldwide leaf economics spectrum. Nature, 428(6985): 821-827.

Wright I J, Westoby M, Reich P B. 2002. Convergence towards higher leaf mass per area in dry and nutrient-poor habitats has different consequences for leaf life span. Journal of Ecology, 90(3): 534-543.

Wu J, Albert L P, Lopes A P, et al. 2016. Leaf development and demography explain photosynthetic seasonality in Amazon evergreen forests. Science, 351(6276): 972-976.

Yang Y Z, Wang H, Harrison S P, et al. 2019. Quantifying leaf-trait covariation and its controls across climates and biomes. New Phytologist, 221(1): 155-168.

第 6 章

枝叶性状的权衡

在全球气候变化的大背景下，小枝水平上的生物量分配策略已成为植物功能性状领域研究的热点问题之一。树冠是植物进行一系列生理活动的主要场所，其冠形对光合速率、呼吸速率和蒸腾作用存在不同程度的影响，直接决定了植物个体生长活力和生产力（Xiang et al.，2009），而小枝（枝和叶）是组成树冠的基本单元，其大小、结构、形状直接对冠形产生影响。同时，枝作为支持植物水分运输和养分运输的重要通道，还具有一定的机械支撑能力（李俊慧等，2017），其大小（长度、质量、横截面积）与植物的空间扩展和光截获能力息息相关。通过调整枝的长度、方向、排列方式等将叶伸展到适宜空间，可提高光捕获效率，最大化提高碳收益（Almeras et al.，2004）。叶是光合作用的主要器官，其大小（叶面积和质量）、数量、展叶效率等代表其获取和利用资源的能力，并且该能力可直接或间接影响枝的生长生存（Wright et al.，2004）。枝叶关系对于探索植物的生长策略至关重要，也是植物对特定生境适应性的体现。

目前，关于枝叶性状的研究多集中于枝大小、叶大小以及叶大小和数量之间的权衡关系（Westoby and Wright，2003；Kleiman and Aarssen，2007）。枝-叶大小之间的相关关系与植物的水、碳经济密切相关，是植物生态策略的主要维度之一（Niklas and Enquist，2002；Wright et al.，2006）。此外，枝大小、叶大小以及叶数量，决定了叶片的投资方式（Yang et al.，2008）。叶大小和数量关系决定了其对光资源的截取能力和对碳的获取能力，进而直接影响植株的发育模式。植物功能性状受自身特性和外界环境的共同影响，且各性状间相互联系、相互作用，不应单独看待与分析。当年生小枝是植物对外界环境变化最敏感的部位之一，其枝叶性状变化能够反映植物的生长生存策略（Sun et al.，2019；Kattge et al.，2020）。因此，探究不同水平上当年生小枝的枝叶性状变异及权衡关系，了解植物的生物量分配与资源获取策略，对丰富植物性状经济谱具有重要意义。

6.1 植株大小对枝叶权衡的影响

对于长寿的木本植物而言，植株大小是其不同生长发育阶段的代表性标志，植株大小分化对种间和种内关系、物种组成、群落结构以及森林生产力会产生一系列影响。研究表明，在资源缺少的条件下植物表现为保守型或忍耐型策略，而在资源丰富时表现为资源获取策略（Poorter et al.，2021）。在森林中，小树一般生长在林冠下层，对光的获取困难，并且由于自身根系发育不完全，光环境和水胁迫严重。一般来说，小树拥有相对较大的叶子，倾向于资源获取策略（He and Yan，2018）。然而，随着植株高度增加，在较高的林冠层中，大树通常面临较强的辐射、较大的水力阻力以及较强的蒸腾作用，并且在水分运输方面的难度增加，因此大树相比于小树叶子更小。同时，随着植株高度的增加，植物遭受风拉拽的压力也会增大（Niklas and Speck，2001；Niklas and Enquist，2002），这导致大树可能向资源保守策略转变。不同径级个体大小和结构的复杂性都在变化，植物所处的生态位和可获得的生境资源也存在差异，从而产生不同的响应机制（Ryan and Yoder，1997；He and Yan，2018）。因此，探究不同径级植物枝叶性状的种内变异，对了解植物的资源利用策略和生态位的划分具有重要意义。

本研究以中国东北地区地带性顶极植被阔叶红松（*Pinus koraiensis*）林内的主要阔叶树种白桦（*Betula platyphylla*）、水曲柳（*Fraxinus mandschurica*）为研究对象，分别测量不同径级［小树（3cm＜胸径≤8cm）、中等树（15cm＜胸高直径≤20cm）和大树（35cm＜胸高直径≤45cm）］的枝性状（枝横截面积、枝干重、出叶强度）和叶性状（单叶面积、总叶面积、总叶干重），从而了解枝叶性状变异及权衡关系，拟解决如下问题。

（1）白桦和水曲柳的径级大小是否会导致枝性状变异？如果是，白桦和水曲柳在不同径级间的枝叶性状存在哪些差异？随着径级增大又会呈现什么样的变异规律？

（2）白桦和水曲柳在不同径级间的枝性状是否符合 Corner 法则？径级会对枝叶性状间的相关关系产生哪些影响？

6.1.1　研究背景

6.1.1.1　枝叶性状变异

植物的功能性状不是静态的而是动态变化的，会随着物种进化及植物生长发育过程而发生适应性变化，不仅可以反映植物对环境的适应能力和响应机制，还能显著影响生态系统功能。因此，在种群和群落尺度上研究植物功能性状，了解其不同程度的变异有助于提高对群落构建和生态系统功能的理解（Díaz et al.，2002；Jung et al.，2010）。长期以来，关于植物功能性状的研究大多基于种间变异。一般来讲，功能性状在群落尺度上种间变异较大，尤其是在区域尺度上。或者说，随着尺度增大，不同区域之间较大的环境差异导致群落物种组成存在显著性差异时，种间差异更能解释物种多样性与环境的关系。因此，在大尺度研究中忽略种内变异是合理的（Violle et al.，2012）。但是，目前越来越多的研究表明，在小尺度（种群尺度等）或区域尺度上，种内变异与种间变异同样重要，不可忽略，甚至种内变异的重要性要高于种间变异（刘润红等，2020）。因此，在探讨植物功能性状对环境的响应机制以及准确理解群落构建时，结合种间和种内变异是十分必要的（Albert et al.，2010）。

枝叶性状的种间变异体现了植物的生长生存策略和适应机制，且研究性状的种间差异是探究物种共存问题的关键。目前，枝叶性状在不同尺度上的变异受到研究学者的广泛关注。在群落水平上，石钰琛等（2022）以 35 种园林植物为对象，对不同功能型树种的 12 个枝叶性状进行分析后发现性状间存在显著性差异，展现了植物对能量“投资-收益”之间的权衡；刘润红等（2020）以 18 种木本植物为研究对象，对 9 个枝叶性状进行分析后发现，无论是按生长型划分还是按生活型划分，仅有极少数性状不存在显著性差异，且大多数性状表现为种间变异大于种内变异，这表明不同生长型或生活型的植物以不同的策略来适应环境。此外，Popma 等（1992）以热带地区的常绿树种为研究对象发现，喜光树种的比叶面积大于耐阴树种，即喜光树种更倾向于大而薄的叶片。李俊慧等（2017）对浙江清凉峰国家级自然保护区的不同功能型树种进行研究发现，常绿阔叶树种的比叶面积小于落叶阔叶树种，展叶效率也低于落叶阔叶树种。

尽管研究发现大多数功能性状的种间变异大于种内变异，但也有部分性状的种内变异大于种间变异，因此种内变异也是不可忽视的。在种内水平上，Zhang 等（2021）对陕西太白山国家级自然保护区红杉（*Larix potaninii*）的 576 个当年生小枝进行了研究，结果表明枝叶性状随海拔上升呈非线性变化，而且阳坡的出叶强度和叶片数量大于阴坡；Zhang 等（2022）对高山栎（*Quercus semecarpifolia*）的研究结果表明，枝叶性状随海拔升高呈线性变化；Yang 等（2021）对五大连池 3 种生境下的白桦（*Betula platyphylla*）进行研究发现，叶质量和枝质量存在显著性差异。在个体水平上，Marshall 和 Monserud（2003）发现，冠层水平上植物所处冠层高度的差异导致植物的光环境及所受水分胁迫等存在差异，进而导致植物性状的种内变异。Zuleta 等（2022）量化了亚马孙陆地森林中优势树种沿局部地形梯度的 18 个分枝、叶片和气孔性状的种间和种内变异，18 个性状中有 10 个性状的种内变异显著，超过种间变异，这说明了种内变异的重要性；同时他们还检验了树木大小、海拔、地形与枝叶性状的相关性，发现叶片性状的种内变异主要与地形和海拔有关，而分枝、叶片和气孔性状的大部分变异与树木大小有关，这表明研究种内变异时需要考虑树木大小的影响。Martin 和 Thomas（2013）的研究结果证明，随树木胸径增加，植物木质部 C 含量增加。卢福浩等（2021）以梭梭（*Haloxylon ammodendron*）为研究对象发现，不同大小个体的梭梭对干旱胁迫的响应策略存在差异，且幼苗生理性状的特征值显著小于成年植株。对 604 株耐阴常绿植物的功能性状研究发现，相比于大树，幼树往往有更大、更薄的叶子和更长、更细的茎，这表明幼树有一种获取型的经济策略。大多数研究指出，在小型树木的庇荫下叶子往往能最大限度地吸收光，因此通常叶片更大、更薄，比叶面积（叶面积与干重之比）更大，叶片干物质含量更低（Thomas，2010；Martin and Thomas，2013）。相比之下，大树在阳光下暴露的叶子往往具有相反的特征值，可以耐受高温、暴露等其他加剧水分损失的环境条件，同时在较强的日照条件下最大限度地提高光合作用能力。尽管现有研究已从多个角度探索枝叶性状，但对于径级和功能型如何影响枝叶性状的变异模式仍了解不足。

6.1.1.2　枝叶性状间的权衡关系

植物在分配有限的可利用资源（光、水、养分等）时，通常会投资较高收益成本的性状，同时减少对相应性状的资源分配，即权衡关系（Stearns，1989）。在特定环境中，植物在生长过程中大多面临如何配置有限资源的问题，而叶片大小与数量间的权衡关系对于解释这一问题具有重要意义。Kleiman 和 Aarssen（2007）通过研究叶片数量与大小之间的权衡关系，提出了“出叶强度优势”假说，即高出叶强度和小叶面积是更好的选择。随后，叶大小与出叶强度的协作关系在木本植物（Yang et al.，2008；Milla，2009）、草本植物（Whitman and Aarssen，2010）以及不同生境类型中得到验证。例如，Yang 等

（2008）以贡嘎山 107 个温带阔叶木本植物为研究对象发现，叶面积与出叶强度负相关，呈现等速生长关系，与生活型、叶型和生境无关，并且复叶树种和单叶树种存在共同斜率，但复叶树种在截距上大于单叶树种；孙蒙柯等（2018）研究发现，在群落和生活型水平上，单叶重和出叶强度的相关关系的异速生长指数并不一致；王明琦等（2021）对红松的研究发现，出叶强度与单叶面积的斜率随着纬度升高而降低。还有研究发现，单叶面积与出叶强度仅在幼苗阶段呈负相关关系，而随着植株生长则不相关。因此，在不同水平上，出叶强度与叶大小的关系还需进一步验证。

6.1.2　研究方法

6.1.2.1　研究区域概况

野外研究调查工作于黑龙江凉水国家级自然保护区（地理坐标范围为 47°6′49″N～47°16′10″N，128°47′8″E～128°57′19″E）典型的阔叶红松林内进行。该保护区位于小兴安岭南部达里带岭支脉东坡，海拔为 280～707m，主要为典型的低山丘陵地貌，在地理位置上处于欧亚大陆的东缘，深受海洋气候的影响，气候类型为温带大陆性季风气候，冬季寒冷漫长，降水多集中于夏季，年平均降水量为 676mm，年平均气温为−0.3℃，年无霜期为 100～120d，地带性土壤为暗棕壤。地带性植被是以针叶树种红松为主的温带针阔混交林，主要伴生树种有臭冷杉（*Abies nephrolepis*）、红皮云杉（*Picea koraiensis*）、水曲柳、黄檗（*Phellodendron amurense*）、胡桃楸（*Juglans mandshurica*）、色木槭（*Acer mono*）、春榆（*Ulmus davidiana* var. *japonica*）、青楷槭（*Acer tegmentosum*）、紫椴（*Tilia amurensis*）、枫桦（*Betula costata*）、白桦、、暴马丁香（*Syringa reticulata* subsp. *amurensis*）等。

6.1.2.2　样本采集

2020 年 7～8 月在黑龙江凉水国家级自然保护区进行采样。在阔叶红松林内，分 3 个径级[小树（3cm＜胸高直径≤8cm）、中等树（15cm＜胸高直径≤20cm）和大树（35cm＜胸高直径≤45cm）]对白桦和水曲柳取样，分别选取相同坡向及相近坡度（坡度差异＜5°）条件下的样树，且每两株样树间的距离大于 10m，以减小空间自相关对实验结果产生的影响。针对每株样树，采样前利用半球摄影法（带有 180°鱼眼镜头的 Nikon Coolpix 4500 数码相机）采集半球图片。

每个径级取 10 株样树，共计 30 株样树。对于大树和中等树，分为上南、上北，中南、中北，下南、下北 6 个方位，先在每个方位取一个大枝，并对其挂牌来记录，随后在每个方位选取一个当年生小枝，并保证其结构完整，小树的冠层分层不明显，因此随机选取 6 个当年生小枝，并立即用带有牌号的封口袋密封，放入带有冰块的保温箱中立即带回实验室。

6.1.2.3　样本测定

在实验室 3h 内对白桦的枝叶完成以下测量。针对每个当年生枝条，首先，摘除叶片并擦拭，同时记录叶片数量，通过佳能 Lide 400 扫描仪扫描所有叶片获得数字图像，使用 Batch 软件计算总叶面积（total leaf area，TLA）；其次，用直尺（精度 0.1cm）测量枝长度，用游标卡尺（精度 0.01cm）测量基径；最后，将枝、叶样本置于 65℃烘箱中烘至恒重后称量干重，得到叶干重和枝干重（twig dry weight，TDW）。

在实验室 3h 内对水曲柳的枝叶完成以下测量。针对每个当年生枝条，首先，摘除叶片并擦拭，同时记录叶片数量和叶轴数量，通过佳能 Lide 400 扫描仪扫描所有叶片获得数字图像，使用 Batch 软件计算总叶面积；其次，用直尺（精度为 0.1cm）测量枝长度，用游标卡尺（精度为 0.01cm）测量基径；最后，将枝、叶样本（复叶包括叶轴）置于 65℃烘箱中烘至恒重后称量干重，得到叶干重和枝干重。

单叶面积（individual leaf area，ILA）指样枝所支撑叶片的总叶面积和叶片数量的比值；复叶总叶干重（total leaf dry weight，TLDW）为叶和叶轴的干重加和；将小枝视为圆柱体，枝横截面视为圆形，根据基径计算圆柱体的底面积，即枝横截面积（twig cross-sectional area，TCA），将枝长视为圆柱体的高，进而计算枝体积；出叶强度（volume-based leafing intensity，LIV）则为叶片数量和小枝体积的比值。

6.1.2.4 数据分析

为了使所有变量符合正态分布，减小异方差和变量波动水平，在分析前对所有数据都进行了对数转换。所有统计分析均使用 R-3.6.1 软件进行。

分析白桦和水曲柳不同径级间的枝叶变异及权衡关系：通过 Gap Light Analyzer ver.2.0 软件计算每张半球图片 0°～60°天顶角的总入射辐射[mol/（m^2·d）]，用该值表征光照强度。选择不同径级的白桦和水曲柳（小树、中等树和大树）的枝性状（枝横截面积、枝干重、出叶强度）和叶性状（单叶面积、总叶面积、总叶干重），采用广义线性混合模型（generalized linear mixed model，GLMM）比较和分析径级和光照强度对 6 个枝叶性状的影响（Liu et al.，2020）。采用最小显著性差异（LSD）方法，检验不同径级间的枝叶性状是否存在显著性差异。采用 LSD 方法检验 2 组数据的差异性，显著性水平设置为 α=0.05。采用皮尔逊相关分析方法，对 6 个枝叶性状的相关性进行分析，从中选择显著相关的性状（$p<0.05$）；并采用标准化主轴（SMA）估计法，分别探究白桦和水曲柳不同径级的枝叶性状之间相关关系的差异。

枝叶功能性状间的相关关系采用以下函数表示：

$$y=bx^a$$

$$\lg(y)=\lg(b)+a\lg(x)$$

式中，x 和 y 为 2 个性状指标；b 为性状间相关关系的截距；a 为性状间相关关系的斜率，即相对生长指数或异速生长参数。当$|a|$显著大于 1 或显著小于 1 时，二者表现为异速变化关系；当$|a|=1$ 时，二者表现为等速变化关系（Harvey and Pagel，1991）。采用 Warton 和 Weber（2002）的研究方法来判定性状间相关关系的斜率与 1 或−1 的差异显著性。采用 R-3.6.1、SigmaPlot 10.0 和 Excel 软件绘图。

6.1.3 研究结果

6.1.3.1 不同径级间枝叶性状的变异

胸径对白桦和水曲柳当年生枝的枝干重和总叶干重均存在显著影响（$p<0.05$），对

白桦的单叶面积、总叶面积以及水曲柳的枝横截面积也存在显著影响，但胸径对白桦的枝横截面积和出叶强度以及水曲柳的单叶面积、总叶面积和出叶强度均无显著影响。同时，无论是白桦还是水曲柳，光照强度仅对单叶面积存在显著影响，对其他性状均无显著影响（表 6.1）。

表 6.1　枝叶性状与胸径、光照强度之间的广义线性模型（GLM）

性状	参数	胸径（cm）		光照强度[mol/（m^2·d）]		截距	
		白桦	水曲柳	白桦	水曲柳	白桦	水曲柳
枝横截面积	标准误	0.02	0	0.12	0	3.78	1.47
（TCA）	*p*	0.17	<0.001	0.09	0.67	<0.001	<0.001
单叶面积	标准误	−0.05	0	0.24	−0.01	9.4	1.49
（ILA）	*p*	<0.01	0.18	<0.01	0.04	<0.001	<0.001
总叶面积	标准误	−0.68	0	1.03	−0.01	70.95	3.17
（TLA）	*p*	<0.01	0.93	0.3	0.33	<0.001	<0.001
总叶干重	标准误	−0.01	0	0.01	0	0.75	0.82
（TLDW）	*p*	0.02	<0.001	0.22	0.76	<0.001	<0.001
枝干重	标准误	0	0.01	0.01	0.01	0.25	−0.31
（TDW）	*p*	0.04	<0.001	0.21	0.42	<0.001	0.01
出叶强度	标准误	0	0	0	−0.01	0.15	−0.4
（LIV）	*p*	0.19	0.27	0.39	0.22	<0.001	<0.001

随着径级的增加，白桦的枝横截面积呈现上升趋势，小树的枝横截面积显著小于中等树和大树（$p<0.05$），而中等树与大树的枝横截面积无显著性差异（图 6.1A）。随着径级的增加，白桦的单叶面积和总叶面积均呈现下降趋势（图 6.1B、C），小树的单叶面积显著大于大树（$p<0.05$），中等树的单叶面积与大树、小树均无显著性差异（图 6.1B）；大树的总叶面积显著小于小树和中等树（$p<0.05$）（图 6.1C）。不同径级白桦的总叶干重、枝干重、出叶强度均无显著性差异（图 6.1D～F）。

随着径级的增加，水曲柳的枝横截面积和总叶干重均呈现上升趋势，小树的枝横截面积显著小于中等树和大树（$p<0.05$），而中等树与大树无显著性差异（图 6.2A、E）。

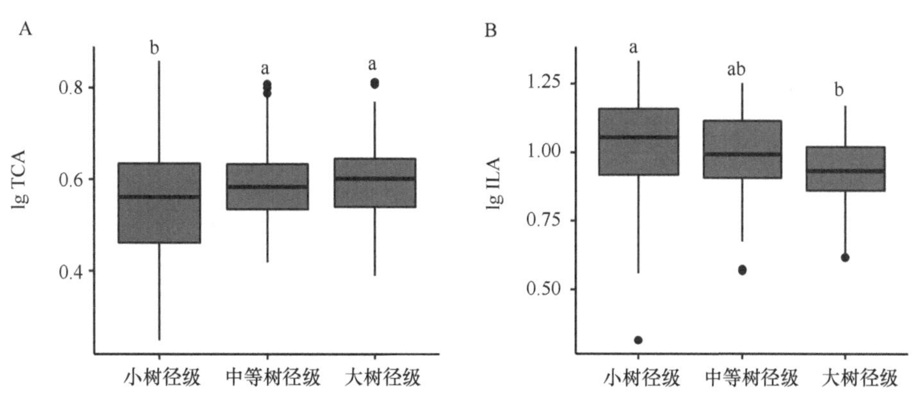

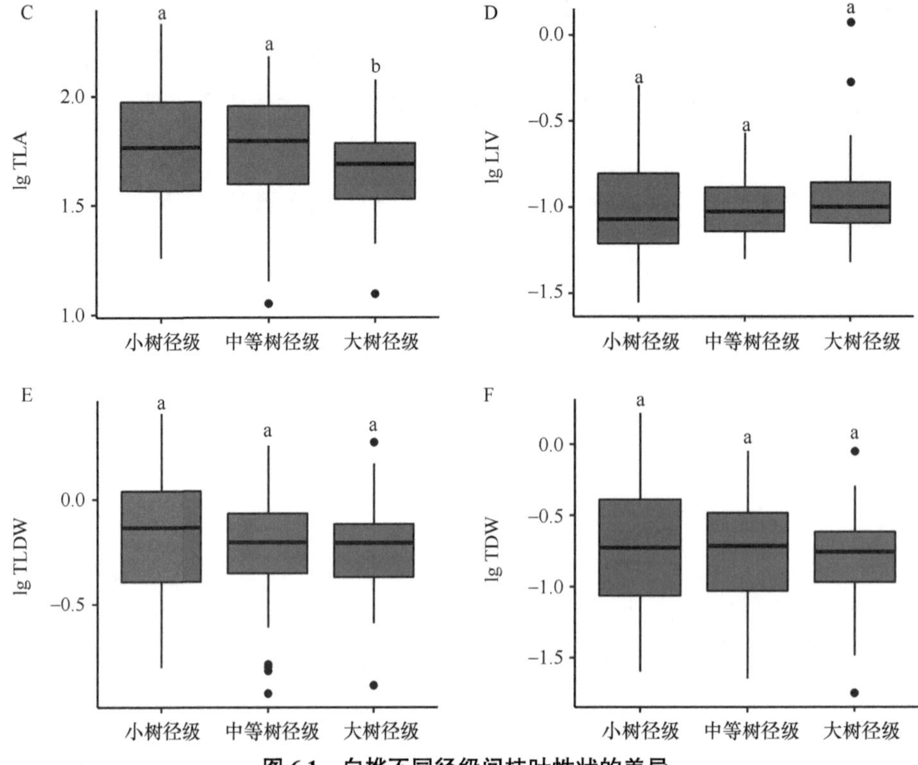

图 6.1　白桦不同径级间枝叶性状的差异

不同字母表示差异显著（$p<0.05$）

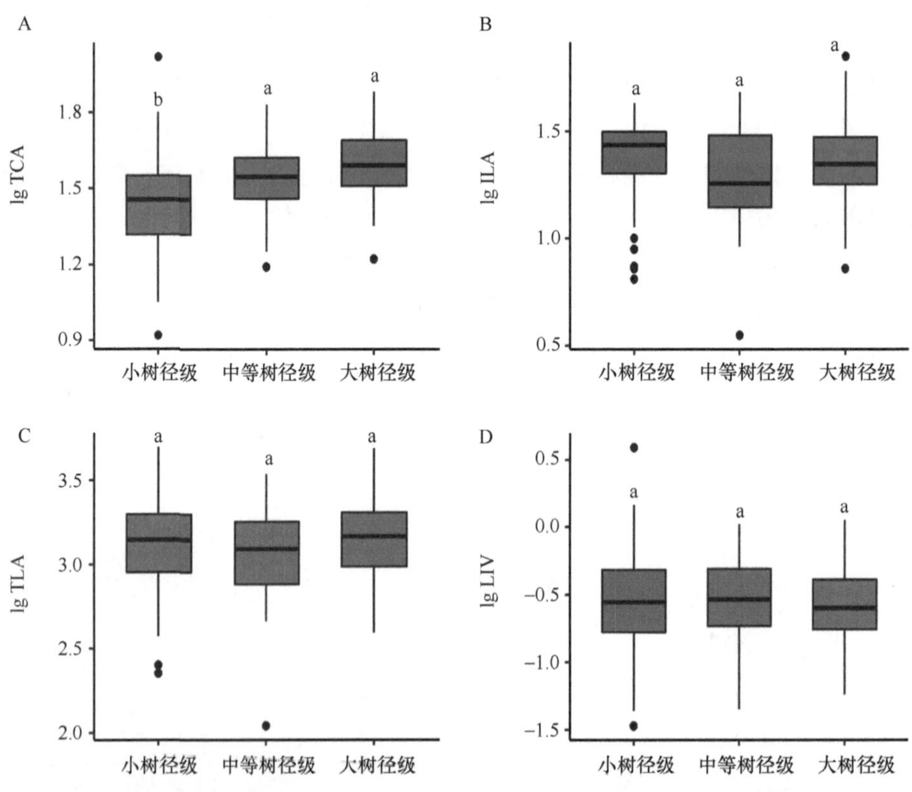

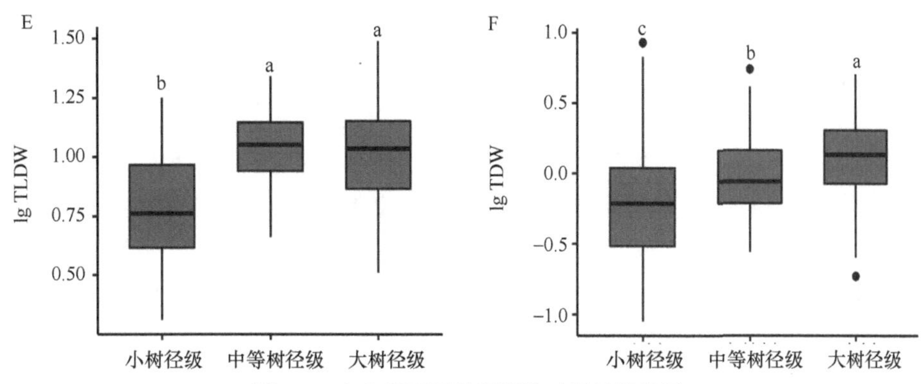

图 6.2 水曲柳不同径级间枝叶性状的差异

不同字母表示差异显著（$p<0.05$）

随着径级的增加，水曲柳的枝干重也呈现上升趋势（图 6.2F），大树的枝干重显著大于小树和中等树。不同径级水曲柳的单叶面积、总叶面积、出叶强度均不存在显著性差异（图 6.2B～D）。

6.1.3.2 不同径级间枝叶性状的权衡关系

白桦和水曲柳的枝叶性状间均显著相关（$p<0.001$）（图 6.3）。从不同径级枝叶性状间的相关关系来看，除水曲柳大树的枝横截面积与单叶面积、总叶面积不相关外，其余枝叶性状间均显著相关（图 6.4）。白桦和水曲柳单叶面积随着枝横截面积增大而增大，且白桦不同径级间存在共同斜率，为 0.73，即不同径级的白桦斜率差异不显著（图 6.4A1），其斜率显著小于 1（$p<0.05$），呈异速生长关系，但其截距存在显著性差异（小树＞中等树＞大树），而水曲柳不同径级间存在显著性差异，中等树的单叶面积增

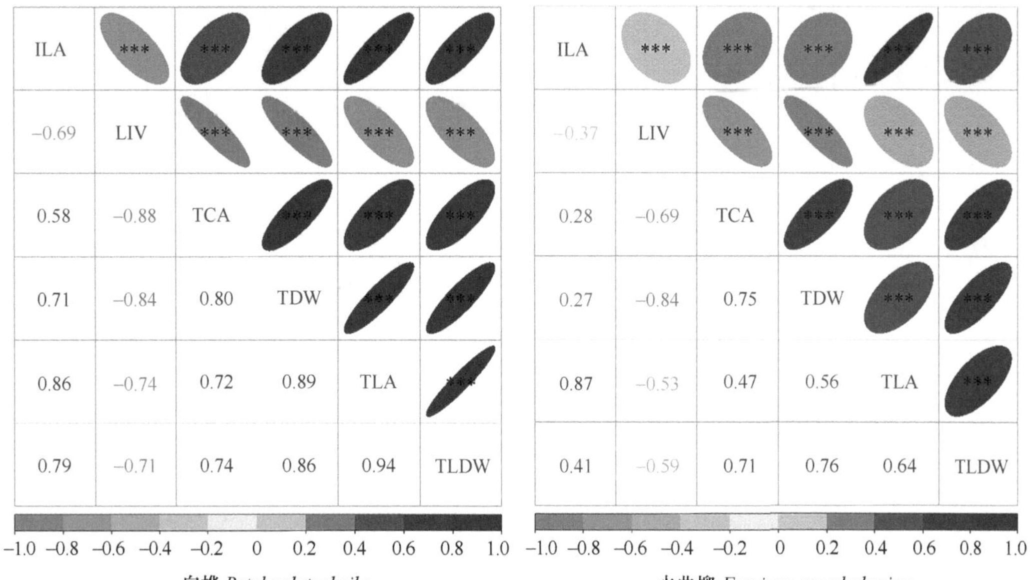

图 6.3 白桦和水曲柳枝叶性状间的相关性

***表示枝叶性状间显著相关（$p<0.001$）；椭圆越窄表示相关性越强

速显著大于小树（图 6.4A2）。白桦和水曲柳的总叶面积和总叶干重随着枝横截面积增大而增大（图 6.4B1、B2、C1、C2）。白桦小树和大树的枝横截面积与总叶面积、总叶干重的斜率与 1 无显著性差异，呈等速生长关系，而中等树的斜率显著大于 1，呈异速生长关系，且不同径级的斜率存在显著性差异（中等树＞大树＞小树）。水曲柳的枝横截面积与总叶面积的斜率为中等树显著大于小树，呈大于 1 的异速生长关系（图 6.4B2）。水曲柳不同径级间的枝横截面积与总叶干重存在共同斜率，为 1.27，显著大于 1，呈异速生长关系，但截距存在差异，在给定枝横截面积下，中等树的总叶干重显著大于小树和大树（图 6.4C2）。

随着枝横截面积增大，白桦和水曲柳的出叶强度均呈现下降趋势，白桦和水曲柳不同径级间截距存在显著性差异，在给定枝横截面积下，随着径级增大，出叶强度增大（图 6.4D1、D2）。不同径级间单叶面积随着出叶强度增大而减小，但白桦不同径级间存在共同斜率，为−0.48，其绝对值显著小于 1（$p<0.05$），呈异速生长关系，但其截距存在显著性差异，在给定出叶强度下，随着径级增大，单叶面积呈现减小趋势（图 6.4E1）。水曲柳的出叶强度与单叶面积的斜率绝对值显著小于 1，呈异速生长关系，且不同径级间不存在共同斜率，中等树的斜率绝对值显著大于大树和小树（图 6.4E2）。

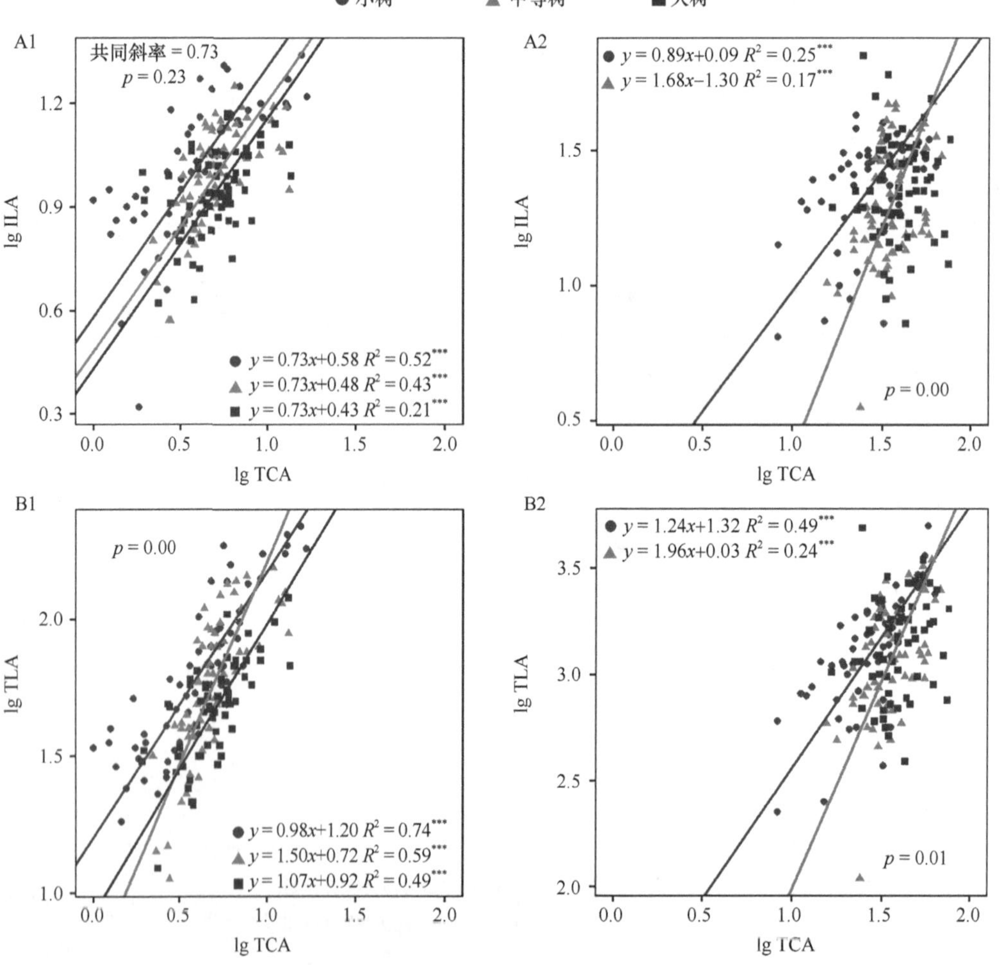

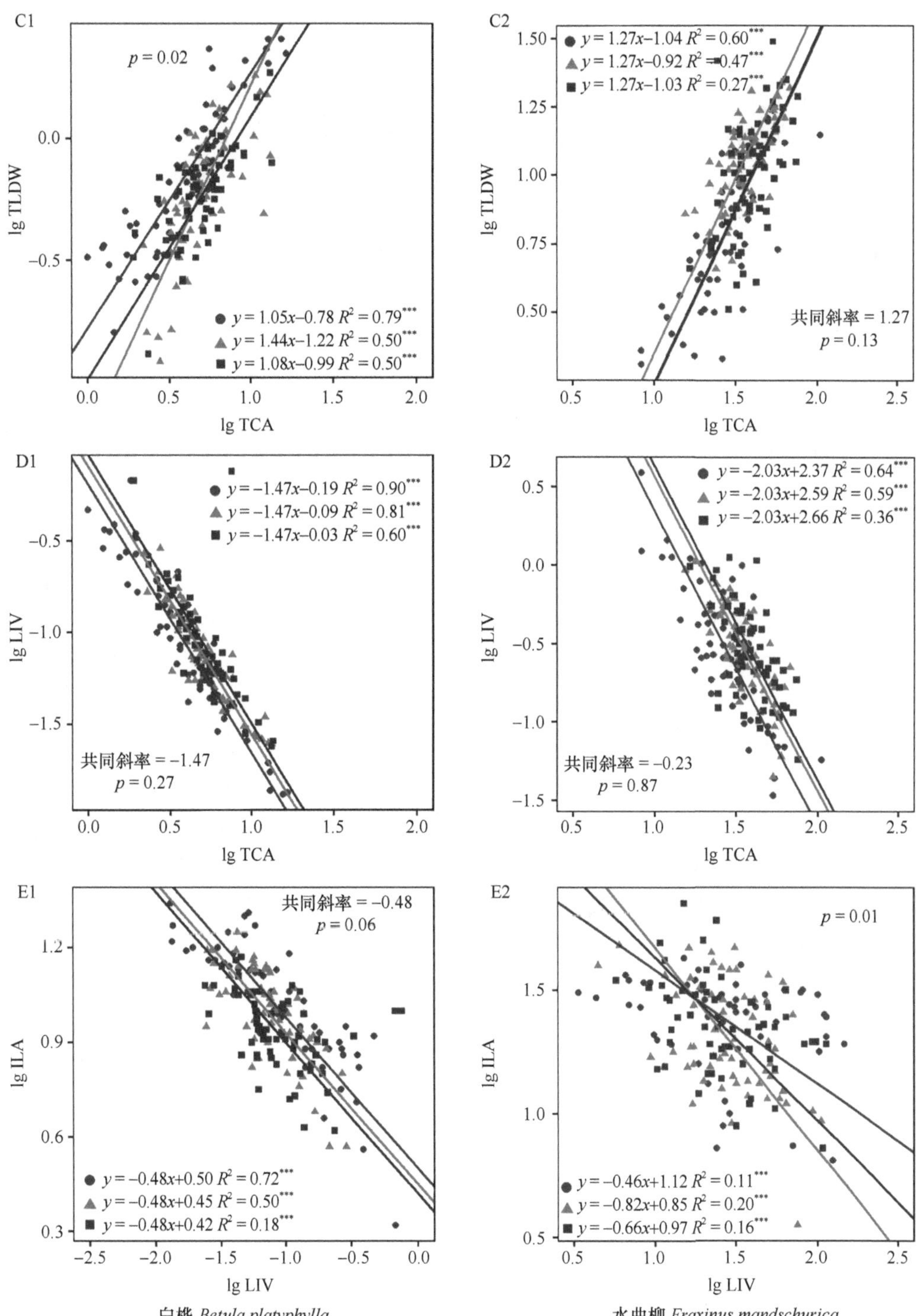

图 6.4　白桦和水曲柳不同径级枝叶性状间相关关系的差异性

$p<0.05$ 表示不同径级间斜率存在显著性差异，$p>0.05$ 表示不同径级间存在共同斜率（即不存在显著性差异）；***表示枝叶性状间显著相关（$p<0.001$）

6.1.4 讨论

6.1.4.1　不同径级间枝叶性状的变异

在特定种群中，个体枝叶性状间存在差异，可能是因为基因型不同，也可能是因为这些不同基因型对环境条件（如资源可利用性）的可塑性不同（Yan et al.，2013）。不同径级间白桦和水曲柳的枝叶性状差异并不一致，不同径级白桦的单叶面积、总叶面积存在显著性差异（图 6.1B、C）。随着径级的增加，白桦的单叶面积、总叶面积均呈现减小趋势。随着植株的生长，为了保证水势的平衡，大树可能需要降低叶片的水势（Brouat et al.，1998），并且较高的光照强度使树叶周围气温升高，从而引起高温蒸腾作用，进而影响了树叶的大小。不同径级白桦的总叶干重不存在显著性差异（图 6.1E），这表明大树可能为了减少水分损失选择了小而厚的叶片（Scoffoni et al.，2011）。与大树相比，小树和中等树的水分限制较小，由于获得的光照更少，且遮阴面积较大，小树和中等树可能会选择较大的叶面积来获取更多的光资源（Ackerly et al.，2002），且不同径级白桦的出叶强度不存在显著性差异（图 6.1D），因此小树和中等树倾向于更大的叶面积，而不是更高的出叶强度。相反，水曲柳的单叶面积、总叶面积和出叶强度在不同径级间不存在显著性差异（图 6.2B～D）。值得注意的是，水曲柳的总叶干重在不同径级间存在显著性差异，即小树的总叶干重显著小于中等树和大树（图 6.2E），这表明与小树相比，中等树和大树拥有较厚的叶片，选择较小而厚的叶片有利于防卫结构的构建，更容易适应较为恶劣的生境。不同径级间白桦和水曲柳的枝横截面积存在显著性差异，随着径级的增加，枝横截面积呈现增加趋势。叶片性状能够反映植物对资源的利用和对环境的响应与生存策略（Rozendaal et al.，2006），植物较大的株高有利于对光照的竞争（Cornelissen et al.，2003），但同时植物需要给予茎更多的投资和维持（Falster and Westoby，2003；Gao et al.，2016）。白桦和水曲柳在枝干重上表现出的差异并不一致，白桦的枝干重在不同径级间并无显著性差异（图 6.1F），小树倾向于获取更多的光资源而选择增加枝的长度，中等树和大树选择了更大的枝横截面积，而水曲柳的枝干重在不同径级间存在显著性差异，表现为小树＜中等树＜大树（图 6.2F）。白桦和水曲柳都属于喜光树种，小树生长速率较快，为了在林隙闭合前达到一定的冠层高度，确保未来对光资源的获取，小树可能在枝和茎伸长生长方面给予更多的投资和维持。无论是枝横截面积还是枝干重，均代表着当年生小枝的养分运输和机械支撑能力，随着植株生长，较大的枝横截面积和枝干重也就意味着植株可以选择相对较大的叶片，这可能也是水曲柳大树和中等树的单叶面积、总叶面积与小树差异不显著的原因。

以往的研究表明，植株大小（不同径级）对枝叶性状具有显著影响（Poorter et al.，2006），本研究结果显示，径级对白桦的枝横截面积、单叶面积、总叶面积、总叶干重和枝干重以及水曲柳的枝横截面积、总叶干重和枝干重具有显著影响（表 6.1）。以往的研究表明，由于重力作用，植株大小与水分平衡相关，随着植株长大，其水力限制加强（Ryan and Yoder，1997），植株可能需要增加导管直径或数量、调整叶面积大小或叶片数量以满足其水分需求。光照强度对白桦和水曲柳的单叶面积均具有显著影响（表 6.1），这与前人的研究结果（Scoffoni et al.，2011；史元春等，2015）一致。叶片对周围环境的变化具有很强的可塑性（李永华等，2012），在不同光环境下，植物会根据自身需要来调整叶面积大小（Kenzo et al.，2015；史元春等，2015）。但本研究发现，光照强度仅对单叶面积具有显著影响，而径级对枝横截面积、单叶面积、总叶面积、总叶干重和枝干重均具有显著影响，这表明径级可能是枝叶性状变异的主要因素，光照强度是次要因素，该结论是否适用于其他树种仍需进一步研究。

6.1.4.2　不同径级间枝叶性状的权衡关系

白桦和水曲柳的枝横截面积与单叶面积存在一定的比例关系，随着枝横截面积增大，单叶面积呈现增大趋势（图 6.4A1、A2），该结果与 Corner 法则假说相符，即枝越粗，其着生的叶面积越大（White，1983）。众所周知，枝横截面积与导管直径成正比（Fan et al.，2017），管道模型提出，为了保证叶片所需要的水分，木质部的横截面积与其所支撑的叶面积呈正相关关系（Shinozaki et al.，1964；Niklas，1992）。枝横截面积与单叶面积呈正向异速生长关系，这与前人的研究结果一致，即为了保证枝叶性状间机械支撑的平衡以及水分运输效率和蒸腾作用的协调，枝应与其所支撑的叶面积成比例（Sun et al.，2019；Westoby et al.，2002）。与此同时，不同径级间白桦的枝横截面积与单叶面积存在共同斜率（即不同径级间的斜率不存在显著性差异）（图 6.4A1），这表明径级并未改变其异速生长关系，植物枝与叶的生长速度始终保持平衡状态，这可能与植株本身的遗传特性有关。径级虽然对斜率不存在显著影响，但在截距方面表现为小树＞中等树＞大树，这表明在给定的枝横截面积下，随着径级的增加，单叶面积呈现减小趋势。单叶面积对光照强度十分敏感（表 6.1），与大树和中等树相比，小树的光照条件较弱（Cornelissen et al.，2003），因此小树选择大的叶面积有利于捕获更多的光照。径级对水曲柳的枝横截面积与单叶面积的斜率产生显著影响，小树的斜率显著小于 1（图 6.4A1），说明小树单叶面积的增长速度小于枝横截面积的增长速度，而中等树的斜率显著大于 1，说明中等树单叶面积的增长速度大于枝横截面积的增长速度。水曲柳属于复叶植物，庞大的复叶结构使得植株要考虑叶片、叶轴和枝三者之间的平衡，其小树生活在庇荫环境下，可能将一部分资源用于叶生长，一部分资源用于叶轴生长。为了快速生长，小树既可以通过增大叶面积来提升光合效率，也可以通过调整叶片的分布排列、伸长生长合理地利用空间来获得更多的光照，从而提升光合效率。中等树的光照条件优于小树，且中等树的枝横截面积大于小树，当支撑结构能够支撑更大的叶面积时，中等树可能选择增大叶面积这种最直接的方式来提高资源利用效率。

随着枝横截面积增大，白桦和水曲柳的总叶面积和总叶干重均增大，白桦大树和小树的斜率与 1 无显著性差异，表明大树和小树总叶面积和总叶干重的增长速率等于枝横截面积的增长速率，这与前人的研究结果一致，即小枝-叶面积大小呈等速生长关系（Brouat et al.，1998）。中等树的斜率显著大于 1，回归方程的斜率接近 1.5，呈正向异速生长关系，表明中等树总叶面积和总叶干重的增长速率大于枝横截面积的增长速率，这与 Sun 等（2019）的异速生长理论一致。至今，关于枝叶究竟是异速生长还是等速生长仍存在争议，本研究发现，白桦小树和大树呈等速生长关系，中等树呈异速生长关系。因此，在今后有关枝叶生长异速还是等速研究中，应考虑树大小的影响。径级对水曲柳的枝横截面积与总叶面积相关性存在显著影响，中等树的斜率显著大于小树，尽管径级未对枝横截面积与总叶干重的斜率产生显著影响，但中等树的截距显著大于小树和大树。无论是白桦还是水曲柳，中等树的枝横截面积与总叶面积和总叶干重的斜率或截距最大，且中等树的单叶面积与大树、小树无显著性差异，这表明为了适应多变的环境，植株可能倾向于增加叶数量，虽然可能会导致植物的投资成本升高，但有助于植株抵御环境带来的损害（Brown and Lawton，1991）。随着植株大小的增加，大树需要分配更多的生物量给主干，以增强其机械支撑能力（Niklas and Enquist，2002；Falster and Westoby，2003），从而应对来自大风的负荷和阻力。与之相反，风对小树的压力较小，但小树的受遮阴面积较大，因此可能需要分配更多的资源用于枝的伸长，以获得更多的光照。

白桦和水曲柳的枝横截面积与出叶强度均呈负相关关系，随着枝横截面积的增大，出叶强度呈现减小趋势（图 6.4D1、D2）。根据“管道模型”理论和“出叶强度优势”假说，叶大小、叶数量和枝横截面积间的权衡关系，导致了枝横截面积与出叶强度的负相关关系，同时其斜率的绝对值显著大于 1（图 6.4D1、D2），证明其枝横截面积的增长速度小于出叶强度的下降速度。白桦和水曲柳属于喜光树种，出叶强度急剧下降的原因可能是为了将资源用于叶面积增大，以获得更多的光照资源。不同径级对斜率不存在显著影响，但其截距发生了变化且差异显著，表现为大树＞中等树＞小树（图 6.4D1、D2）。与中等树和小树相比，大树更容易获得更多的太阳辐射（任海等，1996），若大树仍然选择较大的叶面积，可能会导致呼吸作用和蒸腾作用成本的升高，而选择数量多而小的叶片有助于减少水分的流失（Scoffoni et al.，2011），同时能够更充分地利用有限的资源，更好地进行物质和能量的交换（Wright et al.，2002；Li et al.，2009）。

白桦和水曲柳的出叶强度与单叶面积呈显著负相关关系，其斜率的绝对值显著小于 1（图 6.4E1、E2），这表明出叶强度的增加速度大于叶面积的减小速度。径级对水曲柳出叶强度与单叶面积的斜率存在显著影响，随着出叶强度的增加，中等树单叶面积减小最快，而小树单叶面积减小的速度相对较慢，可能是因为当叶数量增加时，水曲柳还需要对叶轴进行投资以增强对叶的支撑能力。尽管叶轴的投资成本远低于枝，但是对于小树而言，直接投资叶面积所获得的收益可能远大于增加叶数量所带来的收益；而对于中等树和大树而言，尽管投资叶轴提高了光合收益的成本，但是更小的叶片和更多的叶数量更容易减小外界环境所带来的风险。径级未对白桦的斜率产生影响，但其截距存在显著性差异（图 6.4E1），随着径级的增加，单叶面积呈现下降趋势，表明在给定的出叶强度下，与大树和中等树相比，小树具有更大的单叶面积。树木能够感知生存条件的变化并做出相应反应（Sultan，2010），枝叶是植物最重要的养分获取和水分运输器官，叶片对外界环境变化的响应最为敏感（严昌荣等，2000）。同时，研究表明，在资源缺少的条件下，植物表现为保守型或忍耐型策略，而在资源丰富时表现为资源获取策略（Poorter et al.，2021）。在给定的出叶强度下，小树的单叶面积最大，这是因为小树主要生活在林冠下层光照不充足的环境中，且面临个体间竞争，因此其将叶生物量主要投资于光捕获面积，通过增大叶面积来增强光合能力，有利于自身生长（Parkhurst and Loucks，1972），可能表现为资源获取策略。与中等树和小树相比，大树的光照条件更好，但随着树的生长高度增加，水力限制加剧，强光照条件导致叶片周围温度升高，光合作用中气体交换减少，蒸腾作用和呼吸作用增强，而且风对枝条的机械拖拽力也增大（Niklas and Speck，2001），所以限制叶面积的增大有利于大树生长，可能表现为保守型或忍耐型策略。与大树、小树相比，中等树可能对外界环境的变化表现出更强的适应性。中等树的外力压力比大树更小，且光照条件比小树更好，在缺乏阳光的环境下选择更大的叶面积以获得更多的光合收益，在降水集中的夏季，降水对叶片的压力增大，选择降低叶面积增长速度或增加叶数量有助于更好地适应环境（Olson et al.，2009；Yan et al.，2013）。因此，不同径级白桦的出叶强度与单叶面积的截距大小排序为小树＞中等树＞大树，表明不同径级白桦对可获得性资源的利用策略存在差异。

6.1.5　小结

本节通过对白桦和水曲柳两个具有代表性的树种进行对比分析，发现白桦和水曲柳的大部分枝叶性状（单叶面积、总叶面积、总叶干重、枝干重以及出叶强度）表现出的差异并不一致，但径级均对枝横截面积产生显著影响，且枝横截面积随着径级的增大呈现增大趋势。同时，无论是白桦还是水曲柳，光照强度仅对单叶面积影响显著，这表明径级可能是影响枝叶性状变异的重要因素，但该结论是否适用于其他树种，还需进一步验证。不同径级白桦和水曲柳的枝叶性状相关关系表现出的差异，表明不同径级的植物对枝叶性状的资源分配存在差异，且为了获取有效资源，枝叶性状会发生协同变化。无论是白桦还是水曲柳，都表现出植物对资源的获取策略受植株大小的调控，且小树倾向于资源获取策略，大树则偏向资源保守型策略，而中等树表现出较强的适应能力。因此，分析不同径级白桦和水曲柳枝叶性状间的差异及对其相关关系的影响，可为准确预测不同径级的植物对资源的利用策略奠定基础。

6.2　功能型对枝叶权衡的影响

光对植物的生长生存至关重要，是光合作用的主要驱动力。对于森林中的树木，尽管其在同一林分中共存，但是不同耐阴性的树种在生长过程中对光的需求不同，因此它们往往占据着不同的微环境。喜光树种和耐阴树种对光的需求和响应策略存在差异，这是推动森林更新和群落演替的关键驱动力（Hamerlynck and Knapp，1994；Lienard et al.，2015）。喜光树种一般为演替早期物种，具有较强的光合能力（Delagrange et al.，2004）；耐阴树种为演替后期物种，具有较低的光饱和点和较弱的光合能力（殷东升和沈海龙，2016）。但无论是喜光树种还是耐阴树种，其枝叶对光的获取策略都直接影响植物的生存、生长和分布（Poorter et al.，2012；Giertych et al.，2015）。目前对耐阴性的研究多集中于幼苗和幼树（Portsmuth and Niinemets，2007；Caquet et al.，2010），然而，随着个体生长，植物耐阴性和枝叶的响应策略也会发生变化（殷东升和沈海龙，2016；于青含等，2020；Liu et al.，2021）。鉴于植物在生命早期和中期的一些枝叶性状变化可能与生命后期不同，研究不同功能型植物在不同径级间的枝叶性状变异及权衡对了解森林演替规律具有重要的生态学意义。

6.2.1 研究背景

一般而言，植物根据叶型可以分为单叶植物和复叶植物两种。单叶由叶和叶柄构成，复叶则由叶、叶柄和叶轴组成（Runions et al.，2017）。复叶的叶轴具备与枝相类似的功能，在水分运输、机械支撑以及实现叶片的空间扩展方面发挥作用，有利于捕获足够的光来固碳，同时保持水分平衡，对植物生长生存和适应环境变化具有重要的意义（Niinemets et al.，2006）。本节以阔叶红松林中的主要阔叶树种（单叶树种包括白桦、枫桦、春榆、紫椴、色木槭，复叶树种包括水曲柳、黄檗、胡桃楸）为研究对象，分别测量不同功能型树种不同径级［小树（3cm＜胸高直径≤8cm）、中等树（15cm＜胸高直径≤20cm）和大树（35cm＜胸高直径≤45cm）］的枝性状（枝横截面积、枝干重、出叶强度）和叶性状（单叶面积、总叶面积、总叶干重），了解枝叶性状变异及权衡关系，拟解决如下问题。

（1）依据耐阴性（喜光树种和耐阴树种）和叶型（单叶树种和复叶树种）将目标树种分为不同功能型树种，那么不同功能型树种的枝叶性状存在哪些差异？

（2）不同耐阴性树种的枝叶性状间存在怎样的权衡关系？随着径级增大，这种关系如何变化？不同耐阴性树种间的差异随着径级增大会呈现哪些变异规律？

（3）不同叶型树种的枝叶性状间存在哪些差异？

6.2.1.1 功能型对枝叶性状变异的影响

Givnish（1978）提出，与枝相比，叶轴的投资成本较低，即复叶在干旱等不利条件下投资叶轴带来的收益会更高。与单叶树种相比，拥有复叶结构的树种应该投入更多的资源来增加植株高度，从而获得更强的竞争力（Givnish，1979）。因此，复叶应该在先锋物种和早期演替群落中更常见，也就是说，其在光照可用性高的环境中可以快速生长（Givnish，1978；Warman et al.，2011）。复叶因生产成本较低而被认为比单叶更高产（Niinemets，1999；Whitfield，2006；Malhado et al.，2010），通过解剖光合区域发现，复叶可以最大限度地扩大叶片面积以进行光捕获，从而提高生长速度（Malhado et al.，2010）。同时，在相同的环境条件下，复叶在热交换中更高效，蒸腾作用所导致的水分损失小，相对单叶树种来说，复叶树种能够容忍更高的温度以进行生物化学反应，如碳同化等（Ortiz et al.，2023）。复叶植物和单叶植物在结构和功能方面存在差异，这被认为是植物面对复杂多变的环境问题时的最佳解决方案，体现了不同叶型植物对可利用性资源的响应机制。水曲柳、黄檗和胡桃楸被称为“三大珍贵树种”，是东北阔叶红松林和阔叶混交林中重要的优势树种，在维持东北地区生态平衡方面起到重要作用，这些树种对全球气候变化的响应也关乎当地的生态安全。这 3 个树种有一个共同特点，就是包含复叶结构。因此，研究不同叶型植物枝叶性状的变异及性状间的相关关系，了解其内在的资源分配策略，能够为东北地区森林经营管理提供依据，并且对维持该地区生态安全具有重要意义。

6.2.1.2　功能型对枝叶性状变异的影响

关于 Corner 法则，White（1983）进行了推理和检验，主要有两项研究内容：①枝越粗，叶面积越大；②分枝越多，枝越细，反之亦然。随后一些学者在不同水平上对这种枝叶性状间的相关关系进行了验证。例如，史青茹等（2014）对常绿阔叶林中不同地形下的枝叶间关系进行了验证，研究结果表明不同微地形下的枝叶权衡关系符合 Corner 法则；龙嘉翼等（2018）研究发现，在庇荫条件下，观赏灌木的枝叶性状存在权衡关系，枝叶通过增强光的捕获能力来适应低光照环境；Yang 等（2021）对不同生境中白桦的小枝生物量分配进行研究发现，不同生境中白桦的枝干重与总叶干重呈正相关关系；Yan 等（2013）研究发现，演替阶段未对枝叶大小之间的斜率产生影响，但截距存在显著性差异，这说明不同演替阶段树种小枝的响应机制不同；章建红等（2014）通过分析个体竞争对 Corner 法则的影响发现，Corner 法则不随个体密度的变化而变化，但个体竞争加大会导致枝叶的分配策略存在差异；Yang 等（2014）对 95 种木本植物的研究发现，当枝横截面积一定时，半湿润和干旱地区的叶面积比湿润地区的更小。但是，关于枝叶性状之间关系的研究多集中于某一特定时期，植物在生长发育过程中个体大小和耐阴性通常会发生明显变化，枝叶性状也存在一定变异（Poorter et al.，2012；殷东升和沈海龙，2016）。此外，性状间相关关系的研究存在局限性，异速生长指数能够直接反映植物对各个器官的投资模式，从而间接反映植物的生长生存策略。生态学代谢理论认为，植物各器官之间具有恒定的异速生长指数。但在后续研究中，枝叶性状间是等速还是异速生长关系仍存在争论（Brouat et al.，1998）。

6.2.2　研究方法

6.2.2.1　研究区域概况

研究区域概况同 6.1.2.1 小节，此处不再赘述。

6.2.2.2　样本采集

本节以阔叶红松林中的主要阔叶树种为研究对象，包括白桦、枫桦、春榆、紫椴、色木槭、水曲柳、黄檗、胡桃楸。对以上阔叶树种进行功能型的划分：①根据不同叶型，将阔叶树种分为单叶树种（白桦、枫桦、春榆、紫椴、色木槭）和复叶树种（水曲柳、黄檗、胡桃楸）；②根据不同耐阴性，将单叶树种分为：喜光树种（白桦、枫桦）和耐阴树种（春榆、紫椴、色木槭）。样本采集方法同 6.1.2.2 小节，此处不再赘述。

6.2.2.3　样本测定

比叶重（specific leaf weight，SLW）为单位叶片面积的叶重量，比叶面积（SLA）为叶面积与叶干重的比值。其余样本测定方法同 6.1.2.3 小节，此处不再赘述。

6.2.2.4　数据分析

分析不同功能型树种的枝叶性状变异以及枝叶性状之间的协作关系：选择不同功能型树种的枝性状（枝横截面积、枝干重、出叶强度）和叶性状（单叶面积、总叶面积、总叶干重），采用最小显著性差异（LSD）方法检验不同功能型树种枝叶性状的差异性。运用标准化主轴（SMA）估计法检验不同耐阴性树种的枝叶性状间相关关系是否存在差异，以及不同叶型树种的枝叶性状间相关关系是否存在差异。

其余数据分析方法同 6.1.2.4 小节，此处不再赘述。

6.2.3 研究结果

6.2.3.1 不同耐阴性树种枝叶性状的变异

耐阴性对枝横截面积、单叶面积、总叶面积、总叶干重、枝干重及出叶强度均存在显著影响（$p<0.05$）（表 6.2），且耐阴树种枝叶性状值均显著大于喜光树种（除枝干重外）。径级仅对枝横截面积和总叶干重存在显著影响（$p<0.05$），对其他枝叶性状均无显著影响（表 6.2）。

表 6.2 耐阴性和径级对枝叶性状的影响

性状	参数	耐阴性	径级	截距
枝横截面积	标准误	0.05	0.00	0.47
（TCA）	p	0.00	0.00	0.00
单叶面积	标准误	0.21	0.00	0.73
（ILA）	p	0.00	0.13	0.00
总叶面积	标准误	0.24	0.00	1.44
（TLA）	p	0.00	0.48	0.00
总叶干重	标准误	0.15	0.00	−0.5
（TLDW）	p	0.00	0.00	0.00
枝干重	标准误	−0.13	0.00	−0.75
（TDW）	p	0.00	0.09	0.00
出叶强度	标准误	0.25	0.00	−1.2
（LIV）	p	0.00	0.39	0.00

喜光树种的枝横截面积随着径级增大而增大，但中等树与大树之间没有明显区别，而单叶面积和总叶面积随着径级增大呈现先减后增趋势（$p<0.05$）（图 6.5A～C），但不同径级间的总叶干重、枝干重及出叶强度均无显著性差异（$p<0.05$）（图 6.5D～F）。耐阴树种的总叶干重随着径级增大呈现上升趋势（$p<0.05$）（图 6.5D），枝横截面积和枝干重也随着径级增大而增大，但小树和中等树间无显著性差异（$p<0.05$）（图 6.5A、E）；单叶面积和总叶面积呈现先减后增趋势，相反，出叶强度呈现先增后减趋势，且小树与大树的单叶面积、总叶面积及出叶强度均无显著性差异（图 6.5B、C、F）。

喜光树种和耐阴树种的枝横截面积在小树和中等树阶段均无显著性差异，在大树阶段则表现出显著性差异，即耐阴树种的枝横截面积显著大于喜光树种（$p<0.05$）（图 6.5A）。相反，枝干重在小树和中等树阶段均存在显著性差异，即耐阴树种的枝干重显

著大于喜光树种，而在大树阶段无显著性差异（图 6.5E）。耐阴树种的单叶面积、总叶面积和出叶强度则始终显著大于喜光树种（$p<0.05$）（图 6.5B、C、F）。不同径级间枝叶的生物量分配占比均存在显著性差异，耐阴树种对总叶干重的投资比例显著大于喜光树种（图 6.6）。

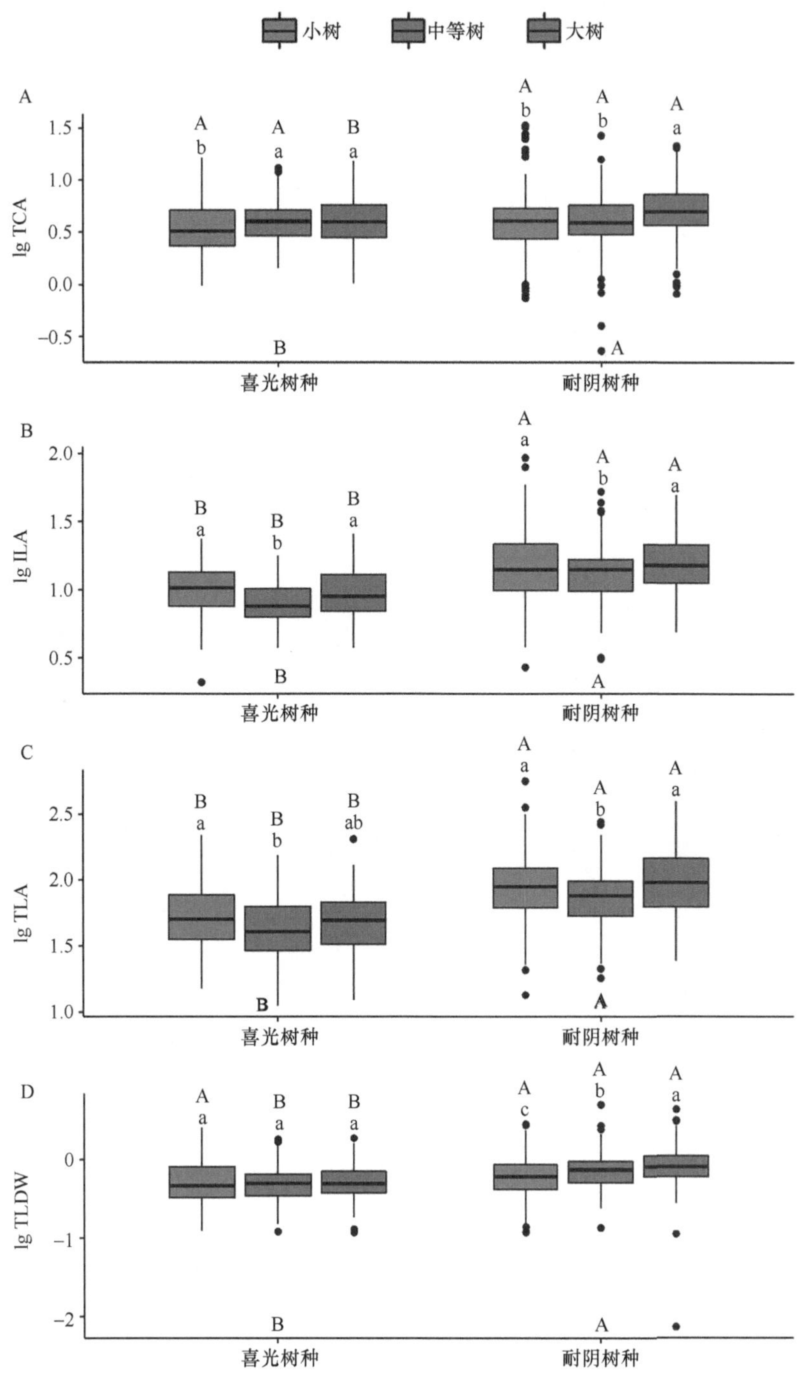

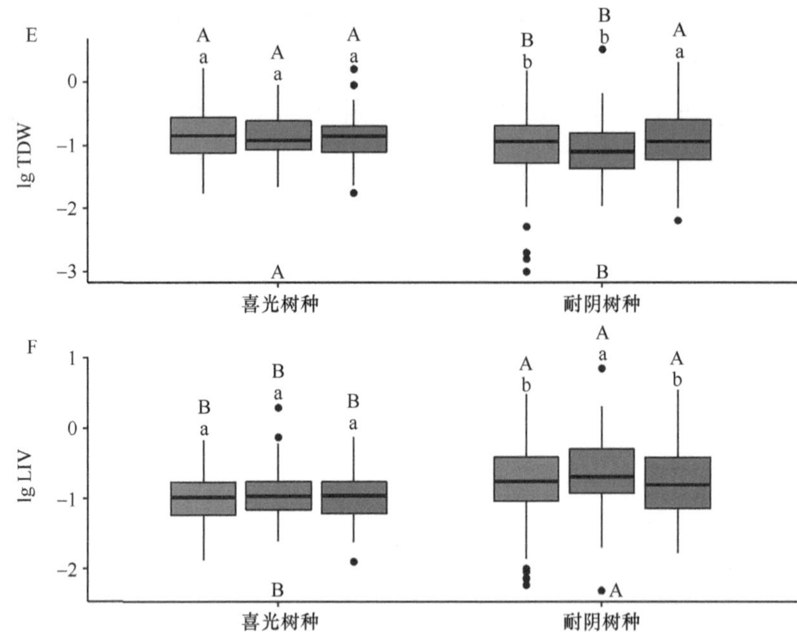

图 6.5　不同耐阴性、不同径级树种间枝叶性状的差异

小写字母表示不同径级树种间差异，大写字母表示不同耐阴性树种间差异，不同字母表示差异显著（$p<0.05$）

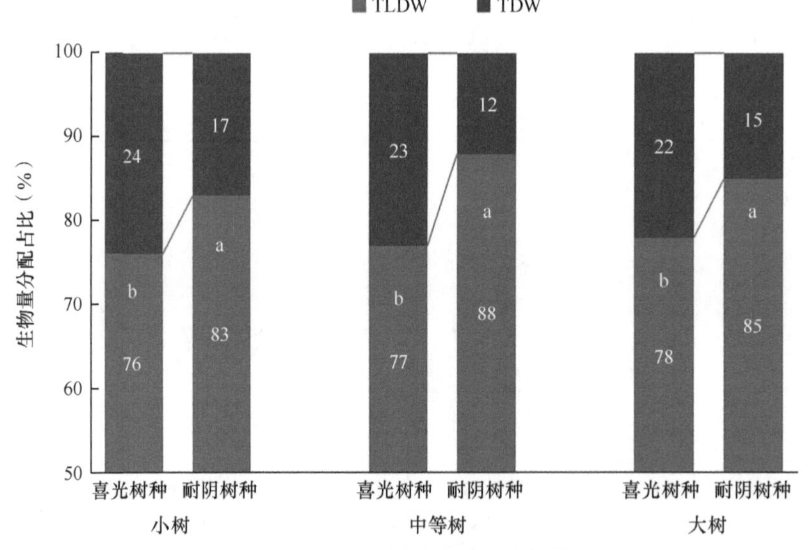

图 6.6　不同耐阴性树种的枝叶生物量分配

不同字母表示差异显著（$p<0.05$）

6.2.3.2　不同叶型树种枝叶性状的变异

不同叶型树种的枝叶性状大多存在显著性差异，复叶树种的枝横截面积、枝干重、单叶面积、总叶面积、总叶干重、出叶强度、比叶面积均显著大于单叶树种（图 6.7）。

6.2.3.3　不同耐阴性树种枝叶性状间的权衡关系

不同耐阴性树种的枝叶性状间均存在显著相关关系（$p<0.05$）（图 6.8）。随着枝

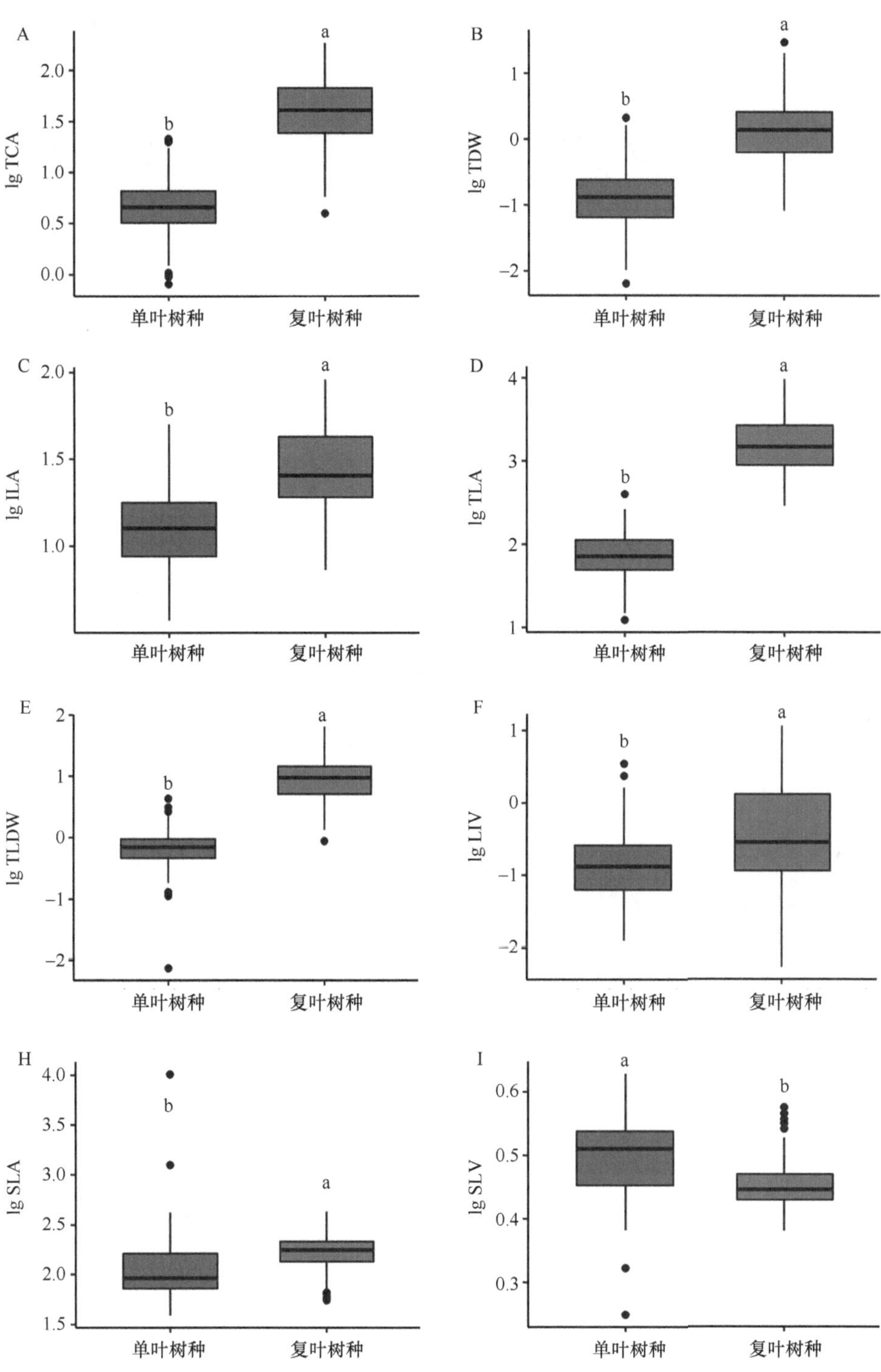

图 6.7　不同叶型树种枝叶性状间的差异

不同字母表示差异显著（$p<0.05$）

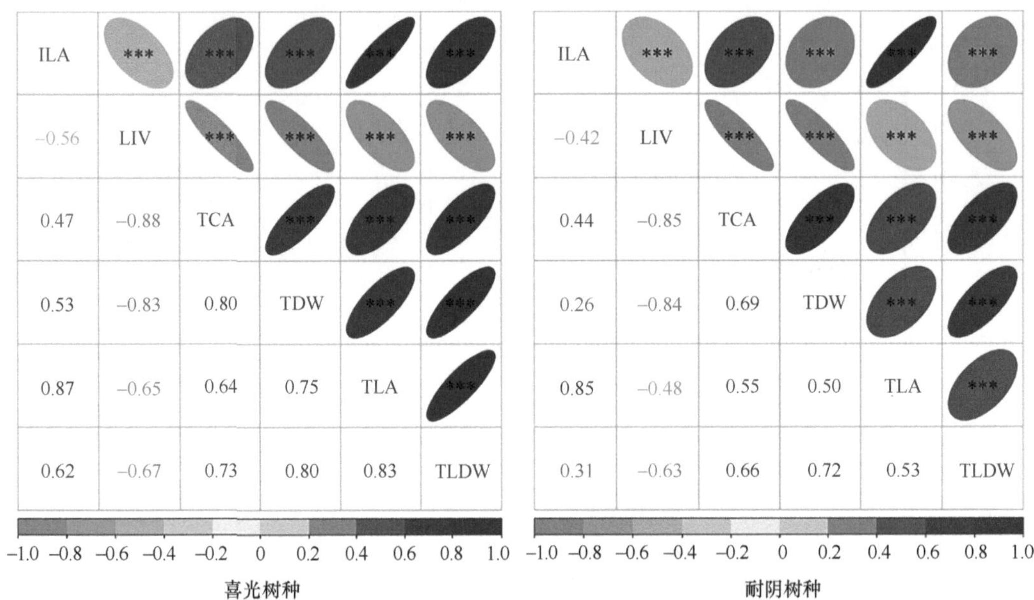

图 6.8　不同耐阴性树种枝叶性状间的相关性

***表示枝叶性状间显著相关（p<0.001）；椭圆越窄表示相关性越强

横截面积增大，不同耐阴性树种的单叶面积和总叶面积均增大，且均呈异速生长关系（$p<0.05$）（图 6.9A1、B1、A2、B2）。耐阴树种的枝横截面积与单叶面积的斜率随着径级增大呈现先减小后增大的趋势（$p<0.05$），表现为小树=大树＞中等树（图 6.9B1）；而喜光树种存在共同斜率，为 0.78，但截距存在显著性差异（$p<0.05$），表现为小树＞大树＞中等树（图 6.9A1）。在不同径级间，喜光树种和耐阴树种枝横截面积与总叶面积均存在共同斜率，分别为 1.12 和 0.89，但截距在不同径级间均存在显著性差异（$p<0.05$），表现为小树＞大树＞中等树（图 6.9A2、B2）。随着枝横截面积增大，喜光树种和耐阴树种的总叶干重也增大，喜光树种的斜率随着径级增大呈现下降趋势（$p<0.05$），表现为小树＞中等树＞大树（图 6.9A3），耐阴树种的斜率则呈现先减小后增大的趋势（$p<0.05$），表现为大树＞小树＞中等树（图 6.9B3）。

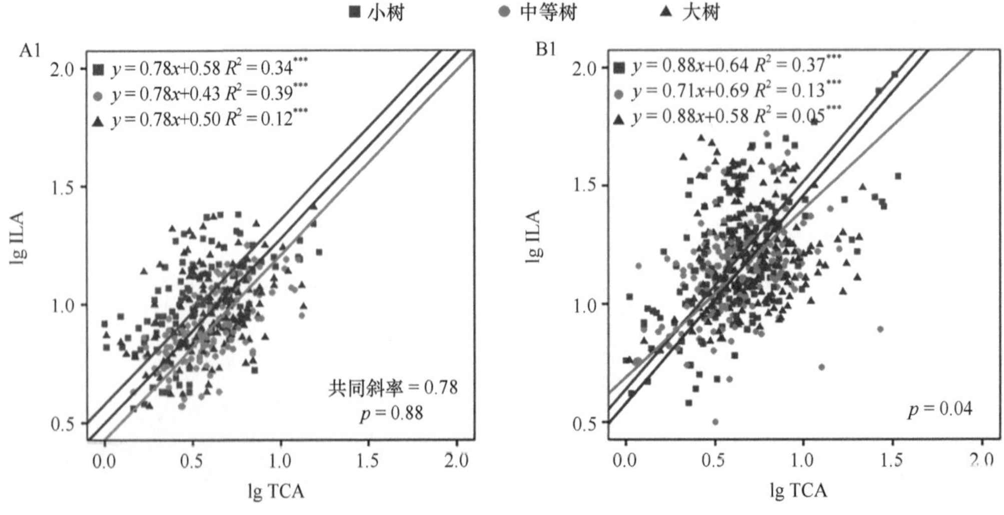

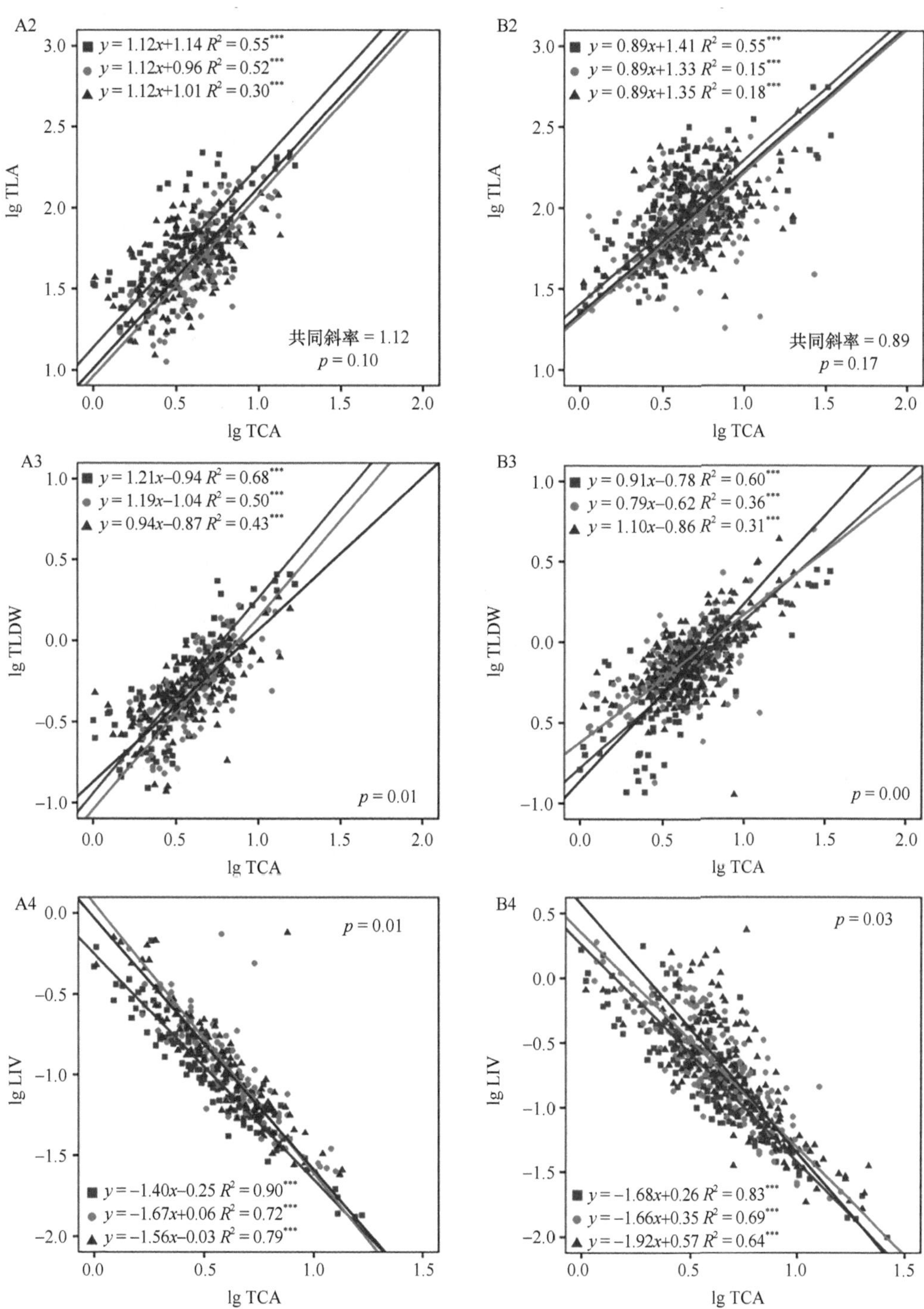

A2
y = 1.12x+1.14 R² = 0.55***
y = 1.12x+0.96 R² = 0.52***
y = 1.12x+1.01 R² = 0.30***
共同斜率 = 1.12
p = 0.10
lg TLA
lg TCA
B2
y = 0.89x+1.41 R² = 0.55***
y = 0.89x+1.33 R² = 0.15***
y = 0.89x+1.35 R² = 0.18***
共同斜率 = 0.89
p = 0.17
lg TLA
lg TCA
A3
y = 1.21x–0.94 R² = 0.68***
y = 1.19x–1.04 R² = 0.50***
y = 0.94x–0.87 R² = 0.43***
p = 0.01
lg TLDW
lg TCA
B3
y = 0.91x–0.78 R² = 0.60***
y = 0.79x–0.62 R² = 0.36***
y = 1.10x–0.86 R² = 0.31***
p = 0.00
lg TLDW
lg TCA
A4
p = 0.01
y = –1.40x–0.25 R² = 0.90***
y = –1.67x+0.06 R² = 0.72***
y = –1.56x–0.03 R² = 0.79***
lg LIV
lg TCA
B4
p = 0.03
y = –1.68x+0.26 R² = 0.83***
y = –1.66x+0.35 R² = 0.69***
y = –1.92x+0.57 R² = 0.64***
lg LIV
lg TCA

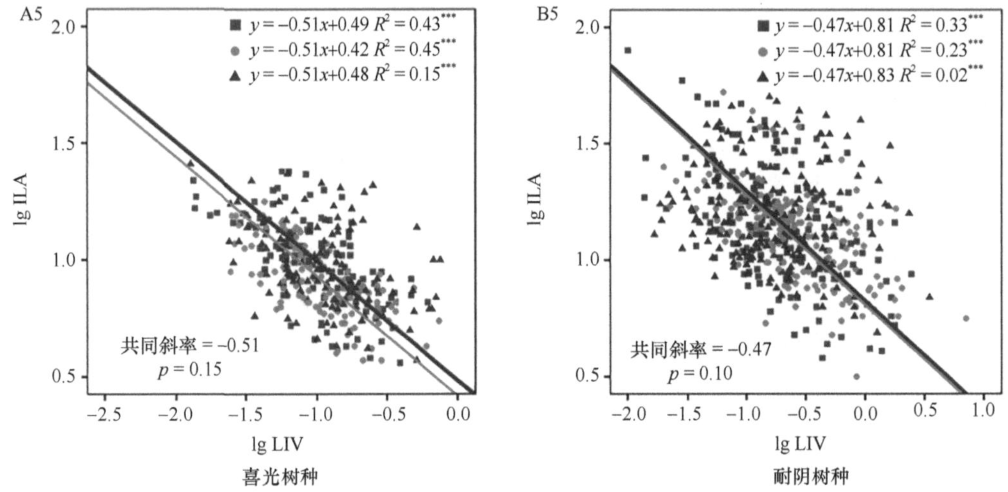

图 6.9　不同耐阴性树种枝叶性状间相关关系的差异性

*表示枝叶性状间显著相关（*** $p<0.001$；* $p<0.05$）

不同耐阴性树种的出叶强度随着枝横截面积增大而减小，其斜率的绝对值显著大于1，呈异速生长关系，且径级对其相关关系均存在显著影响，喜光树种的斜率绝对值为中等树＞大树＞小树（$p<0.05$）（图 6.9A4），耐阴树种的斜率绝对值为大树＞中等树＞小树（$p<0.05$）（图 6.9B4）。不同耐阴性树种的出叶强度与单叶面积在不同径级间均呈显著负相关关系，斜率的绝对值均小于 1，呈负异速生长关系，且其斜率在不同径级间不存在显著性差异，但径级对喜光树种的截距（小树＞大树＞中等树）和耐阴树种的截距（大树＞中等树=小树）均存在显著影响（图 6.9A5、B5）。

随着径级增大，不同耐阴性树种的单叶面积与枝横截面积和出叶强度始终存在共同斜率（图 6.10A1～C1、A5～C5）。在小树和中等树阶段，喜光树种的枝横截面积与总叶面积和总叶干重的斜率显著大于耐阴树种（图 6.10A2、B2、A3、B3），而在大树阶段无显著性差异（图 6.10C2、C3）。在小树和大树阶段，耐阴树种枝横截面积与出叶强度的斜率的绝对值大于喜光树种（图 6.10A4、C4），而在中等树阶段无显著性差异（图 6.10B4）。

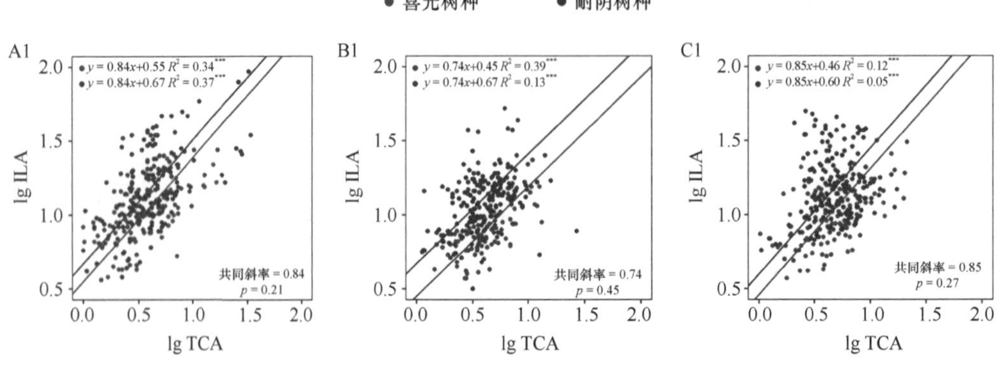

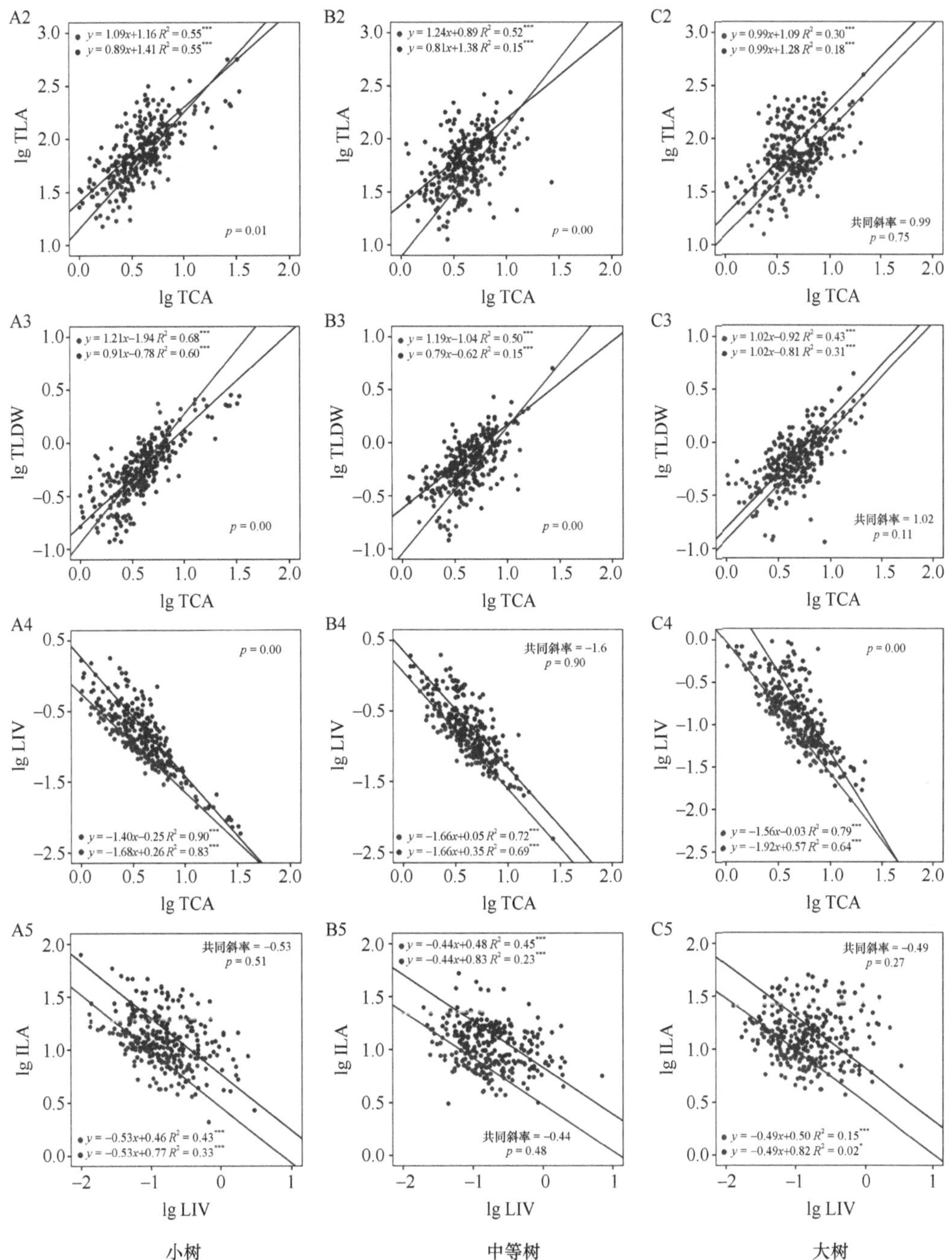

图 6.10　不同径级树种枝叶性状间相关关系的差异性

$p<0.05$ 表示不同径级间斜率存在显著性差异，$p>0.05$ 表示不同径级间存在共同斜率（即不存在显著性差异）；*表示枝叶性状间显著相关（*** $p<0.001$；* $p<0.05$）

6.2.3.4　不同叶型树种枝叶性状间的权衡关系

复叶树种的单叶面积随着出叶强度增大而减小，斜率绝对值显著小于 1，呈负异速生长关系，而单叶树种的出叶强度与单叶面积间不存在相关关系（图 6.11E）。除此之外，不同叶型树种间枝叶性状均显著相关。不同叶型树种的单叶面积随着枝横截面积增

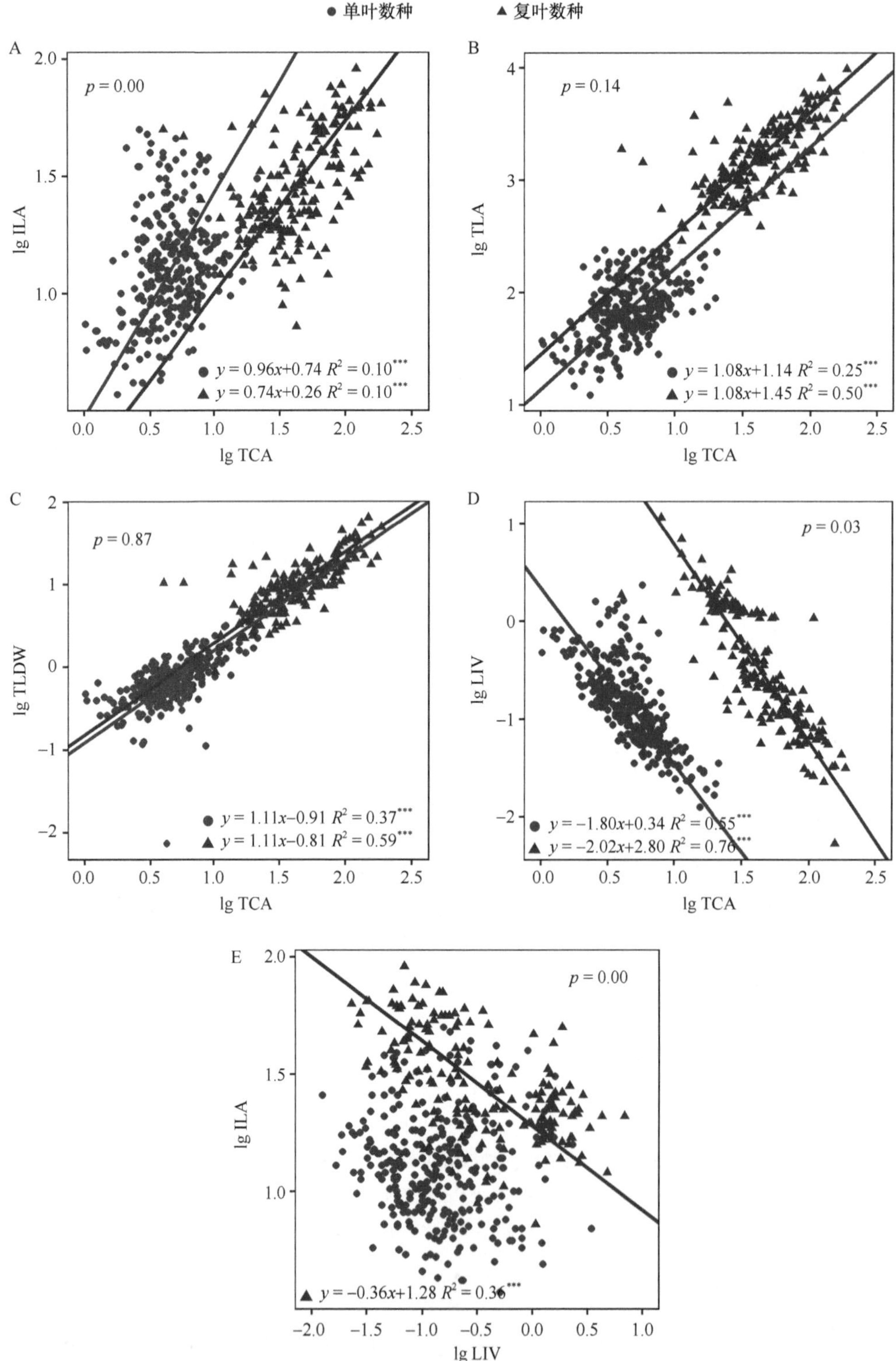

图 6.11　不同叶型树种枝叶性状间相关关系的差异性

***表示枝叶性状间显著相关（$p<0.001$）

大而增大（图 6.11A），斜率差异显著，单叶树种的斜率接近 1，呈等速生长关系，而复叶树种的斜率小于 1，呈异速生长关系。枝横截面积与总叶面积和总叶干重均呈正相关关系（图 6.11B、C），斜率均大于 1，呈异速生长关系，且不同叶型树种间存在共同斜率，分别为 1.08 和 1.11，但截距存在显著性差异，复叶树种显著大于单叶树种。枝横截面积与出叶强度呈负相关关系（图 6.11D），且斜率绝对值大于 1，呈异速生长关系，不同叶型树种间斜率绝对值存在显著性差异（复叶树种＞单叶树种）。

6.2.4 讨论

6.2.4.1 不同耐阴性树种枝叶性状的变异

以往的研究将种间差异作为性状变异的主要来源，种内差异常常被忽略。然而，最近的研究结果表明，单方面考虑种间差异或种内差异具有一定的局限性，因此同时考虑种内变异和种间变异有助于更清楚地认知植物种群、群落以及生态系统功能（Auger and Shipley，2013；刘润红等，2019）。本研究中，耐阴性对当年生枝的枝横截面积、单叶面积、总叶面积、总叶干重、枝干重及出叶强度均存在显著影响，而径级仅对枝横截面积和总叶干重存在显著影响（表 6.2）。这与 Delagrange 等（2004）的研究结果一致，表明枝叶性状变异不仅受耐阴性的影响，同时还受树大小的影响，但耐阴性可能是枝叶性状变异的主要原因，而径级可能是次要原因。不同耐阴性树种的枝叶性状均存在显著性差异（$p<0.05$）（图 6.5），可能是不同耐阴性树种本身的遗传特性引起的差异（Parkhurst and Loucks，1972）。耐阴树种的单叶面积、总叶面积、总叶干重以及出叶强度均显著大于喜光树种（$p<0.05$）（图 6.5B～D、F）。耐阴树种一般属于演替后期物种，具有较强的耐阴能力。随着演替进行，植被高度和覆盖率增加，林下的光环境变差，为了提高光捕获效率，演替后期树种选择了更大的叶面积（史元春等，2015；殷东升和沈海龙，2016）。而喜光树种大多属于演替前期物种，对光的需求量大（Delagrange et al.，2004），具有较强的光合能力和较高的呼吸速率，这也意味着会造成植物水分流失过多（Givnish，1978；Bazzaz and Carlson ，1982），所以喜光树种可能倾向于选择相对较小的叶（Niinemets and Kull，1994）。更大更多的叶子需要一定比例的枝来支撑，因此耐阴树种的枝横截面积显著大于喜光树种。然而，耐阴树种的枝干重却显著小于喜光树种，原因可能是喜光树种的树冠较狭窄且垂直延伸，喜光树种拥有更长更细的小枝，并通过调整茎和叶柄的伸长来获得更多的光资源（Morgan et al.，1980；Whitelam and Johnson，1982；Mullen et al.，2006）。本研究结果也表明，喜光树种对枝的生物量分配占比相对较大，而耐阴树种倾向于分配给叶更多的生物量（$p<0.05$）（图 6.6）。

随着径级的增大，喜光树种和耐阴树种的枝横截面积均呈现上升趋势（$p<0.05$）（图 6.5A），耐阴树种的枝干重也呈现上升趋势，这与本研究的假设一致。与小树相比，植株增大需要对茎和枝条进行更高的生物量投资，来增强机械支撑能力，以应对风和降雨对树冠造成的负荷和阻力（Niklas and Enquist，2002）。此外，植株高度增加延长了水分输送的距离，增加了水分向上运输的难度，植物可能通过增加枝的导管直径或数量来保证水分运输效率。随着径级增加，喜光树种的枝干重始终保持在平衡状态（图 6.5E），

这与本研究的假设不一致，喜光树种在小树阶段的生长速率较快，为了在林隙闭合前达到一定的冠层高度，确保未来对光资源的获取，小树可能在枝和茎伸长生长方面进行更多的投资和维持（Selaya et al.，2008）。不同耐阴性树种的单叶面积和总叶面积均呈现先减小后增大的趋势，这与本研究的假设不一致。小树生活在林冠下层，光照不足，为了满足光照需求而选择了较大的叶面积（Parkhurst and Loucks，1972）；随着植株高度的增加，来自风的压力更大，中等树可能倾向于对茎的投资（Sterck et al.，2005），同时选择更多更小的叶片以降低来自外界环境的压力胁迫（Brown and Lawton，1991）；相比于中等树，大树拥有更强的水分获取能力，水分运输和机械支撑的平衡使得大树选择了相对较大的叶面积（Fan et al.，2017；Liu et al.，2021）。叶面积和数量存在一定的权衡关系，这可能导致了耐阴树种的出叶强度随着径级增大先上升后下降。

不同耐阴性树种在大树阶段的枝干重无显著性差异（图 6.5E），这与本研究的假设一致，表明随着植株的生长，树种会增大对枝的投资。而喜光树种的枝横截面积显著小于耐阴树种（图 6.5A），这与本研究的假设不一致，原因可能是耐阴树种具有较宽的树冠，让叶片重叠最小化，从而最大限度地捕获光，与之相反，喜光树种的树冠较窄，因此投入更多的资源进行垂直生长，以更好地与其他树种竞争，从而确保未来对光的获取（Kohyama and Hotta，1990；Sheil et al.，2006；Selaya et al.，2008）。随着径级的增大，耐阴树种的单叶面积、总叶面积始终显著大于喜光树种（图 6.5B、C），可能是遗传因素导致的差异（Valladares and Niinemets，2008）。同时，耐阴树种比喜光树种具有更低的光补偿点，只要叶片有助于植物的碳增加即可被保留，从而允许堆叠更多的叶层，并保持较大的叶面积，这可能导致耐阴树种的出叶强度和总叶面积大于喜光树种。不同耐阴性树种在小树阶段的总叶干重无显著性差异，但随着径级的增大，耐阴树种在中等树和大树阶段的总叶干重显著大于喜光树种（图 6.5D），这与本研究的假设不一致。一般而言，喜光树种的光饱和点低于耐阴树种，这意味着在相同光照条件下，耐阴树种的光合速率大于喜光树种，且能制造更多的光合产物（殷东升和沈海龙，2016）。因此，随着植株生长，所处的光照条件越来越好，制造的光合产物将逐渐增多，这可能也是随着径级增大耐阴树种的总叶干重逐渐上升的原因。

6.2.4.2 不同叶型树种枝叶性状的变异

众所周知，不同叶型树种在结构和功能方面存在差异（Niinemets，1998）。本研究中，复叶树种的单叶面积显著大于单叶树种（图 6.7C），一般而言，较大的叶面积可以使 CO_2 和水蒸气在叶片单位叶面积的扩散量降低（Díaz et al.，2016），可以使叶片在短时间内达到光合作用的最适温度（Lusk et al.，2019），而复叶树种相对复杂的结构通常是为了满足在有利条件下快速生长的需要（Niinemets，1998），因此复叶树种可能偏向于选择相对较大的叶片。在种间竞争激烈的条件下，复叶树种产生相对较大且廉价的叶轴，其在支撑小叶和进行水力传导方面的功能与枝相当，可以允许更多的叶生长，这可能是复叶树种的总叶面积、出叶强度均显著大于单叶树种的原因（图 6.7D、F）。同时，复叶树种具有更多更大的叶轴，与单叶树种相比，其能够将更多资源分配至垂直生长，以捕获更多光照。本研究将叶干重和叶轴干重的加和作为复叶总叶干重，叶轴与枝相比投资较少，而与叶柄相比投资更多，这也导致了复叶树种的总叶干重显著大于单叶树种（图 6.7E）。不同叶型树种的枝横截面积和枝干重均存在显著性差异（复叶树种＞单叶树种）（图 6.7A、B）。复叶树种拥有较大的叶面积和较多的叶数量，需要更强的机械支撑能力，尽管其相比于单叶树种通过增加叶面积提高了光合效率，但也会导致蒸腾作用增强，这可能使其面临较大的水分胁迫压力，而枝横截面积与植物的水分输送能力呈正相关关系，因此较大的枝横截面积在维持机械支撑平衡的同时也保证了水分供给的平衡。

6.2.4.3　不同耐阴性树种枝叶性状间的权衡关系

除耐阴树种的枝横截面积与单叶面积间存在异速生长关系外，随着径级的增大，不同耐阴性树种的枝横截面积与单叶面积、总叶面积均无异速生长关系（图 6.9A1、A2、B1、B2），且其异速生长指数不存在显著性差异，这表明随着植株生长枝叶大小间保持固有的平衡关系。Corner 法则认为，一定大小的枝横截面积能够支撑一定大小的叶面积（Yang et al.，2014），本研究结果证明了 Corner 法则具有普适性。但本研究发现，异速生长常数存在显著性差异，且随着径级增大呈现先减小后增大的趋势。小树生长在林冠下层，光照条件有限，根据最优分配理论，小树为了快速生长将更多的生物量分配给叶（Puglielli et al.，2021），这可能表现为快速生长的资源获取策略。同时，随着植株增大，植物对光的需求增加，大枝往往有利于叶片的伸展，并具有更大的叶面积，以最大限度地提高光合效率（Chen et al.，2015）。随着径级的增大，喜光树种横截面积与总叶干重的异速生长指数呈现下降趋势（图 6.9A3），这与本研究的假设一致，随着植株的生长，为了保证水力运输和机械支撑的平衡，植株将加大对枝的投资。耐阴树种横截面积与总叶干重的异速生长指数随着径级的增大呈现先减小后增大的趋势（图 6.9B3），耐阴树种小树生长在林下庇荫的环境中，而随着植株生长，光照条件不再是限制光合作用的主要因素，其能够制造更多的光合产物。不同耐阴性树种的出叶强度与单叶面积均呈负异速生长关系（图 6.9A5、B5），不同径级间存在显著大于−1 的共同斜率，这表明出叶强度的增加速度大于单叶面积的减小速度。本研究地点春季降水量低且易发生干旱，为避免干旱胁迫，单叶面积增加较缓慢，可能是因为植物倾向于选择小而厚的叶片，其保水能力较强（Scoffoni et al.，2011），可以更好地进行物质和能量交换（Wright et al.，2002；Li et al.，2009）。同时，由于夏季降水集中，较高的出叶强度可以降低外界环境带来的损失，因此小而厚的叶片和较高的出叶强度（图 6.5F）可能是更好的选择。不同耐阴性树种的枝横截面积与出叶强度呈负异速生长关系（图 6.9A4、B4），小树的异速生长指数显著大于中等树和大树。根据 Corner 法则理论和“出叶强度优势”假说，叶大小、叶数量和枝横截面积间的权衡关系导致了枝横截面积与出叶强度的负相关关系；同时，其斜率的绝对值显著大于 1（图 6.9A4、B4），证明枝横截面积的增长速度小于出叶强度的下降速度。大树和中等树可能面临着强光、高温、干旱等环境压力，而小叶具有较强的热交换能力，同时更多的叶数量可以降低环境变化带来的风险（任海等，1996；Li et al.，2009；Scoffoni et al.，2011）。与大树和中等树相比，当小树的枝增大时，为满足自身快速生长的需求，其会选择更大的叶面积来增强光合能力，而不是选择更多的叶数量来规避风险。

在探讨径级对不同耐阴性树种枝叶性状间相关关系的影响时，本研究发现，不同耐阴性树种的变化趋势并不一致，因此接下来将进一步探讨不同耐阴性树种在同一径级间的差异，且本研究假设种间差异随着径级的增大而减小。不同耐阴性树种的枝横截面积与单叶面积在 3 个径级间均存共同斜率（图 6.10A1～C1），这与本研究的假设不一致，光对幼苗和幼树早期的生长具有很强的限制性，喜光树种通常将更多的资源分配给叶（Poorter，2001），从而牺牲了非叶组织，并产生相对细长的树干，进而导致树木生长的机械安全性降低，死亡率升高（Sterck and Bongers，1998）。相比之下，耐阴树种的死亡率较低，在低光照条件下可以长期存活，这也是耐阴树种在庇荫环境下的优势所在（Lin et al.，2002）。因此，本研究认为，随着枝横截面积增大，喜光树种单叶面积的增加速率应大于耐阴树种，而耐阴性未对任何径级的异速生长指数产生影响，且异速生长指数显著小于 1，这表明喜光树种可能通过增加叶数量来满足快速生长的需求。在小树和中等树阶段，喜光树种的枝横截面积与总叶面积和总叶干重的异速生长指数显著大于耐阴树种（图 6.10A2、B2、A3、B3）；在大树阶段，不同耐阴性树种的异速生长指数无显著性差异（图 6.10C2、C3），这与本研究的假设一致。喜光树种通常表现为快速生长策略，小树和中等树为了占据有利的生态位，将更多的生物量用于构建更大的叶面积以获取更多的资源，而耐阴树种属于演替后期物种，一般表现为忍耐型策略，选择较厚、致密且构建良好的叶片，有助于在庇荫环境中更好地生存。在大树阶段，无论是喜光树种还是耐阴树种，通常都表现为资源保守策略，且光照条件不再是光合作用的主要限制因素，这可能是其异速生长指数不存在差异的原因。同时，本研究发现，在大树阶段不同耐阴性树种呈接近 1 的等速生长关系，这与 Sun 等（2019）以及 Brouat 等（1998）的研究结果一致。而在小树和中等树阶段，不同耐阴性树种分别呈大于或小于 1 的异速生长关系，植物形态可塑性的调整通常是植物实现资源优化分配的重要手段，而异速生长可能表现为不同耐阴性树种在不同径级间资源获取策略的差异。不同耐阴性树种的枝横截面积与出叶强度呈负相关关系，在中等树阶段耐阴性未对斜率产生影响（图 6.10B4），但在小树和大树阶段存在显著性差异（图 6.10A4、C4）。喜光树种出叶强度的下降速度小于耐阴树种，可能是因为喜光树种具有较强的光合适应性（Bazzaz and Carlson，1982；Kenzo et al.，2015）。耐阴树种的光合能力较弱，小树主要生活在林冠下层光照不充足的环境中，又面临其他植物的竞争，小树的出叶强度急剧下降可能是为了通过增大叶面积来增强光合能力，从而用于自身生长（Parkhurst and Loucks，1972）；与小树相比，大树的光照资源更充足，但越大的树木其叶片聚集性越强，减少自遮蔽以更充分地利用资源可能是大树的出叶强度急剧下降的原因（Meng et al.，2013）。本研究发现，不同径级间不同耐阴性树种的出叶强度与单叶面积均存在共同斜率，且均呈负异速生长关系（图 6.10A5～C5），斜率绝对值均显著小于 1，这与 Milla（2009）以及李曼等（2017）的研究结果一致，而与李锦隆等（2021）以及 Kleiman 和 Aarssen（2007）的研究结果不同，即出叶强度与单叶面积呈接近−1 的等速生长关系。造成差异的原因可能有两点：①李锦隆等（2021）的采样点降水和温度与本研究地点存在极大差异；②Kleiman 和 Aarssen（2007）取样时，植株高度均小于 5m，且几乎不受遮蔽，但本研究中遮蔽和个体大小导致了枝叶性状的可塑性变化。不同耐阴性树种在小树阶段的枝横截面积与总叶面积、总叶干重和出叶强度的异速生长指数均存在显著性差异（图 6.10A2～A4），而大树阶段仅枝横截面积和出叶强度的异速生长指数存在显著性差异（图 6.10C2～C4），这说明随着树木生长，枝叶性状间的差异变得不明显。这与 Messier 和 Nikinmaa（2000）的研究结果一致，即在小树阶段的中度耐阴树种和耐阴树种在树冠形态和分配比例上存在显著性差异，但随着植株生长，这些差异逐渐消失。但本研究仅对有限的表型性状进行了研究，因此该结果是否适用于其他功能性状和树种还需进一步探究。

6.2.4.4　不同叶型树种枝叶性状间的权衡关系

叶片大小是叶片的基本特征之一，一般直接影响植物从局部尺度到全球尺度的适应能力（Givnish，1984）。单叶树种的枝横截面积与单叶面积呈接近 1 的等速生长关系（图 6.11A），这与史青茹等（2014）的研究结果一致，而复叶树种呈显著小于 1 的异速生长关系（图 6.11A）。不同叶型树种的枝横截面积与单叶面积的关系表明，在相同的枝横截面积下，单叶树种单叶面积的增长速率大于复叶树种。这可能与复叶植物的小枝结构有关，与单叶树种相比，复叶树种除了拥有与单叶树种相似的叶和叶柄，还有具有支撑和运输功能的叶轴。与枝相比，植物对叶轴的投资较少，尽管复叶树种在干旱等不利条件下投资叶轴带来的收益会更高，但投资叶轴的同时可能会导致对叶面积的投资减少（Givnish，1978）。不同叶型树种的枝横截面积与总叶面积和总叶干重间均呈大于 1 的异速生长关系（图 6.11B、C），且均存在共同斜率，这表明叶型对枝横截面积与总叶面积和总叶干重的相对生长速率没有影响，即叶型并未改变当年小枝的生物量分配策略。但复叶树种的截距显著大于单叶树种，当枝横截面积一定时，复叶树种的总叶面积与总叶干重均大于单叶树种。对于复叶树种而言，叶轴相当于小枝，具有与小枝相似的功能，叶轴的伸长生长不仅有利于扩展空间，在减少自遮蔽的同时还能捕获更多的光资源，而且复叶树种拥有更高的水力传导率，在水分含量相近的情况下能够维持更多的叶片生长（Tulik et al.，2010；Song et al.，2018）。不同叶型树种的枝横截面积与出叶强度间均呈显著小于 1 的负相关关系（图 6.11D），这表明无论是单叶树种还是复叶树种，当枝横截面积增加时，出叶强度均呈现下降趋势，当枝增大时可以支持更大的叶片生长，这可能是出叶强度急剧下降的原因。而复叶树种的斜率绝对值显著大于单叶树种，这表明当不同叶型树种枝横截面积的下降速度相同时，复叶树种出叶强度的增大速度显著大于单叶树种。由于复叶树种与单叶树种存在一些生理生态差异，在水分充足的条件下，复叶树种与单叶树种相比可以实现更高的碳同化，但后者更耐旱（Ortiz et al.，2023）。而枝横截面积减小意味着水力传导速率降低（Song et al.，2018），选择小叶可以减弱蒸腾作用和呼吸作用，进而减少水分损失，即复叶树种枝横截面积急剧下降可能是为了保证水分平衡。因此，当枝大小发生变化时，复叶树种的出叶强度变化更为明显，这可能是复叶树种快速适应环境的一种生长策略。

复叶树种的出叶强度与单叶面积呈显著负相关关系（图 6.11E），这与杨冬梅等（2012）的研究结果一致，说明叶大小与数量间的权衡关系同样适用于复叶树种。同时，其斜率绝对值显著小于 1，说明出叶强度的增加速度大于单叶面积的减小速度。对于复叶树种而言，更高的出叶强度不但可以避免草食动物的损害，而且它们的形状、排列和构造在捕获光的同时减少了水分损失，在保持较低的叶片温度方面具有更大的优势（Givnish，1984）。然而，单叶树种的出叶强度与单叶面积并不相关，这说明叶大小与叶数量间的这种权衡关系并不适用于单叶树种，不同地区资源环境的差异导致物种之间存在较大的差异，种间差异可能会导致权衡关系发生改变，因此这种权衡关系是否适用于不同地区的不同树种还需要进一步验证。

6.2.5　小结

本章对不同功能型的树种进行了对比分析，结果表明，耐阴性对枝叶性状变异的影响比径级更强，不同功能型树种的枝叶性状均存在显著性差异，且随着径级增大均增加对枝性状的投资。同时，喜光树种和耐阴树种在 3 个径级间表现出的差异也不一致，在小树阶段，耐阴性对枝叶相关关系的影响较大，但随着植株增大，这些差异逐渐减少。不同叶型树种间，复叶树种的枝叶性状值显著大于单叶树种，随着枝横截面积增大，单叶树种单叶面积的增速大于复叶树种，而总叶面积和总叶干重增速的差异不显著。综上所述，在相同环境中，不同功能型树种均通过调整枝叶性状来改变资源获取策略，以满足自身的生长需求。因此，今后在对枝叶性状进行研究时，不仅要考虑植株个体大小的影响，还不能忽略功能型对枝叶性状的影响，但本研究仅对表型性状进行研究，该结果是否适用于其他功能性状还需进一步探究。

参 考 文 献

李锦隆, 王满堂, 李涵诗, 等. 2021. 冠层高度对江西 69 种阔叶树小枝单叶生物量与出叶强度关系的影响. 林业科学, 57(2): 62-71.

李俊慧, 彭国全, 杨冬梅. 2017. 常绿和落叶阔叶物种当年生小枝茎长度和茎纤细率对展叶效率的影响. 植物生态学报, 41(6): 650-660.

李曼, 郑媛, 郭英荣, 等. 2017. 武夷山不同海拔黄山松枝叶大小关系. 应用生态学报, 28(2): 537-544.

李永华, 卢琦, 吴波, 等. 2012. 干旱区叶片形态特征与植物响应和适应的关系. 植物生态学报, 36(1): 88-98.

刘润红, 白金连, 包含, 等. 2020. 桂林岩溶石山青冈群落主要木本植物功能性状变异与关联. 植物生态学报, 44(8): 828-841.

刘润红, 梁士楚, 黄冬柳, 等. 2019. 漓江河岸带木本植物功能性状跨尺度变异研究. 生态学报, 39(21): 8038-8047.

龙嘉翼, 赵宇萌, 孔祥琦, 等. 2018. 观赏灌木小枝和叶性状在林下庇荫环境中的权衡关系. 生态学报, 38(22): 8022-8030.

卢福浩, 沙衣班·吾布力, 刘深思, 等. 2021. 根深决定不同个体大小梭梭对夏季干旱生理响应的差异. 生态学报, 41(8): 3178-3189.

任海, 彭少麟, 张祝平, 等. 1996. 鼎湖山季风常绿阔叶林林冠结构与冠层辐射研究. 生态学报, 16(2): 174-179.

石钰琛，王金牛，吴宁，等. 2022. 不同功能型园林植物枝叶性状的差异与关联. 应用与环境生物学报, 28(5): 1109-1119.

史青茹，许洺山，赵延涛，等. 2014. 浙江天童木本植物Corner法则的检验：微地形的影响. 植物生态学报, 38(7): 665-674.

史元春，赵成章，宋清华，等. 2015. 兰州北山刺槐枝叶性状的坡向差异性. 植物生态学报，39(4): 362-370.

孙蒙柯，程林，王满堂，等. 2018. 武夷山常绿阔叶林木本植物小枝生物量分配. 生态学杂志，37(6): 1815-1823.

王明琦，金光泽，刘志理. 2021. 红松枝叶关系的纬度差异性. 林业科学, 57(5): 25-33.

严昌荣，韩兴国，陈灵芝. 2000. 北京山区落叶阔叶林优势种叶片特点及其生理生态特性. 生态学报, 20(1): 53-60.

杨冬梅，占峰，张宏伟. 2012. 清凉峰不同海拔木本植物小枝内叶大小-数量权衡关系. 植物生态学报, 36(4): 281-291.

殷东升，沈海龙. 2016. 森林植物耐荫性及其形态和生理适应性研究进展. 应用生态学报，27(8): 2687-2698.

于青含，金光泽，刘志理. 2020. 植株大小、枝龄和环境共同驱动红松枝性状的变异. 植物生态学报, 44(9): 939-950.

章建红，史青茹，许洺山，等. 2014. 浙江天童木本植物 Corner 法则的检验个体密度的影响. 植物生态学报, 38(7): 655-664.

Ackerly D, Knight C, Weiss S, et al. 2002. Leaf size, specific leaf area and microhabitat distribution of chaparral woody plants: contrasting patterns in species level and community level analyses. Oecologia, 130(3): 449-457.

Albert C H, Thuiller W, Yoccoz N G, et al. 2010. Intraspecific functional variability: extent, structure and sources of variation. Journal of Ecology, 98(3): 604-613.

Almeras T, Costes E, Salles J C. 2004. Identification of biomechanical factors involved in stem shape variability between apricot tree varieties. Annals of Botany, 93(4): 455-468.

Auger S, Shipley B. 2013. Inter-specific and intra-specific trait variation along short environmental gradients in an old-growth temperate forest. Journal of Vegetation Science, 24(3): 419-428.

Bazzaz F A, Carlson R W. 1982. Photosynthetic acclimation to variability in the light environment of early and late successional plants. Oecologia, 54(3): 313-316.

Brouat C, Gibernau M, Amsellem L, et al. 1998. Corner's rules revisited: ontogenetic and interspecific patterns in leaf-stem allometry. New Phytologist, 139(3): 459-470.

Brown V K, Lawton J H. 1991. Herbivory and the evolution of leaf size and shape. Philosophical Transactions of the Royal Society B: Biological Sciences, 333(1267): 265-272.

Caquet B, Montpied P, Dreyer E, et al. 2010. Response to canopy opening does not act as a filter to *Fagus sylvatica* and *Acer* sp. advance regeneration in a mixed temperate forest. Annals of Forest Science, 67(1): 105.

Chen F S, Niklas K J, Liu Y, et al. 2015. Nitrogen and phosphorus additions alter nutrient dynamics but not resorption efficiencies of Chinese fir leaves and twigs differing in age. Tree Physiology, 35(10): 1106-1117.

Cornelissen J H C, Lavorel S, Garnier E, et al. 2003. A handbook of protocols for standardised and easy measurement of plant functional traits worldwide. Australian Journal of Botany, 51(4): 335-380.

Delagrange S, Messier C, Lechowicz M J, et al. 2004. Physiological, morphological and allocational plasticity in understory deciduous trees: importance of plant size and light availability. Tree Physiology, 24(7): 775-784.

Díaz S, Kattge J, Cornelissen J H C, et al. 2016. The global spectrum of plant form and function. Nature, 529(7585): 167-171.

Díaz S, McIntyre S, Lavorel S, et al. 2002. Does hairiness matter in Harare? Global comparisons of plant trait responses to disturbance. New Phytologist, 154(1): 7-9.

Falster D S, Westoby M. 2003. Plant height and evolutionary games. Trends in Ecology & Evolution, 18(7): 337-343.

Fan Z X, Sterck F, Zhang S B, et al. 2017. Tradeoff between stem hydraulic efficiency and mechanical strength affects leaf-stem allometry in 28 *Ficus* tree species. Frontiers in Plant Science, 8: 1619.

Gao J, Wang J N, Xu B, et al. 2016. Plant leaf traits, height and biomass partitioning in typical ephemerals under different levels of snow cover thickness in an alpine meadow. Chinese Journal of Plant Ecology, 40(8): 775-787.

Giertych M J, Karolewski P, Oleksyn J. 2015. Carbon allocation in seedlings of deciduous tree species depends on their shade tolerance. Acta Physiologiae Plantarum, 37(10): 216.

Givnish T. 1979. On the adaptive significance of leaf form//Topics in Plant Population Biology. London: Macmillan Education UK: 375-407.

Givnish T J. 1978. On the adaptive significance of compound leaves, with particular reference to tropical trees// Tomlinson P B, Zimmermann M H. Tropical Trees as Living Systems. New York: Cambridge University Press.

Givnish T J. 1984. Leaf and canopy adaptations in tropical forests//Physiological ecology of plants of the wet tropics. Dordrecht: Springer Netherlands: 51-84.

Hamerlynck E P, Knapp A K. 1994. Leaf-level responses to light and temperature in two co-occurring Quercus (*Fagaceae*) species: implications for tree distribution patterns. Forest Ecology and Management, 68(2/3): 149-159.

Harvey P H, Pagel M D. 1991. The Comparative Method in Evolutionary Biology. Oxford: Oxford University Press.

He D, Yan E R. 2018. Size-dependent variations in individual traits and trait scaling relationships within a shade-tolerant evergreen tree species. American Journal of Botany, 105(7): 1165-1174.

Jung V, Violle C, Mondy C, et al. 2010. Intraspecific variability and trait-based community assembly. Journal of Ecology, 98(5): 1134-1140.

Kattge J, Bönisch G, Díaz S, et al. 2020. TRY plant trait database–enhanced coverage and open access. Global Change Biology, 26(1): 119-188.

Kenzo T, Inoue Y, Yoshimura M, et al. 2015. Height-related changes in leaf photosynthetic traits in diverse Bornean tropical rain forest trees. Oecologia, 177(1): 191-202.

Kleiman D, Aarssen L W. 2007. The leaf size/number trade-off in trees. Journal of Ecology, 95(2): 376-382.

Kohyama T, Hotta M. 1990. Significance of allometry in tropical saplings. Functional Ecology, 4(4): 515-521.

Li T, Deng J M, Wang G X, et al. 2009. Isometric scaling relationship between leaf number and size within current-year shoots of woody species across contrasting habitats. Polish Journal of Ecology, 57(4): 659-667.

Lienard J, Florescu I, Strigul N. 2015. An appraisal of the classic forest succession paradigm with the shade tolerance index. PLoS One, 10(2): e0117138.

Lin J, Harcombe P A, Fulton M R, et al. 2002. Sapling growth and survivorship as a function of light in a mesic forest of southeast Texas, USA. Oecologia, 132(3): 428-435.

Liu Z L, Hikosaka K, Li F R, et al. 2020. Variations in leaf economics spectrum traits for an evergreen coniferous species: tree size dominates over environment factors. Functional Ecology, 34(2): 458-467.

Liu Z L, Hikosaka K, Li F R, et al. 2021. Plant size, environmental factors and functional traits jointly shape the stem radius growth rate in an evergreen coniferous species across ontogenetic stages. Journal of Plant Ecology, 14(2): 257-269.

Lusk C H, Grierson E R P, Laughlin D C. 2019. Large leaves in warm, moist environments confer an advantage in seedling light interception efficiency. New Phytologist, 223(3): 1319-1327.

Malhado A C M, Whittaker R J, Malhi Y, et al. 2010. Are compound leaves an adaptation to seasonal drought or to rapid growth? Evidence from the Amazon rain forest. Global Ecology and Biogeography, 19(6): 852-862.

Marshall J D, Monserud R A. 2003. Foliage height influences specific leaf area of three conifer species. Canadian Journal of Forest Research, 33(1): 164-170.

Martin A R, Thomas S C. 2013. Size-dependent changes in leaf and wood chemical traits in two Caribbean rainforest trees. Tree Physiology, 33(12): 1338-1353.

Meng F Q, Cao R, Yang D M, et al. 2013. Within-twig leaf distribution patterns differ among plant life-forms in a subtropical Chinese forest. Tree Physiology, 33(7): 753-762.

Messier C, Nikinmaa E. 2000. Effects of light availability and sapling size on the growth, biomass allocation, and crown morphology of understory sugar maple, yellow birch, and beech. Ecoscience, 7(3): 345-356.

Milla R. 2009. The leafing intensity premium hypothesis tested across clades, growth forms and altitudes. Journal of Ecology, 97(5): 972-983.

Morgan D C, O'brien T, Smith H. 1980. Rapid photomodulation of stem extension in light-grown *Sinapis alba* L.: studies on kinetics, site of perception and photoreceptor. Planta, 150(2): 95-101.

Mullen J L, Weinig C, Hangarter R P. 2006. Shade avoidance and the regulation of leaf inclination in *Arabidopsis*. Plant Cell & Environment, 29(6): 1099-1106.

Niinemets Ü. 1998. Are compound-leaved woody species inherently shade-intolerant? An analysis of species ecological requirements and foliar support costs. Plant Ecology, 134(1): 1-11.

Niinemets Ü. 1999. Components of leaf dry mass per area-thickness and density-alter photosynthetic capacity in reverse directions in woody plants. New Phytologist, 144(1): 35-47.

Niinemets Ü, Kull K. 1994. Leaf weight per area and leaf size of 85 Estonian woody species in relation to shade tolerance and light availability. Forest Ecology and Management, 70(1/2/3): 1-10.

Niinemets Ü, Portsmuth A, Tobias M. 2006. Leaf size modifies support biomass distribution among stems, petioles and mid-ribs in temperate plants. New Phytologist, 171(1): 91-104.

Niklas K J. 1992. Plant biomechanics: an engineering approach to plant form and function. Trends in Ecology and Evolution, 8(3): 116-117.

Niklas K J, Enquist B J. 2002. Canonical rules for plant organ biomass partitioning and annual allocation. American Journal of Botany, 89(5): 812-819.

Niklas K J, Speck T. 2001. Evolutionary trends in safety factors against wind-induced stem failure. American Journal of Botany, 88(7): 1266-1278.

Olson M E, Aguirre-Hernández R, Rosell J A. 2009. Universal foliage-stem scaling across environments and species in dicot trees: plasticity, biomechanics and Corner's rules. Ecology Letters, 12(3): 210-219.

Ortiz J, Hernández-Fuentes C, Sáez P L, et al. 2023. Compound and simple leaf woody species of the Chilean matorral are equally affected by extreme drought. Plant Ecology, 224(1): 33-45.

Parkhurst D F, Loucks O L. 1972. Optimal leaf size in relation to environment. The Journal of Ecology, 60(2): 505-537.

Poorter H, Niklas K J, Reich P B, et al. 2012. Biomass allocation to leaves, stems and roots: meta-analyses of interspecific variation and environmental control. New Phytologist, 193(1): 30-50.

Poorter L. 2001. Light-dependent changes in biomass allocation and their importance for growth of rain forest tree species. Functional Ecology, 15(1): 113-123.

Poorter L, Bongers L, Bongers F. 2006. Architecture of 54 moist-forest tree species: traits, trade-offs, and functional groups. Ecology, 87(5): 1289-1301.

Poorter L, Rozendaal D M A, Bongers F, et al. 2021. Functional recovery of secondary tropical forests. Proceedings of the National Academy of Sciences of the United States of America, 118(49): e2003405118.

Popma J, Bongers F, Werger M J A, et al. 1992. Gap-dependence and leaf characteristics of trees in a tropical lowland rain forest in Mexico. Oikos, 63(2): 207-214.

Portsmuth A, Niinemets Ü. 2007. Structural and physiological plasticity in response to light and nutrients in five temperate deciduous woody species of contrasting shade tolerance. Functional Ecology, 21(1): 61-77.

Puglielli G, Laanisto L, Poorter H, et al. 2021. Global patterns of biomass allocation in woody species with different tolerances of shade and drought: evidence for multiple strategies. New Phytologist, 229(1): 308-322.

Rozendaal D M A, Hurtado V H, Poorter L. 2006. Plasticity in leaf traits of 38 tropical tree species in response to light; relationships with light demand and adult stature. Functional Ecology, 20(2): 207-216.

Runions A, Tsiantis M, Prusinkiewicz P. 2017. A common developmental program can produce diverse leaf shapes. New Phytologist, 216(2): 401-418.

Ryan M G, Yoder B J. 1997. Hydraulic limits to tree height and tree growth. BioScience, 47(4): 235-242.

Scoffoni C, Rawls M, McKown A, et al. 2011. Decline of leaf hydraulic conductance with dehydration: relationship to leaf size and venation architecture. Plant Physiology, 156(2): 832-843.

Selaya N G, Oomen R J, Netten J J C, et al. 2008. Biomass allocation and leaf life span in relation to light interception by tropical forest plants during the first years of secondary succession. Journal of Ecology, 96(6): 1211-1221.

Sheil D, Salim A, Chave J, et al. 2006. Illumination-size relationships of 109 coexisting tropical forest tree species. Journal of Ecology, 94(2): 494-507.

Shinozaki K, Yoda K, Hozumi K, et al. 1964. A quantitative analysis of plant form-the pipe model theory: I. Basic analyses. Japanese Journal of Ecology, 14(1964): 133-139.

Song J, Yang D, Niu C Y, et al. 2018. Correlation between leaf size and hydraulic architecture in five compound-leaved tree species of a temperate forest in NE China. Forest Ecology and Management, 418: 63-72.

Stearns S C. 1989. Trade-offs in life-history evolution. Functional Ecology, 3(3): 259-268.

Sterck F J, Bongers F. 1998. Ontogenetic changes in size, allometry, and mechanical design of tropical rain forest trees. American Journal of Botany, 85(2): 266-272.

Sterck F J, Schieving F, Lemmens A, et al. 2005. Performance of trees in forest canopies: explorations with a bottom-up functional-structural plant growth model. New Phytologist, 166(3): 827-843.

Sultan S E. 2010. Plant developmental responses to the environment: eco-*Devo* insights. Current Opinion in Plant Biology, 13(1): 96-101.

Sun J, Wang M, Lyu M, et al. 2019. Stem and leaf growth rates define the leaf size vs. number trade-off. AoB Plants, 11(6): plz063.

Thomas S C. 2010. Photosynthetic capacity peaks at intermediate size in temperate deciduous trees. Tree Physiology, 30(5): 555-573.

Tulik M, Marciszewska K, Adamczyk J. 2010. Diminished vessel diameter as a possible factor in the decline of European ash (*Fraxinus excelsior* L.). Annals of Forest Science, 67(1): 103.

Valladares F, Niinemets Ü. 2008. Shade tolerance, a key plant feature of complex nature and consequences. Annual Review of Ecology, Evolution and Systematics, 39(1): 237-257.

Violle C, Enquist B J, McGill B J, et al. 2012. The return of the variance: intraspecific variability in community ecology. Trends in Ecology & Evolution, 27(4): 244-252.

Warman L, Moles A T, Edwards W. 2011. Not so simple after all: searching for ecological advantages of compound leaves. Oikos, 120(6): 813-821.

Warton D I, Weber N C. 2002. Common slope tests for bivariate errors-in-variables models. Biometrical Journal, 44(2): 161-174.

Westoby M, Falster D S, Moles A T, et al. 2002. Plant ecological strategies: some leading dimensions of variation between species. Annual Review of Ecology and Systematics, 33(1): 125-159.

Westoby M, Wright I J. 2003. The leaf size-twig size spectrum and its relationship to other important spectra of variation among species. Oecologia, 135(4): 621-628.

White P S. 1983. Corner's rules in eastern deciduous trees: allometry and its implications for the adaptive architecture of trees. Bulletin of the Torrey Botanical Club, 110(2): 203-212.

Whitelam G C, Johnson C B. 1982. Photomorphogenesis in Impatiens parviflora and other plant species under simulated natural canopy radiations. New Phytologist, 90(4): 611-618.

Whitfield J. 2006. Plantecology: the cost of leafing. Nature, 444(7119): 539-542.

Whitman T, Aarssen L W. 2010. The leaf size/number trade-off in herbaceous angiosperms. Journal of Plant Ecology, 3(1): 49-58.

Wright I J, Falster D S, Pickup M, et al. 2006. Cross-species patterns in the coordination between leaf and stem traits, and their implications for plant hydraulics. Physiologia Plantarum, 127(3): 445-456.

Wright I J, Reich P B, Westoby M, et al. 2004. The worldwide leaf economics spectrum. Nature, 428 (6985): 821-827.

Wright I J, Westoby M, Reich P B. 2002. Convergence towards higher leaf mass per area in dry and nutrient-poor habitats has different consequences for leaf life span. Journal of Ecology, 90(3): 534-543.

Xiang S, Wu N, Sun S. 2009. Within-twig biomass allocation in subtropical evergreen broad-leaved species along an altitudinal gradient: allometric scaling analysis. Trees, 23(3): 637-647.

Yan E R, Wang X H, Chang S X, et al. 2013. Scaling relationships among twig size, leaf size and leafing intensity in a successional series of subtropical forests. Tree Physiology, 33(6): 609-617.

Yang D M, Li G Y, Sun S C. 2008. The generality of leaf size versus number trade-off in temperate woody species. Annals of Botany, 102(4): 623-629.

Yang F, Xie L H, Huang Q Y, et al. 2021. Twig biomass allocation of *Betula platyphylla* in different habitats in Wudalianchi Volcano, northeast China. Open Life Sciences, 16(1): 758-765.

Yang X D, Yan E R, Chang S X, et al. 2014. Twig-leaf size relationships in woody plants vary intraspecifically along a soil moisture gradient. Acta Oecologica, 60: 17-25.

Zhang L L, Khamphilavong K, Zhu H C, et al. 2021. Allometric scaling relationships of *Larix potaninii* subsp. *chinensis* traits across topographical gradients. Ecological Indicators, 125: 107492.

Zhang X S, Wang C, Zhou C N. 2022. The variation of functional traits in leaves and current-year twigs of *Quercus aquifolioides* along an altitudinal gradient in southeastern tibet. Frontiers in Ecology and Evolution, 10: 855547.

Zuleta D, Muller-Landau H C, Duque A, et al. 2022. Interspecific and intraspecific variation of tree branch, leaf and stomatal traits in relation to topography in an aseasonal Amazon forest. Functional Ecology, 36(12): 2955-2968.

第 7 章

功能性状对树木径向生长的影响

树木生长与森林碳汇密切相关（Pan et al.，2011）。随着全球气候变化进程加剧，植株叶片光合作用、根系养分吸收、植株生物量分配等均发生剧烈变化，树木固碳、生长等也因此受到影响（冯继广和朱彪，2020）。相对生长速率（relative growth rate，RGR）和绝对生长速率（absolute growth rate，AGR）是量化植株生长的重要指标（Hilty et al.，2021）。相比于相对生长速率，绝对生长速率不仅可以避免异方差和非正态残差的问题（Stoll et al.，1994），还对预测森林立地水平和植株个体水平碳动态具有重要意义。目前影响植株生长速率因素的相关研究已有一定进展（Medvigy et al.，2009；Caspersen et al.，2011），但针对不同生活史阶段以及对比种内和种间主导因素差异的相关研究还较少。

在全球氮沉降的持续作用下，土壤有效氮含量发生剧烈变化，土壤有效氮含量持续增长，甚至达到饱和（Fang et al.，2006），植株叶片性状也相应发生明显改变，如与光合作用密切相关的比叶面积（SLA）和叶片 N 含量增加（Maire et al.，2015；Libalah et al.，2017）。此外，有研究表明，土壤全氮（STN）含量的增加与植株生长间的相关关系具有复杂性：STN 含量增加可能促进植株生长（Yue et al.，2017），也可能抑制植株生长（Nasto et al.，2019），甚至对植株生长无显著影响（Wright et al.，2011），这可能与植株生长阶段不同有关（林仪华，2022）。在全球干旱或全球降水格局改变的影响下，土壤含水量（SWC）同样发生改变。土壤含水量的高低与树木根系水分吸收、植株干或叶的养分及水分运输与利用密切相关，因此土壤含水量对树木生长速率具有明显的调控作用。例如，当土壤含水量较低时，叶片的气孔导度降低，部分气孔关闭，叶片光合能力下降，进而导致植株生长受限（Carnicer et al.，2011）。光密度同样是影响植株生长的关键环境因子之一，以往的研究表明，随着光密度增加，植株生长速率明显提高（Sendall et al.，2018）。综上所述，植株大小、功能性状以及环境因子（如光、土壤养分以及土壤含水量等）对植株生长速率均具有调控作用，然而影响植株生长速率的主要驱动因子尚无定论。深入开展相关研究有助于更好地理解群落组成、群落结构以及群落动态等生态学问题。

7.1 研究背景

森林是全球碳循环的主要组成部分之一（Pan et al.，2011），树木生长在影响森林动态和生态系统功能等方面扮演着重要角色（Stephenson et al.，2014）。近年来，个体水平上树木生长及其影响因素愈发受到关注，特别是以绝对生长速率作为植株生长的估算指标（Stoll et al.，1994），对深入理解和更精准模拟森林碳动态具有重要意义。

生活史阶段是影响树木生长速率的主要因素之一（Liu et al.，2021）。在不同生活史阶段，植株树高、地上地下生物量分配等均具有显著性差异，导致其资源需求量发生改变（Sendall et al.，2018）。例如，对于幼树，由于其树高较矮，光环境可能是其生长的主要限制性环境因子，为了快速生长，幼树通过增加树木高度来获取更多光资源，并且通过增强与光合有关的性状以满足快速生长所需的营养需求，如较大的比叶面积、较高的叶片 N 含量等（Wright et al.，2010）。此外，不同生活史阶段植株个体对土壤肥力的响应时间、个体大小效应等也可能导致其对土壤肥力变化的响应发生改变。例如，Alvarez-Clare 等（2013）发现，土壤全磷（STP）含量增加对小树生长具有促进作用，但对幼树或大树无显著影响；Li 等（2018）发现，土壤 N、P 添加对大树生长无显著影响。因此，在探究植株生长对土壤因子的响应时，应着重考虑植株生活史阶段的调控作用。

为探究树木生长的主要影响机制，本研究以东北地区阔叶红松（*Pinus koraiensis*）林内 6 种主要阔叶伴生树种的 3 个生活史阶段植株为研究对象，测量了 6 种植物功能性状，包括 4 种叶片经济性状[比叶面积（SLA）、叶片干物质含量（LDMC）、叶厚（LT）和叶片 N 含量（LNC）]，以及 2 种木质性状[木质密度（wood density，WD）和木质部干物质含量（wood dry matter content，WDMC）]。同时，量化了植株周围环境因子，包括光、土壤养分和土壤水分，用植株当年生茎半径生长速率（stem radius growth rate，SRGR）表征植株的绝对生长速率。利用结构方程模型来分析植株大小、植物功能性状以及环境因子对植株生长速率的直接或间接影响。本章拟回答以下问题。

（1）在植株不同生活史阶段，影响植株生长速率的主要因子是功能性状还是环境因子？影响植株生长速率的主要因子在不同生活史阶段是否发生改变？若改变，是否是限制性资源环境改变的结果？

（2）在种内或种间水平上，影响植株生长速率的主要因子是植株大小、功能性状还是环境因子？影响植株生长速率的主要因子是否保持一致？

7.1.1 不同生活史阶段植物功能性状及环境因子对植株生长的影响

在植株整个生长过程中，可能受到多种环境因子的影响，如可利用光资源水平、土壤养分含量、土壤含水量等（King et al.，2005；Drake et al.，2011；Rüger et al.，2012；Shen et al.，2014；McDonald et al.，2017）。光是植物生长过程中的重要限制性环境因子之一，在自然森林中，可利用光资源的变化既发生在垂直结构上，也发生在水平结构上（Rijkers et al.，2000；Coble et al.，2017）。在森林垂直结构上，由于上层叶片的遮阴作用，冠层上部和森林地表的光密度存在巨大差异（Chazdon，1988；Sendall et al.，2018）；在森林水平结构上，由于林隙的存在，非林隙和林隙的光环境差异显著（Rijkers et al.，2000；Velázquez and Wiegand，2020）。植株通过调整气体交换、水分利用以及光吸收面积等方式来调节光合能力，以适应不断变化的光环境，这个过程可能短至几分钟，长至几年（Sterck et al.，1999；Rijkers et al.，2000）。植物不断调整自身以适应光环境的过程，对提高自身生长速率具有重要意义（Rozendaal et al.，2006）。此外，土壤肥力变化可能通过影响植株光合作用、资源利用及分配等来调控植株的生长（Hastwell，2005；Rosas et al.，2019）。对于北方及温带森林而言，植株的生长对土壤 N、P 含量增加的响应一般是正向的。例如，在土壤 N 含量丰富的地区，叶片 N 含量也相对较高，而较高的叶片 N 含量可支持植株的高光合速率，因而植株的生长速率也往往较高（Takashima et al.，2004；Thomas et al.，2010；Liu et al.，2021）。

植株地上部分是植物进行光合固碳的主要器官，研究其性状水平对分析和理解植株整体性能以及预测植株生长速率等具有重要意义（Rüger et al.，2012；Liu et al.，2021）。性状水平及性状间不同组合可以反映植株的资源利用策略，并且在一定程度上可预估植株的生长速率（Chave et al.，2009；Wright et al.，2010）。对于叶片经济性状而言，具有较大的比叶面积及较高的叶片 N 含量的植株往往光合速率较高，可为自身快速生长提供充足的光合产物，因此其往往对应快速生长型物种，而具有相反的叶片性状值的个体往往生长速率较低（Poorter et al.，2010）。在木质性状方面，对于具有较低的木质密度和木质部干物质含量的个体而言，较低的木质密度可为植株木质部节约构建成本，而较低的木质部干物质含量有利于提高水分在木质部的运输效率，因而植株生长速率一般较高；同样地，具有相反的性状值的植株个体则生长速率较低（Chave et al.，2009）。

以往的许多研究证明，植株生长速率与土壤肥力的关系并不是一成不变，而是受到生活史阶段的调控：某一生活史阶段植株生长速率与所在生境表现出显著相关性，在其他生活史阶段则表现出不相关，且由于生境过滤作用，生活史阶段越靠后（较大胸径），相关性越强（Webb and Peart，2000；潘瑞炽等，2012）。例如，Shen 等（2014）通过对鼎湖山 57 种亚热带植株的相对生长速率与土壤因子等的相关关系进行分析发现，不同生活史阶段（幼树和成年树）影响树木相对生长速率的土壤因子并不完全一致：土壤全钾、有效钾和有效磷的含量是影响幼树相对生长速率的主要因子，而土壤有机质、有效钾、全磷、全氮和有效氮是影响成年树相对生长速率的主要因子。此外，韩大校（2017）对黑龙江凉水阔叶红松林地形、土壤、种间竞争对树木生长的影响进行分析发现，对于成年树，土壤有效磷含量与树木胸径生长量显著正相关；而对于幼树，土壤有效磷含量与树木胸径生长量则表现出相反的相关关系。刘斌（2021）以江西九连山国家级自然保护区次生阔叶林中不同优势度、不同胸径的植株为研究对象，分析了树木生长对土壤 N、P 添加的响应，发现树木生长速率对土壤 N、P 添加的响应与树木胸径大小密切相关，大胸径优势树种的生长速率随着土壤有效氮含量增加有所增加，而随着土壤有效磷含量增加而减小；但小胸径优势树种的生长速率则与土壤养分变化无显著相关关系。因此，对于影响植株生长的主要环境因子随生活史阶段的变化规律等相关问题，仍需深入研究。

植株大小、功能性状以及环境因子之间也可能存在相互影响。例如，植株树高可能通过影响光接受面积或土壤养分含量来影响植物功能性状水平（Cavaleri et al.，2010；Kenzo et al.，2015），而植物功能性状又进一步影响植株生长速率。例如，Wright 和 Westoby（1999）发现，幼树的比叶面积与植株相对生长速率间存在显著正相关关系，且具有较小的比叶面积和较低的生长速率的植株往往生长在相对贫瘠的环境中。Simpson 等（2016）研究发现，木质密度随着土壤 pH 或土壤含水量等的增加呈现减小趋势，而在木质密度较小时植株生长速率往往较快。综上所述，植株生长速率的影响因素具有复杂性，这些因素既可能对植株生长产生直接影响，也有可能通过影响其他因子来间接影响植株生长。然而，目前尚不清楚的是，这些因素的哪一种组合可以更准确地预测植株生长。

7.1.2 种内和种间水平上植株大小、功能性状及环境因子对植株生长的影响

在种内和种间水平上，植株大小、功能性状及环境因子对植株生长速率均具有潜在调控作用。植物性状的可塑性等导致植物功能性状在种内和种间水平上存在巨大变异，包括但不限于性状变异范围的差异、性状间相关关系的差异等。这些功能性状的变异导致植物光合作用速率、水分运输效率、植株地上地下生物量分配等均发生改变，从而导致植株径向生长产生差异（Báez et al.，2018）。土壤和光是植物生存和生长所必需的水分和养分的主要来源，也是生态系统气体及养分循环中至关重要的一步。光密度和土壤养分的高低既可通过直接调控植株生长率、死亡率等来影响植株的分布，又可通过影响植株性状表现来间接影响植株生长（Lusk，2004；Liu et al.，2021）。例如，在幼树阶段，植株生长生存需要较高的光密度，以实现高效的光合作用来快速累积有机物，此时植株生长速率与光因子显著相关；随着树木生长，树高逐渐增加，植株叶片可接收更高林冠层的光资源，因此光因子不是此阶段的限制性环境因子，但此时由于植株变高，叶片蒸腾作用加强，需要充足的水分以维持叶片蒸腾作用，因此在此生长阶段植株生长与土壤含水量的相关性更强（Kariuki et al.，2006）。虽已针对植株生长速率的调控因素开展了大量研究，但对比种间和种内水平上植株大小、功能性状以及环境因子对植株生长速率调控的研究仍较少，因此仍需大量开展相关研究。

7.2 研 究 方 法

7.2.1 研究样地概况

研究样地位于黑龙江凉水国家级自然保护区，中心点地理坐标为 47°10′50″N，128°53′20″E，该样地为阔叶红松混交林。该保护区位于黑龙江省伊春市大箐山县，地处小兴安岭南部达里带岭支脉东坡，地形较为复杂，为典型的低山丘陵地貌，海拔为 280～707m，山地坡度一般为 10°～15°，地带性土壤为暗棕壤。该地区气候类型为温带大陆性季风气候，冬季寒冷、干燥且漫长，夏季温度较高，但持续时间较短。年平均气温为−0.3℃，年平均最高气温为 7.5℃，年平均最低气温为−6.6℃，正值积温为 2200～2600℃。年平均降水量为 676mm，且降水集中在 6～8 月，占全年总降水量的 60%以上。年积雪期为 130～150d，年无霜期为 100～120d。

7.2.2　样本采集

2020 年 7 月中旬至 8 月，在采样地选择 6 种主要阔叶伴生树种进行采样，各树种的叶片样本采集均在坡度相近的南坡进行。对于每个树种，对植株 3 个生活史阶段（包括幼苗阶段、幼树阶段以及成年树阶段）进行取样。对于每个生活史阶段，选择 10 株树高（用树高计测量）和胸径相近的个体作为目标树。对于每株植株，将冠层分为 2 个取样单元：上南和下北。在每一个取样单元内，选取 5 片成熟且完全展开的健康叶片用于测量比叶面积、叶片干物质含量以及叶厚，按照同一标准另取 5 片叶片用于测量气孔性状，再取 10～20 片叶片用于测量叶片 N 含量。所有叶片取下后，置于封口袋中带回实验室，叶片经济性状于 6h 内测量完毕，用于测量气孔性状的叶片置于 FAA 溶液（70% 乙醇：福尔马林：冰醋酸=90：5：5）中保存待测。

对于土壤样本，首先去除每株样树周围 1m 内的凋落叶，然后采集 3 个土壤样本（土壤深度为 0～10cm，各样本角度为 120°），最后将 3 个样本均匀混合在一个塑料袋中，并将它们带回实验室用于土壤因子测量。

2020 年 10 月中旬对每个样树的树芯进行取样（此时植株当年生长已基本结束），对于每株样树，首先用取样直径为 5.15mm、长度为 400mm 的植物生长锥，于植株胸径 1.35m 处沿垂直于坡的方向取适当长度的树芯（在取样处用少量凡士林进行密封），再将取出的树芯样本置于封口袋中密封保存，带回实验室后立即用于木质性状的测量。

采用相同方法另取一段树芯，放置于提前备好的纸管内，并进行编号，用于测量轮宽，用当年轮宽增加量表征植株 SRGR。

在采样前，利用半球摄影法（带有 180°鱼眼镜头的 Nikon Coolpix 4500 数码相机）采集半球图片，用于量化植株所在的光环境。

7.2.3　样本测定

叶片样本测定：对于每一片样叶，首先用天平测量叶片鲜重（精度 0.0001g），测量后的样叶用扫描仪（明基电通股份有限公司，中国）扫描叶片图像，然后利用 Photoshop 软件（奥多比公司，美国）对图像进行处理，得到叶面积（精度 0.01cm^2）。用游标卡尺测量 3 次叶厚（避开主叶脉），取均值作为叶厚（精度 0.01mm）。用烘箱将叶片烘干至恒重（65℃条件下至少 72h）后称重，获得叶片干重（精度 0.0001g）。叶片干物质含量为叶片干重与鲜重的比值，叶片比叶面积为叶面积与叶片干重的比值。对于用于测量叶片 N 含量的叶片，首先利用烘箱将其烘干，然后对烘干后的叶片进行研磨干燥，取 0.1g 叶片样本经预消化系统（H_2SO_4+H_2O_2）消化 40min，用哈农 K9840 自动凯氏定氮仪测定叶片 N 含量。

土壤样本测定：对于每一个土壤样本，首先利用干燥法测量土壤含水量，土壤含水量为土壤干重与湿重的比值；然后对土壤进行干燥，利用 HANNAPH211 型 pH 计测量土壤 pH，利用 multiN/C3000 分析仪（耶拿分析仪器股份公司，德国）测量土壤全碳（STC）含量，利用哈农 K9840 自动凯氏定氮仪测量土壤全氮（STN）含量，利用钼锑钪比色法测量土壤全磷（STP）含量。

首先用天平测量所取树芯（去掉树皮）的鲜重，精确到 0.0001g；然后用排水法测定所取样本的体积，将测量后的树芯样本放置于 70℃烘箱中 72h；再用天平测量树芯烘干后的重量，精确到 0.0001g。木质密度为样本烘干后重量与体积的比值，木质部干物质含量为样本干重与鲜重的比值。

在实验室中，将年轮生长芯固定在木槽上，自然风干 2～3d，用 200 目、600 目、800 目砂纸逐级打磨，直至年轮边界清晰可见。使用 Velmex 树木年轮测量系统（维尔梅克斯公司，美国）来测量年际树木年轮宽度，测量精度为 0.001mm。使用 COFECHA 程序来检验交叉定年及测量过程中产生的误差。

通过 Gap Light Analyzer ver.2.0 软件计算拍摄的每张半球图片 0°～60°天顶角范围内的总入射辐射[mol/（m^2·d）]，用该值表征光照强度。

7.2.4 数据分析

采用结构方程模型（structural equation modeling，SEM）分析不同生活史阶段植物功能性状和环境因子对植株 SRGR 的影响，以及在种内和种间水平上植株大小、功能性状以及环境因子对植株 SRGR 的影响，在分析中同样考虑了间接影响，例如，植株大小可能通过影响光环境来影响植株 SRGR（图 7.1，图 7.2）。在构建结构方程模型之前，计算了 6 种植物功能性状间每两个变量之间的方差膨胀因子（VIF），以防共线性影响模型精度。若 VIF 值均小于 10，则表明无共线性问题。

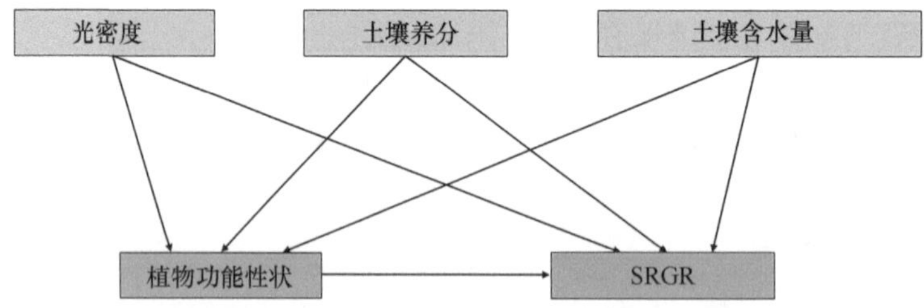

图 7.1 植物功能性状（叶性状和木质性状）及环境因子（光密度、土壤养分以及土壤含水量）对植株茎半径生长速率影响的结构方程概念模型

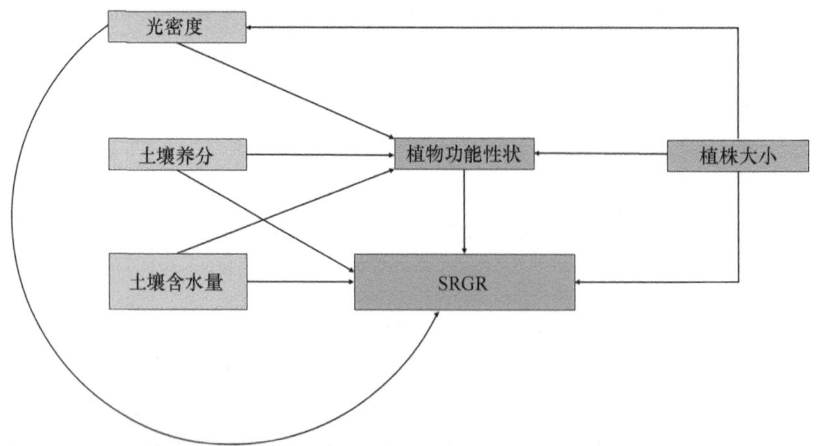

图 7.2 植株大小、植物功能性状（叶性状和木质性状）及环境因子（光密度、土壤养分以及土壤含水量）对植株茎半径生长速率影响的结构方程概念模型

对于分析不同生活史阶段植物功能性状和环境因子对植株 SRGR 的影响所使用的结构方程模型，由于光密度、土壤含水量均仅有一个变量，因此将二者均纳入结构方程模型中。对于 6 种植物功能性状而言，由于每次模型分析仅能够使用一个性状变量，因此首先通过多重回归分析（multiple regression analysis）筛选出重要值最高的两个性状，将土壤养分（土壤全氮含量、土壤全磷含量及土壤 pH）作为候选变量。对于不同生活史阶段，将有 6 种可能的结构方程模型，即 6=1（光密度）×2（植物功能性状）×3（土壤养分）×1（土壤含水量）。最终，选择 $p>0.05$、比较拟合指数＞0.95、标准化残差均方根＜0.05 且 AIC 值最小的为最优结构方程模型。预测变量对植株 SRGR 的间接影响由所有和 SRGR 外部因子相关路径的系数相乘得到。

对于分析种内和种间水平上植株大小、功能性状以及环境因子对植株 SRGR 的影响所使用的结构方程模型，由于光密度、土壤含水量以及植株大小均仅有一个变量，因此将三者均纳入结构方程模型中。其余分析方法同上。因此，将有 6 种可能的结构方程模型，即 6=1（光密度）×2（植物功能性状）×3（土壤养分因子）×1（土壤含水量）×1（植株大小）。所有统计分析均采用 R-3.2.5 软件，图、表均在 Excel 2016 中完成。

7.3　研 究 结 果

7.3.1　不同生活史阶段植物功能性状及环境因子对植株生长的影响

对于不同生活史阶段的植株而言，影响植株 SRGR 的主要变量存在显著性差异。对于幼苗阶段，比叶面积和土壤 pH 为最佳预测变量；对于幼树阶段，叶片干物质含量为最佳预测变量；对于成年树阶段，叶片干物质含量和土壤 pH 为最佳预测变量（图 7.3）。幼苗和成年树阶段预测变量导致的 SRGR 总变化几乎相等，分别为 0.355 和 0.313，而幼树阶段预测变量导致的 SRGR 总变化小于幼苗和成年树阶段，仅为 0.100（图 7.3）。

在幼苗阶段，比叶面积对 SRGR 产生直接的消极影响，土壤 pH 同样对 SRGR 产生直接的消极影响，且间接地通过增大比叶面积来对 SRGR 产生消极影响（图 7.3A）；土壤养分解释了最多的 SRGR 变异，为 44%，其次是植物功能性状，为 35%（图 7.4A）。

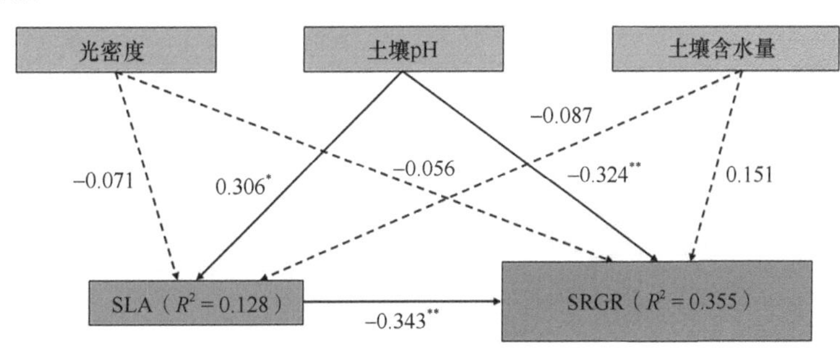

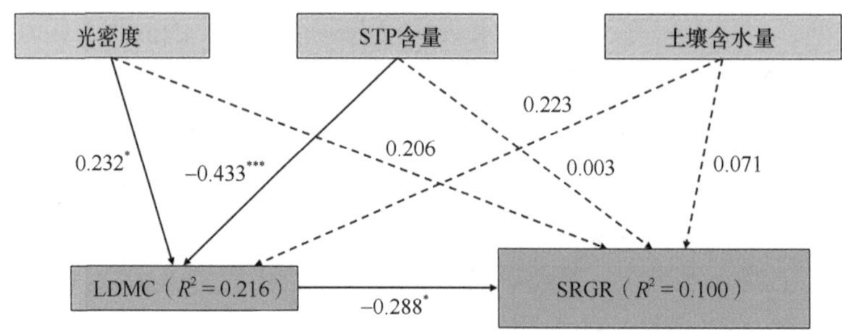

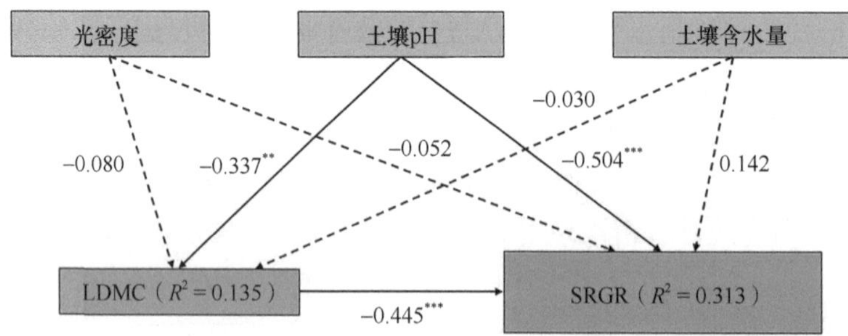

图 7.3　不同生活史阶段植物功能性状（叶性状和木质性状）及环境因子（光密度、土壤养分以及土壤含水量）对植株当年生茎半径生长速率影响的最优结构方程模型

实线表示具有显著影响，虚线则表示无显著影响；路径旁为该路径的标准化系数和显著性（* $p<0.05$，** $p<0.01$，*** $p<0.001$）

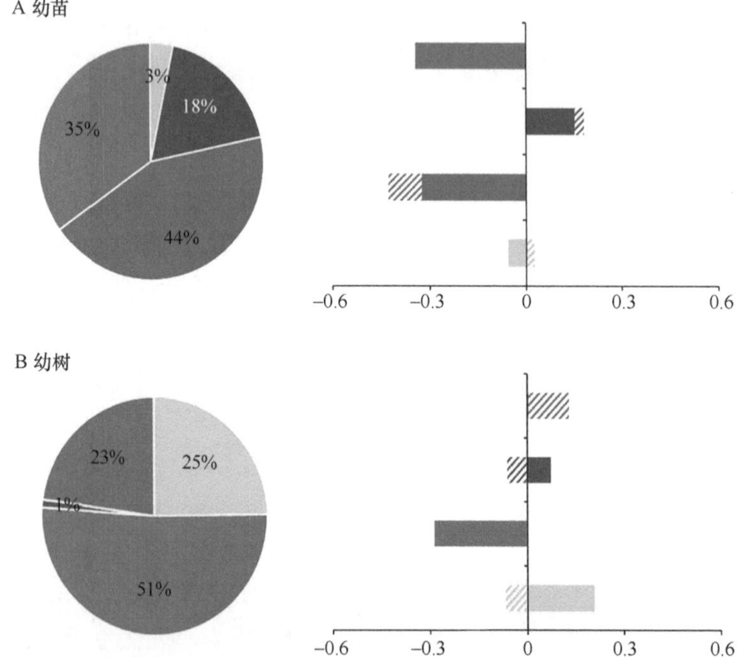

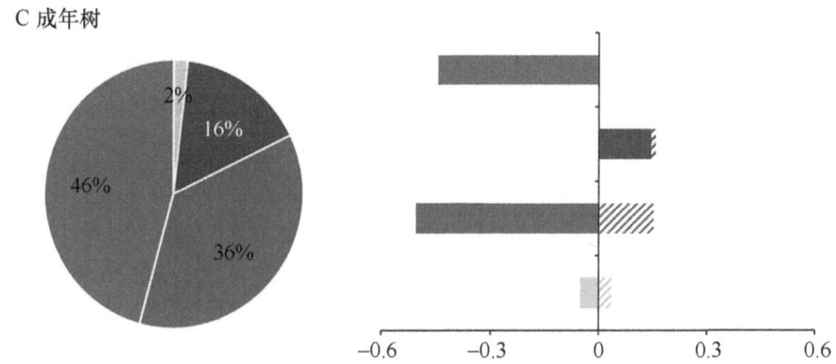

图 7.4 不同生活史阶段植物功能性状（叶性状和木质性状）及环境因子（光密度、土壤养分以及土壤含水量）对植株当年生茎半径生长速率影响的参数估计和相对贡献

实心填充条表示直接影响，条纹条表示通过性状产生的间接影响；饼状图显示了每个预测因素对植株当年生茎半径生长速率影响的相对重要性

在幼树阶段，叶片干物质含量对 SRGR 产生直接的消极影响，光密度和 STP 含量对 SRGR 均无直接影响，但光密度间接地通过增加叶片干物质含量以及 STP 含量间接地通过减小叶片干物质含量来对 SRGR 产生消极影响（图 7.3B）；植物功能性状解释了最多的 SRGR 变异，为 51%，其次是光密度，为 25%（图 7.4B）。

在成年树阶段，叶片干物质含量对 SRGR 产生直接的消极影响，土壤 pH 对 SRGR 同样产生直接的消极影响，且间接地通过减小干物质含量来对 SRGR 产生消极影响（图 7.3C）；植物功能性状解释了最多的 SRGR 变异，为 46%，其次是土壤养分，为 36%（图 7.4C）。

7.3.2 不同生活史阶段植物功能性状及环境因子对植株生长的影响

在种内水平上，影响植株 SRGR 的主要变量存在显著性差异。对于白桦（BP）而言，无最佳预测变量，对于水曲柳（FM），光密度和植株大小为最佳预测变量；对于裂叶榆（UL），土壤 pH 为最佳预测变量；对于枫桦（BC），比叶面积为最佳预测变量；对于紫椴（TA），无最佳预测变量；对于色木槭（AM），光密度、土壤 pH、土壤含水量和植株大小为最佳预测变量。不同树种预测变量导致的 SRGR 变异的差异较大，其中色木槭预测变量导致的 SRGR 变异最大，为 0.667；而白桦预测变量导致的 SRGR 变异最小，为 0.103（图 7.5）。

对于白桦，光密度增加了叶片 N 含量，而 STN 含量减小了叶片 N 含量，但叶片 N 含量对 SRGR 无显著影响（图 7.5A）。对于水曲柳，光密度对 SRGR 产生直接的积极影响，植株大小同样对 SRGR 产生直接的积极影响，且间接地通过减小光密度对 SRGR 产生积极影响，STN 含量增加了叶片 N 含量，但叶片 N 含量对 SRGR 无显著影响（图 7.5B）。对于裂叶榆，土壤 pH 对 SRGR 产生直接的积极影响，土壤含水量和植株大小均减小了比叶面积，但比叶面积对 SRGR 无显著影响（图 7.5C）。对于枫桦，比叶面积对 SRGR 产生直接的消极影响，且植株大小间接地通过减小比叶面积对 SRGR 产生消极影响（图 7.5D）。对于紫椴，土壤 pH 增加了叶片 N 含量，植株大小减小了叶片 N 含量，但叶片 N 含量对 SRGR 无显著影响；植株大小还增加了光密度，但光密度同样对

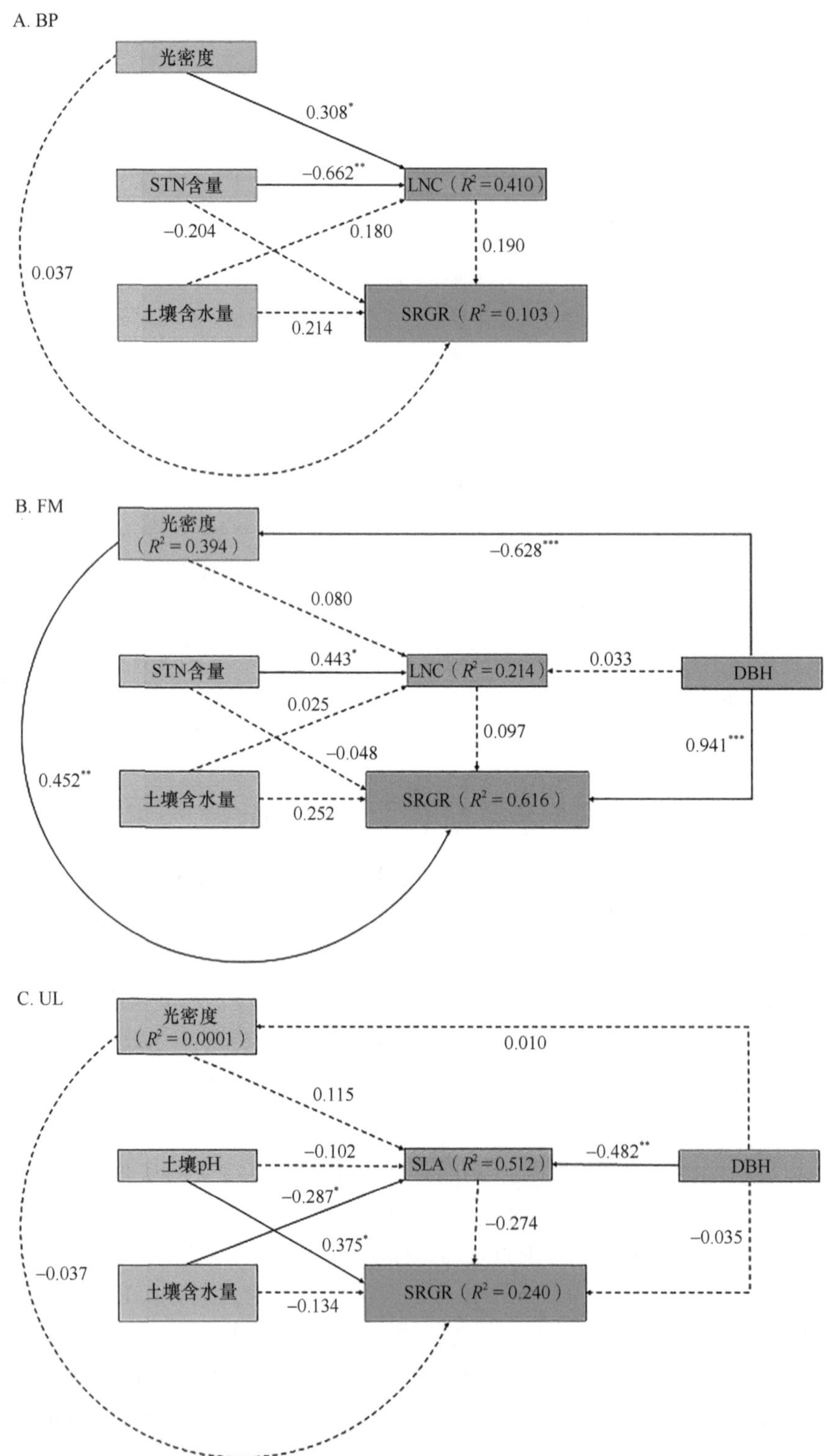
A. BP
光密度
0.308*
STN含量
−0.662**
LNC（R^2=0.410）
−0.204
0.180
0.190
0.037
土壤含水量
0.214
SRGR（R^2=0.103）
B. FM
光密度
（R^2=0.394）
−0.628***
0.080
STN含量
0.443*
LNC（R^2=0.214）
0.033
DBH
0.025
0.097
−0.048
0.941***
0.452**
土壤含水量
0.252
SRGR（R^2=0.616）
C. UL
光密度
（R^2=0.0001）
0.010
0.115
土壤pH
−0.102
SLA（R^2=0.512）
−0.482**
DBH
−0.287*
−0.274
0.375*
−0.035
−0.037
土壤含水量
−0.134
SRGR（R^2=0.240）

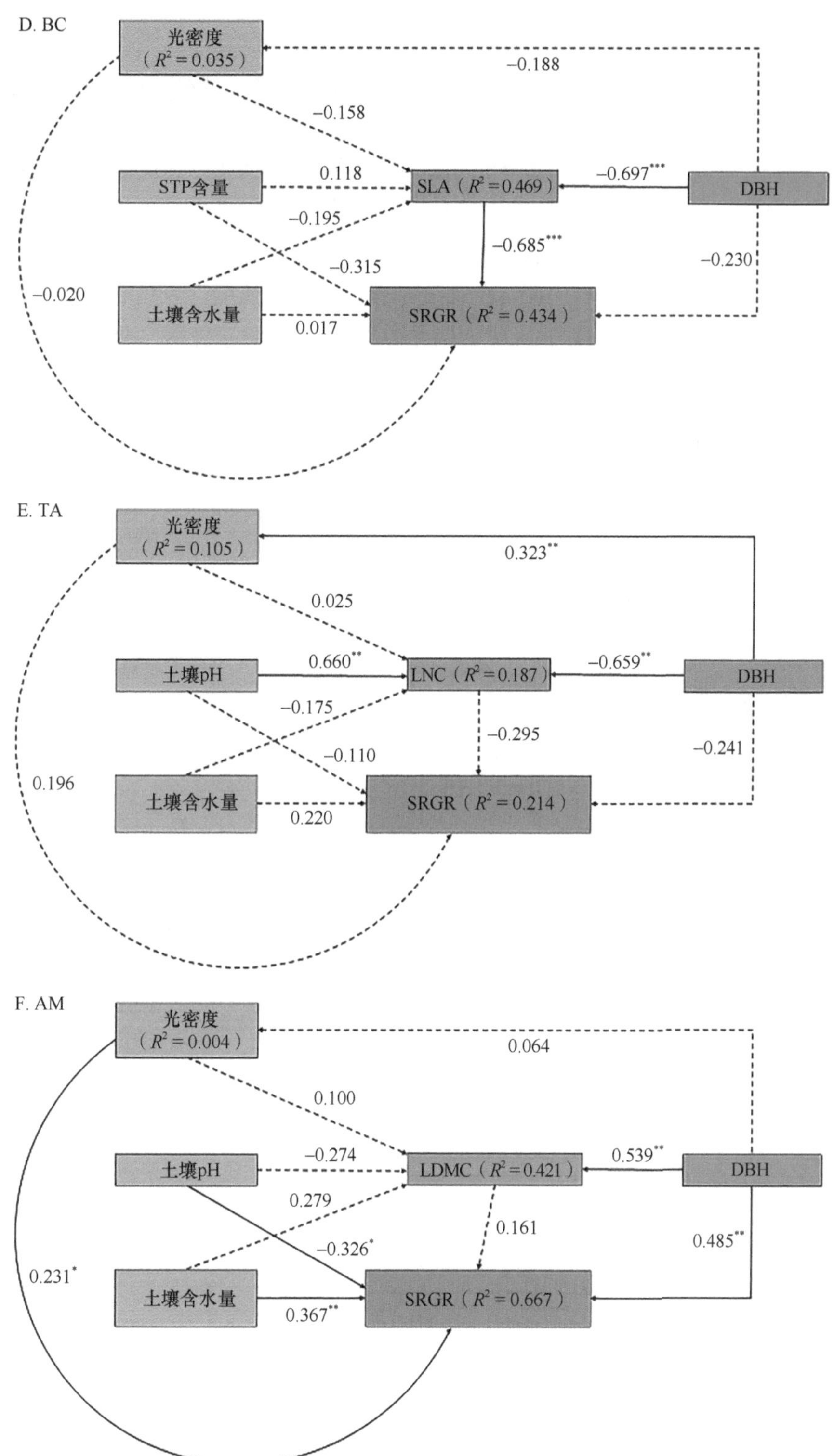

图 7.5　种内水平上植株大小（DBH）、功能性状（叶性状和木质性状）及环境因子（光密度、土壤养分以及土壤含水量）对植株当年生茎半径生长速率影响的最优结构方程模型

实线表示具有显著影响，虚线则表示无显著影响；路径旁为该路径的标准化系数和显著性（* p<0.05，** p<0.01，*** p<0.001）

SRGR 无显著影响（图 7.5E）。对于色木槭，土壤 pH、土壤含水量、光密度以及植株大小均对 SRGR 产生直接的消极影响；植株大小增加了叶片干物质含量，但叶片干物质含量对 SRGR 无显著影响（图 7.5F）。

对于白桦，土壤养分解释了最多的 SRGR 变异，为 38%；其次是土壤含水量，为 29%（图 7.6A）。对于水曲柳，植株大小解释了最多的 SRGR 变异，为 45%；其次是光密度，为 31%（图 7.6B）。对于裂叶榆，土壤养分解释了最多的 SRGR 变异，为 45%；其次是植物功能性状，为 30%（图 7.6C）。对于枫桦，植物功能性状解释了最多的 SRGR 变异，为 44%；其次是土壤养分，为 25%（图 7.6D）。对于紫椴，土壤养分解释了最多的 SRGR 变异，为 28%；其次是植物功能性状，为 27%（图 7.6E）。对于色木槭，植株大小解释了最多的 SRGR 变异，为 33%；其次是土壤含水量，为 23%（图 7.6F）。

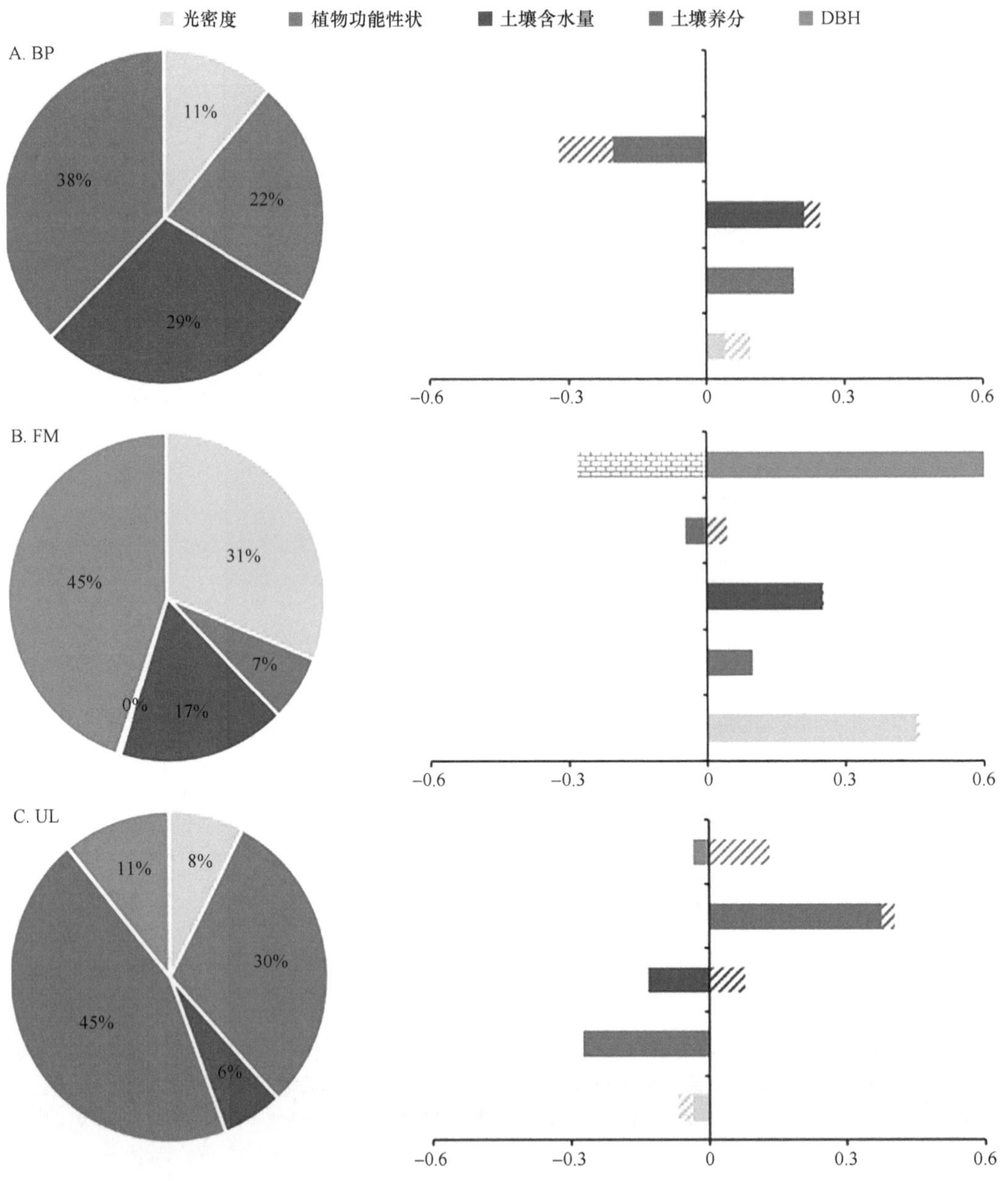

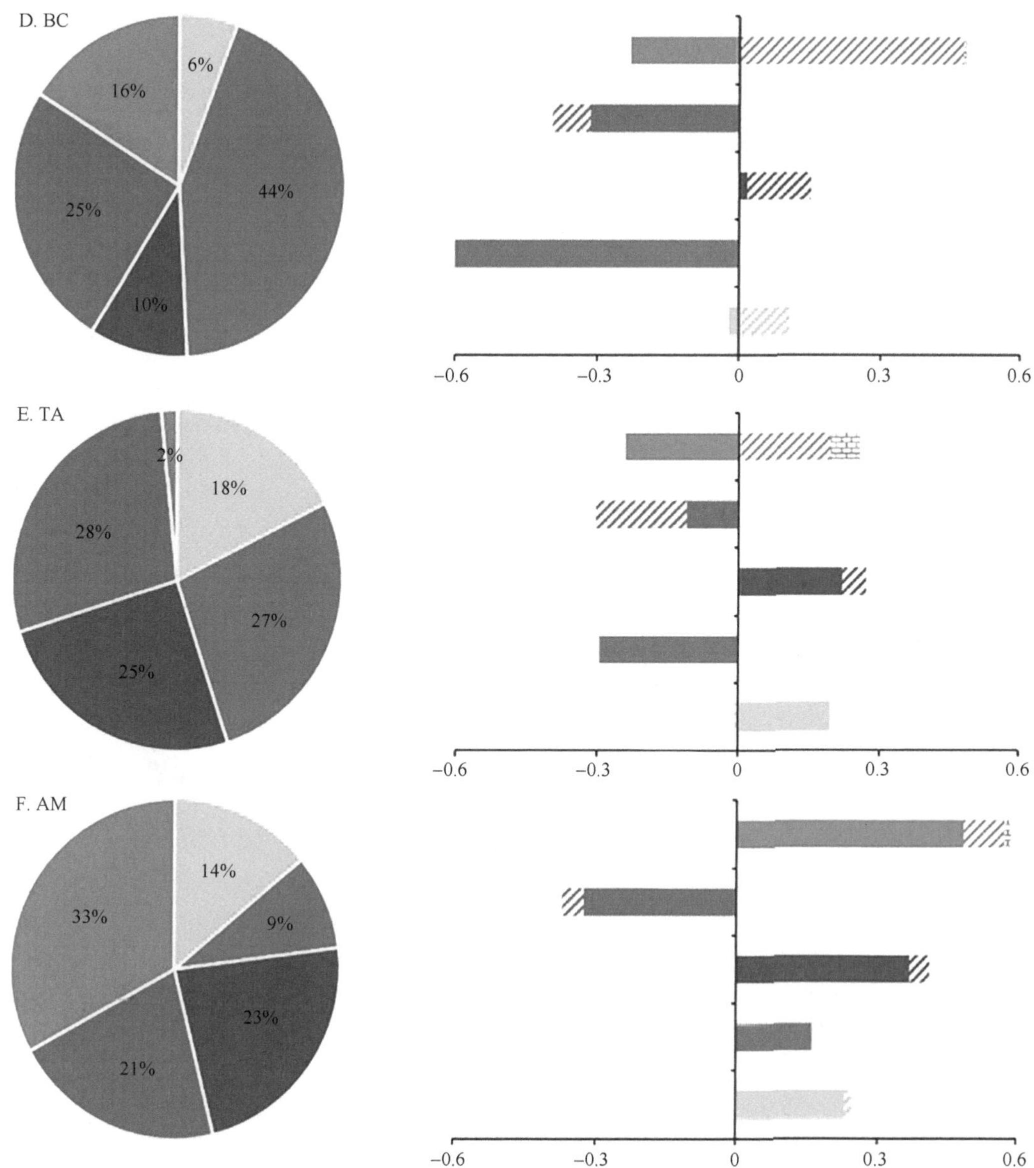

图 7.6　种内水平上植株大小（DBH）、功能性状（叶性状和木质性状）及环境因子（光密度、土壤养分以及土壤含水量）对植株当年生茎半径生长速率影响的参数估计和相对贡献

实心填充条表示直接影响，条纹条表示通过性状产生的间接影响，方形条表示通过光环境产生的间接影响；饼状图显示了每个预测因素对植株当年生茎半径生长速率影响的相对重要性

7.3.3　种间水平上植株大小、功能性状及环境因子对植株生长的影响

在种间水平上，比叶面积和土壤 pH、土壤含水量为最佳预测变量，整体预测变量导致的 SRGR 总变化为 0.218。土壤含水量对 SRGR 产生直接的积极影响；比叶面积对 SRGR 产生直接的消极影响；土壤 pH 同样对 SRGR 产生直接的消极影响，且通过增加比叶面积对 SRGR 产生消极影响；植株大小对 SRGR 无直接的显著影响，但通过减小比叶面积对 SRGR 产生间接的消极影响（图 7.7）。在种间水平上，植物功能性状解释了

最多的 SRGR 变异，为 32%；其次是植株大小，为 27%（图 7.8）。

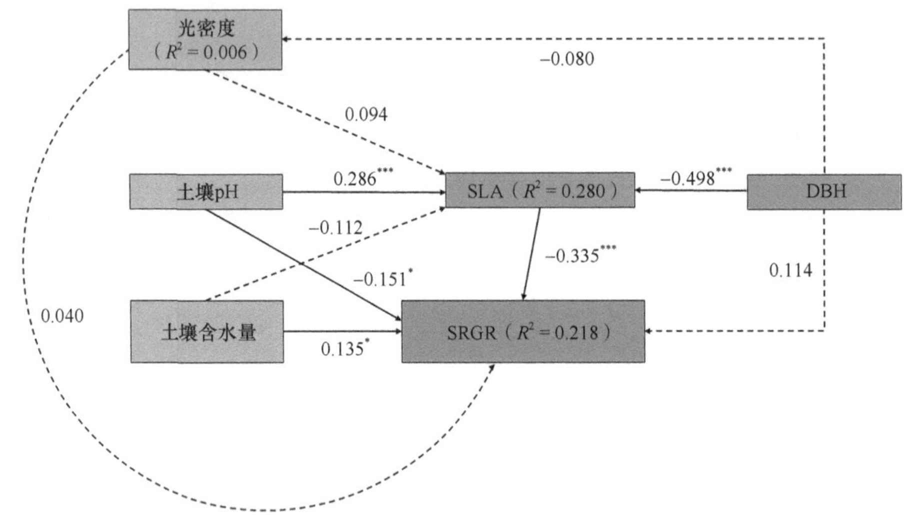

图 7.7　种间水平上植株大小（DBH）、功能性状（叶性状和木质性状）及环境因子对植株当年生茎半径生长速率影响的最优结构方程模型

实线代表具有显著影响，虚线则表示无显著影响；路径旁为该路径的标准化系数和显著性（*** $p<0.001$，** $p<0.01$，* $p<0.05$）

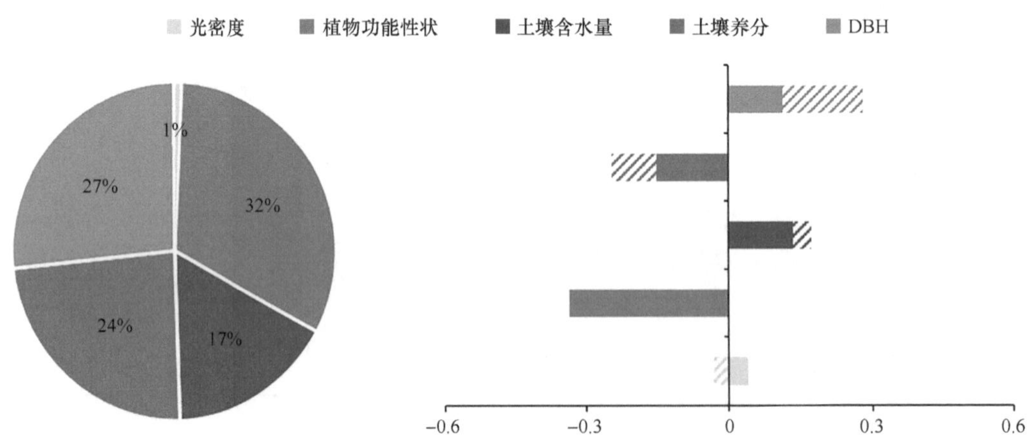

图 7.8　种间水平上植株大小（DBH）、功能性状（叶性状和木质性状）及环境因子对植株当年生茎半径生长速率影响的参数估计和相对贡献

实心填充条表示直接影响，条纹条表示通过性状产生的间接影响；饼状图显示了每个预测因素对植株当年生茎半径生长速率影响的相对重要性

7.4　讨　　论

7.4.1　不同植株生活史阶段功能性状及环境因子对植株生长的影响

本研究结果表明，影响植株生长速率的主要因子依赖于生活史阶段（图 7.3）。对于幼苗和成年树，影响植株生长速率的主要土壤养分因子均为土壤 pH；而对于幼树，

土壤养分因子通过影响叶干物质含量而间接地影响植株生长速率。此外，在幼苗和成年树阶段，土壤养分及植物功能性状均对植株生长速率具有直接影响，且土壤养分可通过影响植物功能性状来间接地影响植株生长速率；而对于幼树，植物功能性状对生长速率具有直接影响，土壤因子更倾向于通过影响植物功能性状来间接影响植株生长速率而非直接影响。但土壤含水量对 3 个生活史阶段的植株生长速率均无显著影响。

植物功能性状在 3 个生活史阶段对植株生长速率均具有显著影响。但在幼苗阶段，影响植株生长的最优模型中植物功能性状的选择为比叶面积，而幼树和成年树阶段为叶片干物质含量（图 7.3）。比叶面积是表征植物光合效率的有效指标之一（Poorter et al.，2009），较大的比叶面积有利于增大叶片的光拦截面积，因此在以往的大部分研究中，具有较大比叶面积叶片的植株，其生长速率均较高（Wright et al.，2010）。然而，本研究结果与此相反，这可能是叶片的一种驯化反应。例如，Terashima 等（2006）以及 Coble 等（2017）的研究结果表明，与阴生叶相比，阳生叶具有更高的光合效率，但比叶面积更小，这可能是因为阳生叶需要更大的叶厚，以容纳更多的叶绿体及光合蛋白，因此比叶面积与光合速率间呈负相关关系。此外，对于幼树和成年树而言，叶片干物质含量的增加降低了植株生长速率。叶片干物质含量为叶片含水量的表征指标，叶片干物质含量越低，含水量越高，植物光合能力越高（Wilson et al.，1999；Shipley et al.，2002），因此较低的叶片干物质含量对植株生长速率表现为积极的促进作用。

光密度对 3 个生活史阶段的植株生长速率均无直接影响，但在幼树阶段，光密度通过提高叶片干物质含量对植株生长产生消极影响（图 7.3）。对于光为限制性环境因子的植株而言，光密度的增加对植株生长一般具有促进作用（Poorter et al.，2019；Velázquez and Wiegand，2020）。然而，本研究结果表明，随着光密度增加，叶片干物质含量呈现增加趋势，这可能是因为叶片将更多光合产物分配给与生长有关的结构，而减少了叶片干物质积累。此外，对于幼苗和成年树阶段，光密度对植株生长速率既无直接影响，也无间接影响，暗示这两个阶段植株生长的主要限制因素均非光密度。对于成年树而言，高度足够的树高让成年树可获得更多光资源（Sendall et al.，2018）；而对于幼苗，其需要大量养分元素来构建生长所需的结构，因此幼树生长速率的调节可能更依赖土壤养分而非光密度。

土壤养分对植株生长速率的影响强于光密度等其他影响因子（图 7.3）。对于幼苗和成年树，随着土壤 pH 增加，植株生长速率呈现降低趋势，这与以往的大部分研究结果相反。以往的研究表明，土壤 pH 对土壤中的微生物活性等具有显著影响，土壤养分可利用性随土壤 pH 的增加而增强（Maire et al.，2015），因此在较高土壤 pH 的地区植株生长速率往往较高。而在本研究中，土壤 pH 在幼苗和成年树阶段均较低，可能在一定程度上限制了植株根系的生长，因此表现出负相关关系（Shen et al.，2014；Ali et al.，2019）。此外，对于幼树而言，STP 含量仅间接地通过影响叶干物质含量来影响植株生长速率，随着 STP 含量增加，叶片干物质含量显著降低。P 是植物光合作用中的重要元素，较高的 STP 含量在一定程度上可提高植物光合能力，为支撑较高水平的光合反应，叶片含水量提高，叶片干物质含量下降。本研究结果与以往研究预测的结果一致，即具有较低叶片干物质含量的植株，往往生长在 STP 含量较高的土壤中（Simpson et al.，

2016）。

整体而言，土壤养分是影响幼苗和成年树阶段植株生长速率的主要因子，而植物功能性状是影响幼树阶段植株生长速率的主要因子（图 7.4）。这在一定程度上说明，幼苗和成年树生长更依赖于土壤养分，而幼树对养分的依赖性减小，更多地是通过调整植物功能性状来影响植株生长速率。对于幼树阶段的植株而言，调整植物功能性状可能是一种资源优化手段，也是减小对环境的依赖度以及提高自身环境适应性的方法。但这一过程是否受到树种的菌根类型或耐阴性等树种本身特性的影响尚未可知，在未来研究中应对此予以重视。

7.4.2 种内水平上植株大小、功能性状及环境因子对植株生长的影响

本研究结果表明，在种内水平上影响植株生长速率的主要因子存在差异（图 7.5）。对于水曲柳，影响植株生长速率的主要因子为光密度和植株大小，而裂叶榆为土壤 pH，枫桦为比叶面积，色木槭为光密度、土壤含水量、土壤 pH 及植株大小。所有预测变量中，对色木槭的生长速率解释最多，为 0.667；而白桦最少，为 0.103。

植物功能性状对植株生长速率的直接影响较小（仅枫桦存在直接影响）（图 7.5）。此外，以往的很多研究结果表明，植物功能性状能够很好地解释树木生长动态（Rüger et al.，2012），但与此不一致的研究结果也广泛存在。这种差异被广泛接受的原因之一是，由于植物对环境因素或个体可塑性响应的差异，物种水平性状值与种内水平性状值并不一致（Niinemets，2015；Anderegg et al.，2018）。同时，其他环境因子的影响也可能混淆植株生长速率和功能性状之间的关系（Shipley，2002），因此在种内水平上功能性状并未表现出对植株生长速率的显著调控。

光密度对部分树种的生长速率具有直接调控作用，如水曲柳和色木槭（图 7.5）。这与 Lusk（2004）、Poorter 等（2019）以及 Velázquez 和 Wiegand（2020）的研究结果具有一致性。对于白桦，光密度对植株生长速率无直接影响，但对功能性状具有显著的调控作用：光密度促进了叶片 N 含量的增加，这可能是因为植株叶片的光合强度随着光密度增加而显著提高，N 与 RuBP 羧化酶和叶绿素密切相关，因此叶片 N 含量随着光密度增加而显著提高。但对于其他树种，光密度对植株生长速率既无直接影响，对功能性状也无间接调控，这可能暗示对于这几种树种而言，光环境并非重要的限制性环境因子。

土壤养分对裂叶榆和色木槭的生长速率具有直接影响（图 7.5）。土壤 pH 提高了裂叶榆的生长速率，随着土壤 pH 增加，植株可利用养分的含量提高，从而提高了植株生长速率（Tian and Niu，2015；Yu et al.，2020）。然而，色木槭的研究结果与此相反，土壤 pH 增加抑制了植株生长，这可能与两种树种的菌根类型有关（色木槭为内生菌根，裂叶榆为双生菌根）。对于水曲柳和紫椴，STN 含量和土壤 pH 分别促进叶片 N 含量的增加，以往的研究表明，在具有较高 STN 含量的区域植株的叶片 N 含量也较高，本研究结果同样符合这一理论框架（Lin et al.，2020）。但白桦的研究结果与此相反，较高的 STN 含量降低了叶片 N 含量，这可能与白桦的耐阴性较低有关，其将更多的 N 分配至细胞壁等非可溶性 N 中，以增强叶片抵御外界不良环境的能力（Harrison et al.，2009）。

土壤含水量对植株生长速率无直接影响，并且除裂叶榆外，土壤含水量对其他树种的功能性状也无显著影响，这可能是因为土壤含水量在研究地森林中不是限制性环境因子。研究地位于黑龙江，气候湿度适中，故土壤含水量对植株生长无显著调控作用。

植株大小对部分树种的生长速率具有显著影响，如水曲柳和色木槭（图 7.5）。随着植株胸径增加，植株的绝对生长速率提高，本研究结果与 Stephenson 等（2014）对全球 403 种热带和温带树种植株个体的绝对生长速率的研究结果具有一致性。对于胸径较大的植株，其树高也相对较高，植株叶面积和/或根系也相对较大，有利于植株获得更多的资源，从而提高植株的生长速率。植株胸径的增加减小了比叶面积（如枫桦），本研究结果与 Sendall 等（2018）对三小叶银叶木（*Argyrodendron trifoliolatum*）和澳洲红椿（*Toona australis*）树高与比叶面积的研究结果具有一致性，比叶面积随着树高的增加而减小可能是植物碳平衡发生改变的结果，较高植株的叶片为截获更多的光，其对叶片单位面积的结构支撑组织的投资增加，导致比叶面积减小。植株的树高对光密度同样具有显著影响。随着树高的增加，紫椴的光密度显著提高，这与以往大部分的研究结果具有一致性：树高的增加能够降低其他树种对自身的遮蔽程度，同时可获得更高空间的光资源（Sendall et al.，2018）。然而，本研究中水曲柳的研究结果与此相反，这可能是多种因素共同作用的结果，仍需进一步探究。

7.4.3　种间水平上植株大小、功能性状及环境因子对植株生长的影响

在种间水平上，所有预测变量对生长速率的解释比例为 0.218，低于种内水平（变异范围为 0.103～0.667，均值为 0.379）。种间水平上预测变量解释比例降低可能是种间差异导致的，在本研究所选的树种中，树种耐阴性差别较大，其对不同植株大小、植物功能性状以及环境因子具有差异性响应，在一定程度上可能降低了种间水平上预测变量的解释程度。

在种间水平上，比叶面积对植株生长速率的影响是消极的，这与枫桦在种内水平上的研究结果具有一致性。土壤 pH 降低了植株生长速率，这与色木槭的研究结果具有一致性，但与裂叶榆的研究结果相反，这可能是因为在阔叶红松林中色木槭相较于裂叶榆是更具优势的树种（徐丽娜和金光泽，2012），故种间水平上反映出的研究结果与优势树种更具一致性。土壤含水量对植株生长具有直接的促进作用，这与色木槭的研究结果一致，但在种内水平上对其他树种而言，土壤含水量对植株生长速率并无显著影响，研究结果进一步证明了在种间和种内水平上各预测因子对植株生长影响的差异性。土壤 pH 增大了比叶面积，这与种内水平上的结果具有差异性。在种间水平上植株大小减小了比叶面积，这与枫桦的研究结果一致，但与色木槭的研究结果相反。这在一定程度上证明了植株大小对植物功能性状的影响具有复杂性，仍需进一步研究。整体而言，植物功能性状解释了最多的植株生长速率变异，为 32%；其次是植株大小，解释了生长速率变异的 27%。研究结果证明，在种间水平上植株生长速率的调控在一定程度上依赖于植物功能性状，并对植株大小敏感。

7.5 小　结

本研究从不同生活史阶段、种内和种间水平上对影响植株生长速率的因子进行分析。研究结果表明，在不同生活史阶段，驱动树木生长的主要因素依赖于植株生活史阶段，植物功能性状对植株生长速率均具有显著影响，但仅有部分环境因子对植株生长速率具有显著影响，并且在幼苗和幼树阶段，整体环境因子对生长速率的影响显著强于幼树阶段，说明这两个阶段植株生长对环境因子的依赖性更强。在种内水平上，影响植株生长速率的主导因子具有种间差异性，对色木槭的解释比例最高，而对白桦的解释比例最低。整体而言，植物功能性状对植株生长速率的影响弱于植株大小，而植株大小的影响又弱于环境因子。土壤养分对植物功能性状的影响可能是正向的，也可能是负向的，类似结果同样发生在植株大小对光密度的影响中。在种间水平上预测因子对植株生长速率的影响低于种内平均水平，且各因子对植株生长速率的影响与种内水平仅部分一致。研究结果证明了在种间和种内水平上影响植株生长速率的主导因子具有差异性。综上，在考虑植株生长速率的影响因素时，应将植株大小及研究水平（如种内或种间水平）纳入考虑范围。

参考文献

冯继广，朱彪．2020．氮磷添加对树木生长和森林生产力影响的研究进展．植物生态学报，44(6): 583-597.

韩大校．2017．环境和竞争对典型阔叶红松林不同生长阶段树木胸径生长的影响．哈尔滨：东北林业大学.

林仪华. 2022. 氮磷添加对天童常绿阔叶林树木生长的影响. 上海：华东师范大学.

刘斌. 2021. 氮磷添加对亚热带次生阔叶林树木生长性状的影响. 南昌：江西农业大学.

潘瑞炽，王小菁，李娘辉. 2012. 植物生理学. 7 版. 北京：高等教育出版社.

徐丽娜，金光泽．2012．小兴安岭凉水典型阔叶红松林动态监测样地：物种组成与群落结构．生物多样性, 20(4): 470-481.

Ali A, Lin S L, He J K, et al. 2019. Climatic water availability is the main limiting factor of biotic attributes across large-scale elevational gradients in tropical forests. Science of the Total Environment, 647: 1211-1221.

Alvarez-Clare S, Mack M C, Brooks M. 2013. A direct test of nitrogen and phosphorus limitation to net primary productivity in a lowland tropical wet forest. Ecology, 94(7): 1540-1551.

Anderegg L D L, Berner L T, Badgley G, et al. 2018. Within-species patterns challenge our understanding of the leaf economics spectrum. Ecology Letters, 21(5): 734-744.

Báez S, Homeier J. 2018. Functional traits determine tree growth and ecosystem productivity of a tropical montane forest: insights from a long-term nutrient manipulation experiment. Global Change Biology, 24(1): 399-409.

Carnicer J, Coll M, Ninyerola M, et al. 2011. Widespread crown condition decline, food web disruption, and amplified tree mortality with increased climate change-type drought. Proceedings of the National Academy of Sciences of the United States of America, 108(4): 1474-1478.

Caspersen J P, Vanderwel M C, Cole W G, et al. 2011. How stand productivity results from size- and competition-dependent growth and mortality. PLoS One, 6(12): e28660.

Cavaleri M A, Oberbauer S F, Clark D B, et al. 2010. Height is more important than light in determining leaf morphology in a tropical forest. Ecology, 91(6): 1730-1739.

Chave J, Coomes D, Jansen S, et al. 2009. Towards a worldwide wood economics spectrum. Ecology Letters, 12(4): 351-366.

Chazdon R L. 1988. Sunflecks and their importance to forest understorey plants//Advances in Ecological Research Vol. 18. Amsterdam: Elsevie: 1-63.

Coble A P, Fogel M L, Parker G G. 2017. Canopy gradients in leaf functional traits for species that differ in growth strategies and shade tolerance. Tree Physiology, 37(10): 1415-1425.

Drake P L, Froend R H, Franks P J. 2011. Linking hydraulic conductivity and photosynthesis to water-source partitioning in trees versus seedlings. Tree Physiology, 31(7): 763-773.

Fang Y T, Zhu W X, Mo J M, et al. 2006. Dynamics of soil inorganic nitrogen and their responses to nitrogen additions in three subtropical forests, south China. Journal of Environmental Sciences, 18(4): 752-759.

Harrison M T, Edwards E J, Farquhar G D, et al. 2009. Nitrogen in cell walls of sclerophyllous leaves accounts for little of the variation in photosynthetic nitrogen-use efficiency. Plant, Cell & Environmental, 32(3): 259-270.

Hastwell G. 2005. Nutrient cycling and limitation: Hawaii as a model system, Austral Ecology, 30(5): 609-610.

Hilty J, Muller B, Pantin F, et al. 2021. Plant growth: the what, the how, and the why. New Phytologist, 232(1): 25-41.

Kariuki M, Rolfe M, Smith R G B, et al. 2006. Diameter growth performance varies with species functional-group and habitat characteristics in subtropical rainforests. Forest Ecology and Management, 225(1/2/3): 1-14.

Kenzo T, Inoue Y, Yoshimura M, et al. 2015. Height-related changes in leaf photosynthetic traits in diverse Bornean tropical rain forest trees. Oecologia, 177(1): 191-202.

King D A, Davies S J, Nur Supardi M N, et al. 2005. Tree growth is related to light interception and wood density in two mixed dipterocarp forests of Malaysia. Functional Ecology, 19(3): 445-453.

Li Y, Tian D S, Yang H, et al. 2018. Size-dependent nutrient limitation of tree growth from subtropical to cold temperate forests. Functional Ecology, 32(1): 95-105.

Libalah M B, Droissart V, Sonké B, et al. 2017. Shift in functional traits along soil fertility gradient reflects non-random community assembly in a tropical African rainforest. Plant Ecology and Evolution, 150(3): 265-278.

Lin G G, Zeng D H, Mao R. 2020. Traits and their plasticity determine responses of plant performance and community functional property to nitrogen enrichment in a boreal peatland. Plant and Soil, 449(1): 151-167.

Liu Z L, Hikosaka K, Li F R, et al. 2021. Plant size, environmental factors and functional traits jointly shape the stem radius growth rate in an evergreen coniferous species across ontogenetic stages. Journal of Plant

Ecology, 14(2): 257-269.

Lusk C H. 2004. Leaf area and growth of juvenile temperate evergreens in low light: species of contrasting shade tolerance change rank during ontogeny. Functional Ecology, 18(6): 820-828.

Maire V, Wright I J, Prentice I C, et al. 2015. Global effects of soil and climate on leaf photosynthetic traits and rates. Global Ecology and Biogeography, 24(6): 706-717.

McDonald J L, Franco M, Townley S, et al. 2017. Divergent demographic strategies of plants in variable environments. Nature Ecology & Evolution, 1(2): 29.

Medvigy D, Wofsy S C, Munger J W, et al. 2009. Mechanistic scaling of ecosystem function and dynamics in space and time: ecosystem demography model version 2. Journal of Geophysical Research Atmospheres, 114(G1): G01002.

Nasto M K, Winter K, Turner B L, et al. 2019. Nutrient acquisition strategies augment growth in tropical N_2-fixing trees in nutrient-poor soil and under elevated CO_2. Ecology, 100(4): e02646.

Niinemets Ü. 2015. Is there a species spectrum within the world-wide leaf economics spectrum? Major variations in leaf functional traits in the Mediterranean sclerophyll *Quercus ilex*. New Phytologist, 205(1): 79-96.

Pan Y D, Birdsey R A, Fang J Y, et al. 2011. A large and persistent carbon sink in the world's forests. Science, 333(6045): 988-993.

Poorter H, Niinemets Ü, Ntagkas N, et al. 2019. A meta-analysis of plant responses to light intensity for 70 traits ranging from molecules to whole plant performance. New Phytologist, 223(3): 1073-1105.

Poorter H, Niinemets Ü, Poorter L, et al. 2009. Causes and consequences of variation in leaf mass per area (LMA): a meta-analysis. New Phytologist, 182(3): 565-588.

Poorter L, McDonald I, Alarcón A, et al. 2010. The importance of wood traits and hydraulic conductance for the performance and life history strategies of 42 rainforest tree species. New Phytologist, 185(2): 481-492.

Rijkers T, Pons T L, Bongers F. 2000. The effect of tree height and light availability on photosynthetic leaf traits of four neotropical species differing in shade tolerance. Functional Ecology, 14(1): 77-86.

Rosas T, Mencuccini M, Barba J, et al. 2019. Adjustments and coordination of hydraulic, leaf and stem traits along a water availability gradient. New Phytologist, 223(2): 632-646.

Rozendaal D M A, Hurtado V H, Poorter L. 2006. Plasticity in leaf traits of 38 tropical tree species in response to light; relationships with light demand and adult stature. Functional Ecology, 20(2): 207-216.

Rüger N, Wirth C, Wright S J, et al. 2012. Functional traits explain light and size response of growth rates in tropical tree species. Ecology, 93(12): 2626-2636.

Sendall K M, Reich P B, Lusk C H, et al. 2018. Size-related shifts in carbon gain and growth responses to light differ among rainforest evergreens of contrasting shade tolerance. Oecologia, 187(3): 609-623.

Shen Y, Santiago L S, Shen H, et al. 2014. Determinants of change in subtropical tree diameter growth with ontogenetic stage. Oecologia, 175(4): 1315-1324.

Shipley B. 2002. Trade-offs between net assimilation rate and specific leaf area in determining relative growth rate: relationship with daily irradiance. Functional Ecology, 16(5): 682-689.

Shipley B, Vu T. T 2002. Dry matter content as a measure of dry matter concentration in plants and their parts. New Phytologist, 153(2): 359-364.

Simpson A H, Richardson S J, Laughlin D C. 2016. Soil-climate interactions explain variation in foliar, stem, root and reproductive traits across temperate forests. Global Ecology and Biogeography, 25(8): 964-978.

Stephenson N L, Das A J, Condit R, et al. 2014. Rate of tree carbon accumulation increases continuously with tree size. Nature, 507(7490): 90-93.

Sterck F J, Clark D B, Clark D A, et al. 1999. Light fluctuations, crown traits, and response delays for tree saplings in a Costa Rican lowland rain forest. Journal of Tropical Ecology, 15(1): 83-95.

Stoll P, Weiner J, Schmid B. 1994. Growth variation in a naturally established population of *Pinus sylvestris*. Ecology, 75(3): 660-670.

Takashima T, Hikosaka K, Hirose T. 2004. Photosynthesis or persistence: nitrogen allocation in leaves of evergreen and deciduous *Quercus* species. Plant Cell & Environment, 27(8): 1047-1054.

Terashima I, Hanba Y T, Tazoe Y, et al. 2006. Irradiance and phenotype: comparative eco-development of sun and shade leaves in relation to photosynthetic CO_2 diffusion. Journal of Experimental Botany, 57(2): 343-354.

Thomas R Q, Canham C D, Weathers K C, et al. 2010. Increased tree carbon storage in response to nitrogen deposition in the US. Nature Geoscience, 3(1): 13-17.

Tian D S, Niu S L. 2015. A global analysis of soil acidification caused by nitrogen addition. Environmental Research Letters, 10(2): 024019.

Velázquez E, Wiegand T. 2020. Competition for light and persistence of rare light-demanding species within tree-fall gaps in a moist tropical forest. Ecology, 101(7): e03034.

Webb C O, Peart D R. 2000. Habitat associations of trees and seedlings in a Bornean rain forest. Journal of Ecology, 88(3): 464-478.

Wilson P J, Thompson K, Hodgson J G. 1999. Specific leaf area and leaf dry matter content as alternative predictors of plant strategies. New Phytologist, 143(1): 155-162.

Wright I J, Westoby M. 1999. Differences in seedling growth behaviour among species: trait correlations across species, and trait shifts along nutrient compared to rainfall gradients. Journal of Ecology, 87(1): 85-97.

Wright S J, Kitajima K, Kraft N J B, et al. 2010. Functional traits and the growth-mortality trade-off in tropical trees. Ecology, 91(12): 3664-3674.

Wright S J, Yavitt J B, Wurzburger N, et al. 2011. Potassium, phosphorus, or nitrogen limit root allocation, tree growth, or litter production in a lowland tropical forest. Ecology, 92(8): 1616-1625.

Yu Z P, Chen H Y H, Searle E B, et al. 2020. Whole soil acidification and base cation reduction across subtropical China. Geoderma, 361: 114107.

Yue K, Fornara D A, Yang W Q, et al. 2017. Influence of multiple global change drivers on terrestrial carbon storage: additive effects are common. Ecology Letters, 20(5): 663-672.